西北大学"双一流"建设项目资助
Sponsored by First-class Universities and Academic
Programs of Northwest University

城乡规划系统工程

CHENGXIANG GUIHUA XITONG GONGCHENG

主　编　朱　菁

副主编　孙　皓

西北大学出版社

·西安·

图书在版编目（CIP）数据

城乡规划系统工程 / 朱菁主编. -- 西安：西北大学
出版社，2024.11. -- ISBN 978-7-5604-5554-9

Ⅰ．TU98

中国国家版本馆 CIP 数据核字第 2024YA1626 号

城乡规划系统工程

主编 朱 菁

出版发行　西北大学出版社

（西北大学校内　邮编：710069　电话：029-88303310）

http://nwupress.nwu.edu.cn　　E-mail: xdpress@nwu.edu.cn

经　　销	全国新华书店
印　　刷	西安博睿印刷有限公司
开　　本	787 毫米×1092 毫米　1/16
印　　张	22.25
版　　次	2024 年 11 月第 1 版
印　　次	2024 年 11 月第 1 次印刷
字　　数	520 千字
书　　号	ISBN 978-7-5604-5554-9
定　　价	69.00 元

本版图书如有印装质量问题，请拨打 029-88302966 予以调换。

前　　言

　　系统工程学是系统科学的工程技术部分，是基于系统总体协调、优化的原则，将多学科的思想、理论和方法有机结合，用于分析和解决问题的一门方法论科学。《城乡规划系统工程》是根据城乡规划专业的需要，将系统工程学、运筹学、统计学有关知识综合在一起，以分析、解决城乡规划问题，为目标建构而成的一本教材。

　　在现今社会 AI 技术、大数据应用日益普遍的发展势态下，基于城乡规划系统工程内容的复杂性，本次编写将城乡规划系统工程分为两部分，一为理论知识，即本教材《城乡规划系统工程》，旨在教授学生相关理论知识；二为与理论知识相对应的软件实操指导，即《城乡规划系统工程操作手册》。本教材的具体内容分为 10 章，包括城乡规划系统工程简介、城市系统综合评价、博弈论、数据分析概论、简单线性回归、逻辑斯蒂回归模型、结构方程模型、线性规划、整数规划及灰色系统等，每章均有相应习题帮助学生更好地理解、掌握该部分理论内容。对上述知识体系的掌握将有助于培养学生运用系统的思维和方法，通过数据的定量分析、总结、推论、预测，来协助解决实际中遇到的城乡规划问题。

　　本教材为西北大学高水平教材建设项目。在教材编写过程中，学院董欣老师、李建伟老师、沈丽娜老师、何哲健老师对教材的编写提出了宝贵的修改意见，学院翟宝昕老师对结构方程模型章节的撰写提供了技术支持，同时，研究生陈敏、陈兰兰、王文豪、王菁、樊帆、张怡文等同学在本教材的撰写过程中付出了诸多努力，在此对各位老师、同学的付出表示衷心的感谢。

　　限于作者水平，书中难免有疏漏、不足之处，请广大读者批评指正。

编者

2024 年 10 月

目　录

第一章　城乡规划系统工程简介

　　本章系统介绍了城乡规划系统工程的基本概念及定义演进，首先介绍了系统工程的定义、特点，进一步对城市系统工程与城乡规划系统工程的发展背景、定义演进进行了阐述，并运用实例说明了城乡规划系统工程在实际中的应用。通过本章的学习，能够做到以下几点：

　　（1）掌握系统工程、城市系统工程、城乡规划系统工程的定义、特点、发展进程；

　　（2）了解城乡规划系统工程在实际中的应用范围。

第一节　系统工程

一、背景

　　20世纪80年代初，我国著名科学家钱学森与其合作者王寿云提出了将科学理论、经验和专家判断相结合的半理论半经验方法。1989年钱学森又提出了开放的复杂巨系统及方法论，即从定性到定量综合集成法（meta synthesis），后来又发展为从定性到定量综合集成研讨厅（HALL for workshop of meta synthetic engineering），他提出的这种方式是一个清晰的现代科学技术的体系结构，他认为科学研究的过程是应用实践到基础理论的演进，同时系统科学是由系统工程里的工程技术、系统工程的理论方法所组成的一类新兴科学，包括了运筹学这一类技术科学和它们的理论基础。国外也有不同学者对于系统工程有不同的理解，美国著名学者 H. 切斯纳（H. Chestnut）认为，虽然每个系统都是由许多不同的特殊功能部分所组成，且这些功能部分之间又存在着相互关系，但是每一个系统都是完整的整体，都有一个或若干个目标。日本学者三浦武雄认为系统工程具有独特性，它是跨越许多学科的科学，是填补这些学科边界空白的边界科学。从以上的观点可以看出，系统工程是在系统思想的指导下，用近代数学方法和计算机工具来研究一般系统的分析、规划、开发、设计、组织、管理、调整、控制、评价等问题，使系统整体最佳地实现预期目标的一门综合性的工程技术。因此，系统工程是跨越了社会科学与自然科学，通过数学方法与计算机技术为科学研究增加定量方法、模型方法、模拟试验方法以及优化方法，为科学研究人员提供思想方法和工作方法的学科。

二、系统与系统工程

（一）系统的定义

系统是由相互依存、相互作用的若干元素构成并完成某一特定功能的统一体。从系统的组成角度来看，系统是由两个或两个以上相互联系的要素组成的、具有整体功能和综合协调行为活动的集合；从系统与系统环境的相互作用角度来看，系统是由系统输入、系统转换和系统输出组成的集合，系统具有整体性、关联性、功能性和环境适应性。

（二）系统工程的定义

系统工程是在当代科学技术快速发展的基础上，为有效解决各种复杂的系统性问题而形成的、以实际应用为目的和特点的一门学科；是基于系统总体协调、优化的原则，将自然科学、社会科学多学科的思想、理论和方法有机结合，用于分析和解决问题的一门方法论科学；是运用系统思想、数学模型和计算机工具进行系统分析的一门实用学科；是一门跨越各专业领域、从横向方面把各专业领域组织起来的边缘性科学，它不仅为各类系统提供分析、评价、优化及总体运筹的方法和手段，也为人们提供了思想方法论和工作方法论；是一门研究系统内构成要素、组织结构等功能的交叉性学科；是用系统思想、定性和定量相结合的系统方法处理大型复杂的系统问题的学科，包括系统的设计或组织建立，及系统的管理评价。系统工程的研究对象是各类系统，其任务是结合专业及行业特点，树立系统的观念，通过有关系统分析、建模、评价及决策方法，解决复杂的系统工程问题。

三、系统工程的特点

（一）综合性

系统具有综合性，以综合的观念看系统工程，就是将一些类别的属性要素看成一个整体，整体的组成部分为不同的属性要素。整体中不同要素的特征不同，通常而言，一个系统由两个或以上的不同属性要素组成。如居住小区系统包括了住房、商业设施、公共服务设施、基础设施、绿化等不同性质的属性要素，从而构成了完整的居住小区。

（二）层级性

一个系统内部各要素之间，不仅存在横向联结，也存在着一定的纵向层级结构，系统内不同层级包含着不同的要素，根据这些要素所属的不同类别，可以将其划分为不同的子系统，简单的系统可以被划分为 5~9 个层级，复杂系统则可被划分为更多个层级，在这样的层级结构中，各子系统之间还可以被划分为具有相互作用的交互关系以及单向作用的从属关系。

（三）功能性

每个系统都具有其特定的功能性，系统的功能性由相互协作且共同作用的各子系统共同构成，每个子系统均具有各自的功能，各子系统按照不同的层级结构，相互作用，共同形成了系统的整体功能，同时，系统内部要素结构的完善可显著提升系统整体的功能性。此外，由于开展系统工作需要各要素之间进行相互协作、共同活动来实现系统的整体功能，因此，良好的系统构成可综合形成较好的系统整体功能。

（四）相关性

系统内各要素之间，各层级子系统之间，均具有相关性。下一级子系统和上一级子系统之间存在从属关系，下一层级子系统的变化会引起上一层级子系统的变化，同一层级之间存在并列关系，并相互作用，同时，各子系统之间以不同强度的联系实现耦合作用，同一层级之间各子系统的变化会引起系统整体功能性发生变化，总之，系统内部各子系统的联系密不可分、息息相关，各个要素之间以不同强度的相互作用。

（五）适应性

系统能够根据外部环境、需求的变化对其自身进行调整，从而更好地适应外部环境。如随着城市社会经济的发展，人们对城市空间环境的需求发生改变，城乡规划管理部门会据此对城市用地布局、空间结构、绿道等进行更新，从而适应新形势下的社会需求，医院周边的商服、住宿等设施，会根据就医人群、陪护人群的需求出现并长期存在，而不符合人群需求的设施则会在一段时间后消失，这也是系统适应性的一种体现。

（六）动态性

系统整体是动态变化的。在某个特定的时间节点或时间断面上，系统整体可以看作是静止不动的，但随着社会经济的发展，若从某个时间序列或纵向时间线来看，系统整体的综合性、层级性、功能性、相关性、适应性均是在动态变化的，其变化和发展有利于形成新的稳定的系统层级结构，使系统在不同的时间节点上具备稳定性，同时又在纵向时间序列上存在动态变化。

小 结

系统是由相互依存、相互作用的若干元素构成并完成某一特定功能的统一体。系统工程是在系统思想的指导下，用近代数学方法和计算机工具来研究一般系统的分析、规划、开发、设计、组织、管理、调整、控制、评价等问题，使系统整体最佳地实现预期目标的一门综合性的工程技术。因此，系统工程是跨越了自然科学与社会科学，通过数学方法与计算机技术为科学研究增加定量方法、模型方法、模拟试验方法以及优化方法，为科学研究人员提供思想方法和工作方法的学科。系统工程具有综合性、层级性、功能性、相关性、适应性、动态性等特点。

第二节 城乡规划系统工程

一、城市系统工程

（一）发展背景

中国城市科学研究会在 1984 年成立之初提出："城市科学是以城市为研究对象的综合性科学，是自然科学和社会科学的有机结合"。但限于理论资源和学科的分散性，城市科学尚未形成完善的研究框架体系。面对城市这一"复杂巨系统"需要借助复杂性科学的方法论，从整体上进行探索。复杂性科学是系统科学的新发展，是整体主义研究视角的延续。20 世纪以来，人们对复杂性和复杂系统先后产生了 3 次兴趣波，前两次分别是关于"整体论"和"老三论"，第三次是关于"自适应系统""元胞自动机"等。因此，非常有必要从整体论或整体主义的视角出发，更多采用系统科学和复杂性科学的理论及方法工具，对城市发展进行全面和综合的研究，即城市系统工程。

2003 年，科学发展观提出"五个统筹"，即统筹城乡发展、统筹区域发展、统筹经济社会发展、统筹人与自然和谐发展、统筹国内发展和对外开放。"五个统筹"中的多数任务要在城市中完成，是城市系统工程在城市发展建设中的体现。2015 年中央城市工作会议明确指出，城市工作是一个系统工程。会议强调要尊重城市发展规律，并明确了"五大统筹"任务。在"十四五"规划中也强调"坚持系统观念原则"。党的十八大以来，党中央坚持系统谋划、统筹推进党和国家各项事业，形成一系列新布局和新方略。在中国共产党第二十次全国代表大会上，强调"六个坚持"，其中坚持系统观念是习近平新时代中国特色社会主义思想的基本思想方法和工作方法。因此，开展城市系统工程成为必要且迫切的工作。

（二）定义演进

城市作为一种复杂巨系统，是人类物质文明与精神文明的生产和创造基地，人们不仅依托城市进行一定的社会生产和自然地域环境发展建设，还在城市实现了经济效益和社会效益的集聚，解决城市在一定时空条件下产生的问题，需要研究城市系统，运用系统思想和系统科学方法。

1985 年，北京城市系统工程研究中心杨经良首提"城市系统工程"概念。他认为城市是一个以人为主体的，集约经济、集约科学文化的开放式社会系统。吴良镛先生指出，对城市这一"复杂巨系统"，需要借助复杂性科学的方法论，从整体上进行探讨。寇晓东、薛惠锋是国内专门从事城市系统工程研究的早期学者。他们认为城市系统工程是一门新兴交叉综合性学科，并提出了城市系统工程的理论框架。后来，他们基于 WSR（物理—事理—人理）方法论进一步探讨城市发展，并借鉴我国学者金菊良等人从方法论角度提出的水资源系统工程的概念，给出城市系统工程的定义：城市系统工程是一门研究处理城市整体的新兴交叉综合性学科，其实质是结合城市思想与系统思想并在其指导下研究处理城市整体优化演化过程中问题的方法论。

二、城乡规划系统工程

城乡规划系统工程即根据城乡规划专业的需要，将系统工程学、统计学有关知识综合在一起，旨在运用系统思想，通过量化分析，解决城乡规划领域面临的各类问题。

（一）发展背景

中华人民共和国国家标准《城市规划基本术语标准》（GB/T 50280—98）中对"城市规划"的定义是"对一定时期内城市的经济和社会发展、土地利用、空间布局以及各项建设的综合部署、具体安排和实施管理"。该标准由中华人民共和国建设部在1998年出版发行，此时规划落脚点仍然是城市化。改革开放以来，城市化作为社会发展的大趋势，实现了人们生产和生活方式由乡村向城市聚集并转化，城市也在这个过程中不断发展与完善。在这样的社会背景下，结合"依法治国"理念的逐步深入，自1980年起《城市规划编制审批暂行办法》等一系列法律法规相继出台，至1989年《中华人民共和国城市规划法》的颁布，标志着我国城市规划运作体系逐步形成。而围绕《城市规划法》所形成的一系列行政部门法规、编制办法和管理条例等，也让我国的城市规划管理体系发展得到了质的飞跃。

回溯党的十八大以来党中央做出的一系列决策部署，作为国土空间开发保护制度的总抓手，国土空间规划的形成发展拥有一脉相承的总体思路。2012年，党的十八大报告提出"建立国土空间开发保护制度"；2015年提出"构建以空间规划为基础、以用途管制为主要手段的国土空间开发保护制度"；2017年，党的十九大报告提出，"构建国土空间开发保护制度，完善主体功能区配套政策"；2019年党中央、国务院决定建立国土空间规划体系并监督实施，实行"多规合一"——将与"国土"相关的主体功能区规划、土地利用规划、城乡规划等融合统一为国土空间规划。相关政策还明确了国土空间规划的发展指南和空间蓝图地位，同时指出其将为各类开发建设保护活动提供基本依据。国土空间规划的提出，旨在解决以往规划类型种类过多，规划内容重叠矛盾，建设活动审批流程过长等问题；如何认识新时代的国土空间规划，如何做好"一书三证"等传统城乡规划管理与新国土空间规划用途管制的衔接，这些都需要对城乡规划与国土空间规划的联系与区别进行充分系统的学习认识。在城乡空间规划转向国土空间规划过程中，增加了有关各类空间资源评定及规划内容，加上大数据和数字化技术的日新月异，国土空间规划体系中所包含的技术内容变得愈发多元，亟须通过系统工程理论将已有的知识有效地进行组织，用来解决综合性问题，因此，城乡规划与系统工程理论方法的结合成为一种必然趋势。

（二）定义演进

城乡规划是一门古老又不断发展的学科。早在两千年前人们就开始有规划地进行营城建设，研究城市的交通联系、规模、功能分区、布局等问题，萌芽了朴素的城市系统规划的思想。如西方古埃及时期的卡洪城，已具备了基本的道路系统、功能分区。

古希腊时期希波丹姆营建的米利都城，则形成了方格网的道路系统并与广场等公共空间发生联系，构建了系统化的城市公共空间网络系统。城市形成了明确的功能分区，城市中心区分为宗教区、商业区、公共建筑区等。而此后古希腊一系列城邦国家都依据希波丹姆模式形成了城市功能分区明确、道路及公共空间联系的城市系统。而古罗马时期的一系列营寨城建设则形成了放射网状的城市道路系统，并在道路交叉节点处形成凯旋门、纪功柱、斗兽场、公共浴池等公共构筑物或建筑物。

在中国古代，城市规划、园林、水利工程等方面也蕴含着整体性思维的系统观。如唐长安城、宋东京等在规划时就较为系统地考虑了选址、布局、供水、防洪等一系列问题，并以工程系统的视角进行城市规划与建设。中国古代《周礼·考工记》所记载的"匠人营国，方九里，旁三门。国中九经九纬，经涂九轨，左祖右社，面朝后市，市朝一夫"反映了中国古代宫城营建在规模、布局、道路、功能、规划结构上的整体系统观。《管子·乘马》记载的"凡立国都，非于大山之下，必于广川之上；高毋近旱，而水用足；下毋近水，而沟防省；因天材，就地利，故城郭不必中规矩，道路不必中准绳"则反映了另一种营城思想，即在城市选址、规划结构、道路系统、功能布局等方面充分尊重自然环境条件，并与区域环境整体协调的有机思想，反映了"天人合一"的系统观。可见，东西方古代城市规划的系统思想是建立在直观的基础之上，强调整体性、统一性的认识。

直到近现代，系统思想或系统方法才在城乡规划学科领域开始系统运用，并随着系统科学的发展而日趋成熟。1898 年，霍华德（E. Howard）在《明日，一条通向真正改革的和平道路》中提出了"田园城市"（Garden City）理论，从城市形态、功能布局、发展规模、经营管理、城乡融合等方面论述了田园城市模式的规划途径，建立了"第一个比较完整的现代城市规划思想体系"，而系统思维贯穿始终。1915 年，盖迪斯（Patrick Geddes）在《进化中的城市》中提出了"调查—分析—规划"（survey - analysis - plan）的城市规划方法，也体现出较为明确的城市规划系统性思想。20 世纪 50 年代是各种系统论思想迸发并逐渐走向成熟的时期，美国的运输—土地使用规划（Transport - Land Use Planning）是这一时期最早应用系统思想和方法的研究项目。麦克劳林（J. Brian Mcloughlin）1968 年出版的《系统方法在城市和区域规划中的应用》和查德威克（G. Chadwick）1971 年出版的《规划系统观》，并在英国的"结构规划"和"地方规划"，次区域规划研究（sub - regional study）中得以实践。这一阶段的系统规划理论及实践主要是通过系统方法论对城市规划各个阶段进行连续的引导和控制，并以此衍生出将城市作为一个整体，并将影响城市发展的各因子包容进来统筹规划的城市规划系统工程方法。这一时期的系统工程方法论是以硬系统工程为主导，硬系统工程方法论在航空航天、机械、汽车、电子等工程领域应用广泛，而在这种硬系统论思潮下，城乡规划也进入了对各种"方法"研究的技术论。

随着 20 世纪 80、90 年代软系统方法论和东方系统方法论的引入，系统理论体现得更为多元、开放、复杂，这为系统科学在城乡规划领域深入运用提供了理论支持。在国内，类似城乡系统工程的提法如城市科学、城市学等出现的时间约在 1984 年，而城市系统工程这一名词的正式提出大体在 2000 年，且仅作为一个命题提了出来。在国外，从掌握的资料未看到以城市系统工程（Urban Systems Engineering，简称 USE）或城乡系统工程为题的学科专业，仅发现以 USE 为主题的一类课程，包括城市系统规划与管理、水资源工程、环境工程系统、建筑系统、运输系统、城市系统决策方法与工具等。

1996 年，陈秉钊在钱学森系统工程学的基础上完成了《城市规划系统工程学》，引进系统工程学的理论与方法，推进城市规划定性分析与定量分析的结合。城市规划开始从定性分析和经验判断的阶段转向以定性结合定量分析的"综合规划"（comprehensive plan）"连续性城市规划"（continuous city planning）。学科理论逐渐走向横向交叉和融合，规划实践进入统筹规划、整合规划、"多规合一"的探索阶段。2004 年，吴良镛先生指出，对于 21 世纪中国城市发展研究来说，系统科学是一种不可缺少的方法论工具。城市大发展，城市问题丛生，呼唤城市科学革命。科学革命是以一种新范式取代一个旧范式，今天科学的发展需要"大科学"（mega science），有人称之为"大科学时代"。人居环境，包括建筑、城镇、区域等，是"复杂巨系统"，在其发展过程中，面对错综复杂的自然与社会问题，需要借助系统工程的多学科交叉理论，从整体上进行探索。

随着中共十六届三中全会确定了"五个统筹"的发展战略，《城市规划法》被《城乡规划法》所取代，我国正在打破建立在城乡二元结构上的规划管理制度，进入城乡统筹规划时代，很多城市相继编制城乡统筹规划，"城市规划"正式转向"城乡规划"。把城市和农村作为一个整体进行统筹考虑，是"城乡规划"区别于"城市规划"最大的特征。为解决长期以来城市规划领域，对城市建成区以外区域难以与土地空间规划及其他规划相结合，无法满足新形势下国土空间发展建设要面临的诸多问题，国土空间规划应运而生，这也是系统思想在城乡规划领域的重要体现。

三、城乡规划系统工程的应用

从新型城镇化发展到乡村振兴战略，从城市规划到城乡规划再到"多规合一"的国土空间规划，从注重土地空间资源的布局建设到多维度国土空间资源综合利用，规划对象也由各自为政的单一元素转变为"山水林田湖草"统筹考虑的生命共同体。这些变化说明城乡规划正从注重表象的研究深入到本质的探索，通过协调复杂系统中各层次的国土空间规划，形成更生态、高效、持续的总体空间规划框架。这些发展也使人们更加清楚地认识到，从相关学科汲取养分来提高城乡规划科学性的必要性。对于现代城乡规划师来说，系统工程学的知识将会逐渐成为不可或缺的基本技能，因为它使得城乡规划不只是规划师依据经验定性地进行规划设计，而是使得设计更加有理有据。实际上，系统工程方法在城市化与城乡规划已进行了诸多应用。

（一）城市系统分析

1. 城市系统的组成

从运动的观点看，城市系统是物质流、能量流和信息流三种基本流动过程的交互作用过程。人们通过信息流控制着城乡的产业活动过程、社会活动过程、生活和环境生态过程，并力求获得满意的社会、经济和环境生态效益。社会系统的行为，主要是由物质的、生物的、心理的和经济的网状组织决定的。这个网状组织把人口、自然环境和经济活动结合在一起。系统动力学认为，社会系统中的各种运动过程，如住宅、就业、交通、能源、物资、人才、资金等等，都存在着信息反馈，而一定的系统状态与其期望状态之差则是系统决策的缘由和动力。

从城市系统构成要素上看，包括生态子系统、经济子系统、社会子系统、文化子系统等子系统。从城市系统的功能构成上看，主要以城市的自然负担能力，城市所处的社会、地理环境，城市已有的人力、物力、科学技术和文化资源对城市发展的影响三方面为主，最终可据此系统科学地确定城市的发展目标。

2. 城市系统识别与分析

对城市系统的识别与分析需运用以下几种方法。一是结构法，即从研究系统的组成要素或子系统及其相互关系入手，通过一系列状态参数或控制变量来描述系统的方法。其着眼点在于弄清系统结构，从结构入手研究系统的功能、特点及其发展。二是功能法，即把系统当作"黑箱"，从系统与其环境的作用中研究系统行为。此法着重考察系统的输入、输出及其函数关系，从而达到识别系统与掌握系统之目的。三是时间系列法，即揭示系统随时间变化的规律，从系统的发生与发展中研究系统。城市系统分析往往需要同时用以上三种方法，才能较全面地认识系统，从而形成较好的系统模型来描述系统的运动和发展。

（二）多规合一建设

顾朝林在《多规融合的空间规划》中构建了我国多规融合的空间发展规划框架，阐述了在国民经济和社会发展规划、城市总体规划、土地利用规划、环境保护规划等基础上，将"空间规划"元素抽取形成一个高于这些规划的"一个政府、一本规划、一张蓝图"的"区域发展规划"的方法和路径。潘安的《规模、边界与秩序——"三规合一"的探索与实践》从研究规划控制、土地制度、计划实施对城市空间发展的影响入手，梳理三个规划的发展脉络及其相互关系，将规模、边界与秩序作为"三规合一"的关键要素，建立了"三规合一"的实现路径和实施手段。张鹏等所著的《"多规合一"规划编制和信息管理平台的开发与应用》则从规划技术和实践运用的角度阐述了"三规合一"或"多规合一"规划编制与信息联动平台项目的实施经验，系统、全面地论述了"三规合一"或"多规合一"的基本概念、编制过程、成果要求、数据转换、数据库设计及建库，以及信息平台的服务接口、总体框架及功能模块、关键技术等技术内容。《三规合一：转型期规划编制与管理改革》《多规合一的理论与实践》等著作则从当前国内多规合一的试点实践出发，阐述和论证了土地利用总体规划、城市规划、环境功能区划等空间规划"多规合一"的理论和实践研究成。而具有典型性的地方实践主要包括：深圳城市规划"一张图"的探索与实践，上海、武汉、天津等城市的"两规协调"编制，北京从"三规合一"到"五规合一"创新，重庆市城乡"四规叠合"规划尝试等。上述规划整合实践探索，本质上都是系统工程学在城乡规划领域的深入运用和实践，为城乡规划系统工程理论的丰富和完善提供了很好的应用素材。

（三）低碳城市系统

系统工程理论的基本点就是要求人们对研究对象作完整的、系统的、全面的考察。所以，可以基于系统工程理论和方法，将低碳城市系统看作一项复杂的系统工程。从过程上看，低碳城市系统包括规划、建设、管理三大环节。这三大环节形成了紧密相关的三大领域——低碳城市规划、低碳城市建设、低碳城市管理，这也可以看作是低碳城市系统的三大子系统，每个子系统均包含众多系统要素，且三个子系统之间还需统筹与协调。同时，从系统工程的观点看，一个城市除了城市运行系统外，还应包括城市系统运行的目标、系统运行的保障和系统运行的控制。因此，对低碳城市而言，低碳城市规划是目标系统，低碳城市建设是运行系统，低碳城市管理是保障系统，三者的统筹就是控制系统，如图 1-1 所示。此外，还可以把低碳城市建设与智慧城市结合起来，建立低碳城市建设的智能化管理平台。智慧城市作为一种决策的手段和工具，在进行城市规划、建设、管理以及资源与环境保护的过程中，可以起到不可替代的作用。同时，根据低碳城市工作的需求，可以针对低碳城市评价体系的应用建立低碳城市智能化管理平台，基于大数据技术，实现对低碳城市评价的数据管理、数据分析、可视化结果输出等基本要求，从而实现低碳城市系统的高效运行。

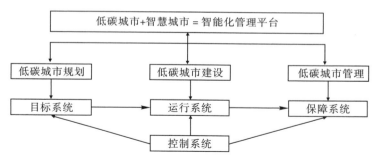

图 1-1　低碳城市系统三大子系统的统筹

（四）城市用地评价

城市用地评价是城乡规划的一项重要基础工作，用地评价的结果很大程度上影响用地选择和规划方案。城市用地评价通常要综合考虑地形坡度、地载力、地下水深度、洪水淹没情况及地貌等，有时还要考虑人为因素。各因素单独进行评价一般并不困难，但各因素由于彼此间一般不存在固有的内在联系，诸多因素在一起进行综合评价并不等同于单因素评价。系统工程中的模糊综合评价可以在城市用地评价中进行应用。其方法一般为：根据用地评价的精度要求确定合适的单元规模，将用地各因子的数值填入各单元内，求得隶属度和模糊关系矩阵，根据各评定因子对用地等级评定的相对重要程度，进行模糊权重计算，进而进行模糊综合评价，从而得出结论。

（五）城市防灾规划

在城市防灾规划方面，城乡规划系统工程也有着不可忽略的重要作用。地震灾害对人居环境具有长期威胁，可采用城乡规划系统工程方法，在对震前防御到震后重建或修复等涉及的各个维度进行持续和深入的研究，提出地震灾害防治的相关规划理论方法及应对，尽量防患于未然。曾帆（2019）以四川5·12汶川地震和4·20芦山地震为例，以震后重建规划实践过程及其经验为研究基础，运用全面系统干预（total systems intervention，TSI）方法论的系统隐喻工具和霍尔三维结构的硬系统工程方法论，解析并重构了震后重建规划体系，建立了震后重建规划体系集成的理论模型，辨识出震后重建的关键技术并构建了开放式的震后重建关键技术体系，建立了震后重建规划技术集成的操作模型，为震后重建规划提供了直接有效的行动指导。

（六）城市更新改造

大连市政府曾运用系统工程中的层次分析法对遗留在市中心区的15家不合理有污染的企业实行了搬迁改造，腾出用地21公顷，代之以公园绿地与大型的公共建筑，盘活土地资产8亿元，中心区的土地利用率提高，同时促进了产业结构的优化。苏州市政府对古城的容量研究中也应用了层次分析法。国务院在批复苏州城市总体规划时明确指出："古城内严禁新建工厂或扩建工厂……对严重污染环境的工厂，要逐步迁出，……要全面保护古城风貌……"根据国务院的批复，确定古城要全面保护，并建设一个旅游城市，为合理保护古城，并使旅游开发规模得到合理控制，需要对古城原有的工业、市级公建、人口进行调整，并最终确定古城的合理容量。据此，规划工作者将城市系统划分为旅游容量、公建迁出量、工厂迁出量、居住水平四个子系统，设置19个指标，建立层次分析模型，对古城内268家工厂进行综合分析，并根据总效用值大小将81个方案进行排序，为最终规划方案的制定提供参考。

小　结

城市作为一种复杂巨系统，是人类物质文明与精神文明的生产和创造地，人们不仅依托城市进行一定的社会生产和自然地域环境发展建设，还在城市实现了经济效益和社会效益的集聚。解决城市在一定时空条件下产生的问题，需要研究城市系统，运用系统思想和系统科学方法。目前，国土空间规划体系中所包含的技术内容变得愈发多元，亟须通过系统工程理论将已有的科学知识有效地进行组织，用来解决综合性问题，因此，城乡规划与系统工程理论方法的结合成为一种必然趋势。城乡规划系统工程可在城乡规划多个领域内应用，包括但不限于城市系统分析、国土空间总体规划、国土空间详细规划、城市防灾规划、低碳城市系统、城乡更新改造等。

📖 课后习题

（1）什么是系统？什么是系统工程？系统工程的特点是什么？

（2）什么是城乡规划系统工程？城乡规划系统工程可在城乡规划学科哪些领域应用？

参考文献

［1］于景元，涂元季．从定性到定量综合集成方法——案例研究［J］．系统工程理论与方法，2002，5（5）：8-4.

［2］吕贤军，曹文．城乡空间地域系统发展规划方法创新研究［J］．湖南城市学院学报（自然科学版），2012，21（04）：37-40.

［3］许国志，顾基发，车宏安．系统科学［M］．上海：上海科技教育出版社，2000.

［4］汪应洛．系统工程理论、方法与应用［M］．北京：高等教育出版社，1998.

［5］侯运炳，薛黎明．工程类专业"系统工程"课程教学模式研究［J］．中国校外教育，2011，（24）：124.

［6］吴良镛．中国城市发展的科学问题［J］．城市发展研究，2004，（1）：9-13.

［7］金菊良．水资源系统工程的理论框架探讨．系统工程理论与实践，2004，24（2）：130-137.

［8］寇晓东，薛惠锋．城市系统工程的理论框架探讨［C］//. Well-off Society Strategies and Systems Engineering—Proceedings of the 13th Annual Conference of System Engineering Society of China，2004：395-401.

［9］孙忆敏，赵民．从《城市规划法》到《城乡规划法》的历时性解读：经济社会背景与规划法制［J］．上海城市规划，2008，（2）：55-60.

［10］方程．国土空间规划视角下城乡规划系统工程教学改革初探［J］．居舍，2019，（32）：177-178.

［11］李德华．城市规划原理，3版［M］．北京：中国建筑工业出版社，2001.

［12］李德华．田园城市：中国大百科全书（建筑、园林、城市规划）［M］．北京：中国大百科全书出版社，1988.

［13］沈体雁，张丽敏，劳昕．系统规划：区域发展导向下的规划理论创新框架［J］．规划师，2011，（3）：5-10.

［14］张启人．踵事增华，开拓进取——祝贺《系统工程》胜利跨越100期［J］．系统工程，2000，（04）：5-6.

［15］George Mason University. 1999—2000 University Catalog：Urban Systems Engineering，http：//www. gmu. edu/catalog/99o0/use. html.

［16］吴良镛．中国城市发展的科学问题［J］．城市发展研究，2004，（1）：9-13.

[17] P. Hall. 对 20 世纪城市规划发展的归纳（或新世纪城市展望）：全球信息城市 (The Global – informational city)、数字地球 (The Digitalization of the world)、城市规划与管理 (Planning and Urban Policy———codification versus urban enterplementship)、探求可持续发展 (The Search for Sustainability)、提高城市品质 (The Champaign forUrban Quality). Cities of Tomorrow, 1988.

[18] 裴新生. 从"城市规划"到"城乡规划"的探索 [J]. 上海城市规划, 2012, 104 (03)：110 – 114.

[19] 李苗. 从城乡规划到国土空间规划的转变与发展 [J]. 山西建筑, 2022, 48 (16)：45 – 47 + 106.

[20] 顾朝林著. 多规融合的空间规划 [M]. 北京：清华大学出版社, 2015.

[21] 潘安, 吴超, 朱江. 规模、边界与秩序"三规合一"的探索与实践 [M]. 北京：中国建筑工业出版社, 2014.

[22] 张鹏程. "多规合一"规划编制和信息管理平台的开发与应用 [M]. 北京：电子工业出版社, 2017.

[23]《城市规划》杂志社编. 三规合一转型期规划编制与管理改革 [M]. 北京：中国建筑工业出版社, 2014.

[24] 叶艳妹. "多规合一"的理论与实践 [M]. 杭州：浙江大学出版社, 2017.

[25] 刘全波, 刘晓明. 深圳城市规划"一张图"的探索与实践 [J]. 城市规划, 2011, (06)：50 – 54.

[26] 刘晓斌, 温锋华. 城市系统规划研究综述与应用展望 [J]. 现代城市研究, 2014, (03)：39 – 38

[27] 杜栋, 葛韶阳. 基于系统工程方法统筹低碳城市规划、建设与管理 [J]. 科技管理研究, 2016, 36 (24)：255 – 259.

[28] 曾帆. 基于系统论的震后重建规划理论模型及关键技术研究 [J]. 建筑实践, 2019.

[29] 王开荣, 傅鸿源. 城市规划与系统工程 [J]. 重庆建筑大学学报（社科版）, 2001, (04)：52 – 55.

第二章　城市系统综合评价

本章系统介绍了城市系统综合评价的基本概念与方法，对综合评价中常用的层次分析法、模糊综合评价法进行了详细介绍，并对其在城乡规划领域中的应用实例进行了介绍，通过本章的学习，能够做到以下几点：

（1）了解城乡规划系统工程中各种综合评价的基本概念与内涵；

（2）掌握层次分析法的基本原理和构建步骤，运用层次分析法进行城乡规划相关问题的研究；

（3）掌握模糊综合评价的基本原理和构建步骤，运用模糊综合评价法进行城乡规划相关问题的研究。

第一节　系统综合评价的基本概念与方法

一、系统综合评价

（一）内涵

系统工程是一门解决问题的技术，在系统开发过程中，通过系统工程的思想、程序和方法的应用，不仅能提出相应的替代方案，而且还需要通过系统评价技术从众多替代方案中找出最优方案。然而，要决定哪个方案"最优"并不容易。因为对于复杂的大系统或内容不详的问题来说，"最优"这个词的含义并不十分明确，且评价是否为"最优"的尺度（标准），也是随着时间而变化和发展的。所以，进行系统综合评价尤为重要。例如：城市交通系统评价。原来的评价尺度是以交通工具的动力方面、交通路线的建设费用、日常经营费用等经济方面，现在的评价尺度，除了以上方面，还包括交通工具的方便性、舒适性、安全性、美观性、环境保护、能源政策等国家利益方面，由此可见系统评价的多面性难度和重要性。

系统综合评价也叫综合评价方法或多指标综合评价方法，是指使用比较系统、规范的方法对多个指标、多个单位同时进行评价的方法。它不只是一种方法，而是一个方法系统，是对多指标进行综合的一系列有效方法的总称；是针对研究对象，建立一个可测评的指标体系，并采用一定的方法或模型，对收集的资料、数据等进行分析，对被评价的事物作出定量化总体判断的一种方法系统。

（二）评价尺度

在进行系统综合评价时，人们常常会不自觉地相信价值的存在，但至今价值问题仍是一个无法彻底解决的问题。在哲学视角，价值是评价主体（个人或集体）对某个评价对象（如待评价的方案、待开发的系统）的认识（主观感受）和估计；在经济学视角，价值是根据评价主体的效用观点，对评价对象能满足某种需求的认识，或者估计任何一个具体的评价问题，由于其评价主体所处的立场、观点、环境、目的等的不同，对价值评定也就会有所不同，同一评价对象的价值也会随着时间的推移可能发生变化，因而形成了个人价值观。由于人类在社会中过着群体生活，从而有机会交流对事物的认识，所以在价值观念上又会表现出某种程度的共同性和客观性，从而形成了社会价值观。

如何把个人价值观和社会价值观合理地统一和协调起来，这就是系统评价的重要任务。价值不是孤立地附属于某一评价对象的，也不应该有衡量价值的绝对尺度（标准）。因此，在系统评价时采用多种尺度相比较是必不可少的。评价尺度（即评价标准）通过对评价对象进行测度，确定其价值。评价尺度可分为绝对尺度（数值大小的判定）、间隔尺度（数值之间的差距，如测量加工零件名义尺寸的上下偏差，评定文化的地区差别）、顺序尺度（用数字或者反映顺序的字符来表示，如运动员比赛的名次、产品评奖的等级等）。系统评价的重要工作之一，即根据评价的目的、对象的性质等来确定评价尺度。

（三）评价原则

系统性原则，各指标之间要有一定的逻辑关系，它们不但要从不同的侧面反映出社会、经济、生态子系统的主要特征和状态，而且还要反映经济社会生态系统之间的内在联系。每一个子系统由一组指标构成，各指标之间相互独立，又彼此联系，共同构成一个有机体。指标体系的构建具有层次性，自上而下，从宏观到微观层层深入，形成一个不可分割的评价体系。

典型性原则，评价指标应具有一定的典型性和代表性，尽可能准确反映出特定区域下经济社会生态变化的综合特征，即使在减少指标数量的情况下，也要便于数据计算和提高结果的可靠性。另外，评价指标体系的设置、权重在各指标问的分配及评价标准的划分都应该与该区域的经济社会生态条件相适应。

简明科学性原则，各指标体系的设计及评价指标的选择必须以科学性为原则，能客观真实地反映该区域环境、经济、社会发展的特点和状况，能客观全面反映出各指标之间的真实关系。各评价指标既不能过多过细，从而避免指标过于烦琐，相互重叠，也不能过少过简，避免指标信息遗漏，出现错误、不真实现象。此外，数据应具有可获得性，计算方法宜简明易懂。

可比、可操作、可量化原则，指标选择上，特别注意在总体范围内的一致性，指标体系的构建是为区域政策制定和科学管理服务的，指标选取的计算量度和计算方法须一致统一，各指标尽量简单明了、微观性强、便于收集，各指标应该要具有较好的可操作性和可比性。而且，选择指标时也要考虑能否进行定量处理，以便于进行数学计算和分析。

综合性原则，社会—经济—生态的"互动双赢"是发展的最终目标，也是综合评价的重点。在相应的评价层次上，需要全面考虑影响环境、经济、社会系统的诸多因素，并进行综合分析和评价，从而在综合评价的基础上得出相应结论。

二、权重简介

（一）权重的概念

权重是一个相对概念。对某一指标而言，该指标的权重既指该指标在整体评价中的相对重要程度，也指在评价过程中，被评价对象在不同层面重要程度的定量分配。在系统综合评价中，权重的大小反映了评价指标的重要程度，权重大的评价指标重要程度更高，权重小的评价指标重要程度更低。权重一般有两种表现形式，一是用绝对数（频数）表示，二是用相对数（频率）表示。从含信息的多少来考虑，权重越大评价指标所包含信息越多。从指标的区分能力来考虑，权重越大，说明评价指标区别被评价对象的能力越强。

（二）权重的确定方法

对实际问题选定综合的指标后，确定各指标的权重值的方法很多。概括起来，权重的确定方法可归为两大类，即主观赋权评价法、客观赋权评价法。主观赋权法是指基于决策者的知识经验或偏好，通过按重要性程度对各指标属性进行比较、赋值和计算得出其权重的方法，主要有专家打分法、层次分析法等。客观赋权法是基于各方案评价指标值的客观数据的差异而确定各指标的权重的方法，主要有主成分分析法、拉开档次法、熵值法等。

1. 专家打分法

专家打分法，又称德尔菲法（Delphi 法），其特点在于集中专家的知识和经验，确定各指标的权重，并在不断的反馈和修改中得到比较满意的结果。基本步骤为：①选择专家。这是很重要的一步，选得好不好将直接影响到结果的准确性。一般情况下，选本专业有实际工作经验又有较深理论修养的专家 10～30 人，并需征得专家本人的同意。②将待定权重的指标和有关资料以及确定权重的规则发给选定的各位专家，请他们独立地给出各指标的权数值。③回收结果并计算各指标权数的均值和标准差。④将计算的结果及补充资料返还给各位专家，要求所有的专家在新的基础上确定权数。⑤重复上述两步，直至各指标权数与其均值的离差不超过预先给定的标准为止，也就是各专家的意见基本趋于一致，以此时各指标权数的均值作为该指标的权重。此外，为了使判断更加准确，令评价者了解已确定的权数大小，还可以运用"带有信任度的德尔菲法"，该方法需要在上述第⑤步每位专家最后给出权数值的同时，标出各自所给权数值的信任度。这样，如果某指标权数的信任度较高时，就可以有较大的把握使用它，反之，只能暂时使用或设法改进。

2. 层次分析法

层次分析法又称 AHP 法（analytic hierarchy process），是 20 世纪 70 年代由著名运

筹学家 T. L. Saaty 提出的。层次分析法是将决策问题按总目标、各层子目标、评价准则直至具体的备投方案的顺序分解为不同的层次结构，通过专家打分法或主观比较获得不同层次结构要素的判断矩阵，然后用求解判断矩阵特征向量的办法，求得每一层次的各元素对上一层次某元素的优先权重，最后再加权和的方法递阶归并各备择方案对总目标的最终权重，最终权重最大者即为最优方案。

3. 主成分分析法

主成分分析法——把多项评价指标综合成 Z 个主成分，再以这 Z 个主成分的贡献率为权数构造一个综合指标，并据此作出判断。用线性无关的主成分代替原有的 n 个评价指标，当这 n 个评价指标的相关性较高时，这种方法能消除指标间信息的重叠；而且能根据指标所提供的信息，通过数学运算而主动赋权。

假设研究者想找到新的一组变量 Z_1，Z_2，$\cdots$，Z_M（$m \leq p$），且它们满足：

$$\begin{cases} Z_1 = l_{11}x_1 + l_{12}x_2 + \cdots + l_{1p}X_p \\ Z_2 = l_{21}x_1 + l_{22}x_2 + \cdots + l_{2p}X_p \\ \cdots \\ Zm = lm_1x_1 + lm_2x_2 + \cdots + lmpXp \end{cases}$$

首先进行标准化处理，按列计算均值：$\dfrac{1}{n}\sum\limits_{i=1}^{n} Xij$，标准差：$S_j = \sqrt{\dfrac{\sum\limits_{i=1}^{n}(X_{ij} - xj)^2}{n-1}}$，

标准化数据：$X_{ij} = \dfrac{X_{ij} - xj}{sj}$

原始样本矩阵经过标准化变化为：

$$\begin{pmatrix} X_{21} & X_{22} & \cdots & X_{2P} \\ X_{31} & \cdots & \cdots & \cdots \\ Xn_1 & Xn_2 & \cdots & Xnp \end{pmatrix} = (X_1，X_2\cdots，X_p)$$

例如，在制定服装标准的过程中，对 128 名成年男性的身材进行了测量，每人测得的指标中含有这样六项：身高（X_1）、坐高（X_2）、胸围（X_3）、手臂长（X_4）、肋围（X_5）和腰围（X_6）。所得样本相关系数矩阵（对称矩阵），如表 2-1 所示。

表 2-1 样本相关系数矩阵

	X_1	X_2	X_3	X_4	X_5	X_6
X_1	1.000	0.79	0.36	0.76	0.25	0.51
X_2	0.79	1.000	0.31	0.55	0.17	0.35
X_3	0.36	0.31	1.000	0.35	0.64	0.58
X_4	0.76	0.55	0.35	1.000	0.16	0.38
X_5	0.25	0.17	0.64	0.16	1.000	0.63
X_6	0.51	0.35	0.58	0.38	0.63	1.000

经过计算，相关系数矩阵的特征值、相应的特征向量以及贡献率，如表 2-2 所示：

表 2-2 特征值、相应的特征向量以及贡献率

	项目	$a1$	$a2$	$a3$	$a4$	$a5$	$a6$
特征向量	X_1：身高	0.469	-0.365	0.092	-0.122	-0.080	-0.786
	X_2：坐高	0.404	-0.397	0.613	0.326	0.027	0.443
	X_3：胸围	0.394	0.397	-0.279	0.656	0.405	-0.125
	X_4：手臂长	0.408	-0.365	-0.705	-0.108	-0.235	0.371
	X_5：肋围	0.337	0.569	0.164	-0.019	-0.731	0.034
	X_6：腰围	0.427	0.308	0.119	-0.661	0.490	0.179
特征值		3.287	1.406	0.459	0.426	0.295	0.126
贡献率		0.548	0.234	0.077	0.071	0.049	0.021
累计贡献率		0.548	0.782	0.859	0.930	0.979	1.000

从表中可以看到前三个主成分的累计贡献率达 85.9%，因此可以考虑只取前面三个主成分，它们能够很好地概括原始变量。

$$F_1 = 0.469X_1 + 0.404X_2 + 0.394X_3 + 0.408X_4 + 0.337X_5 + 0.427X_6$$

$$F_2 = -0.365X_1 - 0.397X_2 + 0.397X_3 - 0.365X_4 + 0.569X_5 + 0.308X_6$$

$$F_3 = 0.092X_1 + 0.613X_2 - 0.279X_3 - 0.705X_4 + 0.164X_5 + 0.119X_6$$

Xi 是标准化的指标，Xi：身高、坐高、胸围、手臂长、肋围和腰围。

第一主成分 F_1 对所有标准化后的变量都有近似相等的正载荷，故称第一主成分为（身材）大小成分；第二主成分 F_2 在 X_3、X_5、X_6 上有中等程度的正载荷，在 X_1、X_2、X_4 上有中等程度的负载荷，故称第二主成分为形状成分；第三主成分 F_3 在 X_2 上有大的正载荷，在 X_4 上有大的负载荷，在其余变量上载荷都较小，可称第三主成分为臂长成分。此外，由于第三主成分的贡献率不高（7.7%）且实际意义也不太重要，因此也可以考虑只取前两个主成分进行分析。

4. 拉开档次法

拉开档次法的基本原理是从几何角度来看，将 n 个被评价对象看成是由 m 个评价指标构成的 m 维评价空间中的 n 个点（或向量）。寻求 n 个被评价对象的评价就相当于把这 n 个点向一维空间做投影。选择指标权系数，使各被评价对象之间的差异尽量拉大，也就是根据 m 维评价空间构造一个最佳的一维空间，使得各点在此一维空间上的投影点最为分散，即分散程度最大，取极大型评价指标 X_1，X_2，$\cdots X_m$ 的线性函数 $y = W_1X_1 + W_2X_2 + \cdots + W_mX_m = WX$ 为被评价对象的综合评价函数，式 $W = （W_1，W_2，\cdots W_m）$ 是 m 维待定正向量，确定权系数向量的准则是能最大限度地体现出不同的被评价对象之间的差异。若记并最终得出权重向量为 H 的最大特征值所对应的特征向量，其特点为：①综合评价过程透明；②评价结果与系统或指标的采样顺序无关；③评价结果毫无主观色彩；④评价结果客观、可比；⑤权重不具有"可继承性"；⑥权重不再体现评价指标的相对重要程度。

例：运用纵横向拉开档次法，测度 2014—2019 年我国 30 个省（市、自治区，不含港澳台、西藏）的乡村振兴动态发展水平，如表 2-3 所示。

表 2-3　乡村振兴动态发展水平指标体系

系统层	二级指标	三级指标	指标释义	属性
产业兴旺	粮食综合生产能力	粮食单位面积产量（t/hm^2）	土地生产能力	+
		粮食播种面积占农作物播种面积比重（%）	粮食安全	+
	农业产出效率	土地生产率（万元/hm^2）	土地产出效率	+
		劳动生产率（万元/人）	劳动力产出效率	+
	农业生产现代化	单位面积农业机械总动力（kw/hm^2）	农业机械化水平	+
		有效灌溉面积占比（%）	农业水利化水平	+
	产业体系建设	养殖业产值占农业总产值的比重（%）	养殖业发展水平	+
		农产品加工业产值与农业总产值之比（农业总产值为 1）	农产品加工业水平	+
	农业支持力度	农林牧渔业固定资产投资占农业增加值比重（%）	农业投资力度	+
		农业保险深度（%）	农业抗风险能力	+
生态宜居	自然环境宜居	化肥施用强度（kg/hm^2）	农业污染状况	−
		农药施用强度（kg/hm^2）	同上	−
		森林覆盖率（%）	绿化状况	+
	人居环境宜居	村庄道路硬化率（%）	农村道路状况	+
		卫生厕所普及率（%）	厕所革命	+
		自来水普及率（%）	安全饮水	+
		燃气普及率（%）	清洁能源使用情况	+
	社会环境宜居	农村每万人拥有养老机构数量（所）	农村养老设施状况	+
		平均每千农村人口卫生技术人员（人）	农村医疗水平	+
乡风文明	公共文化水平	农村每万人口乡镇综合文化站数量（个）	公共文化发展水平	+
	公共教育水平	农村初中专任教师本科及以上学历占比（%）	农村教育质量	+
		农村小学专任教师本科及以上学历占比（%）	同上	+
	农村居民文化素养	教育文化娱乐支出占总支出比重（%）	农民文娱生活状况	+
		农村居民高中及以上学历占比（%）	农民整体文化素养	+
治理有效	基层治理水平	村委会成员大学专科以上文化程度占比（%）	村干部文化水平	+
		主任、书记"一肩挑"占比（%）	基层党组织引领作用	+

系统层	二级指标	三级指标	指标释义	属性
治理有效	基层治理效果	农村社区综合服务设施覆盖率（%）	农村服务设施状况	+
		农村居民最低生活保障人数占比（%）	表征农村基层治理能力	−
生活富裕	农村居民收入水平	农村居民人均可支配收入（元）	农民收入水平	+
	农村居民消费水平	农村居民人均消费支出（元）	农民消费水平	+
		食品烟酒支出占比（%）	农村恩格尔系数	−
	农村居民生活质量	人均住宅面积（m²/人）	农民住房水平	+
		每百户拥有汽车数量（辆）	农民生活质量	+
		每百户拥有计算机数量（台）	同上	+
	城乡协调发展	城乡居民收入水平对比（农村居民=1）	城乡居民生活差距	−
		城乡居民消费水平对比（农村居民=1）	同上	−

首先按照以下公式对数据进行标准化：

$$X_{ij} = \begin{cases} \dfrac{X_{ij} - \min(X_{ij})}{\max(X_{ij}) - \min(X_{ij})}, & \text{当 } X_j \text{ 为正向指标时} \\[3mm] \dfrac{\max(X_{ij}) - X_{ij}}{\max(X_{ij}) - \min(X_{ij})}, & \text{当 } X_j \text{ 为负向指标时} \end{cases}$$

上式中，X_{ij} 为第 i 项省份第 j 个指标的值，$\max(X_{ij})$、$\min(X_{ij})$ 分别表示指标 X_j 在研究期限内的最大值和最小值。

由于层次分析法、熵值法等传统的多目标评价方法多适用于截面数据的静态测算，在评价面板数据时会出现不同年份权重不一致的问题，而利用纵横向拉开档次法对我国各地不同年度乡村振兴水平进行动态测算可解决不同年份权重不一致的问题。假定有 n 个地区，每个地区均有 m 个用于测算乡村振兴水平的指标 x_1，x_2，$\cdots$，x_m，k 个测算年度 t_1，t_2，$\cdots$，t_k。先对各地 m 个指标在不同年度的面板数据进行标准化处理，记标准化处理之后的数据为 $x_{ij}(t_s)$。为了测算 t_s 年度各省份的乡村振兴水平，设定综合评价函数为：

$$y_i(t_s) = \sum_{j=1}^{m} w_j x_{ij}(t_s)$$

上式中，$i = 1$，2，$\cdots$，n，$j = 1$，2，$\cdots$，m，$s = 1$，2，$\cdots$，k。按最大可能地体现出各评价对象之间的差异来确定权重 W_j，也即对 $y_i(t_s)$ 的总离差平方和取最大值为：

$$e^2 = \sum_{s=1}^{k} \sum_{i=1}^{n} (y_i(t_s) - \bar{y})^2$$

另外，利用公式求得的权重还需要进行标准化处理，也即令权重之和等于 1。由于特征向量有可能出现负值，而权重向量不为负，此时 w 可由以下规划问题确定为：ma

$w^T H w$，$s.t \parallel w \parallel = 1$，$w > 0$ 最终得出各地乡村振兴发展水平及平均增速变化趋势，如图 2 - 1 所示。

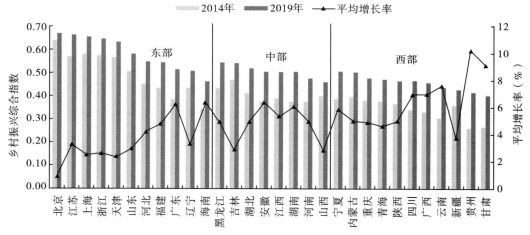

图 2 - 1　2014 年和 2019 年我国各地乡村振兴发展水平及平均增速变化趋势

5. 熵值法

熵值法是指"熵"应用在系统论中的信息管理方法。熵（entropy）是德国物理学家克劳修斯在 1850 年创造的一个术语，它用来表示一种能量在空间中分布的均匀程度。熵也是热力学的一个物理概念，是体系混乱度（或无序度）的量度，用 S 表示。在信息论中，熵是对不确定性的一种度量。熵越大说明系统越混乱，携带的信息越少，熵越小系统越有序，携带的信息越多。信息量越大，不确定性就越小，熵也就越小；信息量越小，不确定性越大，熵也越大。根据熵的特性，可以通过计算熵值来判断一个事件的随机性及无序程度，也可以用熵值来判断某个指标的离散程度，指标的离散程度越大，该指标对综合评价的影响越大。因此，可根据各项指标的变异程度，利用信息熵这个工具，计算出各个指标的权重，为多指标综合评价提供依据。

小　结

系统综合评价也叫综合评价方法或多指标综合评价方法，是指使用系统的、规范的方法对于多个指标、多个单位同时进行评价的方法。它不只是一种方法，而是一个方法系统，是对多指标进行综合的一系列有效方法的总称。系统评价的重要工作之一，即根据评价的目的，对象的性质等来确定评价尺度。评价尺度即评价标准，通过评价尺度对评价对象进行测度，并确定其价值。评价尺度可分为绝对尺度（数值大小的判定）、间隔尺度（数值之间的差距）、顺序尺度（用数字或者反映顺序的字符来表示）等。权重是指某指标在整体评价中的相对重要程度。权重的确定方法从广义可归为两大类，即主观赋权评价法、客观赋权评价法。

第二节　层次分析法

一、简介

层次分析法（Analytic Hierarchy Process）简称 AHP，在 20 世纪 70 年代初期由美国匹兹堡大学运筹学家托马斯·塞蒂（T. L. Saaty）在为美国国防部研究"根据各个工业部门对国家福利的贡献大小而进行电力分配"的课题时提出。它是一种应用网络系统理论和多目标综合评价方法，提出的一种层次权重决策分析方法。是在对复杂的决策问题的本质、影响因素及其内在关系等进行深入分析的基础上，利用较少的定量信息使决策的思维过程数学化，从而为多目标、多准则或无结构特性的复杂决策问题提供简便的决策方法。当对城乡规划领域的问题进行系统分析时，面临的经常是一个由相互关联、相互制约的众多因素构成的复杂系统。层次分析法则为研究这类复杂系统，提供了一种新的、简洁的、实用的决策方法，也是一种解决多目标复杂问题的定性与定量相结合的决策分析方法。该方法将定量分析与定性分析结合起来，用决策者的经验判断各衡量目标能否实现的标准之间的相对重要程度，并合理地给出每个决策方案的每个标准的权数，利用权数求出各方案的优劣次序，从而应用于那些难以用定量方法解决的课题。

此外，层次分析法是实现规划系统决策的有效工具，其特征是合理地将定性与定量的决策结合起来，按照思维、心理的规律把决策过程层次化、数量化，是系统科学中常用的一种系统分析方法。由于它在处理复杂的决策问题上的实用性和有效性，很快在世界范围得到重视。目前，该方法的应用已遍及经济计划和管理、能源政策和分配、行为科学、军事指挥、运输、农业、教育、人才、医疗和环境等领域。该方法自 1982 年被介绍到我国以来，以其定性与定量相结合地处理各种决策因素的特点，以及其系统灵活简洁的优点，迅速地在我国社会经济各个领域内，如工程计划、资源分配、方案排序、政策制定、冲突问题、性能评价、能源系统分析、城乡规划、经济管理、科研评价等，得到了广泛的重视和应用。

二、原理

层次分析法根据问题的性质和要达到的总目标，将问题分解为不同的组成因素，并按照因素间的相互关联影响以及隶属关系将因素按不同层次组合，形成一个多层次的分析结构模型，从而最终使问题归结为方案层（供决策的方案、措施等）相对于目标层（总目标）的相对重要权值的确定，或相对优劣次序的排定。

层次分析法通常将决策目标分解为三个层次：目标层、准则层和方案层。完整的层次分析法通常包括四个步骤，分别是，第一步：标度确定和构造判断矩阵。此步骤即为原始数据（判断矩阵）的来源，一般使用 1~9 分标度法，并且结合出专家打分最终得到判断矩阵表格。第二步：特征向量，特征根计算和权重计算。此步骤目的在于计算出权重值，如果需要计算权重，则需要首先计算特征向量值，同时得到最大特征根值（CI），用于下一步的一致性检验使用。第三步：一致性检验分析。在构建判断矩阵时，有可能会出现逻辑性错误，比如 A 比 B 重要，B 比 C 重要，但却又出现 C 比 A 重要。因此需要使用一致性检验是否出现问题，一致性检验使用 CR 值进行分析，CR 值小于 0.1 则说明通过一致性检验，反之则说明没有通过一致性检验。针对 CR 的计算上，CR = CI/RI，CI 值在求特征向量时已经得到，RI 值则直接查表得出。如果数据没有通过一致性检验，此时需要检查是否存在逻辑问题等，重新录入判断矩阵进行分析。第四步：若判断矩阵通过一致性检验，可计算出权重，然后依据方案层指标打分均值计算目标最终得分。如果已经计算出权重，并且判断矩阵满足一致性检验，最终则可以下结论继续进一步分析，如图 2-2 所示。

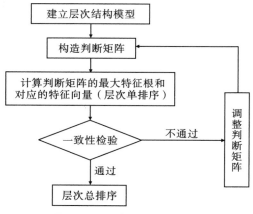

图 2-2　层次分析法流程图

三、基本步骤

运用层次分析法构造系统模型时，大体可以分为以下四个步骤：

（一）建立层次结构模型

将决策的目标、考虑的因素（决策准则）和决策方案，按它们之间的相互关系分为目标层、准则层、方案层，建立层次结构模型，如图 2-3 所示。目标层为决策的目的、要解决的问题；准则层为考虑的因素、决策的准则；方案层为决策时的备选方案。

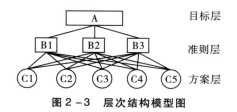

图 2-3　层次结构模型图

（二）构造两两比较的判断矩阵

对同一层次的各元素关于上一层中某一准则的重要性进行两两比较，并构造两两比较的判断矩阵，以矩阵来表示元素之间的相互重要关系如下：

$$A = \begin{bmatrix} W_1/W_1 & W_1/W_2 & \cdots & W_i/W_n \\ W_2/W_1 & W_1/W_2 & \cdots & W_2/W_n \\ \cdots & \cdots & & \cdots \\ W_n/W_1 & W_1/W_1 & \cdots & W_n/W_n \end{bmatrix}$$

1. 两两比较的分值的确定

一般采用美国运筹学家 Satty 教授的 1~9 标度法，1~9 标度的含义，如表 2-4 所示。

表 2-4 两两比较的分值的确定

标度	含义
1	因素 A 与 B 相比，具有同等重要性
3	因素 A 与 B 相比，A 比 B 稍微重要
5	因素 A 与 B 相比，A 比 B 明显重要
7	因素 A 与 B 相比，A 比 B 强烈重要
9	因素 A 与 B 相比，A 比 B 极端重要

2. "9 分制"评分准则

B_i 与 B_j 同等重要，$a_{ij} = 1/a_{ji} = 1$

B_i 与 B_j 稍重要，$a_{ij} = 3$，$a_{ji} = 1/3$

B_i 与 B_j 明显重要，$a_{ij} = 5$，$a_{ji} = 1/5$

B_i 与 B_j 绝对重要，$a_{ij} = 7$，$a_{ji} = 1/7$

B_i 与 B_j 极端重要，$a_{ij} = 9$，$a_{ji} = 1/9$

3. 判断矩阵由专家组得出

专家选择是该方法应用成败的关键，一般情况下，专家的总体权威程度应较高，专家的代表面应广泛（通常应包括要研究问题方面的各类专家和决策人员），专家人数要适当（一般 20~50 人，长期的大型预测可达 100 人）。

（三）层次单排序

针对上层某要素，对本层所有相关要素权重系数（w_i）排序。举例如下，表 2-5 为 B 层相对 A 层的判断矩阵，w_i 列为 B_i 相对 A 层的权重。

表 2-5 相关要素权重系数

$A - B_i$	B_1	B_2	B_3	w_i
B_1	1	1/3	1/5	0.1026
B_2	3	1	1/3	0.6333
B_3	5	3	1	0.2605
	9	4.333	1.533	

这里权重系数的计算有两种方法，分别是和法与积法。

1. 和法

a. 将每一列的元素相加，求其和；

b. 将判断矩阵按列作归一化处理得一新阵；

c. 将归一化后的新阵按行相加；

d. 将 x_1、x_2、x_3 再作归一化处理如表 2 - 6 所示。

表 2 - 6 和法计算 Wi 的过程

$A-Bi$	B_1	B_2	B_3	归一化处理得一新阵				按行相加		归一化求 W_i
B_1	1	1/5	1/3	1/9 = 0.1111	1/5 ÷ 1.5333 = 0.1304	0.0769	x_1	0.3185		0.3185/3 = 0.106156
B_2	5	1	3	5/9 = 0.5556	1/1.5333 = 0.6522	0.6923	x_2	1.9000		1.9/3 = 0.633346
B_3	3	1/3	1	3/9 = 0.3333	1/3 ÷ 1.5333 = 0.2174	0.2308	x_3	0.7815		0.7815/3 = 0.260498
按列求和	9	1.5333	4.3333				$x_1 + x_2 + x_3 =$	3.000		

2. 积法

a. 将每一行的元素相乘求其积；

b. 给得出来的积开 n 次方（n—矩阵的阶数）；

c. 将 x_1、x_2、x_3 再作归一化处理如表 2 - 7 所示。

表 2 - 7 积法计算 Wi 的过程

$A-Bi$	B_1	B_2	B_3	按行相乘	开三次方根		归一化求 W_i
B_1	1	1/5	1/3	0.06666	x_1	0.4055	0.4055/3.8717 = 0.1047
B_2	5	1	3	15	x_2	2.4662	2.4662/3.8717 = 0.6370
B_3	3	1/3	1	1	x_3	1	1/3.8717 = 0.2583
				$x_1 + x_2 + x_3 =$	3.8717		

注意，这里和法与积法算出来的权重系数略有差别，但是这不影响最终结果的判断，因此，无论用哪种方法都是可行的。

（四）一致性检验

一致性检验主要包括如下四个步骤。

步骤一，求入 $\max = \dfrac{1}{n} \sum_{i=0}^{n} \dfrac{(AW)_i}{w_i}$；

步骤二，求一致性检验指标 CI。由于一个混乱、不符合逻辑的判断矩阵可能导致决策上的失误，因此在每一层的两两比较后，都需要进行一致性检验，求 CI，公式如下：

$$CI = \frac{入 \max - n}{n - 1}$$

CI 值越大，表明判断矩阵偏离完全一致性的程度越大，CI 值越小（越接近于 0），表明判断矩阵的一致性越好。

步骤三，求 CR 值。对于不同阶的判断矩阵，判断的一致性误差不同，其 CI 值的要求也不同，因此还需引入判断矩阵的一致性随机指数 RI。对于 1~9 阶判断矩阵，RI 的值分别列于表 2-8 中。CR 计算公式如下：

$$CR = \frac{CI}{RI}$$

步骤四，检查 CR 值。若 $CR < 0.1$，则对应的判断矩阵满足一致性精度要求，合格；$CR = 0$，则完全精确。否则，要调整判断矩阵的元素取值，重新分配权重系数。

表 2-8　一致性随机指数

阶数	RI	阶数	RI	阶数	RI
1	0	11	1.52	21	1.6385
2	0	12	1.54	22	1.6403
3	0.52	13	1.56	23	1.6462
4	0.89	14	1.58	24	1.6497
5	1.12	15	1.59	25	1.6556
6	1.26	16	1.5943	26	1.6587
7	1.36	17	1.6064	27	1.6631
8	1.41	18	1.6133	28	1.667
9	1.46	19	1.6207	29	1.6693
10	1.49	20	1.6292	30	1.6724

（五）层次总排序

根据层次结构模型，计算各级要素相对于总体的综合重要度排序，如表 2-9 所示。

表 2-9　C 层相对 B 层的总排序

相对上层 B_i 权重　相对下层	B_1　a_1	B_2　a_2	……	B_m　a_m	（C 层相对 B 层）总排序
c_1	b_{11}	b_{12}	……	b_{1m}	$w_1' = a_1 b_{11} + a_2 b_{12} + \cdots + a_m b_{1m}$
c_2	b_{21}	b_{22}	……	b_{2m}	$w_2' = a_1 b_{21} + a_2 b_{22} + \cdots + a_m b_{2m}$
c_3	b_{31}	b_{32}	……	b_{3m}	$w_3' = a_1 b_{31} + a_2 b_{32} + \cdots + a_m b_{3m}$
……	……	……	……	……	……
c_n	b_{n1}	b_{n2}	……	b_{nm}	$w_n' = a_1 b_{n1} + a_2 b_{n2} + \cdots + a_m b_{nm}$

四、应用实例1——合理利用企业利润促进企业发展

(一)建立层次结构模型

如何合理利用企业利润，促进企业发展呢？某企业请相关专家为该企业构建了如下层次结构模型，其目标层为 A，即合理利用企业利润，促进企业发展，准则层包括三要素（如下图 B 层），方案层包括五要素（如下图 C 层），具体如图 2-4 所示。

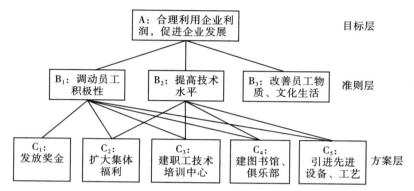

图 2-4　合理利用企业利润促进企业发展的层次结构模型

(二)层次单排序

以下表 2-10~表 2-13 为图 2-4 层次结构模型的各判断矩阵，及根据每个判断矩阵计算的权重 w_i。

表 2-10　判断矩阵 A-B_i 及权重 W_i

A-B_i	B_1	B_2	B_3	w_i
B_1	1	1/5	1/3	0.105
B_2	5	1	3	0.637
B_3	3	1/3	1	0.258

表 2-11　判断矩阵 B_1-C_i 及权重 W_i

B_1-C_i	C_1	C_2	C_3	C_4	C_5	w_i
C_1	1	2	3	4	7	0.491
C_2	1/2	1	3	2	5	0.232
C_3	1/3	1/3	1	1/2	2	0.092
C_4	1/4	1/2	2	1	3	0.138
C_5	1/7	1/5	1/2	1/3	1	0.046

表 2 - 12   判断矩阵 $B_8 - C_i$ 及权重 W_i

$B_8 - C_i$	C_2	C_3	C_4	C_5	w_i
C_2	1	1/7	1/3	1/5	0.055
C_3	7	1	5	3	0.564
C_4	3	1/5	1	1/3	0.118
C_5	5	1/3	3	1	0.263

表 2 - 13   判断矩阵 $B_9 - C_i$ 及权重 W_i

$B_9 - C_i$	C_1	C_2	C_3	C_4	w_i
C_1	1	1	3	3	0.406
C_2	1	1	3	3	0.406
C_3	1/3	1/3	1	1	0.094
C_4	1/3	1/3	1	1	0.094

（三）一致性检验

对第一个判断矩阵 $A - B_i$ 而言，完成权重 W_i 的计算之后，需要进行如下计算来进行一致性检验。

$$\lambda\,\max = \frac{1}{n}\sum_{i=0}^{n}\frac{(AW)_i}{w_i} = \frac{1}{3}\left(\frac{(AW)_1}{w_1} + \frac{(AW)_2}{w_2} + \frac{(AW)_3}{w_3}\right) = 0.3018$$

$$其中,\ A * \vec{W} = \begin{pmatrix} 1 & 1/5 & 1/3 \\ 5 & 1 & 3 \\ 3 & 1/3 & 1 \end{pmatrix}_{3\times3} \cdot \begin{pmatrix} 0.105 \\ 0.637 \\ 0.258 \end{pmatrix}_{3\times1} = \begin{pmatrix} (AW)_1 \\ (AW)_2 \\ (AW)_3 \end{pmatrix}_{3\times1}$$

$$\frac{(AW)_i}{w_i} = \frac{\begin{pmatrix} (AW)_1 \\ (AW)_2 \\ (AW)_3 \end{pmatrix}}{\begin{pmatrix} w_1 \\ w_2 \\ w_3 \end{pmatrix}} = \begin{pmatrix} (AW)_1/w_1 \\ (AW)_2/w_2 \\ (AW)_3/w_3 \end{pmatrix}_{3\times1}$$

故 $CI = \dfrac{\max - n}{n - 1} = \dfrac{3.018 - 3}{2} = 0.009$；

又因为 $N = 3$，查表 2 - 8 得 $RI = 0.52$；

故计算 $CR = \dfrac{CI}{RI} = \dfrac{0.009}{0.52} = 0.04 < 0.1$；

所以第一个判断矩阵 $A - B_i$ 合格。

用同样的方法，依据其他判断矩阵，可进行其他判断矩阵的一致性检验，结果如下：

$B_1 - C_i$，$\lambda_{max} = 5.126$；$CI = 0.032$；$N = 5$，$RI = 1.12$；$CR = 0.028 < 0.1$；

$B_8 - C_i$，$\lambda_{max} = 4.117$；$CI = 0.039$；$N = 4$，$RI = 0.89$；$CR = 0.044 < 0.1$；

$B_9 - C_i$，$\lambda_{max} = 4$；$CI = 0$；$CR = 0.1$。

（四）层次总排序

根据下表 2 – 14 计算的总排序，可知五种方案的排序为：$C_3 > C_5 > C_2 > C_1 > C_4$。也就是说，想要合理利用企业利润，促进企业发展，首先要做的是建设职工技术培训中心（C_3），其次是引进先进设备、工艺（C_5），再次为扩大集体福利（C_2），然后是发放奖金（C_1），最后才是建图书馆、俱乐部（C_4）。

表 2 – 14　层次总排序计算结果

相对上层	B_1	B_2	B_3	总排序 w_i'
相对下层	0.105	0.637	0.258	
C_1	0.491	0	0.406	$w_1' = 0.105 \times 0.491 + 0.637 \times 0 + 0.258 \times 0.406 = 0.159$
C_2	0.232	0.055	0.406	$w_2' = 0.164$
C_3	0.092	0.564	0.094	$w_3' = 0.394$
C_4	0.138	0.118	0.094	$w_4' = 0.113$
C_5	0.046	0.263	0	$w_5' = 0.172$

五、应用实例2——历史街区特色街道识别评价

层次分析法通常被运用于解决多目标、多标准、多要素、多层次的非结构化的复杂决策性问题，特别是战略决策性问题。虽然发展至今只有 50 年的应用历程，但是因其具有高效、实用的特点而被广泛运用于城乡规划学与建筑科学中，并逐渐发展应用于风景园林、地产开发、节能等多种学科衍生行业中。

历史街区作为一种动态型的城市遗产，它既是城市文脉与记忆的传承，又和当下人们生活紧密相关，是关乎城市空间结构与文化传承，实现城市可持续发展的重要组成部分。随着我国历史街区保护更新进入新的发展时期，历史街区在理论概念上更加清晰，整治手段上更具有针对性，研究内容上更具多样性，分析方法上也更加注重定性与定量相结合。层次分析法作为一种定性与定量相结合的决策分析方法，现已成为历史街区保护与更新研究中广泛运用的科学调查分析方法。层次分析法可以应用于历史街区量化评价标准分析与评价模型构建中，包括历史街区客体理论评价、主体使用评价或者综合二者的评价等。其具体作用主要表现在，评价模型搭建过程中用于计算各因素间的相对重要程度及量化表现它们之间的影响与协同作用。同时，层次分析法可确保历史街区评价模型的可信度，减少主观判断对因素确定的影响，通过层次结构模型的建立、评价指标权重计算、综合评价得分计算与依赖性检验四部分分析过程，层次分析法可以将复杂的因素划分成组，根据评价因素间的支配关系搭建有序的层次结构，比较各因素在层次中的相对重要性，建立各层次的评判矩阵，通过计算得各评

价因素的权重值，较合理地进行定性问题定量化处理。此外，层次分析在理论模型构建中也可以与其他问卷权重分析方法综合使用，根据问卷权重分析方法的原始数据来源不同可以将其划分为三类：主观赋值法、客观赋值法与综合赋值法。在实际应用中，尤其是在综合客观理论评价与主观使用评价下，较常用的方法是将主观赋值法与客观赋值法综合使用，从而提高权重的准确度。

层次分析法应用于历史街区景观评价可以划分为三类：综合景观评价、景观满意度评价与景观构成要素中某一要素评价。评价模型构建与评价标准的选择都主要围绕历史街区景观的物质要素与文化要素及其他组成部分。

物质要素主要围绕历史街区范围内的植物、建筑、小品、服务设施、铺装纹样等。以主体使用的角度展开评价的模型中，更应关注使用人群的活动与反馈，因此，历史街区的文化要素不仅只包含景观设计中的文化要素与历史风貌现状，还应包括非物质的文化元素如民间习俗、特定风俗活动等。其他方面还有历史街区的旅游功能评价、活动空间价值评价等，具体评价标准及评价因子的选取还需根据研究对象进行调整。

如在研究特色街道构成要素时，与 AHP 层次分析法相对应。该体系可分为目标层 A、准则层 B、指标层 C。目标层 A 指特色街道的详细识别指标；指标层 B 分为街道小品特色、街道功能业态、人的行为活动、历史文脉特色、街道空间形态五个指标，分别命名为 B_1、B_2、B_3、B_4、B_5；而指标层 C 由一级指标深化而得到，共 15 项，分别用 $C_1-1 \sim C_5-3$ 来表示，具体如表 2-15 所示。

表 2-15　层次模型构建表

目标层（A）	准则层（B）	指标层（C）
特色街道识别指标	街道小品特色（B_1）	服务型街道小品（C_1-1）
		街景型街道小品（C_1-2）
		标示性街道小品（C_1-3）
	街道功能业态（B_2）	街道功能业态多样（C_2-1）
		主导特色功能（C_2-2）
		大型公共设施（C_2-3）
	人的行为活动（B_3）	必要的活动（C_3-1）
		自发性活动（C_3-2）
		社交性活动（C_3-3）
	历史文脉特色（B_4）	历史文物数量（C_4-1）
		历史街道形态（C_4-2）
		历史风俗活动（C_4-3）
	街道空间特色（B_5）	街道基本形态（C_5-1）
		街道界面密度（C_5-2）
		建筑风格和样式（C_5-3）

层次结构模型构建后，进行专家问卷调查，AHP 层次分析法专家问卷使用的是 1~9 分标度的打分方式，如表 2-16 所示，这种方式用不同程度的副词来表示其重要性，来表示两两关系的重要性，给受访者以清晰明了的方案选择，根据各因素相对重要性关系确定专家打分标度，如表 2-17~表 2-22 所示：

表 2-16　层次分析法专家打分标度

标度	两要素相比的重要性
1	A 与 B 具有同等重要性
3	A 与 B 比稍微重要
5	A 与 B 比比较重要
7	A 与 B 比十分重要
9	A 与 B 比绝对重要
2、4、6、8	上述两判断值的中间

一般为保证调查问卷的专业性和客观性，专家问卷的发放一般为该领域的专家学者，如在进行特色街道的调研过程中，受访对象主要为城乡规划、人文地理，以及建筑学背景的教师、城市规划领域的相关从业者以及本地居民；同时，为保证问卷的广泛性和代表性，一般也要对各个区域的市民进行问卷调查。

根据调查问卷数据统计整理后，通过公式求出各项评价要素中的平均值。从而建立起相应因子 A 对 B 重要性的判断矩阵，最后利用 Yaahp 软件或 Excel 进行各项权重的计算，得出下表计算结果：

判断矩阵：$a = \sum mn/J$

注："a"为专家所评价各要素的平均值；"m"为各项评分值；"n"为受访人数；"j"为有效调查问卷数量。

表 2-17　层级 B 相对于层级 A 所占的权重

	B_1	B_2	B_3	B_4	B_5	Wi
B_1	1.0000	0.5750	0.3840	0.4370	0.7740	0.1122
B_2	1.7391	1.0000	0.5850	0.5760	0.7420	0.2671
B_3	2.6042	1.7094	1.0000	0.7650	1.7090	0.2671
B_4	2.2883	1.7361	1.3072	1.0000	1.7090	0.2908
B_5	1.2920	1.3437	0.5851	0.5851	1.0000	0.1701

同理可得，C 层级各项因子相对于层级 B_i 的权重：

表 2-18 层级 C_1 相对于层级 B_1 所占的权重

	C_1-1	C_1-2	C_1-3	Wi
C_1-1	1.0000	0.4290	0.7050	0.0998
C_1-2	2.3310	1.0000	1.8750	0.5052
C_1-3	1.4184	0.5333	1.0000	0.2832

表 2-19 层级 C_2 相对于层级 B_2 所占的权重

	C_2-1	C_2-2	C_2-3	Wi
C_2-1	1.0000	0.5290	2.1250	0.3998
C_2-2	1.8232	1.0000	2.4920	0.1673
C_2-3	2.1734	3.1250	1.0000	0.5583

表 2-20 层级 C_3 相对于层级 B_3 所占的权重

	C_3-1	C_3-2	C_3-3	Wi
C_3-1	1.0000	0.3579	0.3130	0.1526
C_3-2	2.8089	1.0000	0.8240	0.3969
C_3-3	3.1876	1.1398	1.0000	0.6743

表 2-21 层级 C_4 相对于层级 B_4 所占的权重

	C_4-1	C_4-2	C_4-3	Wi
C_4-1	1.0000	0.2390	2.5650	1.3998
C_4-2	1.2452	1.0000	1.4570	0.4361
C_4-3	0.3272	0.3250	1.0000	0.1203

表 2-22 层级 C_5 相对于层级 B_5 所占的权重

	C_5-1	C_5-2	C_5-3	Wi
C_5-1	1.0000	1.7280	0.6698	0.3387
C_5-2	0.9837	1.0000	0.5760	0.4322
C_5-3	1.8925	1.6321	1.0000	0.4418

注：经计算，上述结果的 CR 值均小于 0.1，因此可知各判断矩阵通过一致性检验。

进而计算特色街道各指标权重，具体数值如表 2-23 所示。

表 2-23　南京市秦淮区特色街道各构成要素权重汇总

目标层 A	准则层 B	综合权重	指标层 C	C 层权重	整体权重
特色街道各构成要素	街道小品特色	0.1122	服务型街道小品（C_1-1）	0.2086	0.0234
			街景型街道小品（C_1-2）	0.5082	0.0570
			标识型街道小品（C_1-3）	0.2832	0.0318
	街道功能业态	0.1598	功能业态多样性（C_2-1）	0.3205	0.0512
			主导特色功能（C_2-2）	0.5047	0.0806
			大型公共设施（C_2-3）	0.1748	0.0279
	行为活动特色	0.2671	必要性活动（C_3-1）	0.1429	0.0382
			自发性活动（C_3-2）	0.3969	0.1060
			社交性活动（C_9-3）	0.4603	0.1229
	历史文脉特色	0.2908	历史文物数量（C_4-1）	0.4012	0.1167
			街道空间形态（C_4-2）	0.4282	0.1245
			历史风俗活动（C_4-3）	0.1706	0.1498
	街道空间特色	0.1701	街道基本形态（C_5-1）	0.3365	0.0572
			街道空间密度（C_5-2）	0.2217	0.0377
			建筑风格及形式（C_5-3）	0.4418	0.075

下面结合上表，依据权重值对各指标的重要性进行具体分析。

在准则层的四个指标中，按照分数进行重要性排序依次应该为：历史文脉特色（权重 0.2908）＞行为活动特色（权重 0.2671）＞街道空间特色（权重 0.1701）＞街道产业布局（权重 0.1598）＞街道小品特色（权重 0.1122）。其中，历史文脉特色所占的比重最大，说明在特色街道的发展过程中，历史文物的数量、历史街道的空间特征以及历史风俗活动在特色街道的形成和发展过程中，占据了非常重要的作用。一条街道如果在以上三个方面能够凸显特色，则具有不可替代的作用；同时依据各要素所占的比例，在特色街道的建设过程中，能够真正把握特色，对特色街道建设具有十分重要的意义。

同时，在因子层中各指标权重值，按照分数进行重要性排序，在指标层街道小品特色中，街景型特色小品（0.0570）＞标识型街道小品（0.0318）＞服务型街道小品（0.0234）；在街道产业布局特色中，主导特色功能（0.0816）＞街道功能多样性（0.0512）＞大型公共设施（0.0279）；在行为活动特色中，社交性活动（0.1229）＞自发性活动（0.1060）＞必要性活动（0.0382）；在历史文脉特色中，历史街道形态特色（0.1245）＞历史文物数量（0.1167）＞历史风俗活动（0.0496）；在街道空间特色中，建筑风格和建筑形式（0.0752）＞街道基本形态（0.0572）＞街道界面密度（0.0377）。同时排名前 5 的指标依次是历史街道形态特色（0.1245）＞社交性活动

（0.1229）＞历史文物数量（0.1167）＞自发性活动（0.1060）＞主导特色功能（0.0816）。其中，历史街道形态特色所占的比重最大，服务型街道小品所占的比重最小，说明了特色街道中，要素所占的比重大小，同时，其他因素也具有重要作用。

综上所述，从历史街区本身的空间特征分析，历史街区具有很强的综合性、复杂性及地域性，决定了历史街区更新保护与规划的相关研究受到多方因素的影响，传统的定性研究很难精确表示某一具体的影响因素及其影响程度，所以在定性研究的基础上需要结合定量的多层次、多因子的综合评价展开分析。不论是在客体理论评价、主体使用评价或综合评价的角度下，层次分析法都可以有效确定评价因素与其权重，但不同评价角度下所构建的评价模型各有所长。客体理论评价因其数据及标准的确定多半来自相关领域专家而更具科学性，但其容易忽视对象的特点，得出的普适性理论不一定适用于研究对象的全部特征。主体使用评价作为自下而上的评价模式，更加切合使用者的实际情况，但容易受到主观因素的影响，且工作量较大，效率较低。综合理论判断与主体使用的角度下，对于部分已经形成理论共识的评价因子，可以利用理论判断，减少主体使用评价带来的工作量，同时又保留了评价角度的针对性，但评价标准的科学性需要反复与验证，才可以形成理论共识。

总之，层次分析法具有很强的实用性，但是在使用过程中也存在一定的不足，如利用层次分析法构建评价体系时，评价标准的选取容易受到主观因素影响，评价标准的筛选过程也较为烦琐等。因此，为了减少上述缺陷所带来的影响，在历史街区相关研究中可以考虑将层次分析法与其他研究方法组合使用，从客体理论与主体研究两方面展开综合评价与验证，才能更加确保研究内容的科学性，更能切实解决历史街区保护、更新与规划过程中的实际问题。

小　结

层次分析法（analytic hierarchy process）简称 AHP，是一种应用网络系统理论和多目标综合评价方法，提出的一种层次权重决策分析方法。是在对复杂的决策问题的本质、影响因素及其内在关系等进行深入分析的基础上，利用较少的定量信息使决策的思维过程数学化，从而为多目标、多准则或无结构特性的复杂决策问题提供简便的决策方法。层次分析法通常将决策目标分解为三个层次：目标层、准则层和方案层。其基本步骤包括：建立层次结构模型、构造两两比较的判断矩阵、一致性检验、层次总排序。层次分析法在城乡规划领域应用较为广泛。

第三节　模糊综合评价

一、简介

现实中的事物可以分为两大类：一类是相对明确的，如有和无，黑和白，有机和无机，晴天和雨天，平均温度，区域人口等等；另一类是界限模糊的，如大和小，优和劣，年轻与年老，貌美与貌丑，城乡边界，经济地位等等。对于第一类现象，可以用确定的数字进行描述，建立常规数学模型开展分析。对于第二类现象，无法获得确切的普查或者统计数字，常规的数学方法失效，这时可以采用模糊数学开展定量分析。

模糊数学（fuzzy mathematics）由美国控制论专家扎德（L. A. Zadeh）于 1965 年奠定基础。扎德（图 2－5）出生于伊朗的巴库（Baku）。1965 年，扎德教授在《信息与控制论（Information and Control）》杂志上发表了题为"模糊集合（Fuzzy Sets）"的论文，提出用"隶属函数"来描述现象差异的中间过渡，从而突破了经典集合论中属于或不属于的绝对关系。扎德教授这一开创性的工作，标志着数学的一个新分支——模糊数学的诞生。

图 2－5　美国控制论专家扎德
（L. A. Zadeh）

模糊数学的基本思想是用精确的数学手段对现实世界中大量存在的模糊概念和模糊现象进行描述、建模，以达到对其进行恰当处理的目的。需要注意的是，模糊数学是以不确定性事物为研究对象的，模糊集合的出现是数学适应描述复杂事物的需要。扎德的功绩在于用模糊集合的理论将模糊性对象加以确切化，从而使研究确定性对象的数学与不确定性对象的数学沟通起来，弥补过去精确数学、随机数学对客观世界描述的不足。因此，模糊数学不是"模模糊糊"的，是非常严密的。此外，也不是什么对象都需要用模糊数学去分析。

模糊数学的发展经历了三个阶段，第一阶段始于 1965 年，扎德提出模糊集合概念；第二阶段始于 1973 年，模糊数学被用于复杂系统和决策过程分析；第三阶段始于 1979 年，模糊数学被用于可能性理论和软数据分析。扎德创立模糊理论时发现一个互不相容原理："当系统的复杂性增加时，人们对系统的特性做出精确而有意义的描述的能力就会相应下降，以至达到这样一个阈值，一旦超过该临界值，精确性与复杂性将变成两种相互排斥的特性"。这意味着，复杂性越高，有意义的精确化能力就会越低；精确化越低，暗示系统的模糊性越强。

20 世纪 80 年代，有学者将模糊数学（F）、灰色系统（G）及物元变换等方法结合起来，提出了 FHW 决策系统的概念，地理界有人因此受到启发，认为模糊、灰色等等是解决地理学理论问题的重要工具。这些方法在地理学理论建设中的地位姑且不论，可以肯定模糊数学在综合评价和聚类分析等方面有所优长。所谓模糊综合评价，就是以模糊数学理论为基础，借助模糊关系合成的原理，对一些界限不易明确的现象进行定量分析与评价的一种数学方法。

模糊综合评价在城乡规划领域有着广泛的应用，例如在文化景观遗产价值评价体系的构建与测量、城市公园游憩者满意度评价、老旧小区改造居民满意度评价研究以及生态承载力评价指标体系研究等，同时在环境中的污染水质评判、旅游规划、房地产评估乃至产品市场分析与定位等领域都非常有用。模糊综合评价是在没有数据的情况下生成数据的典型方法，但生成得合情合理，因为大多数据是通过问卷调查等方式取得的。当然，也可以通过理论的方法和专家评分的方法取得。以何种方法生成数据，可以根据具体的研究对象和具体的问题来确定。

二、原理

模糊综合评价法（FCE）是一种根据模糊数学隶属度理论把定性评价转化为定量评价的方法。它具有结果清晰、系统性强的特点，能较好地解决模糊的、难以量化的问题，适合各种非确定性问题的解决，其分析需要设定评语集。FCE 计算的前提条件之一是确定各个评价指标的权重，也就是权向量，它一般由决策者直接指定。但对于复杂的问题，例如评价指标很多并且相互之间存在影响关系，直接给出各个评价指标的权重比较困难，而这个问题正是 AHP 所擅长的。在 AHP 中，通过对问题的分解，将复杂问题分解为多个子问题，并通过两两比较的形式给出决策数据，最终给出备选方案的排序权重。如果把评价指标作为 AHP 的备选方案，使用 AHP 对问题分层建模并根据专家对此模型的决策数据进行计算，就可以得到备选方案也就是各个评价指标的排序权重，这样就解决了模糊综合评价法（FCE）中复杂评价指标权重确定的问题。实际中使用 AHP – FCE 时，并不是直接给出评价指标，评价指标的确定是通过分析问题并构造层次模型来完成。首先利用 AHP 分层的思想对问题进行分解，然后把分层后的最下一层中间层要素（准则）作为评价指标，并将评价指标改为备选方案。

（一）评语集的等级设定

这里有一个重要问题：评语集的等级 m 设为多少为好？若等级设得太大，人类语言难以描述且不易判别等级的隶属；另一方面，若等级设得太小，又难以满足模糊评价的质量要求。在模糊综合评价中，评语集中的等级 m 的取值一般在 3 ~ 7 之间，且多为奇数，奇数的好处是有一个中间等级，便于判别研究对象的归属情况，具体如表 2 – 24 所示。

表 2 – 24 评语集的例子

分类	评语
①	[强，中，弱]
②	[很好，较好，一般，不好，很坏]
③	[优秀，良好，及格，较差，很差]
④	[上上，上中，上下；中上，中中，中下；下上，下中，下下]

上表中评语集④也是《禹贡》对中国九州土壤肥力的分级。此外，中国古代历史上的官员考评，通常就用这种方式分为三级九等。《国史异纂》中有这一个小故事，卢承庆做尚书，总管官吏的考评。有一位官员负责漕运，遇到大风，翻了船，损失了不少大米。卢承庆在评语上写：监运失粮，考中下（第六等）。那个人神态自若，没话退下。卢承庆认为这个人很有雅量，改评语为：非力所及，考中中。那个人既未表示高兴，也未表示惭愧。卢承庆又改评语为：宠辱不惊，可以考中上（第四等）。这个故事说明古代的官员考评分为9级，同时，官员考评是一个很模糊的事情。

（二）模糊运算法则

根据模糊运算法则，我们可以建立模糊向量和关系矩阵，然后进行模糊变换，得到评价向量。举例如下。

设 A 为模糊向量：

$$A = \begin{bmatrix} a_1 & a_2 & \cdots & a_p \end{bmatrix}$$

R 为模糊关系矩阵：

$$R = \begin{bmatrix} r_{11} & r_{12} & \cdots & r_{1m} \\ r_{21} & r_{22} & \cdots & r_{2m} \\ \vdots & \vdots & \ddots & \vdots \\ r_{p1} & r_{p2} & \cdots & r_{pm} \end{bmatrix}$$

模糊变换就是：

$$A \circ R = \begin{bmatrix} b_1 & b_2 & \cdots & b_m \end{bmatrix} \hat{\equiv} B$$

式中：

$$b_j = (a_1 \wedge r_{1j}) \vee (a_2 \wedge r_{2j}) \vee \cdots \vee (a_p \wedge r_{pj})$$

这里 $j = 1, 2, \cdots, m$。

对于两个常规向量

$A = \begin{bmatrix} 0.2 & 0.5 & 0.3 \end{bmatrix}$ 与 $C = \begin{bmatrix} 0.2 & 0.5 & 0.3 \end{bmatrix}$ 的运算，就是：

$$AC = 0.2 * 0.7 + 0.5 * 0.4 + 0.3 * 0.3 = 0.14 + 0.20 + 0.09 = 0.43$$

而模糊矩阵运算法则与普通矩阵运算不同。

先介绍四个简单的模糊算子如下：

$$\begin{cases} \wedge \text{——取小运算} \\ \vee \text{——取大运算} \\ * \text{——乘法运算} \\ \oplus \text{——有界和运算即有界加法运算} \end{cases}$$

组合上述算子，可得模糊合成算子。

假定评语（评价尺度）分为 m 级，评价指标为 p 个。下面给出几种常用的模糊合成算子，分别举例说明如下。

第一种合成算子：M（$\wedge$，$\vee$）。即取小 – 取大算子。表示为公式的形式就是

$$b_j = \bigvee_{i=1}^{p} (a_i \wedge r_{ij}) = \max_{1 \leqslant i \leqslant p} \{ \min (a_i, r_{ij}) \}$$

这里 $j = 1, 2, \cdots, m$。

考虑两个模糊向量 $\tilde{A} = [\ 0.2 \quad 0.4 \quad 0.4\ ]$ 与 $\tilde{C}^T = [\ 0.8 \quad 0.3 \quad 0.5\ ]$ 的运算，可得 $\tilde{A}\tilde{C} = \vee [\ 0.2 \wedge 0.8 \quad 0.4 \wedge 0.3 \quad 0.4 \wedge 0.5\ ]$

$$= \vee [\ 0.2 \quad 0.3 \quad 0.4\ ] = 0.4$$

第二种合成算子：$M\ (*, \text{v})$，即乘法－取大算子。表示为公式的形式就是：

$$b_j = \overset{p}{\underset{i=1}{\vee}}\ (a_i * r_{ij})\ = \max_{1 \leqslant i \leqslant p}\ \{a_i * r_{ij}\}$$

这里 $j = 1, 2, \cdots, m$。

考虑两个模糊向量 $\tilde{A} = [\ 0.2 \quad 0.4 \quad 0.4\ ]$ 与 $\tilde{C}^T = [\ 0.8 \quad 0.3 \quad 0.5\ ]$ 的运算，可得 $\tilde{A}\tilde{C} = \vee [\ 0.2 * 0.8 \quad 0.4 * 0.3 \quad 0.4 * 0.5\ ]$

$$= \vee [\ 0.16 \quad 0.12 \quad 0.2\ ] = 0.2$$

第三种合成算子：$M\ (\wedge, \oplus)$，即取小－有界和算子。表示为公式的形式就是：

$$b_j = \overset{p}{\underset{i=1}{\oplus}}\ (a_i \wedge r_{ij})\ = \min\{1, \sum_{i=1}^{p} \min(a_i, r_{ij})\}$$

这里 $j = 1, 2, \cdots, m$。

考虑两个模糊向量 $\tilde{A} = [\ 0.2 \quad 0.4 \quad 0.4\ ]$ 与 $\tilde{C}^T = [\ 0.8 \quad 0.3 \quad 0.5\ ]$ 的运算，可得 $\tilde{A}\tilde{C} = \oplus [\ 0.2 \wedge 0.8 \quad 0.4 \wedge 0.3 \quad 0.4 \wedge 0.5\ ] = \oplus [\ 0.2 \quad 0.3 \quad 0.4\ ]$

$$= \min\ (1, 0.2 + 0.3 + 0.4)\ = \min\ (1, 0.9)\ = 0.9$$

第四种合成算子：$M\ (*, \oplus)$，即乘法－有界和算子。表示为公式的形式就是

$$b_j = \overset{p}{\underset{i=1}{\oplus}}(a_i * r_{ij})\ = \min(1, \sum_{i=1}^{p} a_i * r_{ij})$$

这里 $j = 1, 2, \cdots, m$。

考虑两个模糊向量 $\tilde{A} = [\ 0.2 \quad 0.4 \quad 0.4\ ]$ 与 $\tilde{C}^T = [\ 0.8 \quad 0.3 \quad 0.5\ ]$ 的运算，可得 $\tilde{A}\tilde{C}^T = \oplus [\ 0.2 * 0.8 \quad 0.4 * 0.3 \quad 0.4 * 0.5\ ] = \oplus [\ 0.16 \quad 0.12 \quad 0.2\ ]$

$$= \min\ (1, 0.16 + 0.12 + 0.2)\ = \min\ (1, 0.48)\ = 0.48$$

上述各种算子各有优缺点，具体如表 2 − 25 所示。

表 2 − 25 各种算子优缺点

算子内容	$M\ (\wedge, \vee)$	$M\ (*, \vee)$	$M\ (\wedge, \oplus)$	$M\ (*, \oplus)$
发挥权数的作用	不明显	明显	不明显	明显
利用 R 的信息	不充分	不充分	较充分	充分
综合程度	弱	弱	较强	强
类型	主因素决定型	主因素突出型	不均衡平均型	加权平均型

合成算子是包含两步运算功能：第一步是借助权重向量的元素 a_i 对关系矩阵的元素 r_{ij} 进行修正，由取小（$\wedge$）或者乘法（$*$）运算完成；第二步是对修正后的结果进

行综合，由取大（∨）或者有界和（⊕）运算完成。从发挥权数的作用方面看来，乘法运算要比取小运算的效果好得多。乘法将权数 a_i 的信息赋予了相应的 r_{ij} 值，而取小是在 a_i 和 r_{ij} 两个数值中保留一个较小的数值。

虽然第一步的乘法运算可以将权数的信息赋予关系矩阵中的相应元素，但能否充分利用其信息还与第二步运算有关。第二步如果采用取大运算，就会丢失权数和相关矩阵的一些信息；如果采用有界和运算，则会通过修正结果的加和而相对充分地利用权数和相关矩阵的信息，其中有三个要点：

（1）取小、取大过程有较多的舍弃，乘法、加和则合成了数据的信息。因此，第一步的乘法运算要比取小运算能够更好地利用权数和关系矩阵的信息，第二步的有界和运算则要比取大运算可以更好地利用数据的信息。

（2）第二步的作用要比第一步更为关键。因此，从综合程度看，有界和运算比取大运算好一些。

（3）第一步采用取小、第二步采用有界和运算，目的都是为了使得最后的计算结果不超过1。第一步采用取小运算和乘法运算还有一个原因，权数修正只能使数据变小，不可能变大。

如果采用取小－取大算子，某一等级的最终评语由主要评判因素决定。所谓主要评判因素实际上就是权重最大的因素。第一等级是一个特例，其余的一、二、三、四级的最终评语数值全部由面积决定。主因素对最终评语具有决定性的作用。如果采用乘法－取大算子，主因素不再具有决定性作用，但对最终评语有突出的影响。无论取小运算抑或乘法运算，权重最大的因素可以保留或者生成较大的数值，其结果在第二步的取大运算中必然具有优势，故对最终评语具有决定性的作用或者具有突出型的影响。但是，如果第二步采用有界和运算，主因素的作用会在加和过程中被隐藏，而加和的过程相当于对各种评语的一种平均过程。

模糊算子的采用，可以根据研究对象的需要进行甄别与遴选。如果研究者无法判断采用什么算子，建议采用第四种类型。一般情况下，进行综合比较，乘法－有界和算子的运算效果比较可取。

例：假定某房地产商人计划开发一种第四代住宅，他们关心这种住宅建成上市以后是否有较好的销量。为此可以开展一个模糊评价，以便对市场行情心中有底。为了对这种房屋在市场上受欢迎的程度做出评价，我们可以从建筑内实际居住面积（以下简称居住面积）、露天花园面积和销售价格三个方面构成如下论域。

$$\tilde{X} = [\text{居住面积（}x1\text{）} \quad \text{露天花园面积（}x2\text{）} \quad \text{价格（}x3\text{）}]$$

这个论域是不够全面的，我们可以进一步考虑楼房的地理位置、小区环境状况等评价指标。不过，作为一个教学实例，我们尽可能地将问题化简。根据上面的评价指标，对市民展开问卷调查，让众多的市民从上述三个方面对该种第四代住宅下一个评语。评语集合可以分为四级。

$$\tilde{X} = [\text{非常受欢迎（}y1\text{）} \quad \text{比较受欢迎（}y2\text{）} \quad \text{不太受欢迎（}y3\text{）} \quad \text{很不欢迎（}y4\text{）}]$$

假定调查的结果是 20% 的市民对该房屋的居住面积非常欢迎，70% 的市民对居住面积比较欢迎，10% 的市民对居住面积不太欢迎，没有市民对居住面积很不欢迎，于是可得对居住面积的模糊评价向量。

$$[0.2 \quad 0.7 \quad 0.1 \quad 0.0]$$

向量中的数值就是模糊数学的隶属度。用同样的方法得到对房屋露天花园面积的模糊评价向量。

$$[0.0 \quad 0.4 \quad 0.5 \quad 0.1]$$

以及对房屋价格的模糊评价向量。

$$[0.2 \quad 0.3 \quad 0.4 \quad 0.1]$$

合并上述模糊评价向量可得关系集。

$$\tilde{R} = \begin{bmatrix} 0.2 & 0.7 & 0.1 & 0.0 \\ 0.4 & 0.4 & 0.50 & 0.1 \\ 0.2 & 0.3 & 0.4 & 0.1 \end{bmatrix}$$

另一方面，在顾客的心目中，房屋面积、露天花园面积和销售价格的分量或者说重要程度是不一样的：有的人认为面积最重要，有的认为露天花园面积最重要，有的人认为价格更为重要。

因此，有必要对综合评判因素子集的三个要素赋予权数（即评价指标的权重）。赋值方法有多种，对于这个问题而言，最可靠的还是民意测验。假定调查的结果为：20% 的市民认为居住面积最重要；50% 的市场认为居室数目最重要；30% 的市民认为销售价格最重要，则三个权数在 U 上构成一个模糊权重向量。

$$\tilde{X} = [0.2 \quad 0.5 \quad 0.3]$$

借助模糊变换可以得到市民对该房屋的综合评价，利用取小－取大运算法则给出的综合评语集为：

$$\tilde{Y} = \tilde{X} \cdot \tilde{R} = [0.2 \quad 0.5 \quad 0.3] \begin{bmatrix} 0.2 & 0.7 & 0.1 & 0.0 \\ 0.0 & 0.4 & 0.5 & 0.1 \\ 0.2 & 0.3 & 0.4 & 0.1 \end{bmatrix}$$

$$= [0.2 \quad 0.4 \quad 0.5 \quad 0.1]$$

对上面的综合评价向量进行归一化，可得最后的结果：

$$[0.17 \quad 0.34 \quad 0.40 \quad 0.09]$$

根据这个向量可以判断，这种类型的住房在市场上将会比较受欢迎，但不是特别受欢迎那种。

三、基本步骤

通常情况下，对于复杂系统，常规的评价方法失效，可以将层次分析法 AHP 和模糊综合评价法 FCE 结合起来进行事物的综合评价，该过程一般步骤如下：

（1）确定评价目标。

（2）对评价目标进行分解，形成准则层（Critiaria）及评价指标（Alternatives），并最终构造层次模型。

（3）使用这个层次模型生成 AHP 调查问卷，邀请专家参与调查。

（4）收集专家们的 AHP 调查问卷，得到各个评价指标对评价目标的排序权重。至此 AHP 过程完成，其中的专家调查问卷过程可以利用 Delphi 方法多轮完成。

（5）以层次模型的评价指标，也就是方案层要素，作为评价指标，生成 FCE 问卷。

（6）对各个被测对象，寻找专家/评测人填写 FCE 问卷。

（7）收集 FCE 问卷，根据专家数据及 AHP 获得的各个评价指标排序权重（作为 FCE 的权向量），计算得到各被测对象的综合评价结果。

我们还可以对复杂系统直接采用模糊综合评价方法开展综合评价工作。模糊综合评价的步骤可以概括如下：

（1）确定评价对象的因素论域。这一步相当于选取评价指标。

（2）确定评语等级的论域。

（3）建立模糊关系矩阵。这一步通过开展单因素评价实现。

（4）基于评价因素建立模糊权向量。这一步与前述单因素评价相似，主要是对评价指标的重要性赋值。

（5）借助模糊关系矩阵对权向量进行变换。这一步要采用某种合成算子。

（6）模糊综合评价结果归一化，并利用结果进行分析和预测。

需要强调的是，模糊评价因素的确定与 AHP 法准则的遴选一样，应该注意"正交"性，即不同的评价因素之间不应该存在明显的关联。如果不同评价因素之间关系比较密切，就会人为加强一个评价标准的分量，相对地降低了其他评价标准的分量，以致最终评价结论出现偏差。

假设给定两个有限论域（集合）：

$$U = \{u_1 \quad u_2 \quad \cdots \quad u_p\}$$
$$V = \{v_1 \quad v_2 \quad \cdots \quad v_m\}$$

其中 U 代表综合评判的因素所组成的集合（评价指标集合）；V 代表评语组成的集合（或评价尺度集合），基于这两个论域可以建立如下模糊变换：$\tilde{X} \cdot \tilde{R} = \tilde{Y}$

式中 X 为 U 上模糊子集，Y 为 V 上的模糊子集，R 为关系集。

为什么不用 UV 直接建立关系，而采样它们的子集合构造模型呢？原因在于，任何一个论域（集合），在理论上涵盖的范围都非常广阔，实际工作中，我们不可能全面找到一个论域（集合），只能找到论域（集合）的主要要素，据此构造某个论域（集合）的子集。简而言之，X 之于 U，Y 之于 V，有点像样本之于总体。上述集合和子集在日常生活中都有应用。

例：某自然科学类期刊审稿单（或称"审稿意见书"），编辑部将论文的评审分为八个方面：基本论点，方法手段，……，成果意义。该审稿单是一个标准模糊综合评价样例，如表 2-26 所示。

这八个方面构成一个评价因素论域即评价指标，可以表示为（评价指标集合）

$$\tilde{X} = [基本论点 \quad 方法手段 \quad \cdots \quad 成果意义]$$

论域的每一个方面又分为 A、B、C、D 四级评语,形成评语等级的论域即评语集(评价尺度集合)

$$\tilde{Y} = [A \quad B \quad C \quad D]$$

如果对论域中的要素基本论点、方法手段赋予权重,则上述问题就是一个模糊综合评价问题。实际上,设计审稿单的专家也许不懂模糊数学,但他们不自觉地运用了模糊数学的思想和评价方法。将审稿单加以改进,可以变成一个典型的模糊综合评价问题。

表 2-26 文章评价标准

论文题目	＊＊＊＊＊＊＊＊		
请对本稿的以下各项进行评价(在字母处打钩)			
基本论点:A. 新颖独到	B. 理论明确	C. 见解一般	D. 肤浅空泛
方法手段:A. 有所创新	B. 合理得当	C. 尚待完善	D. 运用不当
资料数据:A. 准确充实	B. 比较翔实	C. 简要补充	D. 陈旧贫乏
文献掌握:A. 全面系统	B. 基本熟悉	C. 了解有限	D. 严重不足
图表质量:A. 规范美观	B. 较为规范	C. 还需改进	D. 问题很多
论文结构:A. 完整协调	B. 比较合理	C. 条理不强	D. 逻辑混乱
文字水平:A. 严谨流畅	B. 行文通畅	C. 表达欠佳	D. 生涩烦冗
成果意义:A. 重要价值	B. 较大价值	C. 一般价值	D. 缺少价值
总体评价:A. 优秀 B. 良好 C. 尚好 D. 平淡 E. 较差		综合得分: 分	
评审意见:A. 直接发表 B. 改后发表 C. 改后再审 D. 改投他刊 E. 不宜发表			

四、应用实例1——西安大唐芙蓉园模糊综合评价

某大学的学生在西安大唐芙蓉园对游客进行调查,一共调查了198人。调查的内容是对西安大唐芙蓉园进行评价,评价的等级分为四级:十分满意、比较满意、不太满意、不能忍受,调查结果,如表2-27所示。

表 2-27 调查结果统计

评语	十分满意	比较满意	不太满意	不能忍受	总和
人数	11	107	69	11	198
比重	5.56%	54.04%	34.85%	5.56%	100

上述评价构成一个关于旅游景区的评语集:

$V = [十分满意(v_1) \quad 比较满意(v_2) \quad 不太满意(v_3) \quad 不能忍受(v_4)]$

而评价的结果为:

$$[0.0556 \quad 0.5404 \quad 0.3485 \quad 0.0556]$$

遗憾的是，在调查游客意向时，这些学生没有分清论域的结构。因此，上面的评价属于单因素简单评价。下面我们假定分出如下论域：

$$U = [风景（u_1）\quad 交通（u_2）\quad 服务（u_3）]$$

这个论域是不完全的，有一些因素没有考虑。必须说明的是，我们这里是讲授方法，不是讨论旅游调查，因此问题越是简单越好。

首先，对论域赋以权数。假定调查的结果是：40%的人认为风景最重要，35%的人认为交通最重要，25%的认为服务最重要。则论域的权数分布为：

$$\tilde{A} = [0.4 \quad 0.35 \quad 0.25]$$

现在假定调查1000人，让他们对大唐芙蓉园的风景、交通和服务分别给予评价（下评语）。结果表明，10%的人对风景十分满意，50%的人对风景比较满意，40%的人对风景不太满意，0%的人对风景不能忍受，则关于大唐芙蓉园风景的评价为：

$$[0.10 \quad 0.50 \quad 0.40 \quad 0.00]$$

再假定：5%的人对交通十分满意，30%的人对交通比较满意，50%的人对交通不太满意，15%的人对交通不能忍受，则关于大唐芙蓉园交通的评价为：

$$[0.05 \quad 0.30 \quad 0.50 \quad 0.15]$$

最后假定：12%的人对服务十分满意，40%的人对服务比较满意，40%的人对服务不太满意，8%的人对服务不能忍受，则关于大唐芙蓉园服务的评价为：

$$[0.12 \quad 0.40 \quad 0.40 \quad 0.08]$$

于是构成关于西安大唐芙蓉园的关系集为：

$$\tilde{R} = \begin{bmatrix} 0.10 & 0.50 & 0.40 & 0.00 \\ 0.05 & 0.30 & 0.50 & 0.15 \\ 0.12 & 0.40 & 0.40 & 0.08 \end{bmatrix}$$

现在我们采用取小－取大算子 $M（\Lambda，v）$ 进行如下运算：

$$\tilde{B} = \tilde{A} \cdot \tilde{R} = [0.40 \quad 0.35 \quad 0.25] \begin{bmatrix} 0.10 & 0.50 & 0.40 & 0.00 \\ 0.05 & 0.30 & 0.50 & 0.15 \\ 0.12 & 0.40 & 0.40 & 0.08 \end{bmatrix}$$

$$= [0.12 \quad 0.40 \quad 0.40 \quad 0.15]$$

将结果归一化可得关于西安大唐芙蓉园的模糊综合评价：

$$[0.112 \quad 0.374 \quad 0.374 \quad 0.140]$$

上述评价虽然是一个综合评价，但属于单级综合评价。为了评价整个大唐芙蓉园，需要进行多级综合评价。由于西安大唐芙蓉园还有紫云楼、御苑门、陆羽茶社、彩霞长廊、望春阁、星宿墙等景点，对每一个地方都可以进行类似的综合评价。

为了简化问题，可以只考虑三个风景地，假设大唐芙蓉园只有紫云楼、御苑门、陆羽茶社三个景点。于是由这三个景点构成一个论域：

$$U_z = [紫云楼（u_{z1}）、御苑门（u_{z2}）、陆羽茶社（u_{z3}）]$$

采用上述方法，假定对紫云楼的综合评价结果为：

$$[0.112 \quad 0.374 \quad 0.374 \quad 0.140]$$

对御苑门的综合评价结果为：

$$[0.120 \quad 0.393 \quad 0.407 \quad 0.08]$$

对陆羽茶社的综合评价结果为：

$$[0.205 \quad 0.312 \quad 0.413 \quad 0.07]$$

于是可得关于大唐芙蓉园的关系集

$$\tilde{R}_z = \begin{bmatrix} 0.112 & 0.374 & 0.374 & 0.140 \\ 0.120 & 0.393 & 0.407 & 0.080 \\ 0.205 & 0.312 & 0.413 & 0.070 \end{bmatrix}$$

为了给出多级评价结果，我们还需要对上述景点构成的论域赋予权数，赋值的方法依然是问卷调查，或者专家打分，相比较而言，问卷调查更为可靠。

假定对千人以上的游客进行调查，请他们对上述景点进行评判，结果发现：30%的人认为紫云楼最值得一游，50%的人认为御苑门最值得一游，20%的人认为陆羽茶社最值得一游，则模糊向量为：

$$\tilde{A}_z = [0.30 \quad 0.50 \quad 0.20]$$

于是关于整个大唐芙蓉园的多级模糊综合评价结果为：

$$\tilde{B}_z = \tilde{A}_z \cdot \tilde{R}_z = [0.3 \quad 0.5 \quad 0.2] \begin{bmatrix} 0.112 & 0.374 & 0.374 & 0.140 \\ 0.120 & 0.393 & 0.407 & 0.080 \\ 0.205 & 0.312 & 0.413 & 0.070 \end{bmatrix}$$

$$= [0.20 \quad 0.393 \quad 0.407 \quad 0.14]$$

归一化的结果为：

$$[0.175 \quad 0.345 \quad 0.357 \quad 0.123]$$

上述结果还可以进行如下验证：直接调查游客，请他们根据对整个大唐芙蓉园的游览印象进行评判，将评价结果与上述结果进行对照。如果二者基本一致，则整个评价结束；如果出入较大，则要查清问题的根源所在。有人可能会问：既然可以直接对整个大唐芙蓉园进行评分，为什么还要设置那么多的论域、进行多级综合评价呢？问题在于：简单而直接的综合评价通常是不可靠的，因为许多游客不会游览全部景点，他们往往会根据对某些地方的印象以偏概全。

五、应用实例2——地铁站点设施适老性分析

（一）研究范围与数据来源

以南京地铁1号线双龙大道站的适老化水平为研究对象，该地铁站位于江宁区岔路口地区，根据2021年2月的《南京市规划编制批前公示》，双龙大道站所在的岔路口地区总人口5.9万人，其中江宁片区4.7万人，秦淮片区1.2万人。岔路口人口稠密，其配套的地铁站——双龙大道站在未来会面临较大的适老化压力，对其进行研究有一定的代表性。研究者以调查问卷的方式，对在双龙大道站乘坐地铁的60岁及以上的老年人，以及相关专家、从业人员派发地铁站适老化满意度调查问卷，来调查他们对于该站的满意度。调研获得实地问卷139份，回收有效问卷103份。

（二）确定评价模糊集

确定对象集。O = ｛地铁站适老化水平｝。

确定指标集（即论域）。U = ｛U_1，U_2，U_3｝= ｛空间满意度，硬件设备满意度，服务满意度｝为准则层，如表 2 – 28 所示。

确定评价集（即评语集）。使用五等级划分法评价地铁站的适老化水平，即 V = ｛V_1，V_2，V_3，V_4，V_5｝= ｛非常不满意，不满意，一般，满意，非常满意｝，为了便于计算，将定性的等级描述词进行量化，其赋值区间依次为（0，60］、（60，70］、（70，80］、（80，90］、（90，100］，并依次赋值为 55、65、75、85、95 分，即 V = ｛55，65，75，85，95｝。

表 2 – 28 地铁站适老化水平评价指标体系

准则层（论域）	指标层
空间满意度（B_1）	行走时间满意度（C_{11}）
	站台空隙距离满意度（C_{12}）
	行走宽度满意度（C_{13}）
硬件设备满意度（B_2）	安检点个数满意度（C_{21}）
	休息设施数量满意度（C_{22}）
	无障碍垂直电梯数量满意度（C_{23}）
	手扶式电梯数量和速度满意度（C_{24}）
服务满意度（B_3）	标志标牌易识别程度（C_{31}）
	广播音量及播放频次满意度（C_{32}）
	人工服务满意度（C_{33}）
	机器操作适老化满意度（C_{34}）

（三）利用层次分析法确定各级评价指标的权重

根据 1~9 比例标度法获得两两相比的重要性程度数据，采用层次分析法计算得各级评价指标权重，如表 2 – 29 所示。

表 2 – 29 地铁站适老化水平评价指标权重

准则层	准则层权重	指标层	指标层权重			
			C 相对于 B	C 相对于 A	重要性排序	一致性检验
空间满意度（B_1）	0.0982	行走时间满意度（C_{11}）	0.6479	0.0636	5	CI = 0.0018 CR = 0.0036
		站台空隙距离满意度（C_{12}）	0.2299	0.0226	9	
		行走宽度满意度（C_{13}）	0.1222	0.0120	11	

准则层	准则层权重	指标层	指标层权重			
			C 相对于 B	C 相对于 A	重要性排序	一致性检验
硬件设备满意度（B₂）	0.5679	安检点个数满意度（C₂₁）	0.0564	0.0320	8	CI = 0.0258 CR = 0.0290
		休息设施数量满意度（C₂₂）	0.0876	0.0497	6	
		无障碍垂直电梯数量满意度（C₂₃）	0.5897	0.3349	1	
		手扶式电梯数量和速度满意度（C₂₄）	0.2663	0.1513	3	
服务满意度（B₃）	0.3339	标志标牌易识别程度（C₃₁）	0.1284	0.0429	7	CI = 0.0647 CR = 0.0727
		广播音量及播放频次满意度（C₃₂）	0.0433	0.0145	10	
		人工服务满意度（C₃₃）	0.5760	0.1924	2	
		机器操作适老化满意度（C₃₄）	0.2522	0.0842	4	

（四）进行模糊综合评价

根据调查问卷，将 103 份调查问卷按不同因素、不同评价等级进行求和统计，再取平均值，该平均值就是相对应的二级评价指标隶属度，如表 2-30 所示。

表 2-30 地铁站适老化水平二级指标隶属度

准则层	指标层	非常不满意	不满意	一般	满意	非常满意
空间满意度（B₁）	行走时间满意度（C₁₁）	0.068	0.252	0.369	0.252	0.058
	站台空隙距离满意度（C₁₂）	0.019	0.136	0.291	0.408	0.146
	行走宽度满意度（C₁₃）	0.272	0.340	0.282	0.087	0.019
硬件设备满意度（B₂）	安检点个数满意度（C₂₁）	0.087	0.262	0.340	0.194	0.117
	休息设施数量满意度（C₂₂）	0.146	0.311	0.252	0.184	0.107
	无障碍垂直电梯数量满意度（C₂₃）	0.330	0.282	0.282	0.087	0.019
	手扶式电梯数量和速度满意度（C₂₄）	0.194	0.233	0.350	0.155	0.068
服务满意度（B₃）	标志标牌易识别程度（C₃₁）	0.068	0.214	0.330	0.369	0.019
	广播音量及播放频次满意度（C₃₂）	0.078	0.165	0.340	0.262	0.155
	人工服务满意度（C₃₃）	0.078	0.214	0.369	0.223	0.117
	机器操作适老化满意度（C₃₄）	0.175	0.340	0.301	0.107	0.078

一级评价指标综合评价按二级评价指标进行，得到一级评价指标隶属度矩阵为：

$$R = \begin{cases} 0.082 & 0.236 & 0.340 & 0.268 & 0.074 \\ 0.264 & 0.270 & 0.300 & 0.120 & 0.045 \\ 0.101 & 0.243 & 0.346 & 0.214 & 0.096 \end{cases}$$

（五）评价结果

计算后得到各指标的评分，如表 2-31 所示。

表 2-31 地铁站适老化水平指标评分

目标层 A	准则层 B			指标层 C		
	准则	得分	满意度	指标	得分	满意度
总分：70.391 等级：一般	空间满意度（B_1）	73.113	一般	行走时间满意度（C_{11}）	73.107	一般
				站台空隙距离满意度（C_{12}）	79.757	一般
				行走宽度满意度（C_{13}）	60.631	不满意
	硬件设备满意度（B_2）	62.526	不满意	安检点个数满意度（C_{21}）	72.718	一般
				休息设施数量满意度（C_{22}）	69.320	不满意
				无障碍垂直电梯数量满意度（C_{23}）	58.592	非常不满意
				手扶式电梯数量和速度满意度（C_{24}）	66.845	不满意
	服务满意度（B_3）	72.088	一般	标志标牌易识别程度（C_{31}）	73.884	一般
				广播音量及播放频次满意度（C_{32}）	75.583	一般
				人工服务满意度（C_{33}）	73.932	一般
				机器操作适老化满意度（C_{34}）	66.359	不满意

通过以上分析得出，最终综合评分 70.391 分，评价等级为"一般"，主要原因在于双龙大道站的建设时间较为久远，建设时并没有考虑适老化需求。

空间满意度和服务满意度方面其评价等级均为"一般"，得分分别为 73.113 分、72.088 分，说明乘客认为这两方面的适老化水平比较一般；但是空间方面，受限于车站面积和安检通道的设置，导致行走宽度狭窄，只能容纳两人并肩行走；服务方面，由于自助售票和进出站的闸机操作对于老年人而言较为复杂，缺乏人机语音互动等功能。因此，行走宽度满意度和机器操作适老化满意度得分不高，分别为 60.631 分、66.359 分，评价等级均为"不满意"。

硬件设备满意度不高，得分仅 62.526 分，评价等级为"不满意"，主要是由于缺少地面至站厅的无障碍电梯，导致上下楼梯不便的老年人乘坐地铁时感到不便，因此无障碍垂直电梯数量满意度只得到了 58.592 分，让乘客"非常不满意"；由于缺少下行的手扶式电梯，让老年人下楼梯困难，手扶式电梯数量和速度满意度得分仅 66.845 分；由于地铁站考虑到客流量和车站面积，仅仅在站台设置了少量的休息设施，休息设施数量满意度也只得到 69.320 分。

小 结

模糊综合评价是以模糊数学为基础，用模糊集合的理论将模糊性对象加以数量化，从而使研究确定性对象的数学与不确定性对象的数学沟通起来，弥补过去精确数学、随机数学描述的不足之处。它具有结果清晰、系统性强的特点，能较好地解决模糊的、难以量化的问题，适合各种非确定性问题的解决，其分析需要设定评语集。模糊评价因素的确定与 AHP 法准则的遴选一样，应该注意"正交"性，即不同的评价因素之间不应该存在明显的关联。如果不同评价因素之间关系比较密切，就会人为加强一个评价标准的分量，相对地降低了其他评价标准的分量，以致最终评价结论出现偏差。模糊综合评价可应用于各类城市问题的分析。

课后习题

1. 层次分析法习题

（1）随着我国经济的快速发展，人们对生活品质的关注度增强，在养老的同时更加注重享受周边文化、环境给身心带来的愉悦感。康养产业是目前产业发展中的朝阳产业，尤其是将特色小镇与康养相结合，以健康产业为基调，融入旅游、养生、休闲娱乐，打造康养特色旅游小镇，使老年人晚年生活多姿多彩，是老年人理想的一种养老方式。请运用层次分析法构建康养特色旅游小镇层次结构模型，通过对某小镇的调研或资料查阅，采用系统综合评价，确定小镇优化发展改进方向。

（2）在当今社会，城市发展已由高速增长向高质量增长转变，作为城市重要的交通和公共空间，街道设计与治理也从 20 世纪末的粗放式逐渐向精细化发展。目前，我国部分城市街道存在尺度过大、步行空间缺乏、界面功能单一、环境品质不高、街道活力不够等问题。就当前情况来说，公共利益尚未完全对私人利益加以合理引导和管理，有时管控太松，出现沿街乱停车等现象，影响街道秩序；要么过度干涉私人权利，沿街封店或店招整治，街道界面变得单一，失去活力与多样性。为应对上述问题，请以你熟悉的某街道为研究对象，采用层次分析法构建街道景观评价层次结构模型，分析街道景观现状问题，通过系统综合评价，确定街道景观改进和优化策略。

（3）随着旅游业的兴起，我国风景区的发展进入"黄金时代"，景区与原居民和谐问题也日趋突出。《风景名胜区规划规范》中规定："凡含有居民点的风景区，应编制居民点调控规划。"居民点调控规划作为风景名胜区规划重要的专项规划之一，旨在对风景名胜区范围内社区、镇、居民（村）点进行合理控制、布局与调整，规划与风景区协调发展的镇村体系，其中风景区中各村镇的发展潜力评估，风景区的发展需求、地域因素、现有的镇村规划与风景保育规划的协调控制等因素，对风景区内居民点发展方向产生很大影响，因此需要进行多因素综合评价，以确定居民点的调整方向。请通过对风景区内某个村庄的调研或资料查阅，运用层次分析法，以各村庄现状与发展影响因素分析为基础，构建层次结构模型对风景区内村庄发展方向进行综合评价，为进一步进行村庄类型划分和居民点调控提供判断依据。

2. 模糊综合评价习题

（1）请以《实施〈世界遗产公约〉操作指南》和《中国文物古迹保护准则》为依据，构建适用西安文化景观遗产自身特点的价值评价指标体系。以层次分析法（AHP）为基础，结合模糊综合评价法（FCE），建立完善的城市文化景观遗产价值评估体系的内容构成与实施步骤，并利用你熟悉的某遗址进行实验性评估。

（2）城市公园在城市绿地系统中发挥着重要的作用，游憩是绿色开放空间的基本功能，是公众休闲生活的基本需求，请你以自己熟悉的某个公园为例，运用模糊综合评价的方法，找出影响游憩者满意度的因素，并针对基于满意度评价的城市公园品质提升策略进行探讨。

（3）目前，智慧社区在我国各大城市得到全面推广，智能门禁、社区监控、智能物业管理、区域政务服务、社区信息数据库等各类智慧应用系统基本建成。请你以周边的某社区为例，在现状调研和查阅文献资料的基础上，构建智慧社区评价体系，开展模糊综合评价。

参考文献

［1］Xiu Yan. 主成分分析法：［EB/OL］. https：//blog. csdn. net/weixin_43819566/article/details/113800120. 2021－02－13

［2］芦凤英，邓光耀. 中国省域乡村振兴水平的动态比较和区域差异研究［J］. 中国农－业资源与区划，2022，43（10）：199－208

［3］ziyin_2013. 权重的确定方法：［EB/OL］. https：//blog. csdn. net/ziyin_2013/article/details/116496411. 2022－10－23

［4］子木. 层次分析法原理及计算过程详解. ［EB/OL］. https：//zhuanlan. zhihu. com/p/266405027？s_r=0. 2023－12－30

［5］章俊华. 规划设计学中的调查分析法（12）——AHP法［J］. 中国园林，2003（05）：38－41.

［6］黄勇，石亚灵. 国内外历史街区保护更新规划与实践评述及启示［J］. 规划师，2015，31（04）：98－104.

［7］何善思. 历史街区公共交往空间综合评价体系研究［D］. 华南理工大学，2015.

［8］王冠坤. AHP-模糊综合评价法在历史文化街区公共安全风险评估中的应用——以天津五大道为例［J］. 天津城市建设学院学报，2012，18（04）：236－241.

［9］石若明，刘明增. 应用模糊综合评判模型评价历史街区保护的研究［J］. 规划师，2008（05）：78－75.

［10］严钧，黄咏馨，邹芳，等. 基于AHP技术的长沙文庙坪历史街区活力评价研究［J］. 高等建筑育，2019，28（03）：25－31.

［11］雷诚，谢佳琪．居住型历史街区公共空间活力评价体系建构及应用——以苏州大儒巷历史街区为例［J］．中国名城，2018（06）：77－84.

［12］赵炜瑾．历史街区文化生态健康度评价研究［D］．天津大学，2018.

［13］李怡颖，肖大威．历史街区建筑价值评价体系研究［C］//中国城市规划学会，成都市人民政府．面向高质量发展的空间治理——2020 中国城市规划年会论文集（09 城市文化遗传保护）．中国建筑工业出版社，2021：1028－1040.DOI：10.26914/c.cnkihy.2021.032272.

［14］Jeff．结合层次分析法和模糊综合评价法的评价方法——利用 yaahp．［EB/0L］．http：//www.jeffzhang.cn/yaahp－fce－introduction/.2021－04－15

［15］李昉等．太平广记［M］．上海，中华书局，1961.

［16］宋永钦．基于模糊综合评价的地铁站点设施适老性分析［J］．物流科技，2022，45（16）：78－82.

第三章　博弈论

　　博弈论是以数字为基础，通过分析参与博弈者的多方决策，来实现自身效益最大化的方法。日常生活中的很多矛盾冲突问题都可以用博弈论进行分析。本章在介绍博弈论的产生与发展的基础上，运用经典博弈模型教会学生如何运用博弈思想分析矛盾冲突，进而介绍了博弈的分类并举例分析，最后对博弈论在城乡规划中的应用进行了阐释。通过本章学习，学生可掌握运用博弈思想、博弈方法进行城乡规划领域相关问题的分析和思考，能够做到以下几点：

　　（1）掌握博弈论的相关理论知识，熟悉经典博弈模型，能够熟练运用收益矩阵、树形图等方法进行博弈分析；

　　（2）熟悉博弈的分类，及不同类型博弈之间的区别与联系；

　　（3）了解如何使用博弈论知识分析城乡规划领域内的矛盾冲突类问题。

第一节　博弈论的产生与发展

　　有关博弈的小故事一则：一群大学生在某高校上某知名教授的第一堂课时，该教授开始慷慨激昂地讲述这门课的要求有多么严格，学生们听后开始悄悄从教室后门离开，当他谈到对该课程学习学生须具备的刻苦努力要求时，离开的学生越来越多。最后，只剩十个人坐在那里，这时，该教授对这剩下的十个学生说："同学们，放轻松一点，我刚才说了那么多严格的要求，其实只是一种策略，我希望把这个班的选课人数降到一个可以控制的范围内，而且确保留下的学生都是最肯努力的学生。"——该教授运用了博弈论的思想，旨在留下最好学的学生上他的课。

一、博弈论的含义

　　博弈论（对策论）是一种以数学为基础，研究对抗冲突中最优解决问题的方法。主要研究决策主体的行为在发生直接的相互作用时，如何进行决策以及这种决策的均衡问题。博弈是指在一定的游戏规则下，在直接相互作用的环境条件下，依靠所掌握的信息、选择各自策略（行动），实现自我利益最大化、风险成本最小化的过程。

二、博弈论的发展历程

　　博弈论的发展历程，如图 3-1 所示，详细论述如下。

1934 年，德国经济学家斯塔克尔伯格（H. VonStackelberg）提出了一种产量领导模型，称为斯塔克尔伯格模型，该模型反映了企业间不对称的竞争。

1838 年，法国经济学家安东尼·奥古斯丁·库尔诺提出了古诺模型，又称寡头竞争模型（Cournot-duopolymodel）。它是纳什均衡应用的最早版本，古诺模型通常被作为寡头理论分析的出发点。

1883 年，法国经济学家约瑟夫·伯特川德（JosephBertrand）建立了伯特兰德模型（Bertrandmodel），古诺模型和斯塔克尔伯格模型都是把厂商的产量作为竞争手段，是一种产量竞争模型，而伯特兰德模型是价格竞争模型。

1944 年，冯·诺伊曼和奥斯卡·摩根斯坦（OskarMorgenster）共同完成了著名的《博弈论与经济行为》一书，首次提出大多数经济行为应该按照博弈来分析，决策主体的效用函数，不仅依赖于自己，也依赖于他人的选择，即相互存在外部经济条件下的个人选择问题。该书的出版使人们开始按照博弈方法，分析经济竞争、军事冲突等生活中本不被看作是博弈的问题，如表 3 - 1 所示。

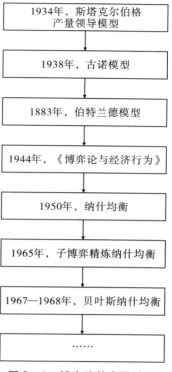

图 3 - 1 博弈论的发展过程

1950 年，纳什（Nash）提出了纳什均衡的概念，纳什均衡是指博弈中对于每个参与者来说，只要其他人不改变策略，人们就无法改善自己的状况。纳什证明了在每个参与者只有有限策略选择并允许混合策略的前提下，纳什均衡才存在。

1965 年，莱茵哈德·泽尔腾（ReinhardSelten）发表了《需求减少条件下寡头垄断模型的对策论描述》一文，提出了"子博弈精炼纳什均衡"的概念，又称"子对策完美纳什均衡"。

1967—1968 年，海萨尼（JohnHarsanyi）提出了贝叶斯纳什均衡的概念。

表 3 - 1 主要人物简介

代表人物	简介
奥斯卡·摩根斯坦（OskarMorgenstern 1908—1977）	著名的数量经济学家，出生于德国，纳粹占领奥地利之前在维也纳工作。后到普林斯顿大学任教，与冯·诺伊曼合作完成了博弈论的开山之作——《博弈论与经济行为》一书。此外，摩根斯坦在国防经济学、太空探索和经济预测等方面成绩卓著。

代表人物	简介
 约翰·冯·诺伊曼 （JohnvonNeuman，1909—1957）	约翰·冯·诺伊曼出生于匈牙利布达佩斯，获得数学与化学双博士学位，既是著名的数学家，也是现代计算机奠基人之一。诺伊曼对数量经济学的发展功勋显赫。作为奥斯卡·摩根斯坦的合作伙伴，两人合作完成了博弈论的开山之作。

小　结

　　博弈论（对策论）是一种以数学为基础，研究对抗冲突中最优解决问题的方法。主要研究决策主体的行为在发生直接的相互作用时，如何进行决策以及这种决策的均衡问题。博弈是指在一定的游戏规则下，在直接相互作用的环境条件下，依靠所掌握的信息、选择各自策略（行动），实现自我利益最大化、风险成本最小化的过程。博弈论的发展可追溯到 1934 年德国经济学家斯塔克尔伯格（H. VonStackelberg），他提出了一种产量领导模型，称为斯塔克尔伯格模型。后续各国学者们提出了各种理论模型，推动了博弈论的发展，其中，具有里程碑意义的事件是，1944 年，冯·诺伊曼和奥斯卡·摩根斯坦（OskarMorgenster）共同完成了著名的《博弈论与经济行为》一书。该书首次提出大多数经济行为应该按照博弈来分析，即决策主体的效用函数，不仅依赖于自己，也依赖于他人的选择，也就是相互存在外部经济条件下的个人选择问题。该书的出版使人们开始按照博弈方法，分析经济竞争、军事冲突等生活中本不被看作是博弈的问题。

第二节　几个经典博弈模型

　　在博弈论的发展进程中，人们通常使用收益矩阵（又称标准式）、扩展式（又称树形图）来进行博弈分析。标准式（normal form）是指以收益矩阵表示博弈过程。扩展式（extensive form）是指以树形图表示博弈过程，树形图中的每个树枝节点代表一种战略选择。在博弈论领域，有很多典型的博弈案例都可以用相应的标准式或扩展式来表达。下面我们将具体分析几个经典博弈模型。

一、囚徒困境

囚徒困境（Prisoner's dilemma）是任斯坦福大学客座教授的普林斯顿大学数学系主任阿尔伯特·塔克（Albert Tucker）在给一些心理学家讲解博弈论时，为了避免使用太多的数学知识，所举的一个例子。这是博弈论中最常被研究，也是 20 世纪最有影响力的博弈实例，表 3 - 2 是阿尔伯特·塔克的简介。

表 3 - 2　阿尔伯特·塔克简介

人物	简介
 阿尔伯特·塔克（Albert Tucke，1905—1995）	出生于加拿大的安大略，1929 年到普林斯顿大学从事研究工作，后成为普林斯顿大学的教师，并担任数学系主任，当时，普林斯顿大学的数学系是世界上最富创造力的数学系之一。1950 年，在为斯坦福大学心理学家作报告时，阿尔伯特·塔克举了囚徒困境这个例子，该例子虽然一页纸就可以写完，但却对 20 世纪后半叶的社会科学产生了极为重要的影响。阿尔伯特·塔克本人也因其在博弈论和数学优化领域的贡献而为世人所敬仰。

（一）案例简介

鲍勃（Bob）和埃尔（Adler）两个窃贼在偷盗地点附近被警察抓获，警察在抓住二人的第一时间就将二人分别关押，二人从被抓开始就没有任何机会进行交流。警察给每个窃贼的选择是，必须选择是否承认罪行并指证同伙，如果二人都不认罪，将被指控非法偷盗，每人入狱 1 年；如果二人都认罪并指证同伙，每人将入狱 10 年；如果一人认罪，一人不认罪，则鉴于认罪者与警方合作的表现，认罪者将被无罪释放，但其同伙将遭到严惩，会被关入狱 20 年。两个窃贼的选择会是什么呢？

（二）模型分析

我们可以用如表 3 - 3 的收益矩阵来进行分析。两个窃贼的战略是认罪或不认罪，每个窃贼必须选择其中的一种战略，表 3 - 3 中有 4 组数字，每组数字用括号括起来，分别代表其所对应的行和列、所代表的人物选择相应策略时其收益的大小。具体来说，即每组数字对应的横行策略代表鲍勃的选择，纵列策略代表埃尔的选择，该组数字逗号左边的数字代表鲍勃选择该策略的收益，逗号右边的数字代表埃尔选择该策略的收益。以表中第一行第二个单元格中的数字（0，20）为例，该数字表示当鲍勃选择认罪，埃尔选择不认罪时，鲍勃的收益为被关押 0 年，而埃尔的收益为被关押 20 年。

除采用收益矩阵（又称博弈的标准式）分析博弈双方的收益、损失情况外，还可以采用树形图（又称博弈的扩展式）表示博弈双方的益损情况，图 3 - 2 即为囚徒困境益损情况的树形图，又称博弈分析的扩展式。如下图 3 - 2 所示，从该图左边第一个椭圆表示第一个节点，从该节点开始，埃尔的策略选择有两种，分别是认罪和不认罪，用上下两个不同方向的分支箭头表示两种选择，鲍勃在决策时并不清楚埃尔的选择是什么，不知自己位于该节点的上方还是下方，此外，二人是同时决策的。当埃尔选择认罪时，鲍勃的选择有两种，分别为认罪、不认罪，这里在第二个椭圆节点右上方用两个带箭头的分支去表示，若鲍勃选择认罪，则二人的收益均为被判入狱 10 年，即右上第一个分支。若埃尔选择认罪，鲍勃选择不认罪，即右上第二个分支，则埃尔的收益为被判入狱 0 年（即无罪释放），鲍勃的收益为被判入狱 20 年，也就是该树形图最右侧第二行数组（0，20），逗号左边的数字 0 代表第一个节点埃尔的收益，逗号右边的数字 20 代表第二个节点鲍勃的收益。该树形图也可将鲍勃放在最左边，无论将哪一方绘制在树形图的最左边开始节点，均不影响对博弈结果的解释。

表 3-3　囚徒困境收益矩阵（标准式）

		埃尔	
		认罪	不认罪
鲍勃	认罪	(10, 10)	(0, 20)
	不认罪	(20, 0)	(1, 1)

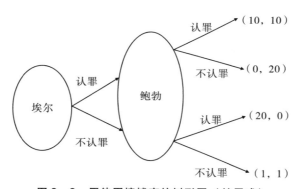

图 3-2　囚徒困境博弈的树形图（扩展式）

　　囚徒困境模型告诉我们，以自我利益为目标的"理性"行为，导致了两个囚犯得到相对较劣的收益，这一惊人结果给现代社会科学造成了深远的影响。当今世界存在着许多相似的情形，如道路拥挤、购房选择、国土空间开发、水资源开采等等，尽管这些现象分属不同领域，但共同之处是个人理性行为会导致各方劣势的结果，而囚徒困境恰好可以说明这一点，其价值也正在于此。

　　值得注意的是，囚徒困境是一个简化和抽象的，也是不现实的博弈实例。它省略了许多关键问题，这些问题为后来大量学术文献提供了继续研究的方向，如表 3-4 所示。

表 3 - 4　囚徒困境案例的思考

①囚徒困境是二人博弈，但现实生活中更为常见的是多人博弈；
②我们假设两个囚犯之间不存在相互交流，但是如相互交流以形成协调统一的战略结果将截然不同；
③在囚徒困境中，两个囚犯只能进行一轮博弈，重复博弈则可能产生不利的结果；
④导致囚徒困境结论的分析过程看似令人注目，但并不是唯一的分析方法，甚至根本就不是最理性的。

二、智猪博弈

（一）案例简介

假设猪圈里有一头大猪、一头小猪。猪圈的一侧有猪食槽，另一侧安装着控制猪食供应的踏板，踩一下踏板会有 10 个单位的猪食进槽，谁踩踏板就要付出劳动，消耗相当于 2 个单位猪食的成本。若两只猪同时踩踏板，同时跑向食槽，大猪吃进 7 份，小猪吃进 3 份。若大猪踩踏板后跑到食槽，这时小猪先吃，吃进 4 份，大猪吃进 6 份。如果大猪等待，小猪踩踏板，大猪先吃，吃进 9 份，小猪吃 1 份；双方都懒得动，所得均为 0。可绘制如表 3 - 5 的收益矩阵来分析该博弈。

（二）模型分析

表 3 - 5 展示了智猪博弈的收益矩阵，由于踏板和食槽分置笼子两端，若一只猪去踩踏板，另一只猪就会抢先吃到另一边落下的食物，踩踏板的猪付出劳动跑到食槽边上时，坐享其成的猪已经开始吃了。若两只猪同时踩踏板，同时跑向食槽，此时大猪

图 3 - 3　智猪博弈

吃进7份，实际收益猪食5份（即7份减去2单位踩踏板成本），小猪吃进3份，实际收益猪食1份）；若大猪踩踏板后跑到食槽，这时小猪先吃，吃进猪食4份，大猪吃进6份，实际收益猪食4分（即6份减去2单位踩踏板成本）。如果大猪等待，小猪踩踏板，此时大猪先吃，吃进猪食9份，实际收益猪食9分，小猪吃进猪食1份，实际收益猪食－1份（即1分减去2单位劳动成本）。双方都懒得动，所得收益猪食均为0份。因此，利益分配格局决定两只猪的选择，该博弈的结果是小猪将搭便车，舒舒服服等在食槽边，而大猪疲于奔命，在猪圈两端的食槽和踏板之间来回奔跑，等待成了大猪的劣势战略，如图3-3所示。

表3-5　智猪博弈收益矩阵

		小猪	
		踩	不踩
大猪	踩	(5，1)	(4，4)
	不踩	(9，-1)	(0，0)

该博弈也可用扩展式来表示，图3-4即为智猪博弈益损情况的树形图，又称为博弈分析的扩展式。该图左边第一个椭圆表示第一个节点，从该节点开始，小猪的策略选择有两种，分别是踩和不踩，用上下两个不同方向的分支箭头表示两种选择，小猪在决策时并不清楚大猪的选择是什么，不知自己位于该节点的上方还是下方，此外，小猪和大猪是同时决策的。当小猪选择踩时，大猪的选择有两种，分别为踩、不踩，这里在第二个椭圆节点右上方用两个带箭头的分支去表示，若大猪选择踩，则大猪的收益为5，小猪收益为1，即右上第一个分支（5，1），逗号左边的数字5代表第一个节点大猪的收益，逗号右边的数字1代表第二个节点小猪的收益。若同理，大猪选择不踩，小猪选择踩，即右上第二个分支，则大猪的收益为9，小猪的收益为－1，也就是该树形图最右侧第二行数组（9，-1）。该树形图也可将小猪放在最左边的节点，无论将哪一方绘制在树形图的最左边开始节点，均不影响对博弈结果的解释。智猪博弈结果告诉我们，利益分配格局决定两只猪的选择，小猪搭便车，舒舒服服等在食槽边上，而大猪则疲于在食槽两端奔跑。

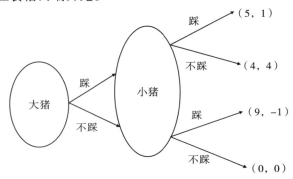

图3-4　智猪博弈树形图（扩展式）

三、军力调拨博弈

（一）案例简介

在 20 世纪初的欧洲战场上，远程重型大炮是战争的决定因素，而运输大炮的唯一方式就是铁路，有时使用专用铁路，有时使用普通铁路。如图 3-5 所示，在战争的关键时刻，第一时间将大炮运至战场是取胜的关键。如果某个国家能够先将大炮运至战场，就可以摧毁敌人的铁路，阻止敌人运大炮，从而在接下来的战争中获得明显优势。大炮的威力与有限的运输能力结合在一起，导致了第一次世界大战初期全面战争的突然爆发。南斯拉夫民族主义者加夫里若·普林奇普（Garrilo Princip）刺杀奥匈帝国的王储弗朗茨·斐迪南（France Ferdinand），第一时间点燃了战争的导火索。奥地利、德国、法国以及他们的同盟都清楚，战争不可避免。于是，他们抓紧时间调运大炮，以免落后于敌人而使本国处于不利地位。

图 3-5 铁路运输大炮

（二）模型介绍

与囚徒困境一样，该案例中的两个国家必须同时做出决策并且是在对方不知道的前提下进行决策。在军力调拨博弈中，我们可以把该博弈中双方的收益量化为战争导致的灾难程度，从而进行收益矩阵的绘制。假定这场战争的灾难程度为 10，没有战争时的灾难程度为 0，由于灾难程度是一种负收益，因此收益矩阵均为负数。如果两国都调拨大炮，双方收益为 -10。如果两国都不调拨大炮，双方收益为 0。一方调，一方不调，调拨方收益 -9，不调方收益 -11（即调拨方因有大炮在战争中的损失小，不调方损失大）。下表 3-6 表示了军力调拨博弈收益矩阵，如果法国选择调拨大炮，其收益为 -10 或 9，如果法国选择不调拨大炮，其收益为 -11 或 0；如果德国选择调拨大炮，其收益为 -10 或 -9，如果不调拨大炮其收益为 -11 或 0，如表 3-6 所示，因此，基于双方调拨或不调拨大炮的益损情况，该博弈的结果即双方都会竭尽全力去调拨大炮，以便让自己在未来的战争中处于优势地位。

图 3-6 表示了军力调拨博弈的扩展式，即为军队调拨博弈的益损情况的树形图。该图左边第一个椭圆表示第一个节点，从该节点开始，法国的策略选择有两种，分别是调拨大炮和不调拨大炮，用上下两个不同方向的分支箭头表示两种选择，法国在决策时并不清楚德国的选择是什么，不知自己位于该节点的上方还是下方，此外，法国和德国是同时决策的。当法国选择调拨时，德国的选择有两种，分别为调拨、不调拨，这里在第二个椭圆节点右上方用两个带箭头的分支去表示，若德国选择调拨，则法国和德国的收益均为 -10，即右上第一个分支。若德国选择不调拨，法国选择调拨，即右上第二个分支，则法国的收益为 -9，德国的收益为 -11，也就是该树形图最右侧第二行数组 （-9，-11），逗号左边的数字 -9 代表第一个节点法国的收益，逗号右边的数字 -11 代表第二个节点德国的收益。该树形图也可将德国放在最左边，无论将哪一方绘制在树形图的最左边开始节点，均不影响对博弈结果的解释。

表 3-6　军力调拨博弈收益矩阵

		德国	
		调拨	不调拨
法国	调拨	（-10，-10）	（-9，-11）
	不调拨	（-11，-9）	（0，0）

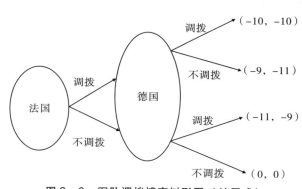

图 3-6　军队调拨博弈树形图 （扩展式）

一般来说，在博弈中，博弈双方常常在不知晓对方决策策略的情况下进行决策，或与对方同时决策。我们将所有参与者的所有可能战略决策，都列在一个节点出发的分支中。

小　结

囚徒困境作为最经典的博弈模型，通过简化和抽象的博弈分析，告诉我们以自我利益为目标的"理性"行为，会导致博弈双方得到相对较劣的收益，这一发现给现代社会造成了深远影响。当今世界存在着许多相似的情形，从道路拥挤、购房选择，到国土空间开发、水资源开采等等，尽管这些现象分属不同领域，但共同之处是个人理性行为导致各方劣势的结果。囚徒困境恰好可以说明这一点，其价值也正在于此。智猪博弈则说明了利益分配格局决定博弈双方的选择，是否存在搭便车现象取决于博弈策略的制定。军力调拨博弈则说明了信息不对称状况下，博弈双方同时决策可能造成什么样的后果。

第三节　博弈的分类

博弈的分类详见图 3 - 7，具体来说，首先按照人与人之间对博弈信息的了解程度分为完全信息博弈和不完全信息博弈。完全信息博弈是指博弈中的每位参与者都提前知晓其他参与者的策略，这种情况下进行的博弈称为完全信息博弈。而不完全信息博弈是指博弈参与者只掌握了其他参与者的少数信息，如果想要知道更多的信息需要通过推导和预测，这种情况下进行的博弈可能会出现较大的误差。其中，不完全信息博弈还可以细分为动态博弈和静态博弈。其次，按照参与博弈的人数可分为三大类，分别是单人博弈、双人博弈、多人博弈。最后一种是根据人与人之间是否合作，可分为合作博弈和非合作博弈，合作博弈是指参与人之间有着一个对各方具有约束力的协议，参与人在协议范围内进行的博弈，反之，就是非合作博弈，前者主要强调的是团体理性，而后者主要研究人们在利益相互影响的局势中如何选择策略使得自己的收益最大，即策略选择问题强调的是个人理性。

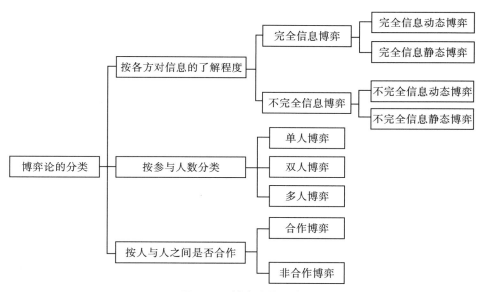

图 3 - 7　博弈论的分类

静态博弈是指博弈开始时，博弈的参与者同时选择行动，然后根据所有参与者做出的选择而得出的收益和支出，静态博弈多数是指一次性博弈，比如石头、剪刀、布。而动态博弈是指博弈的一些参与者先做出战略选择，其余的参与者再做出选择，也称为序贯博弈，比如参与辩论赛时，反方在知晓正方的论据前提下进行发言辩论，这种做决定有先后的博弈称为动态博弈。完全信息博弈是指博弈中所有的参与者的战略决策都是共识的，也就意味着每个参与者既知道自己的收益函数也知道其他参与者的收益函数。与之相反，不完全信息博弈是指所有参与者只知道自己的收益函数，不知晓其他人的收益函数。静态博弈和动态博弈的最大区别就是，博弈双方做出的决定是不是同时的，博弈双方做出的决定是不是依据对方做出的行动进行判断，然后自己再做出行动。

一、完全信息博弈

完全信息博弈可分为两种博弈方式，分别为完全信息动态博弈和完全信息静态博弈。完全信息动态博弈是指博弈中所有的参与者根据自己所掌握的信息同时做出决策。完全信息静态博弈是指博弈双方来说是完全公开的情况下，双方在博弈中所决定的决策是同时的或者不同时但在对方做决策前不为对方所知的。

（一）完全信息静态博弈

为更好地了解完全信息动态博弈，来看看石头、剪刀、布的游戏案例。这个游戏是一个典型的完全信息静态博弈，如图 3 - 8 所示。

石头的策略可以击败剪刀，因为石头可以砸碎剪刀；剪刀的策略可以击败布，因为剪刀可以把布剪开；布的策略可以击败石头，因为布可以包石头。如果使用同样的策略，则收益平分。这也就是石头 > 剪刀 > 布 > 石头 > 剪刀 > 布 > …的循环过程。收益矩阵如表 3 - 7 所示。

图 3 - 8　石头、剪刀、布

表 3 - 7　石头、剪刀、布的收益矩阵

		A		
		石头	剪刀	布
B	石头	(1, 1)	(2, 0)	(0, 2)
	剪刀	(0, 2)	(1, 1)	(2, 0)
	布	(2, 0)	(0, 2)	(1, 1)

上述收益矩阵的含义是：如果一个参与人使用的策略是石头，另一个参与人使用石头策略时，两人的收益均为 1；如果第二个人使用剪子策略，则第一个人的收益为 2，第二个人的收益为 0；如果第二个人使用策略布，则第一个人的收益为 0，第二个人的收益为 2，其他依次类推。

假设 A 提示要出石头，B 要做出决定；B 首先考虑信息的真实性，B 的思路如下。首先信息是真实的，B 应该出布；其次信息是虚假的，A 的目的应该是让自己出布，A

自己要出剪刀，所以 B 应该出石头。

不管信息是怎么样的，出剪刀的比例是最小的。然后考虑一下心理问题，这本身是一个零和博弈，双方的得益不应该按照上面的分析那样，应该和的时候是 0，其余应该是正负之和各为 0。因此，在这样一个博弈中，B 会如此考虑，A 散布信息的目的是让自己 B 出布，而 A 自己出剪刀，理由如下，在一个利益相反的博弈中，博弈方要做的是要保护好自己的信息，假若透露，那么真实的可能性应该小于虚假性的可能性。因此 B 会出石头的可能性就比出其他的要大。

（二）完全信息动态博弈

完全信息动态博弈的主要特征是，博弈一方做出决策后，另一方在此基础上再做出相应的策略，并可以调整。举例来说，某城市一片区只有一家大型超市甲提供服务，一定程度上形成了垄断的局面。现在超市乙有两种选择，分别是入驻或不入驻。超市甲对于超市乙的决策有两种相对应的策略，分别是默许或降价竞争。假设超市乙未进入前，超市甲的利益为 20，超市乙入驻后若超市甲默许，则超市甲的利润为 10、超市乙的利润为 10。若超市乙选择入驻时，超市甲选择降价竞争，则超市甲的利润为 8，超市乙则为 6，行业总收益从 20 降到了 14（8 + 6 = 14），作为局外人的消费者受益。该博弈的收益矩阵，如表 3 - 8 所示。

表 3 - 8　超市入驻收益矩阵

		甲	
		默许	降价竞争
乙	入驻	（8，12）	（6，8）
	不入驻	（0，20）	（0，20）

该博弈模型存在先后的顺序，甲超市可以根据乙超市是否进入的策略来选择是默许超市乙进入还是降价竞争，这种有先后顺序的博弈也称为序贯博弈。

二、不完全信息博弈

（一）不完全信息静态博弈

不完全信息静态博弈最主要的特征是所有的参与人对其他参与人的策略并不了解的情况下，不分先后选择自己的行动策略。下面我们将使用求爱博弈模型来了解不完全信息静态博弈，如表 3 - 9 所示。

对于这个博弈模型，被求者对于求爱者的品德是不可知的，无论求爱者是勤快还是懒惰。因此，被求者是否接受对方的求爱取决于对求爱者类型的判断。通常，若求爱者是勤快的概率大于 80%，被求者选择接受，求爱者选择求。若求爱者是勤快的概率小于 80%，被求者选择不接受，求爱者选择不求。一开始求爱者被认为是勤快的概率为 50%。为此，求爱者希望通过帮对方洗衣服来证明自己是勤快的，如果被求者认为，帮助洗衣服是勤快者肯定会做的，懒惰者则有 50% 的可能性会做。

表 3-9　求爱博弈收益矩阵

		被求者	
		接受	拒绝
求爱者（勤快）	求	(200, 50)	(-100, 0)
	不求	(0, 0)	(0, 0)
求爱者（懒惰）	求	(200, -200)	(-100, 0)
	不求	(0, 0)	(0, 0)

（二）不完全信息动态博弈

在动态博弈中，行动有先后次序，在不完全信息条件下，博弈的每一参与人知道其他参与人有哪几种类型以及各种类型出现的概率，即知道"自然"参与人的不同类型与相应选择之间的关系。但是，参与人并不知道其他的参与人具体属于哪一种类型。由于行动有先后顺序，后行动者可以通过观察先行动者的行为，获得有关先行动者的信息，从而证实或修正自己对先行动者的行动。

由于信息不完全，每个人都希望向对方传递对自己有利的信号。比如，在招聘时，应聘者总是显示自己最好的一面。谈判中，企业总是把最能显示自己实力的一面展示出来，这就是为什么公司越来越注意企业形象的塑造，女孩子总是把自己打扮得漂亮，人们总是把最好的衣服穿在外面等等。问题是，对方不一定相信你所传递的信号是真实的。有的信号，一下子是难以识别真伪的，需要时间。所以，"百年老店"是最好的信号传递方式。例如，装修精美的银行办公楼传递的信号是这个银行是可信赖的；文凭传递的信号是我所通过的考试是有难度的，这代表了我的能力；广告传递的信号是我的产品品质很好，而长期在 CCTV 黄金时段做广告的厂商传递的信号是我非常有实力，企业经营一直不错；出示自己的高学历证书和各种获奖证书的求职者传递的信号是我是一个优秀的应聘者；有的小公司对业务采取不冷不热的态度，传递的信号是我不愁没业务做；购物时故意装着要离开的顾客传递的信号是，把价格再降点，否则我走了；初恋时经常找不怎么符合逻辑的借口去找对方但又不说出口，传递的信号是我对你有意思，你呢？当然指望是对方先说出来。

三、合作博弈

合作博弈，强调的是群体理性。群体理性主要是指从群体的角度出发，如何决策才能使整体利益最大化。就目前的研究情况来看，大多数文献研究主要关注了非合作博弈，合作博弈的研究相对较少。实际上，合作博弈不仅出现时间更早，研究领域也十分广阔，如都市圈、区域经济、国家之间合作等多个方面。

合作博弈最重要的两个概念是联盟和分配。每个参与者从联盟中分配的收益正好是各种联盟形式的最大收益，每个参与者从联盟中分配到的收益不小于单独经营所得收益。一般根据有无转移支付分为两类，分别为可转移支付联盟博弈和不可转移支付联盟博弈。可转移支付也叫旁支付（side payment），假设博弈中各参与者都用相同的尺度来衡量他们的所得，且各联盟的所得可以按任意方式在联盟成员中分摊，这就是可转移支付联盟博弈。否则，就是不可转移支付联盟博弈。

参与者可以协调相互之间战略选择的博弈叫作合作博弈（cooperative game），得到的解为合作博弈解（cooperative solution）。合作博弈需要解决的问题是："如果参与者的战略可以相互协调，什么样的战略选择才会带来整体最大收益呢？"下面，让我们举例看看两者之间的区别有多大。

（一）案例介绍

方先生是一个房地产开发商，他希望把两块或更多的地产聚集在一起联合开发。马先生、李先生和陈先生各有一块地产，分别以 a、b、c 表示。方先生希望这三人能够以某种方式稳定地合作。学习过博弈论，方先生发现，地产合作就是合作博弈中的联盟，他提议的合作方式需要存在于这个博弈的解集中。然而，这就足够了吗？为了回答这一问题，方先生详细列出了地产所有者们可能组成的各种联盟形式以及相应的收益，如表 3 – 10 所示。

表 3 – 10 房地产联盟的收益

	联盟	收益
1	（abc）	（20）
2	（ab）（c）	（12）（8）
3	（ac）（b）	（8）（8）
4	（bc）（a）	（8）（8）
5	（a）（b）（c）	（6）（6）（6）

表 3 – 10 中每一行都代表一种联盟结构（coalition structure）。第一行是三个地产所有者组成一个联盟的情形，在博弈术语中，叫作大联盟（grand coalition）。第二、三、四行是其中两人组成一个联盟，另一人单独行事。最后一行，三个地产所有者各自形成单人联盟（singleton coalition），换句话说，就是根本没有结成联盟。我们可以把单人联盟的收益作为地产所有者参加任何其他联盟的机会成本。

可以看出，该博弈问题的解集包括两种可能的联盟结构，一个是大联盟（abc），另一个是第二行的（ab）（c），总收益均为 20，多于其他联盟选择。在大联盟中，陈先生可选择退出联盟，演变成第二行的形式，获得的收益为 8。类似的，李先生和马先生也可以分别选择退出。那么，为了保证三人联合在一起，必须使每个人的收益都至少为 8，但实际情况是总收益最多只有 20，所以大联盟是不稳定的。

然而，如果马先生和李先生的收益能够通过旁支付进行正确调整的话，第二行的联盟结构将是稳定的。第 5 行告诉我们，如果冯先生和李先生都从这个联盟中退出，得到的收益分别为 6，要想使二人参加这个联盟，必须满足他们对收益的这一最低要求，总计为 6 + 6 = 12。由于二人结盟的总收益刚好也为 12，因此，若通过旁支付使马先生和李先生每人分得 6，陈先生一个人得 8，这一联盟将保持稳定。

在第二行中，由马先生、李先生与陈先生三人构成的群体被分成了两个稳定的联盟，我们称其为该博弈的核（core）。通常说来，合作博弈的核包括所有能使联盟保持稳定的结盟方式，在这种结盟状态下，任何参与者都不会因脱离现有联盟组成新的联盟（包括单人联盟）而获益。

下面，我们对收益矩阵稍做改动，来看看情况会发生什么变化。在一个新的地产合作项目中，方先生面对的是李女士、龙先生和周女士，分别以 e、f、g 代表，收益情况如表 3－11 所示。

表 3－11　房地产联盟的收益（2）

	联盟	收益
1	（efg）	（15）
2	（ef）（g）	（11）（4）
3	（eg）（f）	（7）（4）
4	（fg）（e）	（7）（4）
5	（e）（f）（g）	（4）（4）（4）

与上例一样，前两种联盟结构的总收益均为 15，构成了解集。同样，如果收益低于 4，没有人会愿意与他人结成联盟。如果旁支付适当，第二行的联盟结构是稳定的。若大联盟中 e、f、g 的收益分别为（6、6、3），则第一行也是稳定的，因为退出联盟不会使任何一个人的收益得到改善。当然，这里需要对收益分配追加一些限制。在大联盟中，如果 e、f、g 的收益是（4、4、7），那么李女士可以退出大联盟，组建（ef）联盟，得到总收益 9，然后两人平分收益，每人各得到 4.5。其实，只要保持周女士的收益为 4，李女士与龙先生的收益值和为 11，且（ef）收益在（4，7）至（7，4）之间，大联盟就将保持稳定。所以，前两行的联盟结构是稳定的，构成了这个博弈的核即所有稳定联盟结构的集合。

由上述例子可总结出合作博弈的一些要点。

首先，我们没有对联盟的具体战略予以过多说明，而是把分析重点放在收益不同的联盟形式的选择上，这是合作博弈理论的通用分析方法。我们不必关心地产所有者联合以后是建造大厅、住宅，还是工业园区，只需要知道哪些联盟结构是博弈的核就足够了。

其次，博弈的核通常包含在解集中。在地产博弈的前一个例子中，核是解集的一部分，而在后一个例子中，核与解集完全相同。

最后，在上面两个例子中，收益是用货币来衡量的。联盟成员用支付货币的方式弥补参与者放弃单人联盟（或其他联盟形式）的损失，此种货币支付叫作旁支付。在非合作博弈中，不可能发生商品买卖行为，因为买卖总要求双方达成一个强制性的合约，并按照合约进行支付。

以是否与货币联系在一起为标准，可以把合作博弈分为存在转移效用（transferable utility）和不存在转移效用两类。如果存在转移效用，参与者的主观收益就与货币的多少紧密地结合在一起，可以通过货币转移调整参与者之间的收益。

（二）解集

博弈论创立之初，冯·诺伊曼和摩根斯坦引用了新古典经济学中效率的概念，认为合作博弈的解必须是有效率的。

在新古典经济学中，效率的概念应用于收入、消费、分工和支付等资源优化配置的方方面面。在博弈论中，不同联盟的成员经过贿赂、旁支付和金钱交易之后的所得，也被称为一种配置，包括两个方面：联盟结构和联盟成员的收益。如果在不损害别人利益的条件下，无法通过资源和收入的重新分配增加某些人的收益，则此时的配置就是有效率的。为了便于理解，可以这样思考，如果不必使其他人遭受损失就可以增加某人的收益，说明组织还存在着未挖掘的配置潜力。除非所有的潜力都被挖掘出来，否则资源配置就是缺乏效率的。有效配置意味着博弈各方的所有潜力都已被挖掘，如果想使某些人变得更好，就不得不损害其他人的利益，这种资源配置状态称之为帕累托最优（Pareto optimum）。

许多情况下，有效配置不止一种。例如，假如让 A 变得更好的办法仅有一个，即强迫 B 向 A 进行支付，那么有两种资源配置方案：一是 A 得到支付，B 保留自己的资金。物品从一人转移到另一人手中，必然会使某一方的收益降低（所以我们才说"强迫 B 向 A 进行支付"）。然而，从效率观点来看，两种配置方案都是有效率的，正是由于往往存在着两种或两种以上有效配置方案，博弈论才会出现解集的概念，即所有有效解的集合。在地产开发博弈中，我们没有把开发商方先生看作是参与者，因为方先生只是一个规划者，他的目标就是促成一个稳定的联盟，如果把他作为博弈的参与者，只会让博弈更加复杂，从三人博弈演变成四人博弈，而除了更加完整之外，我们不会从中得到其他的收益。事实上，理解合作博弈解的一种方式就是将它们看作是规划者设计的蓝图，尤其是解集。由于规划者的首要目标是效率，因此肯定不会建议参与者组成一个缺乏经济效率的联盟。除有效解之外，合作博弈还有其他一些更注重公平的解的概念，可视为对联盟成员公平程度的一种规划。

（三）核

解集暗含着以下观点：如果可增加某人的收益，同时任何其他人的收益又没有降低，则博弈者团体必定没有有效地协调他们的战略。此时，组建大联盟可以提高团体的总收益，实现有效率的解。但是，如果团体当中的少数几个成员组建小联盟，采取单边行动改进其自身的收益情况又会怎样呢？在第二个地产开发博弈中，e 和 f 组建二人联盟可获得的总收益为 11。对于联盟结构 ｛（ef）（g）｝ 和 ｛（fg）（e）｝ 来说，吸引第三人加入形成大联盟（efg）能够增加团体的总收益，因此可以说，相对于 ｛（ef）（g）｝、｛（fg）（e）｝ 和单人联盟 ｛（e）（f）（g）｝，大联盟 ｛（efg）｝ 占优。而对于 e 与 f 的收益之和小于 11 的所有大联盟，联盟结构 ｛（ef）（g）｝ 则占优。同理，在第一个地产开发博弈中，联盟 ｛（abc）｝ 一方面占优于联盟 ｛（ab）（c）｝、联盟 ｛（bc）（a）｝ 和联盟 ｛（a）（b）（c）｝，另外一方面又被联盟 ｛（ac）（b）｝ 所占优。

通常说来，合作博弈的核（core of acooperative game）包含所有使团体中的任何成员都不能从联盟重组中获益的配置方案，核囊括了所有不被占优的配置方式。可以看出，合作博弈的核的数量是任意的，可能只有一种联盟结构，也可能包括多种联盟结构，或者根本不存在核。不存在核的联盟结构即没有稳定的联盟，不管联盟结构如何，总有部分成员会从退出联盟中获得收益。在博弈论中，不存在核的联盟结构的博弈问题叫作空核博弈（empty core game）。

四、非合作博弈

非合作博弈是指每位参与者都独立行动，而不是一起协商其战略选择。如果每位参与者都能够保证自己能够实现博弈中的规则和要求，那就是上一小节谈到的合作博弈。非合作博弈中有一种典型的博弈模式便是占优战略均衡。占优战略里面有一个比较典型的案例，便是垃圾处理博弈，如图 3-9 所示。

假设甲、乙二人在郊区各自拥有一套别墅，但是别墅周边并没有提供垃圾处理的服务。若想要处理垃圾，他们可以共同雇一辆卡车进行垃圾处理，但收费较贵，每年每人需支付 5000 元。除了这种雇卡车来处理以外，他们还可以选择第二种方式。甲和乙都拥有一块空地，可以将垃圾倾倒在空地里，但问题是甲的空地在乙的房子旁边，乙的空地在甲的房子旁边。面对这种情况，甲和乙均有两种不同的选择：①花钱雇卡车处理垃圾；②将垃圾倾倒在邻居家旁边属于自己的空地上。假设需要他们同时做出决策，同时又不知道对方的决策前提下，不同的决策有着怎样的收益情况呢？

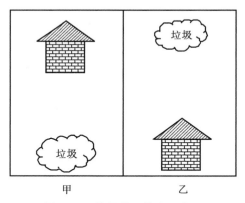

图 3-9　垃圾处理博弈示意图

在进行博弈之前，我们要考虑如何量化该博弈的益损情况，将收益和处理垃圾的成本进行比较，由于别墅可以带给人们主观享受，故这里用别墅的最低出租价量化别墅带给人们的主观享受，即主观享受的货币价值。假定二人同时决策，且预先不知道对方的战略，如果双方都不在别墅旁倾倒垃圾，别墅每年将带给主人 3 万元出租收益；如果有人倾倒垃圾，则只能收益 2 万元，即若无人倒，二人都不会接受低于 3 万元的出租价，若有人倒，二人能接受的最低出租价降至 2 万元。据此，我们可以写出垃圾处理博弈的收益矩阵，如表 3-12 所示。

表 3－12　垃圾处理博弈收益矩阵（单位：万元）

		乙	
		倾倒	雇卡车
甲	倾倒	2，2	3，1.5
	雇卡车	1.5，3	2.5，2.5

以表 3－12 左下角单元格中（1.5，3）为例，若甲选择雇卡车，乙选择倾倒，由于甲的别墅旁边有乙倾倒的垃圾，故甲的别墅收益降至 2 万元，又由于其自身雇卡车花费了 0.5 万元，故甲的收益为 3－0.5＝1.5 万元；由于乙的别墅旁无甲倾倒的垃圾，故乙的别墅收益为 3 万元。

博弈论中的重点是博弈各方会根据对手的战略选择自己最优的战略，我们可以先思考一下，对于甲的战略，乙如何选择才能是最优的。

表 3－13　甲的最优战略

假设乙的战略为	甲的最优战略
倾倒	倾倒
雇卡车	倾倒

从上表 3－13 中可以看出，无论乙选择何种战略，甲的最优战略都是倾倒。倘若不考虑甲如何选择，乙的最优战略是怎样的呢？由于这个博弈是对称的，所以乙的最优战略和甲相同，如表 3－14 所示。

表 3－14　乙的最优战略

假设甲的战略为	乙的最优战略
倾倒	倾倒
雇卡车	倾倒

这里可以看到，无论对方采取何种战略，倾倒战略都是对对方战略的最优反应战略。当一个博弈中的每一个参与者都选择了各自的占优战略时，相应的博弈结果就是占优战略均衡。也可以说"倾倒"战略优于"雇卡车"战略。若无论对手选择哪种战略，一个战略的收益总是高于另一个战略，我们就说第二个战略被第一个战略占优，第二个战略就成为劣战略（dominated strategy），也可以说"雇卡车"是劣战略。

当一个博弈存在占优战略时，人们就会理所当然地选择该战略，而不是另一个。垃圾处理博弈与囚徒困境非常相似，如果选择"认罪"则为二人占优战略，并且是一个占优战略均衡，这些博弈都属于社会两难（Social Dilemma）。占优战略均衡是博弈的一个解，该解告诉我们"理性"选择的"收益"。社会两难是一种存在占优战略均衡的博弈，并且参与者采用这种博弈的收益比采用非均衡战略的受益要差。在垃圾处理博弈中，可以确定二人更喜欢雇卡车，而不是占优战略均衡。由于雇卡车会提高大家的收益，所以我们把"雇卡车、雇卡车"称作是垃圾处理博弈的合作解（Cooperative Solution）。假设二人签约，则解决了社会两难问题，合约在日常生活中普遍存在，被称作契约，在很多场合，法规也能达到同样的目的。相反，占优战略均衡是一种非合作解（Non-cooperative Solution），也就是说，无协议情况下，各参与者基于对方的最优战略，并非集体最优。占优战略均衡的存在，以及它与合作解相悖的事实是导致社会两难的根本原因。

除了存在两个战略的博弈外，一些博弈是存在两个以上战略的，如垃圾处理博弈，可以有三个选择，分别是倾倒、雇卡车、焚烧垃圾。每位房主可以选择自己院子里离自己房屋较远、离邻居房屋较近的地方焚烧自家垃圾，但焚烧对两块土地的价值影响是一样的，假定若一个房主焚烧垃圾，两个房屋的价值均减少0.3万元，若两个房主都焚烧垃圾，两个房屋的价值均减少0.4万元，如图3-10所示。

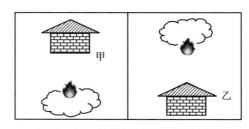

图3-10　垃圾倾倒与焚烧示意图

下面我们来看一下存在三种战略选择的垃圾处理博弈收益矩阵，如表3-15所示。

表3-15　三种战略选择的垃圾处理博弈收益矩阵

		乙		
		倾倒（万元）	雇卡车（万元）	焚烧（万元）
甲	倾倒（万元）	(2，2)	(3，1.5)	(2.7，1.7)
	雇卡车（万元）	(1.5，3)	(2.5，2.5)	(2.2，2.7)
	焚烧（万元）	(1.7，2.7)	(2.7，2.2)	(2.6，2.6)

根据表3-15可以看出，如果甲选择倾倒，乙选择焚烧，即收益矩阵第一行第三个单元格，则甲的收益由原来的3万元降至3-0.3=2.7万元，由于乙的别墅旁边有甲倾倒的垃圾，其别墅价值为2万元，又由于乙自己焚烧垃圾，其别墅价值又降低了0.3万元，故乙的收益为2-0.3=1.7万元，因此，双方收益为（2.7，1.7）。若甲选择雇卡车（减0.5万元），乙选择焚烧（减0.3万元），则甲的收益由原来的3万元，降至3-0.5-0.3=2.2万元，乙的收益则由原来的3万元降至3-0.3=2.7万元，因此，双方收益为（2.2，2.7）。若二人均选择焚烧，甲和乙的收益均为3-0.4=2.6万元，双方收益为（2.6，2.6）。若甲选择焚烧，乙选择倾倒，则甲的别墅旁边有乙倾倒的垃圾，其别墅价值为2万元，甲自己焚烧又降低了0.3万元收益，故此时甲的收益为2-0.3=1.7万元，乙的收益为3-0.3=2.7万元，因为，双方收益为（1.7，2.7）。若甲

选择焚烧，乙选择雇卡车，则甲的收益为 $3 - 0.3 = 2.7$ 万元，乙的收益为 $3 - 0.5 - 0.3 = 2.2$ 万元，因此，双方收益为 （2.7，2.2）。双方都选择焚烧的话，则收益均为 $3 - 0.4 = 2.6$ 万元，因此，双方收益为 （2.6，2.6）。

表 3 – 16　乙的最优战略

假设甲的战略为	乙的最优战略
倾倒	倾倒
雇卡车	倾倒
焚烧	倾倒

由上表 3 – 16 可以看出，当增加焚烧的选项以后，无论甲的战略如何选择，乙的最优战略都是倾倒，也就是说，倾倒再一次成为甲乙双方的占优战略。

五、纳什均衡

占优战略和占优战略均衡是一种博弈，还有一类博弈是没有占优战略均衡的，即纳什均衡，又被称为非合作博弈均衡。

（一）含义

纳什均衡（Nash equilibrium）的应用范围较广，在不同领域的定义也不同，虽然如此，中心理论是一致的，即在非合作博弈中，双方为使自己的利益达到最大化，从而达到一个均衡的状态。纳什均衡是全部参与者所选战略的一个组合，在这个战略组合中，每个人的战略都是针对其他人战略的最优反应。如果参与人事前达成一个协议，在不存在外部强制的情况下，每个人都有积极性遵守这个协议，这个协议就是纳什均衡。其数学定义为：有 n 个参与人的战略式表述为博弈 $G = \{S_1，\cdots，S_n；u_1，\cdots，u_n\}$，战略组合 $s^* = (s_1^*，\cdots，s_i^*，\cdots，s_n^*)$ 是一个纳什均衡，如果对于每一个 i，s_i^* 是给定其他参与人选择 $s_{-i}^* = (s_1^*，\cdots，s_{i-1}^*，s_{i+1}^*，\cdots，s_n^*)$ 的情况下第 i 个参与人的最优战略，即：

$$u_i (s_i^*，s_{-i}^*) \geq u_i (s_i，s_{-i}^*)，\forall s_i \in S_i，\forall i$$

与占优战略相比，纳什均衡的概念更加宽泛，每个占优战略均衡也是一个纳什均衡，社会两难问题也是一种特殊的占优战略均衡，而纳什均衡则又是一种特殊的非合作均衡，如图 3 – 11 所示。

图 3 – 11　博弈论相关概念内涵范围示意图

（二）教科书博弈

假设现有甲乙两位老师正在写关于博弈论的教科书，两本的教材的质量相同，但内容长短不一。如果想要获得更多的读者，可以通过增加篇幅的长度来达到目的，但是篇幅越长就意味着付出的努力更多。如果在不增加太多篇幅就能达到战胜对方的目的，就是最好的结果。甲和乙可以在下面三种页数来选择：400 页、600 页、800 页。双方收益如表 3 - 17 所示。

表 3 - 17　教科书博弈的收益矩阵

		甲		
		400 页	600 页	800 页
乙	400 页	（58，58）	（28，33）	（23，52）
	600 页	（60，28）	（52，52）	（28，58）
	800 页	（52，23）	（58，28）	（48，48）

从表 3 - 18 可以看出，随着甲老师选择 400 页、600 页、800 页，乙老师的最优反应也在随着甲老师选择的变化而变化。由于乙老师想要自己的教材篇幅比甲老师长，因此甲老师的不同选择也影响着乙老师的战略选择，因此才要改变自己的最优反应。事实上，乙老师并没有占优战略，由于该博弈模型是对称的，所以甲老师也没有占优战略。例如，当甲老师选择 400 页时，乙老师为了达到最佳收益选择 600 页，但如果是这样，甲老师选择的战略并没有达到最优。然而，当甲老师达到 800 页时，乙老师也只能选择 800 页，因此除了（800，800）这种方案，其他的战略组合均不能达到最优。经过博弈分析，甲老师和乙老师最终都会选择 800 页的教材。这个案例是一个典型的没有占优战略的例子。

表 3 - 18　乙的最优战略

甲老师选择的战略	乙老师的最优反应
400	600
600	800
800	800

表 3 - 18 中的（800，800）是编写教科书博弈里面的纳什均衡，纳什均衡是全部参与者所选择的战略组合，虽然纳什均衡不是一个占优战略，但倘若双方都是理性且非合作的，便能得到博弈结果。

小　结

博弈按照人与人之间的了解程度，可分为完全信息博弈和不完全信息博弈；按照参与博弈的人数可分为单人博弈、双人博弈、多人博弈；按照人与人之间是否合作，可分为合作博弈和非合作博弈。合作博弈是指参与人之间有着一个对各方具有约束力的协议，参与人在协议范围内进行的博弈，反之，就是非合作博弈，指每位参与者都独立行动，而不是一起协商其战略选择。合作博弈主要强调的是团体理性，非合作博弈主要研究人们在利益相互影响的局势中如何选择策略使得自己的收益最大，即策略选择问题强调的是个人理性，纳什均衡是非合作博弈均衡。

第四节 博弈论在城乡规划中的应用

一、公共物品提供

公共物品是指带有某种特性的某一商品或服务（事实上通常都是服务），政府提供此类服务要优于私人公共物品。公共物品有以下两个重要特征，一是每个人都可以从该物品中受益。特别是没有付费的人可以与付费的人同等享用该物品。二是不取决于接受服务的消费者数量。在同等水平下，消费成本由提供服务的水平决定，消费者数量的增加不会导致成本的升高，而且没有人能够通过减少公共物品对他人的服务，以增加对自己的服务。

一个关于公共物品的典型例子是非商业用途的广播。延长广播时间可以提高服务的水平，同时增加了广播成本，但是多一个人收听并不会增加成本，或减少他人享受广播的质量。另外一个例子是通畅的乡间道路，铺路会给大家提供更好的交通条件，成本也会随之升高，但是多增加一个人在路上行走并不会增加成本或者剥夺其他人享受服务的权利（只要路是不堵塞的）。其他常见的例子还有法律对私人安全、财产、契约的保护以及国防等等。考虑下面的三人公共物品提供博弈：

（1）参与者有小张、小刘和小王。

（2）每个参与者可以选择提供或不提供一个单位的公共物品，选择提供的参与者要花费 1.5 个单位的成本。

（3）如果参与者选择提供，其收益就是提供的公共物品总量减去 1.5 个单位的成本。

（4）如果参与者选择不提供，其收益是提供的公共物品总量。三方收益状况如表 3 - 19 所示。

表 3 - 19 公共物品提供博弈的收益矩阵

		小张			
		提供		不提供	
		小刘			
		提供	不提供	提供	不提供
小王	提供	(1.5, 1.5, 1.5)	(0.5, 2, 0.5)	(0.5, 0.5, 2)	(-0.5, 1, 1)
	不提供	(2, 0.5, 0.5)	(1, 1, -0.5)	(1, -0.5, 1)	(0, 0, 0)

该博弈存在一个占优战略均衡。对小王、小刘、小张来说，在其他两人都提供的情况下任何一方的战略由提供转向不提供都可以使其收益增加0.5，因此"不提供"是唯一的占优战略均衡，也是唯一的纳什均衡。

不过，纳什均衡解是缺乏效率的。如果两个人都提供，则每一参与者都将获得收益1.5，而不是0。这也是另外一个社会两难的例子——三人社会两难。

假设小王和小刘组成联盟，并且都选择提供，这比他们都不提供时的收益要好，三者的收益将由（0，0，0）变成（0.5，0.5，2），小张可以借此获益更多。但是如果没有强制力量的话，这一约定无法实施，因为它不是纳什均衡，小王和小刘组成联盟只是将三人的社会两难博弈变成了他们二人之间的博弈。实际上，三个参与者完全有理由组成大联盟。但是，大联盟的战略（提供，提供，提供）并不是纳什均衡，就像在国际联盟博弈中一样。所以说，在没有强制力量约束的情况下，理想中的纳什均衡是不能够实现的。

这就是为什么经济学家认为，公共物品不适合由私人提供的原因，提供公共物品是一个劣战略，公共物品提供面临着社会两难的困境。

同样的结论也适用于公共资源的研究，乡村共有地是最经典的案例之一。村里的居民共有一块牧场，如果所有村民把全部牲畜都放到公共牧场上，牧场很快就会遭到毁灭性的破坏。如果限制每个居民对牧场的使用，比如说最多只把一半的牲畜放到牧场上，这样牧场就会得到较好的保护。但是对于村民来说，公共牧场是公共物品，占优战略是将所有的牲畜都放到牧场上去，在牧场的维持期间从中获益。在这一案例中，保护公共牧场是一个劣战略，因而通常称其为公地悲剧。对共有财产的破坏是个人理性行为的结果，但这一结果会导致所有人的收益下降。

在现实世界中，公共物品问题和公地悲剧往往会牵涉很多人，就像股票市场有众多股票顾问一样。大多数情况下，"囚徒困境"将导致博弈双方两败俱伤，甚至对整个社会经济发展造成严重的损害。当我们在面对诸如上述类似的"囚徒困境"问题时，希望大家都能设身处地地为他人着想，消除彼此间的不信任，做出对群体、对社会最有益的选择。

二、区域一体化

1. 囚徒困境：影响甲、乙区域一体化的主要掣肘

在区域竞合关系中，城市政府是独立的利益主体，由于城市政府是在行政决策过程中实现城市利益的，故可将其看作理性"经济人"。

首先，关于甲、乙两市政府博弈分析的假定。

假定1：两市选择的战略是合作或不合作，且甲的市场规模大于乙。

假定2：两市政府在进行战略选择时，除考虑自身行动对自己支付的影响，还要考虑对方的战略选择对自己的影响，两市政府会在相互战略选择的过程中达到行动组合的纳什均衡，即两市的战略选择会达到一种状态，在这种状态中，其中一方的战略是给定他方采取战略的最优战略，在其他条件不变的情况下，没有一方会积极改变这种均衡。

假定 3：存在规模经济的影响，在双方选择合作后，市场规模大的一方所获收益在其总收益中所占比例较小，市场规模小的一方所获收益在其中受益终所占比例较大。

2. 甲乙两市政府的博弈分析

甲乙两市政府的博弈模型可用表 3－20 来描述。由于甲的市场规模大于乙的市场规模，双方的战略选择仍是合作与不合作。

假定 1：当甲乙两市都选择不合作时，由于甲（用 A 表示）的市场规模大，因而甲所获收益大于乙（用 B 表示）。

假定 2：当甲乙两市都选择合作时，在市场经济下，甲的收益（用 UA 表示）和乙的收益（用 UB 表示）都会增加，但从增加的幅度来看，由于合作后甲市场规模大，因此乙获取的收益就会较大，甲的收益尽管也会增加，但增幅较小，用 a 表示双方合作后甲所获市场份额，用 b 表示双方合作后乙所获市场份额，则 aUA＜bUB。

假定 3：当甲乙两市中只有一方选择合作战略时，规模效应少；当甲乙两市都选择合作战略时，存在规模效应 kU。

假定 4：当甲乙两市中只有一方选择合作战略时（这里假设乙选择合作战略），不合作方（甲）在获得本地市场的同时，还能获得对方（乙）市场的收益，假定合作方（乙）被不合作方（甲）侵占的市场份额为 b，不合作的成本假定为 0，则不合作方（甲）的收益为 UA + bUA。而合作方（乙）处于不利地位而丢失了 bU，变为 UB － bUB。（注：参照经济学家威廉姆森对区域经济发展的倒 U 形过程理论，可以看出区域经济的发展是一个倒 U 形的过程，从整个发展过程看，起初，区域内经济实体的差距是小的，随着经济的发展，资源＜包括自然、人力、市场等＞丰富的区域优先得到发展，而资源的趋优效应使发达区域得到更多资源，从而经济实体间的差距将扩大。当经济发展到一定水平时，区域内各经济实体的经济差距又趋向于慢慢缩小，这是因为聚集过剩会产生聚集不经济，发达区域经济活动成本提高，从而资源又会向欠发达地区转移，达到合作结果，从而逐渐实现经济的一体化。）

表 3－20　甲－乙两市的博弈

		F甲（A）	
		合作	不合作
乙（B）	合作	(1－b) UB＋kU＋bUA，(1－a) UA＋kU＋aUB	UB－bUB，UA＋bUA
	不合作	UB＋aUB，UA－aUA	UB，UA

当乙（B）选择合作时，如果 kU－aUA＞0，甲（A）选择合作；当 kU－aUA＜0 时，甲（A）选择不合作。这就存在一个时间问题。一般来说，当双方都选择合作时，规模效应不能很快发挥出来，即 kU－aUA＜0，甲（A）会选择不合作，从而无法实现博弈共赢，达到集体理性。但是，随着时间的增加，规模效应会逐步显现，甲（A）的收益将逐步扩大，从长远来看，博弈共赢是可以实现的，双方能够达到集体理性，但这需要较长的时间过程。各方政府合作有利于缩短这个时间进程，增加区域整体收益，进而增加区域社会福利。

下面依据上述模型，以具体的数字举例进行假定分析。

假定1：区域博弈中的对弈者为甲市和乙市，战略就是合作或不合作，收益则是双方选择各自战略后的所获，在这个博弈中，双方都以自身利益最大化为目标。

假定2：假设甲乙两市在博弈初期，双方合作则甲收益增加2个单位，乙收益增加3个单位。不合作时双方保持各自城市原有收益，乙为5个单位，甲为10个单位。

假定3：如果一方选择合作，而另一方选择不合作，那么合作的一方会因为自身合作投入损耗及另一方消极、不作为等因素而损失1个单位的收益，不合作的一方则因享受对方合作带来的成果而增加1个单位收益。由此可以得到以下的博弈模型，如表3-21所示，其中竖列代表甲的战略，横行代表乙的战略，矩阵中每组数字是两个城市选择不同战略得到的相应收益，逗号左边的数字为乙的收益，右边数字为甲的收益。

表3-21　甲-乙两市博弈分析（战略初期使用）

		甲	
		合作	不合作
乙	合作	（8，12）	（4，11）
	不合作	（6，9）	（5，10）

由上表可知，在甲乙两市战略选择初期，若双方均选择合作，则短期内乙所获收益增量占其总收益的比例（为37.5%）大于甲的收益所获增量占其总收益的比例（为16.6%），因此乙的合作意愿大于甲。此模型与实际情况相吻合，揭示了为什么一些区域两市一体化进行了多年，却始终处于"剃头挑子一头热"的状态，即乙市积极寻求与甲市进行多方对接与合作，但甲市的态度却不是很积极。这说明以自我利益为目标的"理性"行为，会使得双方得到相对较劣的收益，双方无法达到集体理性，陷入囚徒困境，但若有第三方力量对其博弈进行干预，在经过多次博弈后，则可扭转局面，从长远看，最终可有效实现双方博弈合作共赢。

假定4：随着时间的推移，在多方力量的推动下，双方多次博弈，若均选择合作战略，所获收益将进一步增加，甲市收益增加为6个单位，乙市收益增加4个单位。不合作时双方保持各自城市原有收益，乙市为8个单位，甲市为11个单位。其他条件不变。那么，甲乙两市的博弈分析如下表所示。

表3-22　甲-乙两市博弈分析（战略中、后期使用）

		甲	
		合作	不合作
乙	合作	（12，17）	（7，12）
	不合作	（9，10）	（8，11）

由表3-22可知，多次博弈后若双方均选择合作，甲乙两市所获收益将大幅增加，且增量相当（乙增量33%，甲增量35%），从而囚徒困境得以化解，实现集体理性。

总之，甲、乙两市一体化进程历经多年的缓慢推进，其间存在的种种矛盾与冲突，正是双方追求自我利益最大化，在博弈战略选择时不断陷入囚徒困境，最终将其化解的结果。当然，实际的情况远比上述模型复杂，涉及多个对弈者，有多个策略选择，利益主体较为复杂。

3. 智猪博弈：推动甲乙两市区域合作的双赢策略

甲市拥有较为雄厚的科技、文教、人才、旅游和产业基础，是区域经济的增长极。乙市则拥有生态环境良好，土地、资源和丰富劳动力的低成本优势，可以吸纳甲产业梯度转移和市场辐射，构筑其特色产业基地和卫星城。可见，从理性的角度思考，甲乙城市地域系统的经济合作与联动发展，即采取"合作博弈"的方式，应该是一种互利互惠的双赢策略。借用智猪博弈模型，可将甲隐喻为大猪，乙则为小猪。假设有以下策略供选择，一是两猪都不踩踏板，维持现状；二是小猪踩踏板，大猪得食即损失乙的部分利益，让甲尽可能地无限发展；三是大猪踩踏板，小猪吃饱即割让部分利益，让乙快速发展。三种策略的结果是，第一种策略导致甲乙两市维持现状，发展相对滞后；第二种策略结果是乙城市发展滞后状况持续；第三种策略可能改变乙的滞后状况，而甲继续保持增长态势。因此，采用第三种策略应该是理性的选择。

区域环境是区域一体化的背景条件，区域制度是区域一体化的重要支撑，区域机构的成立是实施区域一体化的要务，所有这些都将影响区域利益主体的战略选择，导致不同的区域竞合关系。

三、选址问题

建设用地选址是城乡用地建设、管理中的重要方面，目前建设用地中不同用地的选址需要综合考虑多种因素以及不同利益方的博弈，以此来争取利益最大化。下面以公司与公司之间商业用地选址为例进行博弈分析。甲、乙是两家百货公司，它们都要在某市选一个地方建一家百货商场。可供选址的地区有四个，分别为市郊、市中心、城市东部、城市西部，根据两家公司的不同选址，列出收益矩阵，如表3-23所示。

表 3-23　两家公司百货商场选址收益矩阵

		甲			
		市郊	市中心	城市东部	城市西部
乙	市郊	(20，30)	(40，85)	(45，85)	(45，110)
	市中心	(105，40)	(90，90)	(120，75)	(110，85)
	城市东部	(115，35)	(85，55)	(50，30)	(100，110)
	城市西部	(110，60)	(70，70)	(90，90)	(25，50)

由上表可以看出，如果两家公司选择同一地区，该地区的市场就要被分割。除非市场很大，否则，选择不同地区会使它们挣到更多的钱。乙公司的时尚风格在富裕的东部可以吸引大量顾客。甲的实惠风格在中产阶级密集的西部可以吸引大量顾客。市中心的顾客是来自其他地区，专门为了娱乐、餐饮或是购物而来的人们。这里市场潜

力最大，尤其当在其他地区没有竞争对手时。

现在有16种战略组合，考察这些战略组合需花费一些时间，不过，考察后会发现，仅有一个战略组合是纳什均衡——双方都将百货商场设置在市中心，或许是因为只有市中心才能吸引城市四个地区的所有顾客，所以，不管哪一方选择市中心，另一方的最优反应也是选择市中心。除此之外的任何一个战略组合，都无法使两个参与者的战略都是针对对方战略的最优反应，因此，不存在其他的纳什均衡。以上所用的方法就是对16种战略组合逐一进行检验，那是否有更加系统确定纳什均衡的方法呢？下面将再次给出该博弈新的收益情况（外加一些着重点）。每一家公司都选择"市中心"是这个博弈的纳什均衡。

即使这一博弈不存在占优战略，它也必定会有部分劣战略。回忆一下，如果无论对手选择哪一个战略，博弈中的一方选择一个战略的收益总是高于第二个，第二个战略就被第一个战略所占优，称为劣战略。选址博弈中存在劣战略，对乙来说，"市郊"和"城市西部"是被"市中心"占优的两个劣战略。对甲来说，"市郊"既是"市中心"的劣战略，也是"城市西部"的劣战略。一个理性的决策者没有理由选择一个劣战略。如此，我们就可以剔除博弈中的劣战略，这是更快地找到纳什均衡的关键。表3－24再一次给出了选址博弈的收益，其中阴影部分表示劣战略。剔除这些劣战略并不会改变这个博弈。我们不必把16种可能的战略组合一一都检验一遍，只要检验那些没有被占优的战略就可以。

表3－24　带有劣战略标识的百货商场选址博弈

		甲			
		市郊	市中心	城市东部	城市西部
乙	市郊	(30, 40)	(50, 95)	(55, 95)	(55, 120)
	市中心	(115, 40)	(100, 100)	(130, 85)	(120, 95)
	城市东部	(125, 45)	(95, 65)	(60, 40)	(115, 120)
	城市西部	(105, 50)	(75, 75)	(95, 95)	(35, 55)

剔除劣战略以后，我们就只需要考虑6种战略组合，新的收益如表3－25所示。这一个变小的博弈矩阵与原来的选址博弈矩阵是等同的，因为我们剔除的战略永远不会被一个理性的参与者所采纳。但是简化后的博弈仍然存在劣战略。对于乙来说，城市东部的战略被选址市中心的战略占优。表3－25中乙城市东部的战略用阴影加以突出。

表3－25　简化的百货商场选址博弈

		甲		
		市中心	城市东部	城市西部
乙	市中心	(100, 100)	(130, 85)	(120, 95)
	城市东部	(95, 65)	(60, 40)	(115, 120)

所以，我们可以剔除乙的"城市东部"战略。甲很清楚地知道乙不会选择"城市东部"战略，所以甲根本不需要考虑乙的这种战略选择。剔除劣战略以后的博弈等同于原博弈，如表3－26所示。但这个博弈同样存在劣战略。对甲来说，"城市东部"和"城市西部"战略都被"市中心"战略所占优，阴影部分突出了这两个劣战略。

表3－26　进一步简化的百货商场选址博弈

		甲		
		市中心	城市东部	城市西部
乙	市中心	（100，100）	（130，85）	（120，95）

再一次剔除劣战略后博弈如表3－28所示。

表3－27　反复剔除劣战略后的百货商场选址博弈

		甲
		市中心
乙	市中心	（100，100）

这个博弈与原始选址博弈是等同的，它们有着相同的均解。在表3－28所示的博弈中，每个参与者只有一个战略："市中心"在这里，我们看到的是标准式博弈的劣战略反复剔除法（iterated elimination of dominated strategy，IEDS），（市中心，市中心）是选址博弈唯一的纳什均衡。当然，通过分别检验16种战略组合我们已经知道这个结论了。因此，反复剔除劣战略的方法是简化大而复杂的标准式博弈的一种强有力的工具。

四、出行方式选择

博弈论的概念最早出现在交通问题的研究中，是在出行者路径选择的行为假设中。应用沃德罗普（Wardrop）第一原理的路径选择行为是和纳什非合作博弈所描述的情形相同的，此时每个出行者成为一个局中人。演化博弈在交通规划中已有的文献较少，但是也有不少国内外的学者在此作了研究，主要是交通诱导方面。下面采用博弈论的方法对交通规划中的相关问题进行了系统研究。

随着社会经济的发展，城市公共交通已经不能满足居民多样化的出行需求，部分居民开始选择私家车作为日常出行方式，这里运用博弈的思维来分析居民出行方式选择。道路空间是公共物品，由于在交通个体自由选择交通方式模式下，理性个体偏好于从私利出发消费道路资源，由于公共物品的非他性和非竞争性，最终结果是个体完全出于私利地使用公共资源的获利远远低于整体最优的获利，使得城市交通体系难以持续发展下去，导致"公共地悲剧"，也称"哈丁悲剧"。但是，倘若大量的私家车出行，势必会导致城市交通负担加重，造成严重的交通拥挤。下面我们看一下不同出行方式选择造成城市交通问题的博弈模型案例。

设有一公共道路资源，将出行者分成两类，分别是群体Ⅰ和群体Ⅱ，分别来分析选择公交车出行、私家车出行之间的博弈。群体 I 选择公交车出行，群体 II 选择私家车出行，首先，假定双方成员均选择公交车出行，则双方各自收益为 1，其次一方选择私家车出行，另一方选择公交车出行，则选择私家车出行的一方将获得超额收益 2，而乘坐公交车出行的一方则遭受损失（拥堵时间成本、公交车换乘时间成本和公交车内拥挤的不舒适成本）获极低的收益 −3，最后，双方成员均选择私家车出行，两者均获得收益 −4（交通拥堵时间成本巨大，−4 明显小于 1）。收益矩阵如下表 3−28 所示。

表 3−28　出行方式选择的收益矩阵

		II	
		公交车出行	私家车出行
I	公交车出行	（1，1）	（−3，2）
	私家车出行	（2，−3）	（−4，−4）

从上面的收益矩阵可以看出，选择不同的交通方式，不同群体的收益也不同。在出行方式的博弈当中，当 I、II 群体都选择私家车的方式出行的时候，群体 I 和群体 II 的收益均为 −4，也就意味着大量的私家车出行在一定程度上导致群体的时间成本增加，收益也相应更低。

不同的战略选择带来的是不同的博弈结果，根据收益的结果，在选择出行的交通工具时，倘若都选择公交车，获得的收益并不是最差的，但相应要考虑建立一系列的规章制度以及投入大量的资金建设公共交通系统，虽然出行体验并不会很差，但实施的难度较大。因此，对于城市交通规划，最好采用公共交通为主，私家车为辅的出行方式，例如通过"公交优先""公交专用车道""智慧公交""数字交通"等等，只有公共交通的优越性远超过私家车的出行，公共交通的出行率才会大幅度提升，交通拥挤问题才能缓解。

五、城中村改造

城中村是在我国城乡二元体制的特殊国情下，由于快速城市化而出现的一种特殊现象。大量城中村的存在，给城市建设和管理带来很多的问题，也影响到这些村的自身发展和村民的长远利益。近年来，城中村已经成为城市政府、城中村村民、学术界共同关注的重要议题，国内一些学者从经济学、社会学、城乡规划学等多角度对城中村及城中村改造问题展开了研究。

城中村改造中政府、开发商、村集体（村民）三个个体，由于受传统观念、经济利益等多方面因素的影响，三方的利益相互争夺、相互妥协，最终达到相对平衡。在这个复杂的动态平衡过程中，政府注重社会效益，首先考虑的是城中村对城市环境、形象、治安的影响，同时担心在拆迁过程由于利益的争夺产生各种矛盾，产生社会不稳定因素。同时政府自身又没有足够的财力，如果依靠优惠政策吸引房地产开发商介入开发，又可能导致城市商品房供大于求，冲击现有房地产市场；房地产开发商注重的是经济效益，城中村改造能够给日益紧缺的城市建设用地提供土地资源，可带来丰厚的利益回报，同时担心在城中村拆迁过程中产生的矛盾，市场的不确定变数大，巨大的交易成本可能被吞没或降低正常的收益；村集体关注的是自身利益，希望村民自己的居住环境和生存条件得到改善，但又担心他们的房产租金和集体股金被取消以后，生活将得不到保障。所以，在城中村改造过程中，存在政府、开发商和村民三方博弈的局面。这个复杂过程就是各方面利益博弈的过程，通过系统、全面的博弈，实现各主体利益的最大化，最终达到改造系统的动态平衡，完成城中村的改造。

博弈的形式多样，但任何一个博弈必然包括四个要素。

参与者（Player）是指参与博弈的决策主体。判断博弈参与者的根本标志是他是否是博弈的利害关系者，只有在博弈中存在利害关系的决策主体才是博弈的参与者。他的目的是采取行动或策略使自己的利益最大化。通常把参与者定义为阿拉伯数字1，2，3，…，n，表示第一位、第二位参与者等等，一直到第 n 位参与者。所有参与者的集合定义为大写 I，即

$$I = \{1，2，3，……n\}$$

1. 参与者

在城中村改造的博弈模型中，有多个利益相关的参与者，主要包括：政府、开发商和村集体（村民）。其中，政府是城中村改造的发起者和指挥者。在此过程中，政府是收益者：一是通过改造可为政府节约城市土地资源；二是可使城市环境得到改善，提升城市品位。政府可以通过提供优惠政策和采取强有力的宏观调控手段指导城中村的改造，同时也能制约或影响其他主体所采取的策略和行动。村集体（村民）是城中村改造的最大利益关联集体。村民拥有的土地被占、房屋被拆，城中村改造关系到他们以后的生活出路，因此村集体（村民）是这个博弈模型中最重要的一方。开发商是城中村改造的执行者。由于城中村的改造耗资巨大，除少数富裕的村庄可自己改造以外，绝大多数城中村依靠本村的实力无法完成，所以必须有开发商的介入。同时，城中村的改造会给开发商带来巨大的商机和丰厚的利润，这就使得开发商成了博弈模型中很重要的一方。

2. 各参与者的策略

策略是指参与人在限定信息情况下，所采取的行动规则，它规定参与人在什么时候采取什么样的行动。一般用 S 表示第 i 个参与者的一个特定的行动或策略，$S_i = \{S_{ij}\}$ 代表第 i 个参与人的所有可选择的策略，n 维向量 $S_i = \{S_1，S_2，S_3，…，S_n\}$ 称为一个战略组合。

（1）政府行动及其选择。

在城中村改造的博弈模型中，政府 G 有提供或不提供便利条件和优惠政策两种行动，为 $S_g =$ （提供，不提供）。何种情况下政府采取何种战略，主要取决于政府的收益和政府财政的支付能力。

假如政府采取 $S_g =$ （不提供）时，城中村的改造仍然成功，因为政府没有支出，这时政府收益最大；而实际上目前城中村改造中的许多问题涉及人口户籍、土地权属等政策制度的矛盾，仅靠村民和开发商难以解决，必须有政府的介入，并采取提供战

略。如果政府不提供优惠政策措施，开发商因利润问题很可能会不介入改造当中，使得改造因资金问题而难以进行。因此，政府一般不会采取不提供战略。

假如政府采取 S_g =（提供），而且政府承担全部改造费用这一行动，这时政府的支出最大，收益最低。但采取这一行动的前提条件是，政府所拥有的财政能力大于全部改造所需要的费用。一些地区城市政府可以采取这一行动，如珠海。位于西部地区的城市经济实力比较薄弱，可支配财政收入有限，所以政府一般不会采取这一战略。

假如政府采取 S_g =（提供），且有开发商介入。这时政府提供优惠政策及减免各种城市建设税费，由开发商承担全部的改造费用，政府提供的条件在政府所能承担的范围之内。在优惠政策相当的条件下，开发商就会介入，村民也会支持。因此该行动成为城市政府首选。

（2）村集体（村民）的行动及其选择。

在城中村改造博弈模型中，参与人村集体（村民）P 有支持与不支持两种行动，S_p =（支持，不支持）。

在整个改造模型中，村民是关键环节，村民选择何种行动决定着城中村改造能否得以顺利实施。而村民选择何种行动则取决于其效用函数的大小，因此，要使村民支持改造，必须使其效用函数大于零或相差不多。由于城中村的环境、治安等问题，村民们迫切希望进行改造。另外，城中村村民与城市居民同住一座城市中但享受不到与城市居民同等的公共服务待遇，因此即使在得到的补偿稍低于因改造而造成的损失时，村民也会愿意进行改造。但如果差距太大，在拆迁补偿、子女教育、社会保障等方面得不到很好的保障，改造后生活来源问题得不到解决，村民们就会固守自己的既得利益，反对改造，使得改造工作无法实施。

（3）开发商的行动及其选择。

开发商 D 也有介入和不介入两种行动，S_d =（介入，不介入）。开发商以营利为目的，他的介入能够解决资金短缺问题，所以在介入之前会考虑改造能否赢利，即 U_d > 0。同时，开发商还会将城中村改造项目和郊区增量土地项目进行比较，城中村改造项目动用的资金数量大，回报周期长，会涉及与村民的诸多矛盾与冲突，且效益低，这是开发商不轻易进行城中村改造的主要原因。要想让开发商介入，政府必须提供足够的优惠条件，减免城市建设的各种税费，让开发商可以得到一定的既得利益；同时政府限制增量土地，减少开发商的选择余地，让其主动介入城中村的改造，以期盘活城中村土地。

（4）各参与人的战略组合。

由于城中村改造博弈为不完全信息动态博弈，村民在政府做出行动以后，才会采取自己的行动，所以村民有四种策略，其组合形式如下：

S_p = ｛（提供，支持），（提供，不支持），（不提供，支持），（不提供，不支持）｝，开发商根据以上情况也会采取行动介入，这样该模型中共有七种战略组合，如表 3 - 29 所示。

表 3 - 29　开发商可选择的战略决策

Sd =	（提供、支持、介入）
	（提供全部资金、支持、不介入）
	（提供优惠政策、支持、不介入）
	（提供、不支持）
	（不提供、支持、介入）
	（不提供、支持、不介入）
	（不提供、不支持）

此外，也可以用树形图表示该博弈。该博弈是一个不完全信息动态博弈，即参与者的行动有先后次序，且后行动者在自己行动之前能观察到先行动者的行动，而先行动者只能对后行动者所采取的行动做一个估计。因此，在该博弈模型中，政府首先做出决策，选择战略，而后村集体村民与开发商依次选择自己的战略，该博弈的树形图如 3 - 12 所示：

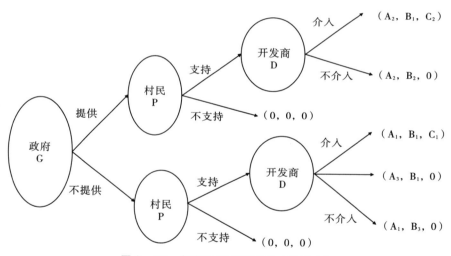

图 3 - 12　多方的博弈树形图（扩展式）

由树形图可知，改造模型的七种战略及期望函数：

战略组合 S_1 = （A_1，B_1，C_1）=（提供，支持，介入），为政府、村民、开发商共同改造；

战略组合 S_2 = （A_3，B_1，0）（提供，支持，不介入），为政府提供全部费用，村民支持改造，开发商不介入；

战略组合 S_3 = （A_1，B_2，0）=（提供，支持，不介入），为政府提供优惠条件，村民自主改造；

战略组合 S_5 = （A_2，B_2，C_2）=（不提供，支持，介入），为政府不提供优惠政策，开发商和村民联合改造；

战略组合 S_6 ＝（A_2，B_2，0）＝（不提供，支持，不介入），为村民自主改造；

战略组合 S_4 ＝（0，0，0）＝（提供，不支持）；

战略组合 S_7 ＝（0，0，0）＝（不提供，不支持），为由于村民不支持，改造无法进行。

城中村改造是一项艰巨而复杂的系统工程，没有政府的高度重视，没有正确的决策推动与合理的政策引导，仅靠城中村自身力量与市场作用，难以取得成功。但政府又必须明确自身的职能定位，充分认识并利用优势化解劣势，有所为有所不为。尤其在城中村已从少量样板式改造向批量规模化改造转变的地区，如果政府过多插手干预、涉足具体的市场操作，不仅容易导致不公平竞争，使市场的活力与效率被压制，而且还会造成巨大的财政风险，给城市的长远发展带来消极影响。另一方面，尽管城中村改造主要依靠市场运作，但却不能简单地等同于一般的经济行为。因为城中村改造不仅涉及社会与生态环境等市场机制良性调节常常失灵的领域，还涉及经济领域中在纯市场条件下，因原始改造动力不足、门槛过高等导致改造时机延误的问题。而政府通过制定政策等方式积极参与城中村改造，不仅可以为改造指明方向，还可以增强改造的动力与营造良好的市场运作环境，促进改造的顺利进行以形成良性循环。政府、村集体和开发商在不同的改造模式中所扮演的角色各有侧重，但是作为城市的管理者，政府必须参与到城中村的改造工作中来，通过其"杠杆作用"均衡各方利益载体。

小　结

博弈论在城乡规划中有着广泛的应用，如公共产品提供、区域一体化、选址问题、出行方式选择、城中村改造等。每个问题均可用博弈论进行分析，进而根据分析结果，提出其对城市建设、管理的相应建议。

课后习题

1. 越狱

一名囚犯正在谋划越狱，此时他可以通过两种不同的方式来越狱，分别是挖地道和翻墙。监狱也会做一些防止犯人越狱的行为，比如在监狱外围增加人员用于防守或者增加监狱房内的查看次数。但是监狱为了工作人员的效率，只能选择其中的一种方式来做防范。

问题：在这个博弈内有哪些博弈的战略，相应的收益是多少？请进行模型假设，用数值来表示双方的收益并给出该博弈的标准式。假设囚犯和监狱同时决策，试用扩展式来描述该博弈。

2. 选址博弈

回想一下，我们在本章中体提及的选址博弈。然而，并不是所有的选址博弈都有类似的解决办法，在这里请你思考以下案例。A 和 B 要在某市分别选择一个地点创办自己的商铺。他们有三个不同的选择：商业区、居住区、休闲区。收益矩阵如表 3 - 30 所示。

表 3 - 30 选址的收益矩阵

		A		
		商业区	居住区	休闲区
B	商业区	(80, 65)	(55, 105)	(85, 95)
	居住区	(100, 80)	(35, 35)	(115, 110)
	休闲区	(130, 75)	(100, 115)	(45, 45)

问题：这个博弈存在纳什均衡吗？倘若存在，是什么？你认为 A 和 B 会选择怎样的战略组合呢？这个案例和选址博弈相比，有什么不同呢？

3. 城市交通同行博弈

一辆奥迪车和宝马车相遇在一个十字路口，该路口有交通信号灯和指示牌，每辆车有两个战略：等待、前行，收益矩阵如表 3 - 31 所示。

表 3 - 31 通行的收益矩阵

		宝马	
		等待	前行
奥迪	等待	(0, 0)	(1, 10)
	前行	(10, 1)	(−80, −80)

问题：从非合作博弈的角度讨论这个问题。该博弈存在占优战略均衡吗？存在纳什均衡吗？如果存在，是什么？你能预测一下理性的司机会选择哪一战略组合吗？为什么？目前交管部门决定在十字路口设置交通信号灯，这对博弈结果有什么影响？

4. 公主的眼色与侍卫的选择

公主爱上了侍卫，国王对此极力反对，欲杀侍卫，公主以绝食抗争，国王作了让步，给了侍卫一个生死抉择：他让侍卫在两扇门前做出选择，两扇门后分别关着一头饥饿凶猛的狮子和一位全国最年轻美丽的少女。如果选择的是关着狮子的门，侍卫将被狮子吃掉；如果选择的是关着少女的门，侍卫必须娶她。侍卫知道门后的东西对自己意味着什么，但不知道哪扇门里关着的是什么。在做出选择前，国王允许公主（公主知道哪扇门里关着的具体是狮子还是美女的秘密）与侍卫见面，但不允许二人说话。侍卫站在两扇门前，知道秘密的公主用眼神暗示了其中的一扇门，侍卫该如何选择？请对公主与侍卫的选择进行博弈分析。

5. 万元陷阱

现将 10000 元钱拍卖给大家，各位互相竞价，以 100 元为加价单位，直到没有人再加价为止。出价最高者将以其所出价格获得该 10000 元钱，同时，出价第二高者将其所出价格的数量支付给你朋友。请问：您的竞拍策略是什么？

参考文献

［1］罗杰·麦凯恩．博弈论：战略分析入门［M］．北京：机械工业出版社，2007.5

［2］李长亚．基于博弈论的工程项目多阶段多主体协同管理研究［D］．安徽建筑大学，2017．

［3］肖海燕．交通规划中的几类博弈问题研究［D］．武汉大学，2010．

［4］肖海燕，王先甲．政府参与模式下出行者出行方式选择行为的演化博弈分析［J］．管理工程学报，2010，24（02）：115–118．

［5］祝曼莉．基于主体博弈分析的城中村改造模式研究［D］．西北大学，2007．

第四章　数据分析概论

当今社会是一个"信息（数据）爆炸"的时代，因此，如何用好手中的资料，发挥信息（数据）最大的价值显得格外重要。本章节将对数据的收集、评估、处理、分析方法等多方面进行介绍。通过本章的学习，能够做到以下几点：

（1）熟悉数据收集的基本方法、数据资料的评估与处理、数据分析的步骤等内容；

（2）理解并掌握控制实验、观察研究的基本思想方法，并能将其运用到城乡规划问题的分析中；

（3）理解并掌握直方图、平均值、标准差、数据的正态分布、测量误差等方面的知识。

第一节　数据收集与分析简介

一、数据收集方法

数据收集（或采集）即根据研究目的，采用一定的工具和方法，对所需数据进行收集，常规数据收集方法可包括通过统计报表、年鉴、分析报告、内部研究报告及资料获取数据。根据收集数据的途径，可以把数据分为两种，一种是第一手数据，主要指亲自实践和科学实验活动所收集数据材料，这也是收集数据最基本的途径。另一种是第二手数据，主要为通过查阅文献，在国家和地方政府查找需要的数据及资料，也可通过各个私人机构、网络、高等院校、科研学术单位来获取第二手数据。收集数据的平台包括电视、广播、报纸、期刊、互联网、相关企事业单位和政府部门（如公交公司、地铁公司、共享单车运营商、城市各管理部门）等，通过这些平台，研究者可以很快获得所需的各种数据。如共享单车运营商拥有城市共享单车使用起讫时间与骑行轨迹数据；城市公交、地铁公司拥有城市公交、地铁刷卡数据；医院拥有就医人群健康相关数据；规划局拥有城市建设相关数据；互联网则包含了海量数据，不同的网络平台有不同的数据，如中国经济社会大数据研究平台、规划云、国家公开数据库、百度或高德 Key、中国科学院资源环境科学与数据中心、各地市统计局网站、社交媒体网站、短视频网站等。其中，微博、微信、抖音等社交平台上有大量数据信息，根据不同的研究目的，可从这些信息中提取所需的研究数据，用于分析舆情走向、探寻人群对某个城市建设项目的观点及分析人群对城市管理的态度等。

根据数据收集的不同方式，可以把数据收集方法分为如下七种。

（一）访谈

访谈（Interviewing Survey）是建立在访谈者与被访谈者之间的双向沟通过程，具有较强的主观性，工作的步骤流程从访谈前准备工作到访谈结束可大致分为四步，分别为访谈前准备好问题、选定访谈对象、进入访谈现场、访谈与记录、结束访谈。按访谈方式，可以将访谈分为直接访谈和间接访谈两大类，直接访谈即面对面访谈（face to face survey），该方法的优点是互动性较强，访谈结果较为清楚、准确，缺点是消费的人力、物力较大，效率较低；间接访谈即采用电话（telephone survey）、邮寄访谈（mail survey）、电子邮件访谈（email survey）等方式进行访谈，该方式的优点是费用低、范围广、成本小，缺点是成果的误差较大、答案较简单。整体而言，访谈调查这种数据收集方式的最大特点是其目的性、计划性、准备性，是一种非正式的谈话，因此也具有较强的随意性。访谈调查的应用性较广，适合多个领域，也便于访谈人员及时发现问题，并为后续的方案分析和制定提供方向和依据。

（二）普查

普查是指一个国家（或地区）为全面准确地了解某项重大国情国力状况，针对某类统计总体的全体单位，按照统一的普查方案和工作流程，在统一的标准时点，组织开展的大规模、一次性的全面调查。按照普查的组织实施主体，我国普查的种类既包括政府统计的周期性普查，也包括部门根据需要定期或不定期开展的专项普查，如原环境保护部开展的全国污染源普查，原文化部开展的全国文物普查等。

普查是一种全面调查。通过这种方法所得的资料较为系统、全面、稳定、可靠，有利于积累资料，并进行动态对比分析。不仅可满足国家宏观管理的需要，各级政府部门也能获得管辖范围内的相关资料，了解本地区、本部门的经济社会发展情况，基层单位也可利用普查资料对生产、经营活动进行监督管理。但普查涉及面广、工作量大、时间较长，且由于中间环节多，易受干扰，对统计数据质量控制的要求较高。此外，普查需要投入大量的人力、物力、财力，组织工作繁琐，操作流程繁杂，承担任务繁重。

我国现行周期性普查包括全国经济普查、全国农业普查和全国人口普查。开展全国经济普查，通过调查全面掌握第二产业和第三产业的发展规模、结构和效益，摸清全部法人单位资产负债状况和新兴产业发展情况，了解各类单位的基本情况和主要产品产量、服务活动、经济结构优化升级等信息。农业普查通过调查农业、农村、农民的基本情况，了解农业生产条件、农业生产经营活动、农业土地利用、农村劳动力及就业、农村基础设施、农村社会服务、农民生活，以及乡镇、村民委员会和社区环境等情况。人口普查通过调查人口和住户的基本情况，了解全国人口的姓名、居民身份证号码、性别、年龄、民族、受教育程度、行业、职业、迁移流动、婚姻生育、死亡、住房情况等。上述三大普查主要用于搜集重大国情国力资料，为国家及地区制定长期规划、重大决策提供翔实的统计资料。相比其他调查形式，普查更能掌握大量、详细、全面的统计资料。

（三）问卷调查

问卷调查（Questionaire Survey）是一种常用的数据收集方式。问卷调查可以根据被访问者的个人经验、价值观、态度观念来及时发现访谈调查的问题所在，是城乡规划社会调查、规划公众参与、规划策略制定、规划路径解析中常用的一种手段。通过问卷调查，可以较为清楚地了解某一事情的走向和社会现状情况，公众对某个特定规划方案的态度和看法，对城乡规划建设的满意度，是一种了解社会民情和征集意见的方法。设计调查问卷的首要问题就是明确研究目的，并紧紧围绕研究内容编写有针对性的问题，从而能通过问卷折射出自己研究内容存在的问题或取得的成效，最终取得科学可信的结果和结论，达成研究目的。调查问卷可分为纸质问卷、网络问卷，又可以根据填写对象的不同分为自填问卷和代填问卷。

（四）专家会议法

专家会议法又称头脑风暴法（Brain Storm），即邀请有关方面专家，通过会议的形式，对某个事件、管理、决策、生产、产品、技术及其发展前景等进行评价。在专家们分析判断的基础上，综合专家们的意见，对某系统的需求及其变动趋势作出量的预测。选择专家的注意事项主要有四点，第一，要注意选择与预测主题相关的专家；第二，要选择与研究对象相关领域的专家；第三，专家的工作态度需要考虑的问题；第四，选择专家还要考虑提高回函率，如图4-1所示。

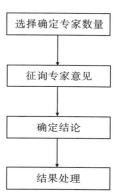

图4-1　专家会议法步骤

（五）专家函询法

专家函询法又称德尔菲法（Delphi法），这种方法主要是按规定的程序，采用函询的方式，通过函询专家背对背的方式征询专家意见，来替代面对面的会议，由课题组对收集的意见进行汇总整理、统计分析，再以匿名的方式反馈给各位专家，供专家进行分析判断，提出新意见与建议，使专家的不同意见充分发表，经过客观分析和几轮的反复征询和反馈，使得各种不同意见逐步趋向一致，从而得出比较符合客观规律的结果，如图4-2所示。

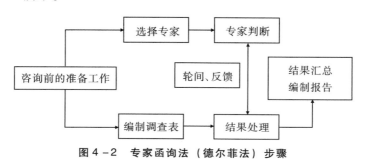

图4-2　专家函询法（德尔菲法）步骤

该方法的特点主要有，第一，反馈性。表现在多次咨询、反复、综合、整理、归纳修正上。经过多次反馈，可以不断修正方案，使结果逐步趋向准确可靠。第二，匿名性。由于专家的函询意见是在背靠背的情况下提出的，专家彼此之间互不通气，不受领导、权威的约束和能言善辩者的言辞所左右，因而可免除专家不必要的心理负担，可以自由地发表自己不同的意见，表述自己的观点。第三，统计性。德尔菲法要求在每一轮的意见征询后，对专家意见和结果必须进行定量化的统计分析与归纳，对各种不同类型的问题采用相应不同的数理统计方法进行统计处理。随着反馈轮次的增加，专家们的意见可能趋向集中，统计结果趋向收敛。

（六）网络数据爬取

网络数据爬取（Internet Data Collecting）是指通过网络爬虫或网站公开 API 等方式从网站上获取数据信息的过程。网络爬虫会从一个或若干初始网页的 URL 开始，获得各个网页上的内容，并且在抓取网页的过程中，不断从当前页面上抽取新的 URL 放入队列，直到满足设置的停止条件为止。如可以从街景地图数据中爬取绿视率、交通安全设施占比、天空开敞度、建筑联系程度、沿街商业面积率等数据，可以从微博数据中爬取新浪微博用户，建立用户间的网络信息数据库，并借助 Arcis 空间分析软件将用户间的虚拟网络关系植入到地理空间上，从而分析比较基于微博的网络信息空间与地理实体空间的差异性，并进一步分析其网络信息地理空间的特征，以期从一个新的视角加深对这种新的网络信息空间的认识等。这样可将非结构化数据、半结构化数据从网页中提取出来，存储在本地的存储系统中，并进行数据分析。

（七）感知设备数据采集

感知设备数据采集（Sensor Data Collecting）是指通过传感器、摄像头和其他智能终端自动采集信号、图片或录像来获取数据。大数据智能感知系统需要实现对结构化、半结构化、非结构化的海量数据的智能化识别、定位、跟踪、接入、传输、信号转换、监控、初步处理和管理等。其关键技术包括对大数据源的智能识别、感知、适配、传输、接入等。如采用传感器、摄像头获取某类人群采用特定出行方式时的心率、速度、路线等信息，并用于分析该路线附近的城市空间环境对人群出行行为的影响。

二、资料数据的甄别、评估与处理

现代信息技术的发展进一步拓展了人们对数据的来源渠道，使人们可以在开放、交互、自主的交流空间中获得更多的声、像、图、文俱全的视觉听觉信息，从而使得互联网与所需数据的关系变得几乎是密不可分。但是由于互联网上的信息较为庞杂，数据的信度效度难以保证。因此，对从互联网上收集到的各种数据，必须进行认真细致的甄别，方能用于研究的素材。如果数据本身存在错误，那么即使采用最先进的数据分析方法，得到的结果也是错误的，不具备任何参考价值，甚至还会误导决策。

三、数据分析的概念和目的

（一）概念

数据分析是指通过有目的的收集、整理数据，并采用适当的统计分析方法对数据进行加工和分析，提炼有价值的信息，对数据加以详细研究和概括总结，最终形成结论的一个过程。在实际使用中，数据分析可帮助人们作出判断，以便采取适当行动。今天，越来越多的行业利用数据分析来帮助行业发展运营和制定决策。一方面，我们可以利用许多的数据分析工具提高工作效率，另一方面，还可以利用数据分析来发现和改进工作上的不足，辅助做出某项重大决策。城乡规划系统工程也可以借助数据分析技术实现数据的收集、分析和处理，利用相关技术与方法，有效提升数据信息收集和处理效率，使其在城乡规划各工作领域中起到重要作用，如城市体检、城市评估、规划方案比选等。通过加强城乡规划中数据分析的应用，可为新时期我国城乡规划工作提供有力支撑。

（二）目的

在进行数据分析之前要明确分析的目的，提出问题。只有弄清楚了分析的目的是什么，才能准确定位分析因子，提出有价值的问题，提供清晰的指引方向。数据分析的主要目的有：①将大量冗杂的数据进行有组织、有目的的数据整理收集和提炼式分析，使之更加简洁有效、内容明晰，使得最终整理的数据与客观世界的真实数据更接近，分析结果更符合实际。②帮助人们从数据中提取有价值的信息、发现数据背后隐藏的规律、对人们认识问题产生重要作用。③通过数据分析，能够让人们有效、直观地理解数据，并依据分析结果进行决策。

四、数据分析的类型与方法

（一）分析类型

按照分析的目的和方式，数据分析类型可划分为两大类。

1. 按照数据分析的目的分类

可将数据分析的类型划分为描述性分析（descriptive analytics）、预测性分析（predictive analytics）和规范性分析（prescriptive analytics），如图 4 - 3 所示。

（1）描述性分析。描述性数据分析包括数据收集、整理、制表、制图以及描述正要研究的事物的特征，这类分析以往被称为"报告"。描述性分析可较为清晰简洁介绍数据情况，但它不能解释某种结果出现的原因或者未来可能会发生的事情。

（2）预测性分析。预测性数据分析不仅可以对数据特征和变量（可以假定取消范围的因素）之间的关系进行描述，还可以基于过去的数据预测未来。预测性分析首先会确定变量值之间的关联，然后基于这种已知的关联预测另一种现象出现的可能性，比如在得知某个项目宣传后，一位投资者可能会去咨询投资的可能性。虽然预测性分析中的预测是基于变量之间的关系做出来的，但这不代表预测性分析中都需要明确因

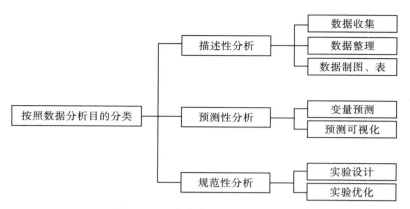

图 4 - 3　按照数据分析目的分类

果关系。事实上，准确的预测并不一定与需要基于因果关系。

（3）规范性分析。规范性数据分析是更高层次的分析，如实验设计和优化等。就像甲方会针对项目进展建议乙方采取什么行动一样，实验设计试图通过做实验给出某些事情发生的原因。为了能够在因果关系研究中做出准确推断，研究人员必须妥善处理一个或多个独立变量，并有效控制其他变量。

2. 按照数据分析的方式分类

可划分为定性分析（qualitative analysis）和定量分析（quantitative analysis）两类，如图 4 - 4 所示。

（1）定性分析。定性分析的目的是对某种现象的现状进行描述并深入了解其诱因。非结构化数据通常是从少数非代表性案例中收集而来，并进行了非统计性分析。这种分析方式不仅可应用于频数和频率的分析，还可用于深入挖掘某种现象背后的原因。

（2）定量分析。定量分析是探索性分析的有效工具，定量分析即通过简单统计分析、数理统计模型分析的方式对数据进行系统的分析，从而对研究对象进行严谨细致的实证研究。

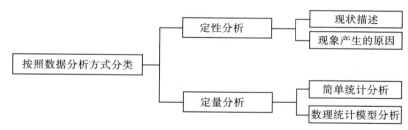

图 4 - 4　按照数据分析方式的分析类型划分

（二）分析方法

从理论上看，数据分析可采用下述四种分析方法。首先，比较分析法。即对在同一时间周期且同类产生的数据进行比较，即截面数据比较。比较分析法可应用于部门之间的产出比较分析、各个项目之间的收益分析、规划区域 A 与规划区域 B 之间的差异、工作之间的效率比较；其次，统计分析法。统计分析是指运用统计方法及与分析对象有关的知识，从定量与定性的结合上进行的研究活动，最注重的是对问题的分析，其中包括多种统计分析方法，如相关性分析法，可用于分析两个或多个变量之间的性质以及相关程度。例如：气温与用水量的相关性、车辆保有量与交通通达性的相关性等；最后，时间序列分析法。时间序列分析法是指基于历史统计数据，总结出发展与时间先后顺序关系的一种统计分析方法。

从分析维度上看，数据分析可采用如下四种分析方法。

1. PEST 分析法

PEST 分析法，即政治（Politics）、经济（Economy）、社会（Society）、技术（Technology）分析法，如图 4–5 所示。具体而言，①政治即对政治、法律环境进行分析，主要包括政治制度与体制、政局、政府的态度，以及政府制定的法律、法规等，分析某个国家或地区的政治制度、政府政策及当地法律法规等。②经济即对国家、区域、城市等地的 GDP 以及消费者价格指数（CPI）、劳动生产率和失业率等进行分析。③社会即通过分析城市的人口规模、年龄结构、城市特点、性别比例、生活方式等来为城乡规划提供依据。③技术即根据城市的技术发展速度和更新速度来确定各个行业的新技术、新工艺和新材料。

图 4–5　PEST 分析法示意图

2. 5W2H 分析法

5W2H 分析法，即为什么（Why）、什么事（What）、谁（Who）、什么时候（When）、什么地方（Where）、如何做（How）、什么收益（How much），主要用于行为分析、规划前期问题专题分析、反馈问题等，如图 4–6 所示。①Why：系统工程规划的目的是什么？②What：系统工程规划的内容是什么？③Who：谁规划，为谁规划？④When：规划年限是什么？⑤Where：如何确定规划选址或范围？⑥How：怎样进行系统工程规划？⑦How much：规划的项目的成本与收益是多少？

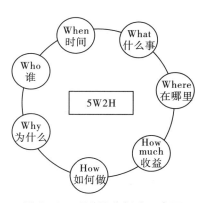

图 4–6　5W2H 分析法示意图

3. SWOT 分析法

SWOT 分析法，又称态势分析法，S（strengths）是优势、W（weaknesses）是劣势、O（opportunities）是机会、T（threats）是威胁或风险，如表 4 - 1 所示，SWOT 分析法是用来确定研究对象内部优势、劣势和面临的外部机遇和挑战，通过查阅资料、田野调查、访谈分析等方式，将其列举出来，并依照矩阵形式排列，然后用系统分析的思想，把各种因素相互匹配起来加以分析。运用这种方法，可以对研究对象所处的情景进行全面、系统、准确的研究，从而有利于进行下一步研究。

表 4 - 1　SWOT 分析法示意表

内、外部原因	机遇（O）	威胁/挑战（T）
优势（S）	S - O $\begin{cases}利用机会 \\ 发挥优势\end{cases}$	S - T $\begin{cases}利用优势 \\ 避开威胁/挑战\end{cases}$
劣势（W）	W - O $\begin{cases}利用机会 \\ 缩小劣势\end{cases}$	W - T $\begin{cases}减小威胁/挑战 \\ 克服劣势\end{cases}$

4. 逻辑树法

逻辑树法，又称问题树、演绎树或分解树，它是把一个已知问题当成"主干"，然后分析这个问题和哪些相关问题有关，也就是"分支"。逻辑树能保证解决问题过程的完整性，它能将工作细分为便于操作的任务，确定各部分的优先顺序，如城乡规划设置的公共设施是否能满足供需平衡，可以使用逻辑树的模型来呈现问题、解决问题。逻辑树的使用必须遵循要素化、框架化、关联化三个原则，要素化即把相同的问题总结归纳成要素，框架化即将各个要素组织成框架，遵守不重不漏的原则；关联化即框架内的各要素保持必要的相互关系，简单而不独立。

五、数据分析的步骤

数据分析的步骤，如图 4 - 7 所示。

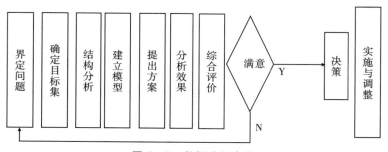

图 4 - 7　数据分析步骤

（一）界定问题

首先是明确数据分析目的，只有明确目的，数据分析才不会偏离方向，否则得出的数据分析结果没有指导意义。当分析目的明确后，我们需要对思路进行梳理分析，并搭建分析框架，需要把分析目的分解成若干个不同的分析要点，也就是说要达到这个目的该如何具体开展数据分析？需要从哪几个角度进行分析？采用哪些分析指标？分析的逻辑框架是怎样的？运用哪些理论依据？明确问题界定，厘清数据分析目的以及确定分析思路，是确保数据分析过程有效进行的先决条件，它可以为数据收集、处理以及分析提供清晰的指引方向。

（二）确定目标集

确定目标集即在界定问题的基础上，确定研究分析要达成哪些目标，并把这些目标进行编号，按照一定的逻辑顺序进行排列，对这些目标进行分解，确定达成这些目标需要的内容，再据此确定数据收集的方式和应收集哪些具体数据，进而进行数据收集活动。

（三）结构分析

结构分析即是指对采集到的数据经加工整理，形成适合数据分析的样式后，采用一定的方法对数据进行结构性分析。数据的加工和整理是为了保证数据的一致性和有效性。它是进行数据结构分析前必不可少的阶段。其基本目的是从大量的、可能杂乱无章、难以理解的数据中抽取并推导出对解决问题有价值、有意义的数据。

（四）建立模型

在数据整理加工的基础上，可建立相应的分析模型，包括定性分析模型，如 PEST 模型、5W2H 模型、对比分析等；定量模型，可采用 Stata、Spss、R 等数据分析软件构建线性回归模型、非线性回归模型、聚类分析模型、路径分析模型等；数据可视化模型，如采用 Arcmap 软件，进行数据分析与可视化，制作热力图分析模型、用户分群分析模型、设施分布分析模型等。总之，数据分析的模型种类较多，具体选用怎样的分析模型，要根据研究目标和研究方案来确定。

（五）提出方案

根据最初界定的问题以及模型的最优结果，可在此基础上提出解决问题的最优解决方案。权衡问题的重要性，通过降维方式来对问题进行分级处理，使得方案有更好的针对性。

（六）分析效果

数据分析效果主要从两方面来思考：一是得出的结果是否较好地解决了最初的疑问以及一些潜在的问题；二是是否满足了我们评估指标及预测结果。通过这两个点，我们可以得知模型是否正确、提出的方案是否准确。

（七）综合评价

首先，数据综合评价建立在原始数据的完整性、准确性、有效性、时效性的基础上。其次，需要科学选取评价指标、建立评价指标体系。再次，使用合适的综合评价方法。这一系列的工作都是为了保证数据分析的准确性、问题的针对性、模型的适宜性，进行综合评价是选择拟分析问题最优化解决方案的过程。若决策者对最终的综合评价结果满意，则可进行下一步的决策与实施，若不满意，则需要重新进行问题界定，重复上述六个步骤，直至决策者满意。

（八）决策、实施与调整

根据综合评价的结果，选择最优化解决方案，进行决策，并实施该方案。在实施过程中，依据实施效果及时对方案细节进行调整，保证方案实施的顺利推进。

六、数据分析的应用及未来发展

（一）数据分析在城乡规划中的应用

城乡规划是一个不断完善规划方案和选择最优规划方案的过程，是针对不同规划层次提出问题、分析问题、解决问题，进而选择适合的规划方案，并进行后续追踪评估的过程。这个过程的任一阶段，都可以应用数据分析作为其支撑，通过观察研究、量化研究，及时发现问题的关键点，从数据中探寻事物间的联系，将多维数据纳入城乡规划问题中考虑，将研究对象放在更为完整的数字量化环境中分析。

对于城乡规划工作来说，运用城乡规划系统工程的方法对工作中的问题进行分析，可以较大程度提高工作效率。通过数据采集，可对采集到的土地资源、水资源、环境、生态、建筑、空间开发等数据进行预处理，进而对处理后的数据进行分析，包括现有空间数据的特征、分布和基础信息等，如城镇开发边界的划定受资源环境承载力、城镇人口数量、居民活动范围、居民活动强度和活动特征、企业集群布局和基础公共服务设施的建设等多个因素的影响，对城镇开发边界的划定需要综合定性、定量分析方法考量上述因素，最终划定城镇空间边界的大小，从而更加科学地指导空间规划，如图4-8所示。

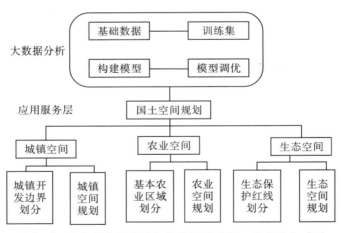

图4-8　大数据分析模型结构分析图　来源：参考论文［5］

1. 区域规划研究

在区域规划研究中，采用获取的数据，可分析区域内的人口流动情况、劳动力流动情况、经济发展情况、区域之间的经济联结情况、政府发布的政策影响力、区域产业融合发展情况、物流情况、区域创新情况等，从而有利于提高区域规划合理性和科学性。

2. 空间布局研究

目前人们对于手机等电子设备的应用较为广泛，利用手机终端位置信息数据，结合城市自身的空间结构与空间布局、基础设施建设、行政区划、管理层级等要素，可进行深入的城市空间布局分析，从而使城市用地规划、交通系统规划、基础设施建设规划更为合理。

3. 城市交通研究

目前，手机已经成为人们生活中不可或缺的一部分，大多数人无论出行、活动还是睡眠，都携带着手机，这种使用习惯使手机成为一种可以全天收集人群信息的有用设备。通过对人们的手机信令数据的收集，可以获得城市人口的时空分布、出行情况，从而可以判断人群在城市不同区域的活跃程度、实现对人群日常出行地点和公交需求量的分析，以此为城市交通规划提供基础依据。如对于容易出现交通拥堵的地点，可以进行人们出行和城市交通供给之间关系的深入研究，从而对城市交通进行合理的控制和针对性设计，如图 4-9 所示。

获得城市人口的时空分布：通过分析不同时期的手机大数据，可以准确地分析白天人口空间分布的动态变化，假期和工作日人口密度的变化和分布的动态变化。为城乡规划提供准确的定量分析结果。

交通需求管理的精准化规划：通过提供各种服务的数字分析平台，可以在几分钟内更好地了解流量模式。提供这些交通解决方案的平台通过访问手机应用程序和车载导航系统共享的位置和速度信息来收集数据。

为城市管理者提供宏观数据：可以获得过去一年的出行方式和城市交通数据，以便更好地帮助做出决策，而之前收集的数据通常只有几天甚至几个小时。

为临时交通应急措施提供保障：城市交通临时应急措施主要针对突发性、严重性交通问题，并实施城市交通规划，以迅速有效地解决这些问题。

图 4-9 城市交通研究的数据分析 来源：参考文献 [6]

（二）数据分析未来发展

1. 内容深度化

数据分析的未来走向将是一个不断提升和深化的过程，在数据的分析过程中，前期处理包括了数据的收集、数据整理、数据筛选、数据整合等工作步骤。为了提高数据的准确性，可加强科技投入，增加智能科技，如机器学习、人工智能等将会在未来的发展中助力数据处理实现过程的自动化、精准化。

2. 平台智能化

随着技术的发展，城乡规划中的数据驱动越来越明显，如何把数据分析成果转化为可行的实施方案，并不是通过一些简单的作图就能实现的。各个规划部门可通过建立相应的大数据分析平台来帮助日常的决策。由于部门繁多，建立一体化的综合性智能平台既可以完成数据的处理、加工、分析，又可以提高数据分析的效率，一定程度上减轻了工作人员的负担。

3. 处理实时性

当今时代是一个信息大爆炸的时期，人们通过不同途径来获取自己需要的数据，数据获取之后也要求数据分析的各种方式也要与时俱进。目前来说，数据分析存在着批量化的特点。这种方式有一定的局限性。

城乡规划中许多领域的数据属于实时性的数据，比如分析道路的通行能力、道路流量分析等等。这些数据存在着数量庞大、实时性强，因此在进行数据分析的过程中对数据进行合适的取舍、选取其中必要的数据作为数据分析的基础。

小　结

数据收集的方法包括访谈、普查、问卷调查、专家会议法、专家函询法、网络数据爬取、感知设备数据采集等。收集的数据需根据一定的规则，进行甄别、评估与处理，最终形成可供分析的数据库。按照数据分析的目的，可将数据分析的类型划分为描述性分析、预测性分析和规范性分析；按照数据分析的方式，可划分为定性分析和定量分析两类。数据分析的步骤主要包括界定问题、确定目标集、结构分析、建立模型、提出方案、分析效果、综合评价、决策实施与调整等。

城乡规划是一个不断完善规划方案和选择最优规划方案的过程，是针对不同规划层次提出问题、分析问题、解决问题，进而选择适合的规划方案，并进行后续追踪评估的过程。这个过程的任一阶段，都可以应用数据分析作为其支撑，通过观察研究、量化研究，及时发现问题的关键点，从数据中探寻事物间的联系，将多维数据纳入城乡规划问题中考虑，将研究对象放在更为完整的数字量化环境中分析。

第二节　控制试验

一种新药问世了，该如何设计实验来检验其有效性？最基本的方法是进行比较，如将该药物给试验组（treatment group）的受试者服用，其他受试者不使用该药物，这些受试者用来作对照组（control group）。然后比较两组人群的反应。受试者应随机进入实验组或对照组，并进行双盲试验，即测量药品效果的受试者和发放药品的医生都不应知道谁在试验组，谁在对照组。

一、沙克疫苗田野试验

（一）试验介绍

1916 年，脊髓灰质炎（小儿麻痹症 Polio）在世界各地流行，在接下来的 40 年间，几十万人受到该病影响，尤其是儿童。20 世纪 50 年代，多种脊髓灰质炎疫苗问世。其中，由乔纳·沙克（Jonas Salk）所研制的疫苗似乎是最有效的，他的试验证明该疫苗安全有效，能够产生抗体（antibody）抵御脊髓灰质炎，1954 年，权威机构准备正式将该疫苗应用于现实世界。

假设权威机构让大量儿童注射了该疫苗。如果在 1954 年，脊髓灰质炎发病率比 1953 年大幅下降，能否就可以证明该疫苗非常有效？然而，作为一种流行病，脊髓灰质炎的发病率每年都是不一样的。1952 年，总计有 6 万例患者；1953 年，总计有 3 万例患者。1954 年的低发病率，也许能说明该疫苗有效，但也有可能这一年不是该疫情的流行年份。要想知道该疫苗是否有效，唯一的办法是让一些孩子不注射该疫苗——作为对照组（control group）。

（二）试验设计

试验方案一：权威机构的试验，给所有二年级的，且父母签署了同意书的孩子注射疫苗，让一年级、三年级的孩子作为对照组，该试验选择的是一些脊髓灰质炎疫情较为流行的学区，共有 20 万儿童参与了试验。其中，5 万人注射了疫苗，10 万人没有注射疫苗，5 万人拒绝该疫苗。这诠释了一开始我们所说的对比，试验组注射疫苗，对照组不注射疫苗，然后对比两组人群的试验结果，如表 4 - 2 所示。请问，这种试验方案正确吗？答案是不正确。因为把志愿注射疫苗的人群与非志愿注射疫苗的人群进行对比，必然会产生试验的偏向性，除了是否注射疫苗这一方面，如果两组人群在其他方面也有不同，那么这些"其他要素"的作用就会与疫苗的作用混合起来，把这些"其他要素"分离出来非常困难，这种混合作用是造成结果产生偏向性的一个最主要的原因。具体到这个试验而言，首先二年级的孩子和一年级、三年级孩子的体质是有差异的，这个差异会影响最终看到的疫苗效果；其次，高收入的父母比低收入的父母更有可能签署同意书，这项试验设计是有偏向性的。很多病更容易在低收入人群当中流行，而脊髓灰质炎是一种与卫生状况相关的疾病，生活在卫生条件差的地区的孩子，在童年时期更容易感染脊髓灰质炎，并产生自我抗体来保护自己免受下一次感染，但是生活在卫生条件好的地区的孩子，并没有自我产生这种抗体的环境和机会，所以，这个试验的试验组和对照组不是同质的，这样的对比不正确。

试验方案二：对照组从与试验组相同的人群中选取——父母签署了同意书的孩子。试验组从父母签署了同意书的孩子中选取。试验人员采用人为分类的方法进行了试验组孩子的选取，即由工作人员将样本进行分类，工作人员在分类中详细考虑了所有可能的影响因素，并将其均匀分布在试验组和对照组中，但实际上人工分类的方式确保控制组和对照组在很多其他方面具有一致性，如家庭收入、儿童健康水平、这样的试验结果是否有偏差，答案是肯定的，因为人工分类常常产生偏差，因此最好不要采用人为分类。

试验方案三（专家的试验）：随机控制双盲试验，对照组与试验组都从相同的人群中选取——父母签署了同意书的孩子。选取方式采用随机分类方法，即每个孩子被选中作为对照组或试验组的概率均为50%，就像投掷硬币，每一面出现的概率是50%一样。概率法则能够保证，只要有足够的样本量，试验组和对照组的很多重要影响因素将会非常相近，不管这些重要影响因素是否已经被人们甄别出来。

这里需要特别注意的有两点，一是对照组的孩子需使用安慰剂（placebo），即被注射生理盐水。在整个试验过程中，孩子们并不知道自己是在对照组还是试验组，因此孩子们对于疫苗的反应将是最客观的。虽然人们不可能因为心理作用就对脊髓灰质炎免疫。然而，医院的患者如果给他们止疼药后，1/3的患者感到自己的疼痛立刻有所缓解，可实际上，给他们吃的只是没有任何止疼作用的维生素。二是医生们需要判断在试验开始和试验过程中孩子是否被感染了小儿麻痹症，很多时候医生只能通过孩子是否被注射了疫苗来诊断，而医生们并不知道孩子在试验组还是对照组，因此这个试验是双盲的——样本并不知道自己被注射的是疫苗还是安慰剂，因此无法由于心理作用而对试验结果产生干扰，最终，这种随机控制的双盲试验在很多学区的学校中得以展开。试验结果如表4-3所示。

表4-2　权威机构的试验结果

	参与人数	发病率（每十万人）
试验组，二年级	225000	25
对照组，一、三年级	725000	54
二年级且不同意参加试验	125000	44

表4-3　随机控制双盲试验

	参与人数	发病率（每十万人）
试验组	200000	28
对照组	200000	71
不同意参加试验	350000	46

由上表4-2、表4-3可知，权威机构的研究产生了偏差，在随机控制试验中，疫苗将脊髓灰质炎发病率从每10万人中71人发病降到了每10万人中28人发病；而权威机构的结果是从每10万人中54人发病降到了每10万人中25人发病，主要原因是权威机构的试验结果产生了偏差。试验组只包含了父母同意参与疫苗试验的孩子，对照组只包含了父母不同意疫苗试验的孩子，因此，对照组与试验组没有可比性。同时，权威机构的试验结果受多种随机要素的影响，如哪个家庭是自愿参与疫苗试验的，哪个孩子在二年级等等。然而，研究者没有足够的信息去甄别这些要素出现的概率。他们

不能算出这些要素对试验结果产生影响的可能几率，不能分辨这些随机要素对疫苗有效性的多重影响。而在随机控制双盲试验中，通过随机选择，这些要素的出现概率被限定到了一个特定的、简单的方式中，即每个孩子都有 50% 的机会进入试验组或控制组，就像硬币投掷的正反面一样，当硬币投掷的次数足够多时，正面和反面出现的概率是相同的，均为 50%。需要注意的是，虽然没有证据表明安慰剂有效，但安慰剂会对人产生心理作用。曾经有医生给了患者一些没有任何止痛作用的维生素片，告诉患者，这是头痛的止痛药，在这些患者当中，会有 20%～30% 的患者在吃了该药之后告诉医生他头痛的症状好多了，所以必须要使用安慰剂，来防止心理作用对疫苗试验结果的影响。

二、门腔静脉分流术

肝硬化（Cirrhosis）患者在手术过程中，常常会出现大出血并导致死亡，一种治疗方案是在手术过程中重建血液流向，即门腔静脉分流术。但是，手术中创建分流需要时间较长，并且对人体是有害的。

这种治疗方式的好处是否大于坏处，可以看看试验结果来判断，表 4-4 是门腔静脉分流术是否有效的研究结果，一共有 62 人参与了这项研究。由下表可知，无控制组的试验设计显示该手术有非常显著的效果，但有对照组却未采用随机分组的试验设计显示，一共有十五人觉得这个手术效果很显著，三人觉得一般，两人觉得没效果，但是如果采用随机对照试验设计，即采用随机分配对照组、试验组的方式，可以看到认为该手术效果显著的患者为零人，对该手术感到一般的是一人，另外还有三人认为该手术是无效的。

表 4-4　患者术后三年的存活率

试验设计	显著的	一般的	无
无控制组	30	5	2
有对照组，但未随机分组	15	3	1
随机分配对照组、试验组	0	1	5

下表 4-5 显示了两种不同的试验设计下患者术后三年的存活率，在随机试验中，控制组和试验组的术后三年存活率均为 60%，但在非随机试验中，试验组的存活率是 60%，控制组仅为 45%。因此，一个好的试验设计，可以表明这种手术仅有非常小的影响，或者说没有影响，不好的试验设计，则放大了这种手术的效果。如果试验设计有错，会导致试验结果不准确，如图 4-10 所示。

表 4-5　患者术后三年的存活率

分组	随机试验	非随机试验
试验组（做外科手术）	60%	60%
控制组（不做外科手术）	60%	45%

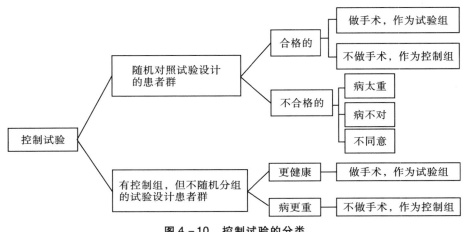

图 4-10 控制试验的分类

三、历史对照试验

随机对照试验很难进行。因此，医生经常使用其他设计，但效果并不好。例如可以对一组患者进行新的治疗，并将其与"历史对照组"相比，"历史对照组"患者按照过去的旧方法治疗。问题是，除了治疗之外，治疗组和历史对照组在某些重要方面可能也有所不同。在对照试验中，有一组患者在研究开始时是适合进入试验组接受治疗的，这里其中一些患者被分配到治疗组（即试验组），另一些患者被分配到对照组，即治疗和控制是"同时进行的"，即在同一时间段内进行的，这就是同期对照，一个好的研究需使用同期对照。门腔静脉分流术是控制不佳的试验，有些随机对照试验，虽然有同期对照，但对照组的人群并不是随机分配的，因此，研究设计很重要。

冠状动脉搭桥术是一种广泛使用且非常昂贵的冠状动脉疾病手术。查尔默斯（Chalmers）及其同事确定了 29 项该手术的试验。有 8 项随机对照试验，其中 7 项对手术的价值持否定态度。相比之下，有 21 项试验存在历史对照，其中 16 项呈阳性。表4-6 是四种疗法的随机试验与历史对照研究结果对比，试验结论总结为对试验值的肯定（+）或否定（-）。

表 4-6 中的最后一行值得注意的是 DES（二乙基己烯雌酚）是一种人工激素，用于预防自然流产，查尔默斯（Chalmers）及其同事发现了 8 项评估 DES 的试验。其中三人通过随机对照试验，结果均为阴性，因此表明了药物没有作用。医生们很少注意这些随机对照试验，甚至在 20 世纪 60 年代末，他们每年都会给 50000 名女性服用这种药物。正如后来的研究所表明的，这是一场医学悲剧，如果在怀孕期间给母亲服用己烯雌酚（DES），20 年后会产生灾难性的副作用，导致女儿患上一种极为罕见的癌症（阴道透明细胞癌），DES 在 1971 年被禁止用于孕妇。

表 4-6 随机试验与历史对照结果对比

治疗	随机对照		历史对照	
	+	−	+	−
冠状动脉旁路手术	1	7	16	5
5 - FU	0	5	2	0
BCG	2	5	4	0
DES	0	3	5	0

注：5 - FU 用于癌症化疗；BCG 用于治疗黑色素瘤；DES，预防流产。来源：H. Sacks、T、C. Chalmers 和 H. Smith，"临床试验的随机对照与历史对照"，《美国医学杂志》第 72 卷（1982）第 239 - 40，7。

在确定的 29 项手术中的其中 6 项冠状动脉旁路手术的随机对照试验和 9 项历史对照研究中，表 4-7 报告了随机试验和历史对照试验的试验组（做了外科手术的人群）、对照组术后 3 年存活率。由该表可知，在随机对照试验中，手术组和对照组的存活率非常相似。这就是为什么研究人员对手术不感兴趣——该手术并没有挽救生命。

表 4-7 手术组和对照组 3 年存活率

组别	随机对照试验	历史对照试验
试验组（做外科手术人群）	87.6%	90.9%
对照组	83.2%	71.1%

注：6 个随机对照试验共招募 9290 名患者，9 项研究纳入 18861 名患者。

现在来看历史对照试验，做外科手术人群的生存率与之前大致相同。然而，对照组的存活率要低得多，这是因为在分配对照组和试验组的时候，对照组的人群健康状况不如接受手术的患者好。有历史对照的试验偏向于手术效果好，但随机对照试验消除了这种偏向性，这也解释了为什么研究设计很重要。

小　结

（1）统计学家使用统计方法，当他们想知道某种治疗（即药品，如沙克疫苗）的影响时（即药品的效果，如预防脊髓灰质炎），为找出答案，他们可以比较试验组和对照组的用药结果。通常情况下，如果不将其进行比较，则很难判断治疗的效果。

（2）若除了药物之外，对照组与试验组在其他方面都是相同的，这意味着对照组与试验组具有可比性，那么两组样本的结果差异性，可以认为是由于药物的作用而产生的。

（3）如果试验组与对照组在其他因素方面有所不同，那这些其他因素所施加的影响可能与治疗的效果叠合起来，显现在两组最终看到的试验结果中。

（4）为了确保试验组与对照组是相似的（即除治疗外其他方面均相似），研究人员将受试者随机分配到试验组（即治疗组）或对照组中，这就是随机控制试验。

（5）在任何可能的情况下，对照组应服用安慰剂，安慰剂没有任何实质作用，但其外观、气味等方面与治疗组（即试验组）使用的药物完全相同，这样，无论是在药物反应还是结果评估上，都可以最大限度地防止偏向性。只有这样，试验结果的差异性才是基于药物本身，而不是样本的主观判断所导致的。

（6）在随机控制双盲试验中，受试者不知道自己是在试验组（治疗组）还是在对照组，那些注射药物的医护人员也不知道，这可以避免最终结果的偏向性。

第三节　观察研究

观察研究（observational studies）与控制实验不同，控制实验是研究者采用一定方法选择样本是实验组还是对照组，观察研究是指样本自己决定自己在哪个组，研究者只是观察发生了什么。如：吸烟带来后果的研究案例，分为两组人群，即吸烟人群、不吸烟人群，这里有关对照组、实验组的理念仍然适用。观察研究是一种非常有用的工具，但也具有误导性，要看其他要素所产生的结果与所观察要素所产生的结果是否混合在了一起，如死亡率与吸烟的关系是否受其他要素的影响？我们可以思考有哪些因素会影响观察结果（如性别、年龄等等）。因此，吸烟者与不吸烟者的对比，至少应该在年龄和性别的基础上进行分类。例如，55～59岁男性吸烟者与55～59岁的男性非吸烟者进行比较，这控制了年龄和性别。好的观察研究可以很好地控制混杂变量（confounding variables），实际上，大多数观察性研究不如关于吸烟的研究成功。

一、氯贝丁酯试验

冠状动脉药物项目是一项随机对照双盲试验，其目的是评估五种预防心脏病的药物是否有效。试验对象是患有心脏病的中年男性，样本总量为8341人，其中试验组为5552人，对照组为2789人，采用随机对照双盲试验，给控制组使用安慰剂，药物和安慰剂（乳糖）均被封装在外观、口感完全相同的胶囊中，试验时间为5年。表4-8是其中一种药物氯贝丁酯的试验结果，该药物可能可以降低人体血液中的胆固醇水平（胆固醇），但由表4-8所示的试验结果来看，该药物没有任何作用，不能挽救人们的生命。

这次试验失败的可能原因是，试验组患者没有好好吃药。坚持服药组（adherers）是5年中吃了80%药物的人群。对于坚持服药组，5年死亡率17%，而未坚持服药组的死亡率为23%，这些数据有力支持了药物的有效性。但是，我们要慎重看待这个结论。因为这是观察研究，不是试验。虽然数据是试验期间取得的，然而，研究者并不能够决定谁吃这些药，谁不吃这些药。是患者们自己决定的。除了吃药这件事，可能吃药组的人群本身就跟非吃药组的人群不一样。为寻找真实的试验结果，研究者对比了控制组的坚持服药组（服够80%药品）和未坚持服药组（未服够80%药品）。由于这项研究是双盲的，控制组和试验组的人都不知道他吃的是真的药品还是安慰剂，因此，可以剔除心理因素对两组人群试验结果的影响。在控制组，坚持服药组的人群5年死亡率更低一点，只有15%的人在5年内死亡，而未坚持服药组有28%的人死亡。此外，如果研究者横向对比坚持服药组的试验组、控制组死亡率，可以看到试验组的死亡率为17%，高于控制组2个百分点，因此，氯贝丁酯不能挽救人们的生命。

表4-8　氯贝丁酯（Clofibrate）服药五年的死亡率跟踪调查结果

分组	试验组		控制组	
	人数	死亡率	人数	死亡率
坚持服药组	755	17%	1813	15%
未坚持服药组	357	23%	882	28%
	1103	20%	2789	21%

二、糙皮病

18世纪的欧洲，西班牙内科医生首次发现在欧洲存在一种疾病叫糙皮病，这种病在非常贫穷的地区会导致人们健康状况恶化、残疾，甚至过早死亡。19世纪初，糙皮病开始在欧洲流行，在空间上呈带状，包括奥地利和土耳其。20世纪初期，埃及和南非也发现了糙皮病，同时，这种病在美国也开始大量流行。糙皮病似乎更容易在某些特定的村庄内流行，有的村民常年得这种病。在生病的这些村民家中，很多家庭都非常贫困，家里的环境卫生条件很差，家里的基础设施也很落后，比如，家里到处都是苍蝇。同时，在这种病非常流行的村庄中，存在一些家庭一直也没人感染这种病。在欧洲，有一种吸血苍蝇，它的空间分布与糙皮病的空间分布一致，这种苍蝇在春季非常活跃，同时，春季也是糙皮病发病的高峰时期。因此，很多流行病学专家通过观察研究，认为这种疾病是像疟疾、黄热病、斑疹等一样的传染病，是由昆虫携带并在人与人之间传播的。实际上，这个结论是错误的。

1914年起，美国的流行病学专家约瑟夫·古德伯格（Joseph Goldberger）进行了一系列的观察研究和试验，发现糙皮病是由一种不良的饮食结构导致的，而且它不是传染病。可以通过食用一些富含P-P因子（烟酸）的食物便能够预防并治愈。因此，自1940年起，美国售卖的面粉中均添加了P-P因子（烟酸）。然而，玉米中的烟酸含量非常低。在糙皮病流行的那些区域，穷人们主要靠吃玉米为生，而且很少吃其他食物，因此，有的村庄、有的家庭所有的人都得了糙皮病。苍蝇只是贫穷的一个表征，而不是糙皮病的原因。

三、超声波与低重新生儿

人类婴儿可以在子宫内使用超声波进行检查。试验室动物试验表明超声波导致新生儿体重变轻，如果这对人类来说也如此，那就需要慎重对孕妇进行超声波检查。研究人员对这一问题进行了观察研究，他们发现了一些混杂变量，并对其进行了调整。即便如此，在子宫内照超声波较多的婴儿，其平均出生体重比未照超声波的宝宝低。这是不是超声波导致低体重新生儿的证据？实际上，这不能证明超声波会导致低体重新生儿。这是因为产科医生通常在孕妇情况有异常的时候，才会建议她们做超声检查，因此，研究者归纳，超声检查与低新生儿体重具有共同的原因——有异常的孕妇或者怀孕期间出现问题的孕妇。

四、救济会与自杀率

1960—1970 年，英国自杀率降低了大约 1/3，这个时期，有个志愿性福利组织救济会（Samaritans）迅速扩大，一个研究者认为救济会与自杀的减少有关系，并进行了一系列观察研究，他研究对象为 15 对城镇，研究中还控制了混杂变量，每对城镇中，一个城镇有救济会的分支，另一个没有。总的来说，有救济会驻地的城镇自杀率较低，另一个研究者用较大的样本和更仔细的匹配，重复了这个研究，没有发现什么两样。但 20 世纪 70 年代以后，尽管救济会继续扩充，自杀率仍然保持稳定。那么，是否可以得出结论，救济会可以阻止人群自杀，降低自杀率呢？答案是否定的。事实上，英国 20 世纪 60 年代自杀率的下降，是家庭能源使用方式转变的结果，过去取暖、烹调都用煤气，在 20 世纪 60 年代转换为天然气，天然气的毒性比煤气小得多。20 世纪 60 年代之前，很多自杀都是用煤气进行的，而 20 世纪 60 年代末，几乎没有这样的案例再发生，因此也就揭示了自杀减少的原因。

然而，天然气的使用普及后，利用煤气自杀的自杀率不可能进一步减少很多，最终，直到 20 世纪 60 年代结束，尽管有救济会，但利用非煤气方法的自杀率与 20 世纪 60 年代之前的自杀率是一致的，也就是说救济会在天然气的使用普及后没有再与自杀率有任何关系。因此，不管观察性研究做得如何仔细，它仍然不是试验，是有可能出错的。

观察性研究中的一个重要问题，即除了治疗之外，受试者之间在其他关键方面可能存在差异，而且样本之间的不同可能是由观察要素之外的要素决定的。有时，这些差异可以通过比较更小的同类子群来消除，统计学家称这种技术为控制混杂因素。

五、研究生入学中的性别偏倚

不同高校研究生招生情况各不相同，有的高校可能招收男生更多，有的可能招收女生更多。下表 4-9 为某高校的研究生实际招生情况。假设男生和女生在总体上都相似，该表录取率呈现出明显的男女差异，这似乎可以说明男生和女生在录取中受到了不同的待遇，这所大学录取研究生时似乎更喜欢男生，男、女生录取率分别为 46% 和 32%。

表 4 - 9　分性别的某高校研究生录取率

项目	男生	女生
申请人数	8652	3985
录取率	46%	32%

表 4 - 10 是分性别和专业的该高校研究生录取率，A ~ F 这六大专业录取的研究生人数占该高校研究生录取总人数的 80%。倘若分专业来看，似乎没有任何对女生的偏倚。一些专业似乎录取的男生更多，但另一些专业录取的女生更多。事实上，A、B 两个专业更容易被录取，超过 50% 的男生申请了这两个专业，其他 4 个专业更难被录取，超过 90% 的女生申请了这 4 个专业。男生申请了容易录取的专业，女生申请较难录取的专业。整体来看，如果研究生入学中存在性别偏倚的话，那么其实更偏向女生，而不是男生。

表 4 - 10　分性别和专业的某高校研究生录取率

专业	男生		女生	
	申请人数	录取率	申请人数	录取率
A	788	60	203	81
B	602	64	28	62
C	352	35	529	30
D	396	34	401	29
E	205	29	403	26
F	366	5	352	9

因此，我们可以得到结论，样本整体分解为各子群后，子群之间某要素的百分比关系（例如，每个专业的男女录取率）可以在子群合并为总体时反转。如果合并子群，那么子群之间的关系（如男生、女生分专业的研究生录取率）也会被反转，这就是辛普森悖论。

六、混杂变量

在观察研究中，隐藏的混杂变量会导致结论错误，因此需要特别注意。前面已经讨论过，流行病学家发现暴露（吸烟）和疾病（肺癌）之间的关系：重度吸烟者得肺癌的概率高于轻度吸烟者，轻度吸烟者得病的概率高于不吸烟者。根据流行病学家的结论，吸烟导致肺癌。然而，有的统计学家认为二者的关系可以用混杂变量来解释。混杂变量可能与下列因素有关：疾病和暴露。假设有一种基因会增加得肺癌的风险，现在，这种基因也会导致人们爱抽烟，那这个变量就是一个混杂变量。这个基因会在吸烟和肺癌之间产生联系。然而现在已经有精确的研究拒绝了这种假设。

混杂变量是指试验组和对照组之间的差异，该变量会影响所看到的研究结果。混杂变量是第三变量，与某种致病因素的暴露和疾病本身有关。

小　结

我们在前面已经讨论过，流行病学家发现暴露（吸烟）和疾病（肺癌）之间的关系，即重度吸烟者得肺癌的概率高于轻度吸烟者，轻度吸烟者得病的概率高于不吸烟者。根据流行病学家的结论，吸烟导致肺癌。然而，有的统计学家认为二者的关系可以用混杂变量来解释。混杂变量可能与下列因素有关，比如疾病和暴露。假设有一种基因会增加得肺癌的风险，这种基因会导致人们爱抽烟，那这个变量就是一个混杂变量，这种基因也会在吸烟和肺癌之间产生联系。现在，已经有精确的研究拒绝了这种假设。

如果受试者正处于患病影响因素研究中，那便是试验组，其他受试者则为对照组。例如，在一项关于吸烟的研究中，吸烟者是试验组，而非吸烟者是对照组。

观察研究可以建立联系关联性，如一件事与另一件事联系在一起，这种关联性可以指向因果关系。如果暴露导致疾病，那么暴露的人应该比未暴露的病情更严重。但相关性并不能证明因果关系，因为相关并不是因果。在一项观察研究中，治疗的效果可能与最初受试者接受治疗或对照的因素混淆。由于二者的混淆，观察研究可能会对因果关系产生误导。混杂变量是与暴露和疾病相关的第三个变量。

当进行一项研究的时候，要思考以下一些问题。首先，如果考虑了试验组，那是否有控制组？其次，是历史要素被控制了，还是同期群要素被控制了？最后，研究对象是怎样被划分入试验组的？是研究者自己划分的（控制试验），还是不受研究者控制（观察研究）？一个控制试验，是使用了随机控制方法进行试验组的划分、还是通过研究者的主观判断划分（见图4-11）？

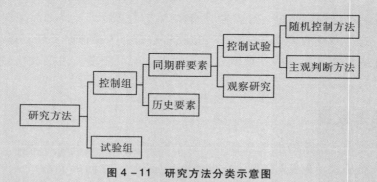

图4-11　研究方法分类示意图

在观察研究的非随机控制试验中，需要找出哪个群体属于控制组，哪个群体属于试验组，并思考这些群体之间是否具有可比性、是否有不同之处。哪些因素会与试验要素混杂在一起影响最终看到的试验结果，同时，可采用哪些办法来处理混杂变量的影响，这些变量是否具有敏感性。在一个观察研究中，有时候通过比较小一点的同质子群，就可以控制某个混杂变量的影响。

在控制试验和观察研究中，设计研究方法是一个核心问题，本节介绍了随机控制双盲试验，并将其与观察研究进行了对比，发现观察研究最大的问题是混杂变量可能影响观察结果，而随机控制试验可以把这一问题最小化。

第四节 直方图

成年人喜欢数字。当你告诉他们你交了一个新朋友时，他们从不问你任何关于基本问题的问题。他们从来不会对你说："他的声音听起来像什么？他最喜欢什么游戏？他收集蝴蝶吗？"相反，他们会问："他多大了？他有多少兄弟？他有多重？他父亲赚了多少钱？"只有从这些数字中，他们才认为自己了解了他。

——The Little Prince

如果想要直观地了解人们的收入分布状况是怎样的，各地区的人口分布如何，我们来看看由统计机构提供的一些统计数据，数据是关于 2000 年 5 万名某省居民的收入数据，这些数据来自某省的人口统计调查机构。每个月，相关工作人员都会与大约 5 万个城市家庭的代表进行交谈。每年 3 月份，这些家庭需要提交一份上一年的收入报告。下面我们来看看 1990 年的数据，因为没有人愿意看 50000 个数字，所以这些数据必须进行总结。为总结数据，统计学家通常使用一种叫作直方图的图表。本小节我们将学习如何理解、绘制直方图。

一、直方图的介绍

图 4 - 12 是一个直方图，这个直方图展示了 2000 年某省份家庭年收入的分布状况，我们可以从图上比较直观地看出分布情况。

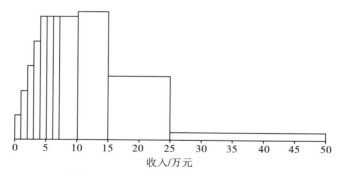

图 4 - 12 1990 年家庭收入情况直方图

在直方图中，每个条块的面积都表示其占总数的百分比，横轴上的数字分段称为小组区间（或区间）。首先，上面的直方图并没有垂直刻度（纵轴），这与其他直方图有较大不同，因为并不是每个直方图都需要纵轴。横轴以万元为显示单位，图形本身只是一组块。第一条块的底边涵盖了从 0 元到 1 万元的范围（即横轴的第一个小格），第二个条块的底边涵盖了从 2 万元到 3 万元，以此类推，直到最后一个条块，从 25 万元到 50 万元不等。这些横轴上的数字分段称为小组区间。绘制直方图时，一个条块的面积与相应小组区间内家庭收入的数量是成比例的。根据图 4－12，大约有多少家庭收入在 10 万至 15 万元之间呢？我们可以看到，这个区间上的条块面积相当于总面积的 1/4。因此，大约 1/4，即 25% 的家庭收入在这个范围内。那么是否有更多的家庭收入在 10 万元至 15 万元之间，或收入在 15 万元至 25 万元之间呢？同样据图所知，第一个小组区间中的条块较高，但第二个小组区间上的条块较宽。这两个条块的面积大致相同，因此收入为 10 万至 15 万元的家庭比例与收入为 15 万至 25 万元的比例大致相同。收入低于 7 万元的家庭占总数的比例，是最接近 10%、25% 还是 50% 呢？通过观察，直方图下 0 万元到 7 万元之间的面积约为总面积的 1/4，因此，百分比最接近 25%。

图 4－13 中的横轴停在 50 万元，那些收入超过这一数值的家庭就无法再用该图来表达和分析，之前的直方图就忽略了这种问题。2000 年，某省只有 1% 的家庭收入高于这一水平，大多数家庭都在这个数字以内。图 4－13 显示了与图 4－12 相同的直方图，但显示了纵轴。那么是否有更多的家庭收入在 1 万元至 11 万元之间，或 15 万元至 16 万元之间，或者说数字差不多呢？通过上图可以看出，收入在 10 万元至 11 万元之间的家庭比 15 万元至 16 万元之间的多。

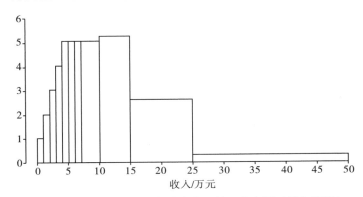

图 4－13 某地某 1990 年家庭收入情况直方图（增加竖轴）

下图 4－14 的直方图显示了某班级期末考试的分数分布情况，我们如何判断哪个条块的得分在 60 到 80 之间。如果有 10% 的人得分在 20 到 40 之间，那大约有百分之多少的人得分在 40 到 60 之间，60 分以上的人群比例是多少。

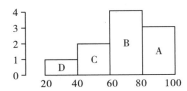

图 4－14 某班级期末考试的分数分布直方图

可以直观地从图上看出，B 条块代表得分在 60 到 80 之间的人。如果 10% 的人得分在 20 到 40 之间，那 40 到 60 分之间的百分比是 20%，超过 60 分的百分比是 70%。

图 4-15 是三个不同班级的分数分布直方图草图，得分范围为从 0 到 100，及格得分为 50 分，那么如果想要了解下面（a）、（b）、（c）三个直方图中哪个班级的通过率大约为 50%，或远超过 50%，或远低于 50%，则可以通过直方图来判断。首先，（a）直方图的峰值集中在 75 分左右，因此，（a）直方图的通过率是远远超过 50% 的，（b）直方图较大面积集中在 50 分以下，因此，可判断（b）直方图是远低于 50% 的。最后，（c）直方图的主要大面积集中在 50 分左右，因此，可以判断（c）直方图的通过率在 50% 左右。

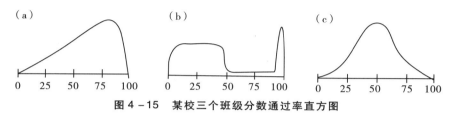

图 4-15　某校三个班级分数通过率直方图

图 4-16 是一组时薪数据直方图，展示了一名调查人员收集的三组人群时薪数据。B 组的收入大约是 A 组的两倍。C 组的人比 A 组的人每小时多挣 10 元，那么哪个直方图属于哪个组呢？根据三个直方图的面积可知，第一个直方图（a）的面积大约是第二个直方图（b）面积的两倍，因此，第一个直方图（a）是 B 组。由于 C 组的时薪比 A 组每小时多挣 10 元，第三个直方图（c）相比第二个直方图（b）来说，曲线向前移动了 10 元，因此，第三个直方图（c）是 C 组，第二个直方图（b）是 A 组。

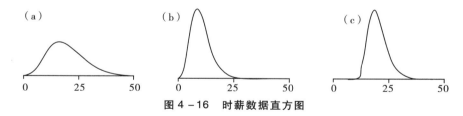

图 4-16　时薪数据直方图

二、直方图的绘制

绘制直方图的方法并不难，但需要避免一些错误。绘制直方图的关键是数据分布表，该表呈现了每个区间内家庭收入占样本总量的百分比。这些百分比是通过对前述示例数据库中 5 万个家庭的原始数据进行统计得出的。

计算机可以帮助我们进行统计，但我们需要告诉电脑如何处理正好位于两个区间的边界上的数据，这称之为端点约定。通常而言，左端点包含在区间内，右端点不包含。例如，在下表 4-11 中的第一行，收入水平为 0~1000 元，该区间包括 0 元，但不包括 1000 元，也就是说，这个区间有收入为 0 元和低于 1000 元的家庭，收入为 1000 元的家庭在下一区间进行统计。

表 4 – 11　家庭收入水平一览表

收入水平（元）	百分比（%）
0 ~ 1000	1
1000 ~ 2000	2
2000 ~ 3000	3
3000 ~ 4000	4
4000 ~ 5000	5
5000 ~ 6000	5
6000 ~ 7000	5
7000 ~ 10000	15
10000 ~ 15000	26
15000 ~ 25000	26
25000 ~ 50000	8
50000 以上	1

　　根据表 4 – 11 的表格数据，可绘制对应的直方图。第一步，先绘制横轴。对于收入直方图，有人可能会绘制横轴如图 4 – 17 所示。

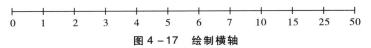

图 4 – 17　绘制横轴

　　但这种绘制方法是不正确的，由于 7000 元到 10000 元的区间是 6000 元到 7000 元区间的 3 倍。因此，正确绘制的横轴如图 4 – 18 所示。

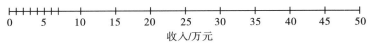

图 4 – 18　更正后的横轴

　　第二步，绘制直方图条块，如图 4 – 19 所示。

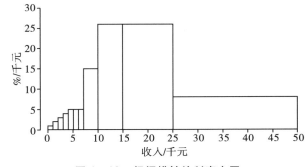

图 4 – 19　根据横轴绘制直方图

　　虽然图 4 - 19 的这个直方图看起来与表 4 - 11 一致，但这个直方图的绘制是错误的，因为直方图的绘制不是直接照抄百分比。在表 4 - 11 数据分布表中，有些收入区间比其他收入区间大，因此表中按收入分布比重表示的收入分布区间并不相同。例如，收入在 25000 元至 50000 元之间的人群占比 8%，这个收入范围在 2.5 万 ～ 5 万元，而收入在 7000 元至 10000 元之间的人群占比为 15%，这个收入范围是 0.7 万 ～ 1 万元。因此，第一个收入范围比第二个收入范围要大得多。上面的直方图在绘制时直接忽略了这一点，将较长收入区间的条块绘制得太大。

　　正确的绘制方法是，以千元为单位，计算每个条块在一个横轴单位区间上的高度，即用百分比除以区间的长度计算得出。下图 4 - 20 是绘制正确的直方图，该图也可以看作是百分比在横轴各单位区间上的分布。

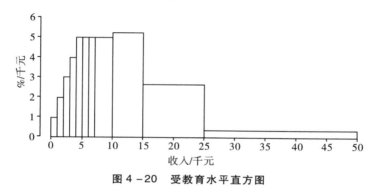

图 4 - 20　受教育水平直方图

　　图 4 - 20 的收入直方图是使用密度标度绘制的，下图 4 - 21 是一个带有密度标度的柱状图，密度标度是 1995 年某市 25 岁及以上人口的受教育水平。

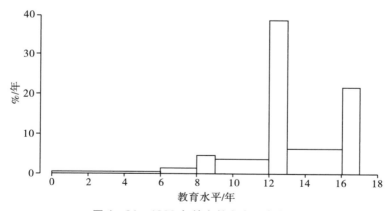

图 4 - 21　1990 年某市教育水平直方图

　　注意，图 4 - 21 中的每个条块结束的位置（含左不含右），如 8 ～ 9 年这个条块，表示的是所有完成 8 年级但未完成 9 年级的人数，那些在 9 年级离开学校的人都包含在这个条块中。横轴上的单位是年，所以纵轴表示的是每年的百分比。举例来说，直方图中 13 ～ 16 年那个条块的高度是每年 6%，换句话说，大约有 6% 的人完成了大学的第一年，另外 6% 的人完成了大学的第二年，另外 6% 的人完成了第三年。之前我们讨论了每个条块如何代表百分比，如果一个条块比另一个条块覆盖了更大的面积，那么表示这个条块代表着更大的百分比。

那么条块的高度表示什么呢？请看图中的横轴，想象一下，有很多人在这个横轴上排队站着，每个人都站在自己受教育年限的位置，这个横轴上有的地方（即有的年份）将会比较拥挤，即条块的高度表示拥挤的程度。

图中的7~9年级为初中阶段，9~12这一其区间包含所有已获得初中学历在高中就读的人群，9~10年级是高中的第一年，12~13年这一区间的很多人可能去了大学，但是没有读完第一年就离开了，所以12~13这一区间的条块比9~12的条块高。

图上还有两个小高峰，一个是8~9年，表示初中即将毕业，一个是16~17年，表示大学即将面临毕业。这两个高峰表示了人们倾向于在快毕业的那一年停止求学，而不是在中间的年份。每个条块的高度表示这个区间的人们的拥挤程度，这个区间的数值代表了条块的面积。

再看图中8~9年和9~12年，第一个条块略高，所以这个区间更拥挤一点，然而，9~12年的横轴区间跨度更大，所以这个区间有更多的人。当然，第二个区间的空间更大——它比第一个大了3倍。这两个区间就像香港和上海，香港更拥挤，但上海的人更多。

一旦学会如何使用密度直方图，这种图将会非常有用。如9~12年区间表示进入高中第一年但是最终未能高中毕业的人们，这个条块的高度大约是每年4%，换句话说，每个区间，即9~10，10~11，11~12年都有大约4%的人。所有整个三年的人数百分比是$3*4\%=12\%$。大约12%的人在15岁及以上读完了高中第一年，但最终未能高中毕业。

注意，密度标注即纵轴是密度的情况下，条块的面积为百分比。横轴上，一个单位的条块的面积等于在该单位范围内，其所对应事物的百分比，整个直方图的面积是100%。

如图4-22所示，如有三个人使用密度标度，绘制了体重直方图。下面三幅图中只有一个是正确的。请问是哪一个，为什么？

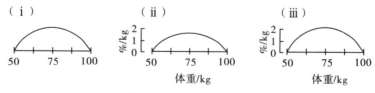

图4-22 体重直方图

上面三个直方图中，第一个直方图没有单位是错误的。第三个图虽然包括了单位但纵轴单位标注错误，因此，只有第二直方图绘制正确。

三、变量

（一）变量的含义

变量是指在研究中因人而异的特征，比如年龄、家庭常住人口数、家庭总收入、婚姻状况、就业状况等。其中，定量变量为年龄、家庭常住人口数、家庭收入等。定性变量（描述性词语或短语）为单身、已婚、丧偶、离婚、分居、就业、失业、非劳动力等。定量变量可以是离散的或连续的，而离散变量的值只能相差固定数值，如家庭人口数，两个家庭的人口数量只能相差0、1或2等，以此类推。而年龄是连续变量，这意味着两个人之间的年龄差异可以是任意值，如一年、一个月、一天等等。定性变量、定量变量、离散型变量和连续型变量等，均可用于对数据进行描述，如图4-23所示。

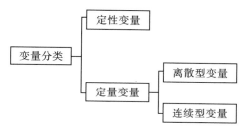

图4-23 变量分类示意图

绘制连续变量的直方图，研究者需要确定横轴每个区间的右边是否包含在该区间范围内。对于离散型变量，约定俗成的做法是将横轴数字置于每个区间的中间。

下图4-24的直方图显示了某地不同家庭规模的分布情况。对于离散型变量，横轴的区间以其可能的值为中心绘制。

中心	组距
2	1.5 - 2.5
3	2.5 - 3.5
4	3.5 - 4.5
…	…

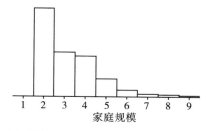

图4-24 某地不同家庭规模的分布情况

（二）控制一个变量

20世纪60年代，许多女性开始使用口服避孕药。由于避孕药会改变人体的激素平衡，所以观察其副作用是很重要的。为研究这个问题，某机构项目组进行了"药物对比研究"的工作。某地区2万多名妇女参加了当地一个基金会的健康保险项目，她们每月支付保险费，并获得该基金会的医疗服务。其中一项服务称为"多相"的常规检查。在 1969—1971 年期间，约 1.75 万名的女性接受了多相检查，这些女性的年龄均在 17～58 岁的范围内，因此，这些女性成为药物研究的对象。实验组为服用避孕药的 "使用者"，对照组则为不服药的 "非使用者"。一个问题是避孕药对血压（单位：mmHg，下文简写为 mm）的影响。研究人员比较了两组不同女性的多相结果，结果如图 4－25 所示。

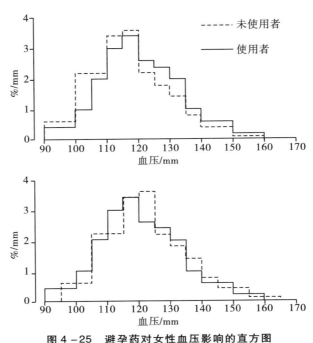

图 4 – 25　避孕药对女性血压影响的直方图

　　图 4 – 25 是避孕药物研究中年龄在 25～34 岁的 1747 名使用者和 3040 名非使用者血压直方图。由于该研究由女性自行决定是否服药，调查人员只是观察实验的过程和结果。因此，这是一项观察研究。图 4 – 25 中的下图显示非避孕药的使用者向右移动了 5mm（毫米）。然而，这样比较得出的结论可能具有一定的误导性。因为血压往往随着年龄的增长而升高，而非使用者总的来说比使用者年龄大。大约 70% 的非使用者年龄在 34 岁以上，年龄的影响会与避孕药的影响相混淆。为准确观察避孕药对血压的影响，需要对每个年龄组进行单独比较，即对年龄进行控制，如只研究 25～34 岁的女性。

　　上图中的两个直方图具有非常相似的形状。然而，避孕药使用组的直方图在 120mm 的右侧较高，在左侧较低，高血压（120 毫米以上）更常见。现在假设每个非使用者的女性血压增加了 5 毫米，这就意味着它们的直方图向右移动 5 毫米，如图 4 – 25 的下图所示，在该图中，两个直方图形状较相似。就直方图而言，服用避孕药似乎会使每位女性的血压增加约 5 毫米。

　　但我们必须谨慎对待这一结论。避孕药研究结果表明，如果一名女性服用避孕药，她的血压将上升约 5 毫米。但证据还不完整，因为药物研究是一项观察性研究，而不是对照实验，观察研究可能会误导因果关系。除了避孕药或年龄之外，可能还有其他因素影响血压，但目前尚不清楚。目前，避孕药影响血压的生理机制已被人们研究清楚。药物研究数据也说明了该影响的大小。

研究者采用药物研究比较生育不同数量子女的女性血压。下图 4－26 是生育了两个或三个孩子的女性直方图草图。根据这个直方图，我们是否可知哪组女性的血压较高，是否可知生孩子数量会导致母亲血压的改变？如果不是生孩子数量的原因，那这种变化又可能是由其他哪些因素造成的？这些因素的影响会与生孩子造成的血压影响相混淆吗？

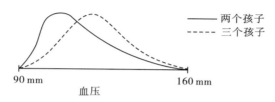

图 4－26　生育不同孩子数量的女性血压直方图草图

总的来说，生育三个孩子的女性血压较高。注意，这里并不能证明因果关系，年龄是其中的混杂变量，生育三个孩子的女性年龄较大（在控制了年龄后，药物研究发现，生育孩子的数量与血压之间没有任何关联）。

上述内容解释了需控制年龄对观察或实验结果的影响，通常可对每个年龄组分别进行比较，并通过直方图以图形方式进行的比较。此外，还有一些调查人员更喜欢以表格形式进行比较，即使用交叉制表。下表 4－12 展示了按年龄和避孕药物使用情况划分的年龄－血压分布交叉制表。

表 4－12　按年龄和避孕药物使用情况划分的血压分布交叉制表

血压 (mm)	17 ~ 24 岁		25 ~ 34 岁		35 ~ 44 岁		45 ~ 58 岁	
	未使用者 (%)	使用者 (%)	未使用者 (%)	使用者 (%)	未使用者 (%)	使用者 (%)	未使用者 (%)	使用者 (%)
90 以下	–	1	1	–	1	1	1	–
90 ~ 95	1	–	1	–	2	1	1	1
95 ~ 100	3	1	5	4	5	4	4	2
100 ~ 105	10	6	11	5	9	5	6	4
105 ~ 110	11	9	11	10	11	7	7	7
110 ~ 115	15	12	17	15	15	12	11	10
115 ~ 120	20	16	18	17	16	14	12	9
120 ~ 125	13	14	11	13	9	11	9	8
125 ~ 130	10	14	9	12	10	11	11	11
130 ~ 135	8	12	7	10	8	10	10	9
135 ~ 140	4	6	4	5	5	7	8	8
140 ~ 145	3	4	2	4	4	6	7	9

续表

血压 （mm）	17～24 岁		25～34 岁		35～44 岁		45～58 岁	
	未使用者 （%）	使用者 （%）	未使用者 （%）	使用者 （%）	未使用者 （%）	使用者 （%）	未使用者 （%）	使用者 （%）
145～150	2	2	2	2	2	5	7	9
150～155	–	1	1	1	1	3	2	4
155～160	–	–	–	1	1	1	1	3
160 以上	–	–	–	–	1	2	2	5
总百分比	100	98	100	99	100	100	99	99
总数量	1206	1024	3040	1747	3494	1028	2172	437

观察 17～24 岁一列，有 1206 个避孕药非使用者和 1024 个避孕药使用者。约 1% 的避孕药使用者血压低于 90 毫米，相应的避孕药非使用者的百分比可以忽略不计，这就是符号"－"的含义。要了解避孕药对 17～24 岁女性血压的影响，只需查看表中该列避孕药非使用者和使用者的百分比。要了解年龄的影响，首先查看每个年龄组的非使用者列，看看随着年龄的增长，血压百分比是否向高血压方向变化。然后用同样的方法看使用者的数据。

小　结

直方图由一组条块组成。它的面积表示百分比，即每个条块的面积表示相应区间数据占总数的百分比。使用密度标度，每个区块的高度等于相应区间样本占总数的百分比，除以该区间的长度。使用密度标度，面积以百分比表示，总面积为 100%。直方图中两个横轴数值之间的面积给出了该区间内样本占总数的百分比。变量是研究对象的特征，它可以是定性的，也可以是定量的。定量变量可以是离散型的，也可以是连续型的，混杂变量有时可采用交叉制表来控制。

第五节　平均值与标准差

一、简介

平均数和中位数可用于表示数据的中心，标准差用于衡量数据在平均值周围分布的分散程度，直方图可用于总结数据量较大的数据。通常，一个更好的总结数据的方式，是用直方图的中心（平均值所在处）和数据围绕其中心分布的分散程度。下图 4－27 表示了数据的分布中心和数据分布的分散情况。

然而，有的数据的直方图并不总是像图 4－27 那样存在一个单独的峰值。如图 4－

28 所示，该图是地球表面高程分布直方图，海拔由水平轴表示，在海平面以上（ + ）或以下（ − ）多少千米。这个直方图曲线下的面积就是这些海拔之间的地球表面积百分比。这个直方图上有两个明显的峰值，海平面以下 3 千米的海底或海平面附近的大陆平原占据了大部分的表面。如果只列出这个直方图的平均值（即中心）和数据分布的分散情况，就会漏掉数据分布中两个峰值的信息。

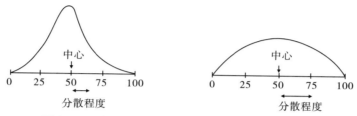

图 4 − 27　数据分布中心和数据分布分散情况示意图

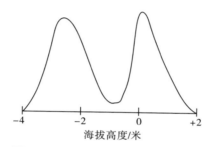

图 4 − 28　地球表面高程分布直方图

在具有完全对称的数据分布的单峰频率直方图中，平均值、中位数和众数都是相同的中心值。在大部分实际应用中，数据都是不对称的。它们可能是正倾斜的，其中众数出现在小于中位数的值上。也可能是负倾斜的，那么其中众数就会出现在大于中位数的值上。

二、平均数与直方图

本节的目的是学习平均数，还将讨论横截面调查和纵向调查之间的差异。

（一）平均数

这里采用某地健康与营养调查数据库，自 1980 年以来，这项调查一直不定期进行，收集某地居民的人口基本数据和生理健康数据，人口基本数据包括年龄、教育和收入等，生理健康数据包括身高、体重、血压和血清胆固醇水平、饮食习惯、疾病流行率等。

这里先复习一下平均值。一组数字的平均值等于它们的总和除以这组数字的总数量。例如，一组数字分别为 9、1、2、2、0，共 5 个数字，这组数字的总数量为 5，因此平均值为（ 9 + 1 + 2 + 2 + 0 ）/5 = 14/5 = 2.8。

在某地健康与营养调查数据库中，样本中男性和女性的年龄均在 18 ~ 74 岁范围内。男性平均身高为 177 厘米，平均体重为 77 千克。女性平均身高是 158 厘米，平均体重为 66 千克，这些数据说明他们的体重有些偏重。

2003—2004 年的健康与营养调查显示，男性和女性的平均身高增加了 2.5 厘米，体重增加了近 9 千克。图 4 - 29 展示了某地健康与营养调查数据库的样本中男性和女性的平均身高和平均体重。左图表示身高，右图表示体重，为显示男性和女性以及每个年龄组的平均身高，用直线连接平均值。从第一次健康与营养调查数据到第二次健康与营养调查数据，可以看到每组样本的平均身高都有所增加，但平均体重却增加了很多，这可能成为一个严重的公共卫生问题，因为超重与许多疾病有关，如心脏病、癌症和糖尿病等。

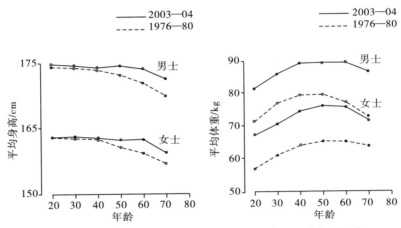

图 4 - 29　不同年份男女性年龄及其平均身高和平均体重示意

平均值是汇总数据的一种有效方法，许多直方图被压缩成一条曲线。但这种压缩只能通过消除个体差异来实现。例如，在 2003—2004 年，18 ~ 24 岁男性的平均身高为 177 厘米，但 15% 的人身高超过 184 厘米，另外 15% 的人低于 177 厘米，这种数据分布的多样性就被平均值掩盖了。

回到最初的问题，在 1976—1980 年的数据中，男性的平均身高在 20 岁以后似乎有所下降，在 50 年内下降了约 5 厘米，女性也是如此。我们是否可以得出这样的结论，每个普通人都在以这个速度变矮？然而，这是不正确的，因为该数据库的数据是横截面数据（在一定的固定时间内，分析其他变量同时间内的关系），而不是纵向数据（纵向数据即对相同变量在较长时间内进行反复观察）。2003—2004 年的数据与 1976—1980 年的数据可能不是同样的人，所以我们要审慎对待这个结论。

有证据表明，随着时间的推移，人们的身高越来越高，这可以被看作是身高增长的长期趋势。65 岁至 74 岁的人比 18 岁至 24 岁的人早 50 年左右出生，因此他们的身高要矮 5 - 10 厘米（原因尚不清楚）。从 1976—1980 年到 2003—2004 年，平均身高只增加了一点，身高增长减缓也解释了图 4 - 29 中 2003—2004 年的平均身高曲线比 1976—1980 年间的曲线更平坦的原因。

（二）平均值与直方图

这里将讲解平均值、中位数与直方图的关系。首先，在某地健康与营养调查数据库（2003—2004）中，有 2696 名 18 岁及以上的女性，她们的平均体重是 77 千克。下图 4 – 30 是该数据库中 2696 名女性的体重直方图，体重平均值用一条垂直线标记，可以猜测她们中有 50% 的人体重高于体重平均值，50% 的人低于体重平均值。然而，这一猜测的偏差有点大。事实上，只有 41% 的人体重超过平均值，59% 的人体重低于平均值。即平均值两侧数据的分布占比是不相同的。

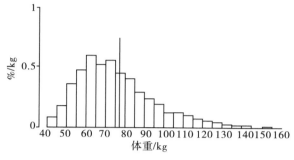

图 4 – 30 女性体重直方图

下图 4 – 31 是一组假设数据 1、2、2、3 的直方图，该直方图是关于值 2 的对称图形，这组数据的平均值等于 2，该直方图以 2 为中心对称分布，纵轴是每个数字出现的频率，1 出现了 1 次，2 出现了两次，3 出现了 1 次，一共四次，所以 1 和 3 的高度都是 1/4 = 25%，2 的高度是 2/4 = 50%。

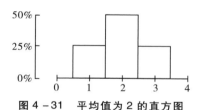

图 4 – 31 平均值为 2 的直方图

这个直方图围绕值 2 对称分布，这个值就是这组数据的平均值。直方图中一半的面积在这个值的左边，另一半在右边。如果值 3 增大，会怎么样呢？比如增加到 5 或 7。如图 4 – 32 所示，该值上方的矩形向右移动。每个直方图的平均值用箭头标记，箭头在矩形之后向右移动。我们可以想象一下数轴是由一块固定在坚硬、无重量的木板上的木块制成的。将直方图的横轴当作条状木板，放在绷紧的钢丝上，如图 4 – 32 所示。这个直方图将在平均值上保持平衡。远离平均值的小区域可以平衡接近平均值的大区域，因为区域的权重取决于它们与平衡点的距离。图中箭头表示每组数据的平均值所在处，当支撑点在平均值上时，该图支撑点两侧条块将保持平衡。当阴影条块移动到了横轴的右边，其值为 3 时，平均值左右两侧的面积为 50%，当从 3 转变为 5，再从 5 转变为 7，则会增大平均值，这时平均值左侧的面积达到 75%，同时原直方图不再具有对称性。

我们可以把直方图想象成木质积木块，小棍的位置就是平均值所在的位置，直方图的平衡由平均值来支撑，这就像一个跷跷板。一个小点的孩子坐的离跷跷板中点远

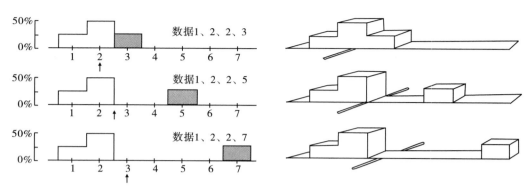

图 4 – 32　平均值及其柱状示意图

一点的地方，一个大点的孩子坐在离跷跷板中点近一点的地方。直方图的条块也是这样分布的，这就是为什么在平均值以下的数据与平均值以上的数据，占总数的比重并不一定是相同的（即50％），如图4 – 33所示。

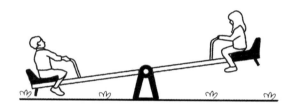

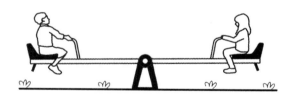

图 4 – 33　平均值的跷跷板示意图

　　在直方图中，中位数左边的面积与右边的面积相等。图 4 – 34 中的三个直方图，中位数为 2。在第三个直方图中，中位数左边的面积远远大于右边的面积。因此，如果你想要让这些直方图在中位数处取得一个平衡，那这个平衡点肯定会向右边移动。一般来说，任何时候只要直方图存在一个长长的右边的尾巴，平均值就会在中位数的右边。

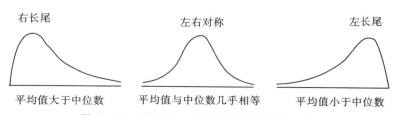

图 4 – 34　右长尾、左右对称及左长尾直方图

另举例如下，2000 年，某地家庭年收入中位数为 5 万元，平均值为 6 万元，此时该地家庭年收入直方图有一条长长的右尾。在处理长尾分布的数据时，当数据的平均值被数据中的极大或极小值所影响而呈现极端的长尾分布时，统计学家可能使用中位数，而不是平均数来描述数据。

三、标准差与直方图

（一）标准差（SD）

想象一组数据围绕着其平均值的分布情况，可以帮助我们理解平均数。这种分布状况可以用标准差来表示。标准差描述了数据距离平均值分布程度的大小，它是一系列平均值偏差。本小节我们会讲解标准差的含义及其计算。

某地健康与营养调查数据库的样本中有 2696 名 18 岁及以上的女性。这些女性的平均身高约为 161cm，SD 接近 7.5cm。我们可以从这些平均数据看出，大部分女性身高是 161cm，但是很多数据离这个平均值都有差距（或是偏差）。有的女性比这个平均值高，有的比这个平均值低，这就是标准差的来源。

前面我们谈到了 7.5cm 的标准差意味着很多女性的身高离平均值的差距是 2.5cm、5cm 或 7.5cm。2.5cm 是一个标准差的 1/3，7.5cm 是一个标准差，很少有女性的身高离平均值的差距超过两个标准差，也就是 15cm。

如图 4–35 所示，在所有数据中，大约 68%（2/3）的数据与平均值相差一个标准差（距离平均值一个标准差），其他 32% 的数据距离平均值更远。大约 95%（20 个数据中有 19 个）的数据在两个 SDs 范围内，其他 5% 的数据距离平均值更远。许多数据都符合这个规律，但不是所有都符合。

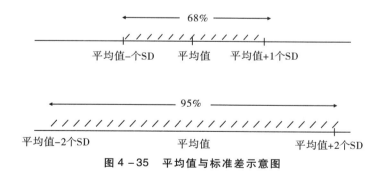

图 4–35 平均值与标准差示意图

图 4–36 为某地健康与营养调查数据库中女性身高分布直方图，图中竖线表示这组数据的平均值，画阴影线的区域代表了离平均值有一个标准差（SD）距离的所有数据，也就是说，阴影区域代表了所有女性身高中离平均值的距离在一个标准差（SD）或小于 1 个标准差（SD）的数据。

图 4–37 是与图 4–36 相同的直方图。但用阴影表示了距离平均值两个标准差（SDs）的范围。这个阴影区域代表的是那些与平均身高相差少于两个标准差（SDs）的女性。面积约为 97%。大约 97% 的女性与平均身高相差两个标准差（SDs）或更少。

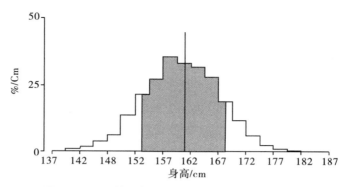

图 4 – 36　女性身高平均值与距平均值一个标准差

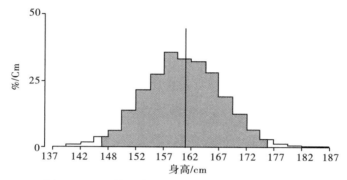

图 4 – 37　女性身高平均值与距平均值两个标准差

总而言之，大约 72% 的女性与平均值相差一个标准差或更小，97% 的女性与平均值相差两个标准差或更小。样本中只有一名女性与平均值的偏差超过 3 个标准差（SDs），没有一名女性与平均值的偏差超过 4 个标准差（SDs）。对这个数据库来说，68% ~ 95% 这一规则非常有效。

下图展示了大约 2/3 的某地健康与营养调查数据库中的女性身高与平均值的分布，大多数人的身高与平均值相差不到一个标准差。

图 4 – 38　平均值和标准差示意图

标准差的计算公式为：标准差 $SD = \sqrt{\dfrac{\Sigma(x_i - \mu)^2}{n}}$，其中 x_i 是数据库中的每一个数据，μ 是数据库的均值，n 是数据库中的数据量。

例：计算数据库 20 米，10 米，15 米，15 米的标准差 SD。

第一步：计算平均值 μ = = （20 + 10 + 15 + 15）/4 = 15

第二步：计算每个数据与平均值的差值。20 - 15 = 5，10 - 15 = - 5，15 - 15 = 0，15 - 15 = 0。

第三步：计算 $SD = \sqrt{\dfrac{5^2 + (-5)^2 + 0^2 + 0^2}{4}} \approx 3.5$

故该组数据的标准差为 3.5 米。注意，标准差的单位与原数据单位一致，如果原数据单位为米，则标准差的单位也为米。

此外，对于标准差的计算，也可以使用计算器。很多计算器没有计算 SD 的功能，但是能计算 SD^+。在计算器中输入 - 1，1，如果计算器给出的结果是 1，那它算的是 SD，如果给的是 1.41，那它算的是 SD^+。要想得到 SD，需要用如下公式换算：

$$SD = \sqrt{\frac{\text{数据量} - 1}{\text{数据量}}} \times SD^+$$

小　结

SD 测量的是数据距离平均值的距离，数据库中的每个数字都与平均值有差值，SD 是这些差值的平均值，更确切地说，标准差 SD 是所有数据与平均值差值的均方根。SD 衡量了数据离平均值的距离。数据中每个数都离平均值有一些距离，SD 是这些距离的平均值。即 SD 是这些距离平方和的平均值的平万根（即这些距离的平方和除以距离的个数，得到的值再开平方根）。

一个数据库里大约 68% 的数据（2/3）与平均值相差一个标准差，约 95%（19/20）与平均值相差两个标准差。很多数据都是如此，但不是所有的。因此，如果一项研究得出了关于年龄影响的结论，首先要弄清楚数据是截面数据的还是纵向数据。

第六节　数据的正态分布

一、数据的正态分布

（一）正态曲线

1720 年，法国裔英国籍的数学家亚伯拉罕·德·莫维尔（Abraham de Moivre）发现了正态曲线，当时他正在研究机会数学。1870 年左右，比利时数学家阿道夫·奎特雷（Adolph Oueelet）提出了用曲线作为理想直方图的想法，可以将数据的直方图与之进行比较。

正态曲线有个令人生畏的公式：

$$y = \frac{100\%}{\sqrt{2\pi}}e^{-x2/2}, \quad where \quad e = 2.71828\cdots.$$

这个公式涉及了数学史上最著名的三个数字，分别为 $\sqrt{2}$、π 和 e。这个公式只是展示一下，我们将学会用直方图来画正态曲线，不需要用公式计算，如下图 4 − 39 所示。

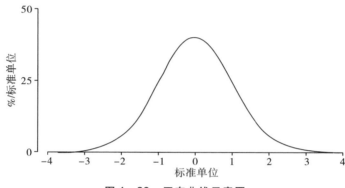

图 4 − 39 正态曲线示意图

图 4 − 39 有如下几个特征，首先，该曲线图是关于 0 对称的，曲线在 0 右边的部分是曲线左边部分的镜像。其次，曲线下的总面积等于 100%（面积以百分比表示，因为纵轴使用密度比例）。再次，曲线总是在横轴之上。它似乎停在 3 和 4 之间，但那只是因为曲线在那里变得很低。只有大约 6/10000 的区域在 −4 到 4 的区间之外。这有助于找到规定值所占的百分比，即所在区间曲线下的面积。

例如，正态曲线下 −1 和 +1 之间的面积约为 68%，在 −2 和 +2 之间的正态曲线下的面积大约是 95%，−3 和 +3 之间的正态曲线下的面积约为 99.7%，找到这些数字区间在曲线下对应的面积，即该数字区间数据占数据总数的百分比。面积可在正态分布表（表 4 − 13）中查找，或者用计算器计算。

许多数据的直方图在形状上与正态曲线相似，只要它们是按照相同的比例绘制的。查看一个值高于或低于平均值多少个标准差，可以将该值转换为标准单位。平均值以上的值为正，平均值以下的值为负。

下图 4 − 40 是与正常人相比，女性身高的直方图。该图是用标准单位表示横轴的直方图。直方图下的阴影部分在 153 ~ 168 厘米，阴影部分占总数据的百分比，大约等于曲线下 −1 到 +1 之间的面积——68%（即女性身高在距离平均值一个标准差范围内的百分比）。

图 4 − 40 有两个纵轴，直方图是按照里面的纵轴画的，单位是每厘米的百分比，正态曲线是按照外面的纵轴画的，单位是每标准单位的百分比。里面纵轴的 20% 与外面纵轴的 60% 相对应，这是因为每个标准单位等于 7.5 厘米。每个标准单位的 60% ＝ 每 7.5 厘

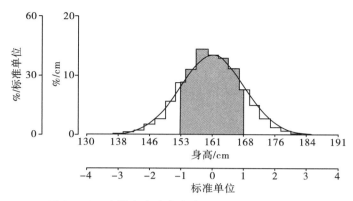

图 4 −40　女性身高分布直方图及其标准单位转换

米的 60% ＝60%/3 ＝20%。同理，外部纵轴每标准单位 30%，就相当于每厘米的 10%。

　　在前文我们提到了，很多数据符合这一规律，大约有 68% 的数据在距离平均值一个标准差的范围内，如图 4 −40，距离平均身高一个标准差的范围已在图中被表示为阴影部分，这部分直方图与正态曲线拟合得非常好。有的地方比直方图高，有的地方比直方图低，但整体是平衡的。正态曲线阴影部分的面积与直方图阴影部分的面积是基本上是相同的。正态曲线下 −1 到 +1 范围内的面积占总面积的百分比是 68%。这就是 68% 的来源。身高 60.5%~66.5% 范围内的阴影部分面积基本等于正负一个标准单位范围内的阴影面积，这个面积为 68%。

　　对于大部分数据来说，大约有 95% 的数据在距离平均值两个标准差的范围内。原因是类似的，如果一个直方图符合正态分布，那么这个直方图的面积几乎与正态曲线的面积相同，在 −2 和 +2 之间的面积占总面积的比例是 95%，如图 4 −41 所示。

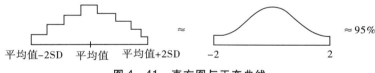

图 4 −41　直方图与正态曲线

　　正态曲线可以用于估计数据在某个区间范围内的占比。首先，将横轴的数据区间转换为标准单位。其次，找到直方图所对应的正态曲线。最后，将以上两步结合起来，整个过程我们称之为正态近似。这个近似过程包括在找到需要的面积（百分比）之前，将原来的直方图替换为一个正态曲线，如图 4 −42 所示。下面我们将通过一些例题来加深这部分知识的认识和学习。

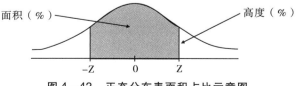

图 4 −42　正态分布表面积占比示意图

表 4-13　正态分布表

Z	高度	面积	Z	高度	面积	Z	高度	面积
0.00	39.89	0	1.50	12.95	86.64	3.00	0.443	99.730
0.05	39.84	3.99	1.55	12.00	87.89	3.05	0.381	99.771
0.10	39.69	7.97	1.60	11.09	89.04	3.10	0.327	99.806
0.15	39.45	11.92	1.65	10.23	90.11	3.15	0.279	99.837
0.20	39.10	15.85	1.70	9.40	91.09	3.20	0.238	99.863
0.25	38.67	19.74	1.75	8.63	91.99	3.25	0.203	99.885
0.30	38.14	23.58	1.80	7.90	92.81	3.30	0.172	99.903
0.35	37.52	27.37	1.85	7.21	93.57	3.35	0.146	99.919
0.40	36.83	31.08	1.90	6.56	94.26	3.40	0.123	99.933
0.45	36.05	34.73	1.95	5.96	94.88	3.45	0.104	99.944
0.50	35.21	38.29	2.00	5.40	95.45	3.50	0.087	99.953
0.55	34.29	41.77	2.05	4.88	95.96	3.55	0.073	99.961
0.60	33.32	45.15	2.10	4.40	96.43	3.60	0.061	99.968
0.65	32.30	48.43	2.15	3.96	96.84	3.65	0.051	99.974
0.70	31.23	51.61	2.20	3.55	97.22	3.70	0.042	99.978
0.75	30.11	54.67	2.25	3.17	97.56	3.75	0.035	99.982
0.80	28.97	57.63	2.30	2.83	97.86	3.80	0.029	99.986
0.85	27.80	60.47	2.35	2.52	98.12	3.85	0.024	99.988
0.90	26.61	63.19	2.40	2.24	98.36	3.90	0.020	99.990
0.95	25.41	65.79	2.45	1.98	98.57	3.95	0.016	99.992
1.00	24.20	68.27	2.50	1.75	98.76	4.00	0.013	99.9937
1.05	22.99	70.63	2.55	1.54	98.92	4.05	0.011	99.9949
1.10	21.79	72.87	2.60	1.36	99.07	4.10	0.009	99.9959
1.15	20.59	74.99	2.65	1.19	99.20	4.15	0.007	99.9967
1.20	19.42	76.99	2.70	1.04	99.31	4.20	0.006	99.9973
1.25	18.26	78.87	2.75	0.91	99.40	4.25	0.005	99.9979
1.30	17.14	80.64	2.80	0.79	99.49	4.30	0.004	99.9983
1.35	16.04	82.30	2.85	9.69	99.56	4.35	0.003	99.9986
1.40	14.97	83.85	2.90	0.60	99.63	4.40	0.002	99.9989
1.45	13.94	85.29	2.95	0.51	99.68	4.45	0.002	99.9991

①现在请根据表 4-13，找出正态曲线下 -1.2 到 1.2 之间的面积（占总数的百分比）。

在表 4-13 中，找到 Z 这一列数值为 1.2 的这一行，读出列面积对应单元格的数

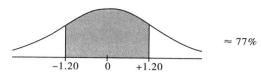

图 4 - 43   - 1.2 ~ 1.2 正态曲线范围示意图

据，大概是 77%，所以正态曲线下 - 1.2 到 1.2 之间占总数的百分比大约是 77%，如图 4 - 43 所示。

如果想找到其他区域的占比呢，如图 4 - 44 所示，该如何计算？

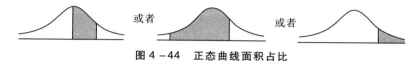

图 4 - 44   正态曲线面积占比

②找出正态曲线下 0 ~ 1 范围内的占比。

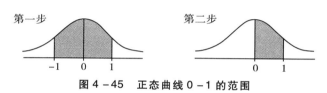

图 4 - 45   正态曲线 0 - 1 的范围

首先画一个正态曲线，然后将要找的范围用阴影表示出来。然后查表找出 - 1 到 + 1 范围内，面积占比大约是 68%。由于对称性，0 ~ 1 的面积是 - 1 到 + 1 面积的一半，因此 $68\% * 1/2 = 34\%$，如图 4 - 45 所示。

③找出正态曲线下 0 ~ 2 范围内的面积占比。

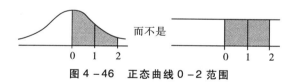

图 4 - 46   正态曲线 0 - 2 范围

注意，这个面积不是简单的 0 ~ 1 面积的两倍，如图 4 - 46 所示。因为正态曲线不是长方形，二者面积是不一样的。在正态曲线示意图上，我们通过查表可知 - 2 到 + 2 范围内，面积占比大约是 95%，同上一题可知，由于对称性，因此，0 ~ 2 的面积为 $95\% * 1/2 \approx 48\%$。

④找出正态曲线下 - 2 到 1 范围内的面积占比。

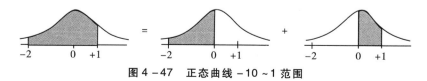

图 4 - 47   正态曲线 - 10 ~ 1 范围

根据 - 2 到 1 的正态曲线图可知， - 2 到 1 的范围等于 - 2 到 0 的面积加上 0 到 1

的面积。由于已经计算出 −2 到 0 和 0 到 1 的结果，因此，可知 −2 到 1 的面积占比为 48% +34% =82%，如图 4 −47 所示。

⑥找出正态曲线下 1 以上范围的面积占比。

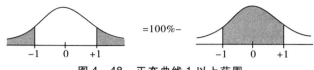

图 4 −48 正态曲线 1 以上范围

通过查表可知，−1 到 1 的面积占比为 68%，因此 −1 以下和 1 以上的面积占比为 1 −68% =32%。由于正态曲线图的对称性，我们可以得知，1 以上的范围面积占比为 32% *1/2 =16%，如图 4 −48 所示。

⑦找出正态曲线下 2 以下范围内的面积占比。

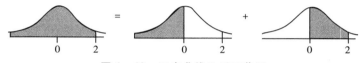

图 4 −49 正态曲线 2 以下范围

从图 4 −49 中可以看出，2 以下的范围等于 0 以下的范围加上 0 到 2 的范围。根据上例可知 0 ~2 的范围面积占比大约为 48%，因此 2 以下的范围占比为 100% *1/2 + 48% =98%。

⑧找出正态曲线下 1 ~2 范围内的面积占比。

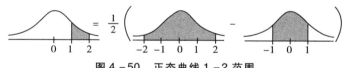

图 4 −50 正态曲线 1 −2 范围

据图 4 −50 可知，1 ~2 的范围等于 −2 到 2 的范围减去 −1 到 1 的范围再除以 2。因此，1 ~2 范围内的面积占比为 （95% −68%） *1/2 ≈14%。

在某地健康与营养调查数据库中，18 岁以上男性身高平均值是 177 厘米，SD 是 7.5 厘米。请使用正态曲线来估计身高在 160 ~182 厘米的男性占总数的百分比。首先，在计算面积之前，将原直方图替换为正态曲线图。其次，据图 4 −51 可知，估计有 82% 的男性身高在 160 ~182 厘米。实际上，这只是一种近似，但是结果已经很好了，实际上有 81% 的男性在这一区间范围内。

在某地健康与营养调查数据库中，18 岁以上女性身高平均值是 161 厘米，SD 是 7.5 厘米。根据图 4 −52，请使用直方图估计身高 150 厘米以上人群占总数的百分比。

首先使用 150 厘米减 161 厘米等于 −11 厘米，然后再用 −11 厘米除以 7.5 厘米 （一个标准差）约等于 −1.5，最后再运用正态曲线（查表 4 −13），可估计出约有 93% 的女性身高在 150 厘米以上，这一估计基本是正确的，实际上有 96% 的女性身高在 150 厘米以上。

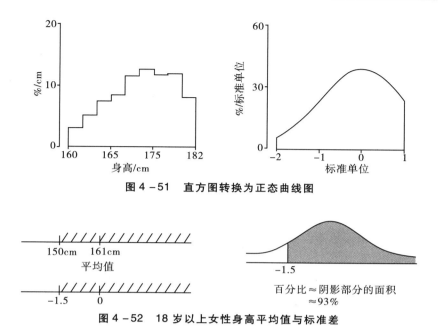

图 4-51 直方图转换为正态曲线图

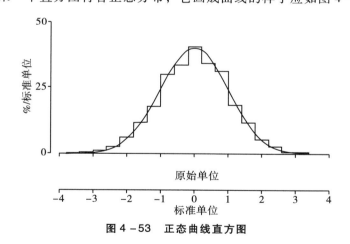

图 4-52 18 岁以上女性身高平均值与标准差

事实上，很多直方图都符合正态分布。对每个直方图来说，平均值和 SD 是很好的统计数据。如果一个直方图符合正态分布，它画成曲线的样子应如图 4-53 所示。

图 4-53 正态曲线直方图

二、百分位数

平均值和标准差可以用来描述符合正态曲线的数据。但对其他类型的数据，这些值对数据的代表性就不太好。以 2005 年某地家庭收入数据为例，如图 4-54 所示，某地家庭收入直方图这是一个右长尾分布。

图 4-54 中家庭的平均收入约为 6 万元，标准差约为 4 万元。所以按照正态近似，大约有 7% 的家庭收入是负的，分析思路与结果如图 4-55 所示。这种说法正确吗？显然是不正确的。因为这个直方图不符合正态分布，它有一个右长尾，描述这类直方图，统计

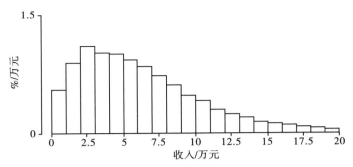

图 4 - 54   2005 年某地家庭收入分布直方图

学家通常使用百分位数。收入分布的第一个百分位数是 0 元，意思是大约 1% 的家庭收入是 0 元或更少，有 99% 的家庭收入在 0 元以上。第 10 个百分位数是 15000，意思是大约有 10% 的家庭收入低于这一数值，90% 的家庭高于这一数值，第 50 个百分位数是中位数。

图 4 - 55   家庭收入的正态近似估计

为总结这类直方图，统计学家通常使用百分位数，如表 4 - 14 所示。

表 4 - 14   2005 年某地家庭收入的百分位数

百分比	收入（万元）
1	0
10	1.5
25	2.9
50	5.4
75	9
90	13.5
99	43

四分位数间距是指由 P25、P50、P75 将一组变量值等分为四部分，P25 称下四分位数，P75 称上四分位数，将 P75 与 P25 之差定义为四分位数间距。是上四分位数与下四分位数之差，用四分位数间距可反映变异程度的大小，即 Q3—Q1。

当数据有一个长尾巴的时候，我们用四分位数间距描述数据分布的分散情况。对于表 4 - 14 而言，其四分位数间距是 9 - 2.9 = 6.1（即 P75 与 P25 之差）。许多直方图符合正态曲线，但也有很多其他直方图，如上述收入直方图，不符合正态曲线。

三、百分位数与正态曲线

当直方图符合正态曲线时，可用正态分布数据表来估算百分位数。例如，在某所大学的所有申请者中，数学成绩平均为 535 分，SD 为 100 分，成绩遵循正态曲线，请估计第 95 个百分位数的成绩是多少。

为解答该问题，首先，要找到等于 95% 的横轴上的值，即 Z，如图 4 – 56 所示。

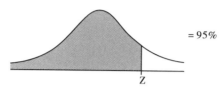

图 4 –56　正态分布与 Z 值估计

正态分布表不能直接使用，因为表中给的都是 –Z 到 Z 的面积。故需先计算空白部分的百分比，如图 4 –57 所示，是 1 –95% =5%，进而算出 –Z 到 Z 的面积是 1 –5% * 2 =90%。

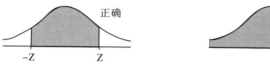

图 4 –57　计算 –Z 到 Z 的面积

这时问题就转化为面积为 90% 的正态曲线阴影所对应的 –Z 和 Z 的值是多少，如图 4 –58 所示。通过查表可知，为 1.65，如图 4 –59 所示。因此，比平均值高 1.65 个 SD 的值即为第 95 个百分位数的数据。因为 SD =100，所以 1.65 * 100 =165。

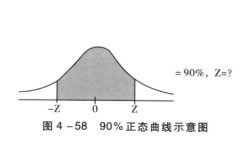

图 4 –58　90% 正态曲线示意图

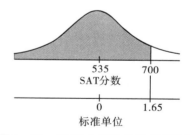

图 4 –59　第 95 个百分位数成绩计算

第 95 个百分位数的数据是 535（平均值）＋165 =700 分。百分位数代表了分值，在这个例子中，第 95 个百分位数就是 700 分。百分位数是一个百分比，如果一个学生的分数是 700 分，那他的百分位数就是 95%。

四、改变范围

如果将相同的数字加和到数据库中的每个数据中，这个数字将被加和到平均值中，但数据的 SD 不变，即所有数据对平均值的偏差不会改变，因为加的常数在计算 SD 时被消掉了。如果把数据库中的每个数据都乘以相同的数字，又会发生什么？若乘以相同的正数，则平均值和 SD 将以同样的倍数增大，但这些变化不会改变标准单位。

小　结

（1）正态曲线是关于 0 对称的，它下面的总面积是 100%。

（2）标准单位表示一个值高于（＋）或低于（－）平均值多少个 SD。

（3）许多直方图的形状与正态曲线大致相同。如果一组数据遵循正态曲线，那么在给定区间内的数据百分比可以通过将区间转换为标准单位来估计，然后找到在正态曲线下对应的面积，这个过程叫作正态近似。

（4）符合正态曲线的直方图，可以很好地用其平均值和 SD 重构出来。在这种情况下，平均值和 SD 是很好地描述性统计数据。

（5）所有直方图，无论它们是否符合正态曲线，都可以用百分位数来描述。

（6）如果把相同的数字加到数据库的每个数据上，这个常数就会被加到平均值上，SD 不变。如果把数据库中的每个数都乘以相同的正数，平均值和标准差就会乘以这个数。

第七节　测量误差

理想状况下，如果同样的东西被测量多次，每次都会得到相同的结果。但在实践中是不同的。每次测量的结果都会因随机误差而不同，并且误差随测量次数的变化而变化。这里有几个关于随机误差的问题，比如它们来自哪里？它们可能有多大？平均值可能消除多少随机误差？当我们买蔬菜时，通常需要称一下重量，有一个秤让我们检查蔬菜的重量，重量也是有标准的。通常而言，超市称重的准确性最终取决于标准工作的准确性。

一、随机误差

我们来看看由国家标准局测量 100 次 10 克砝码的数据。前五次测量结果，如表 4－15 所示。这些测量是在同一个房间里，用同一个仪器，由同一个技术人员进行的。每次都尽力遵循同样的程序。所有已知的影响结果的因素，如气压或温度，都尽可能保持恒定。从这些数字中你能看出什么？乍一看，这些数字似乎都一样。但仔细看看。只有前 4 位数字是可靠的，为 9.999。后三位数字是不稳定的，每次测量都不一样。这就是随机误差在起作用。

由于每次都写 9.999 较麻烦且无必要，国家标准局仅写出其比 10 克少多少的数字。在第一次称重中，这个数字是 0.000409 克。这么多 0 看起来不方便，所以国家标准局改用微克作为单位。采用这种方法，前五次测量误差如下：409、400、406、399、402。

表 4 - 15　前五次测量结果

次数	测量结果/克
第一次	9.999591
第二次	9.999600
第三次	9.999594
第四次	9.999601
第五次	9.999598

表 4 - 16（该表的单位为微克）显示了所有 100 次测量值。从该表可以看出，称重结果大约是 400 微克，但有的数据大一点，有的数据小一点。最小的是 375 微克（94号），最大的是 437 微克（86 号）。两者之间有很多可变性。客观地说，一微克相当于一大粒灰尘的重量，400 微克相当于一到两粒盐的重量。这就是精确加权。从这张表中所有的数字都是不同的，因此，从这 100 次测量中，不可能测出完全相同的数字。

表 4 - 16　国家标准局 100 次称重结果

次数	结果/微克	次数	结果/微克	次数	结果/微克	次数	结果/微克
1	409	26	397	51	404	76	404
2	400	27	407	52	406	77	401
3	406	28	401	53	407	78	404
4	399	29	399	54	405	79	408
5	402	30	401	55	411	80	406
6	406	31	403	56	410	81	408
7	401	32	400	57	410	82	406
8	403	33	410	58	410	83	401
9	401	34	401	59	401	84	412
10	403	35	407	60	402	85	393
11	398	36	423	61	404	86	437
12	403	37	406	62	405	87	418
13	407	38	406	63	392	88	415
14	402	39	402	64	407	89	404
15	401	40	405	65	406	90	401
16	399	41	405	66	404	91	401
17	400	42	409	67	403	92	407
18	401	43	399	68	408	93	412
19	405	44	402	69	404	94	375
20	402	45	407	70	407	95	409
21	408	46	406	71	412	96	406
22	399	47	413	72	406	97	398
23	399	48	409	73	409	98	406
24	402	49	404	74	400	99	403
25	399	50	402	75	408	100	404

国家标准局为什么要一遍又一遍地称量同一个砝码的重量呢，其中一个目标是质量控制。如果他们对 10 克的测量值从低于 10 克的 400 微克上升到高于 10 克的 500 微克，那么秤一定是出了问题，需要修复。因此，国家标准局称重的这个 10 克被称为标准砝码（check weight），它用于检验称重过程。

想象一下，一个科学实验室将一个 10 克的物品送到国家标准管理局进行校准。一次测量不可能得到最终的结论，因为存在随机误差，如图 4-60 所示。实验室想知道这个随机误差可能有多大。有一种直接的方法可以找到答案，把同样的重量送回进行第二次称重。如果两个结果相差几微克，那么每个结果的随机误差可能只有几微克大小。另一方面，如果两种结果相差几百微克，那么每一种测量结果都可能相差几百微克。无论测量过程多么仔细，结果仍可能是不同的。如果重复测量，结果也会有所不同。但是测量结果到底应该是多少？最好的方法是重复测量。

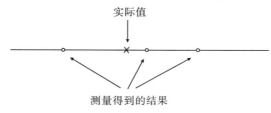

图 4-60　随机误差示意图

SD 告诉我们，国家标准局 10g 砝码的每一次测量都存在随机误差，其值大约为 6 微克。2、5 或 10 微克左右的随机误差相当常见。50 或 100 微克左右的随机误差则极其罕见。一系列重复测量结果的 SD，可用于估计一次测量中随机误差的大小。

从数学上讲，随机误差的 SD 必须等于测量值的 SD，加上精确值只是尺度的变化。随机误差使每个测量值与准确值偏离一个量，这个量随测量值的变化而变化见图（4-60）。重复测量中的可变性反映了随机误差的可变性，两者都是通过数据的 SD 来衡量的。表 4-16 中所有 100 个测量值的平均值是低于 10 克 405 微克，这很可能与标 1 准砝码 10 克的准确重量很接近。表 4-16 中第一个测量值与平均值相差 4 微克，409-405=4，这个测量估计与准确的重量相差近 4 微克，随机误差约为 4 微克。第二次测量比平均值低 5 微克，则随机误差一定在 -5 微克左右。因为 SD 为 6 微克，故与平均值的典型偏差约为 6 微克。因此，典型的随机误差大约是 6 微克。

二、离群点

表 4-16 中报告的测量值与正态曲线的拟合程度如何？结果并不算好。36 号测量值与平均值相差 3 个 SD，86 号和 94 号还有 5 个 SD，这种极端测量值被称为离群点，有时也称之为异常值。它们不是由于测量误差造成的。在进行这 3 次观察时，没有任何问题。然而，3 个异常值增大了标准差。因此，测量结果是距离平均值一个标准差的样本占比为 86%，比正态曲线预测的 68% 大得多。

当我们去掉这 3 个异常值时，剩下的 97 个测量值平均在 10 克以下 404 微克，SD

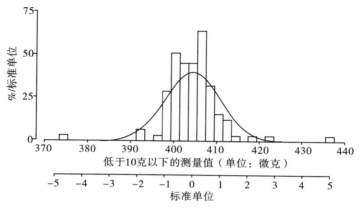

仅为 4 微克。如图 4－61、图 4－62 所示，剩余的 97 个测量值更接近正态曲线。总之，大多数数据的 SD 约为 4 微克。但有一些测量值比 SD 所显示的平均值要远得多，总 SD 为 6 微克，是直方图主要部分的 SD 与离群值之间的折中值。在非常仔细的测量中，小百分比的异常值是允许的，也是可以接受的。

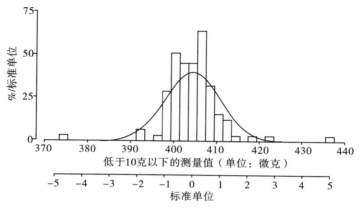

图 4－61　包含异常值的直方图和正态曲线

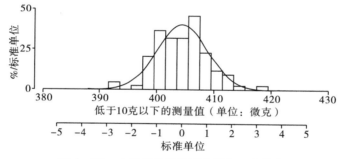

图 4－62　去除异常值的直方图和正态曲线

统计方法应用于测量数据分析的一个主要困难是，难以获取合适的数据集。这个问题通常与调查人员的有意识或无意识相关。当调查人员发现异常值时，很难做出选择。要么他们忽视了异常值，要么他们将承认他们的测量结果并不符合正态曲线。

三、偏差

假设一个屠夫把拇指放在秤上和猪肉一起称重，结果导致了测量误差，但这很难在他称重时发现。假设一家布料店使用的布尺长度从 30 厘米延伸到了 31 厘米。他们卖给顾客的每一块布料上都多量了 1 厘米。屠夫的拇指和拉伸的布尺就是偏差或系统性发生错误的两个例子。偏差以相同的方式影响所有的测量值，使测量结果向相同的方向偏移。随机误差随测量变化而变化，有时上升，有时下降。

当每一项测量都因偏差和随机误差而偏离时，计算公式为：

测量值 ＝ 精确值（实际值）＋偏差＋随机误差

通常，仅仅通过观察测量结果无法发现偏差。相反，测量必须与外部标准或理论预测相比较。

小　结

(1) 无论测量过程多么小心，结果仍可能会不同，这就是随机误差。调查人员测量之前，应估计可能的随机误差大小，重复测量可帮助人们找出随机误差的大小。

(2) 在同一条件下，通过一系列重复测量的标准差，可以估计一次测量中随机误差的可能大小。

(3) 随机误差随测量的变化而变化，但偏差保持不变。偏差不能仅仅通过重复测量来估计。

(4) 即使测量得再仔细，也可能会存在一小部分异常值，平均值和标准差会受到异常值的强烈影响。

课后习题

1. 某研究员认为维生素 C 可以预防感冒，也可以治愈感冒。他及同事进行了一项随机对照双盲实验，12 名受试者是该研究员所在研究院的志愿者。这些受试者被随机分配到 4 组中的一组，如表 4-17 所示。

表 4-17　四个小组情况

组别	预防	治疗
第一组	安慰剂	安慰剂
第二组	维生素 C	安慰剂
第三组	安慰剂	维生素 C
第四组	维生素 C	维生素 C

所有受试者每天服用六粒胶囊预防感冒，如果感冒加重，每天服用六颗胶囊治疗感冒。然而，在第一组中，两组胶囊只含有安慰剂（乳糖）。在第 2 组中，预防胶囊中加入维生素 C，而治疗胶囊中加入安慰剂。第 3 组正好相反。第 4 组，所有胶囊均灌服维生素 C。实验期间，志愿者的退出率非常高。前 3 组的退出率明显高于第 4 组。调查人员注意到了这一点，并找到了原因。事实证明，许多受试者打破了双盲法则（只要打开一个胶囊，品尝里面的东西；维生素 C—抗坏血酸—是酸的，乳糖不是）。故服用安慰剂的受试者更有可能退出实验。

问题：研究人员分析了那些打破双盲法则的实验受试者资料，维生素 C 没有效果。在打破双盲法则的受试者中，第 2 组和第 4 组感冒次数最少；第 3 组和第 5 组感冒时间最短。应如何解释这些结果？

2. 下图 4-63 显示了某个城市家庭收入的一部分。这个城市大约有百分之几的家庭收入在 15000 元到 25000 元？

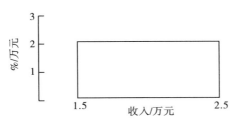

图 4-63　家庭收入直方图

3. 有人用密度标度绘制了人的体重直方图，如图 4-64 所示，请问这个图哪里错了？

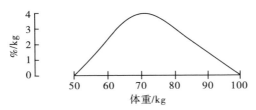

图 4-64　人体体重直方图

4. 选择题：皮褶厚度是用来测量身体脂肪的，皮褶厚度直方图如图 4-65 所示。横轴上的单位是毫米（mm）。皮褶厚度的第 25 百分位数＿＿＿＿＿25 毫米。

A. 低于 B. 约等于 C. 高于

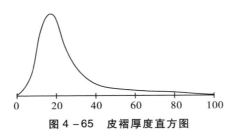

图 4-65　皮褶厚度直方图

5. 在某项考试中，平均分数是 50 分，标准差是 10 分。根据给出的信息完成下面两小题。

①将以下每个分数转换为标准单位：60、45、75。

②找到以下标准单位的分数：0，+1.5，-2.8。

参考文献

[1] IMMOMMOI. 数据采集简介. 2022. 08. 22. https：//blog. csdn. net/MMOMMO_ /article/details/126440751.

[2] 什么是普查. 国家统计局. 2023. 01. 01. stats. gov. cn

［3］决策方法之定性决策［EB/OL］. https：//www. doc88. com/p － 2896688787114. html. 2020 － 06 － 09

［4］王波，甄峰，席广亮等. 基于微博用户关系的网络信息地理研究——以新浪微博为例［J］. 地理研究，2013，32（02）：380 － 391.

［5］江鹏. 应用大数据分析模型的国土空间规划体系设计［J］. 信息技术，2022，No. 367（06）：185 － 190. DOI：10. 13274/j. cnki. hdzj. 2022. 06. 033.

［6］胡悦，陈露露. 手机大数据在城市交通规划中的应用分析研究［J］. 无线互联科技，2021，18（18）：117 － 118.

［7］David Freedman, Robert Pisani etc., Statistics（4th edition）. W. W. Norton & Company. NEW YORK. LONDON. 1992

第五章 简单线性回归

线性回归是利用数理统计中回归分析，来确定两种或两种以上变量间定量关系的一种统计分析方法。本章介绍了简单线性回归的相关概念及原理，相关分析、回归分析、回归的均方根误差、期待值与标准误差、显著性检验等内容，并对其在城乡规划领域中的应用实例进行了介绍，通过本章的学习，能够做到以下几点：

（1）掌握相关分析、回归分析、回归的均方根误差、期待值与标准误差、显著性检验、卡方检验的原理；

（2）了解线性回归不同的分类；

（3）掌握回归分析在城乡规划中的运用。

第一节 相关分析

一、相关

在维多利亚时期的英格兰，统计学家非常着迷的一个问题是，如何量化遗传的影响，并收集数据对其进行证明。我们来看看加尔顿的门徒卡尔·皮尔森（英国，1857—1936）的一项研究的结果。皮尔森测量了1078位父亲和他们成年儿子的身高。父亲的身高和儿子的身高这两个变量之间的关系可以用散点图来表示，如图5-1所示。

图上的每个点代表一对父子。点的 x 坐标，即横轴，是父亲的身高；点的 y 坐标，即纵轴，是儿子的身高。儿子的身高等于父亲身高的家庭标绘在直线 $y = x$ 上，父子的点分布在该线附近，这种分布表明儿子身高与父亲身高不同。

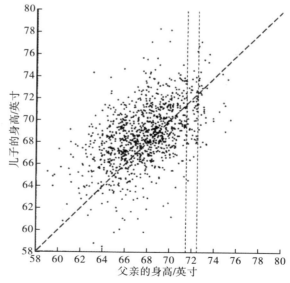

图 5-1 1078 对父子身高的散点图

图 5 – 2a 说明了绘制散点图的原理。图 5 – 1 的散点图就像一个橄榄球形状的点云，位于点云边缘的点很少，而想要绘制这样的草图，可以只描绘出外部的椭圆部分（见图 5 – 2b）。观察图 5 – 1，可以看到点的 y 坐标会随着 x 坐标增加而增加，换句话说，父亲和儿子的身高存在正相关关系。就像在日常生活中，一般会讲，较高的父亲会有较高的儿子。但散点图表示了这种相关性并不是很强。

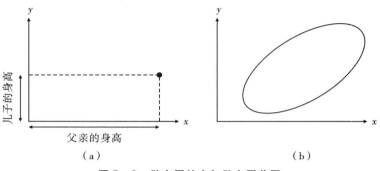

（a） （b）

图 5 – 2 散点图的点与散点图草图

观察图 5 – 1 的 45°线，该线对应着那些儿子身高与父亲身高相等的家庭。父亲身高是 64 英寸，儿子身高也是 64 英寸；父亲身高是 72 英寸，儿子身高也同样高。类似的，如果儿子的身高与父亲相似，那散点图中相应的点将靠近此线，如图 5 – 3 中的点。

然而，实际散点图中在 45°线的周围有着比图 5 – 3 更多的点分散分布，这种分布说明父亲的身高与儿子的身高之间的相关关系是很弱的。假定你必须猜测儿子的身高，父亲的身高能给你多大帮助呢？例如，假定父亲身高是 72 英寸，图5 – 1中两条垂直虚线内的点代表了所有父亲身高近似为 72 英寸的父子对，换

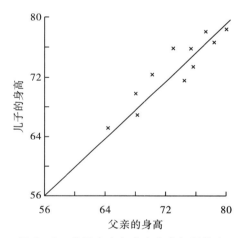

图 5 – 3 儿子身高与父亲身高相近的点

言之，此时父亲的身高在 71.5 英寸和 72.5 英寸之间（即图中两条虚纵线与 x 轴相交处），如两条垂直虚线内分布的点所示，儿子的身高仍有许多变化。因此，即便碰巧知道父亲的身高，在试图预测他的儿子的身高中仍可能会有较大误差。

如果两个变量之间存在强相关，则已知一个变量的值有助于预测另一个变量的值。但若是弱相关，关于一个变量的信息对猜测另 1 个变量的值无太大用处。当我们研究两个变量之间的关系时，常常把一个变量称为自变量，另一个变量称为因变量。通常认为是自变量影响因变量，而不是因变量影响自变量。图 5 – 3 中，父亲的身高取作自变量，并沿 x 轴描绘，即父亲的身高影响儿子的身高。

二、相关系数

假定正在考察两个变量间的关系并已绘制了散点图（又称点云）。该图形如橄榄球状。如何对图进行数据描述呢？第一步应标出表示 x 的平均数和 y 的平均数的点，如图 5－4a 所示，此点称为平均数点，它确定了点云的中心。下一步应度量点云从一侧边缘到另一侧边缘的分布情况。这可通过 x 值的 SD——横轴的 SD 得到。大多数点都将落在平均数点两侧 2 个横轴 SD 的范围内，如图 5－4b 所示。同样，y 值的 SD——纵轴 SD 也可用来度量数据从上到下的分布情况。大多数点都将落在平均数点之上或之下纵轴 2 个 SD 的范围内，如图 5－4c 所示。

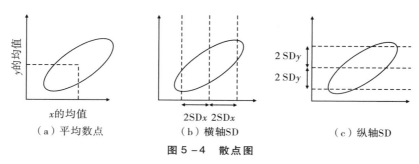

（a）平均数点　　　　　　（b）横轴SD　　　　　　（c）纵轴SD

图 5－4　散点图

至此，描述数据的统计量有：x 的平均数，x 的 SD；y 的平均数，y 的 SD。这些统计量告诉我们点云的中心，及点云的横向和纵向分布情况，但还缺一个测度两个变量之间相关程度的统计量。图 5－5 的散点图中，两个点云有相同的中心及同样的横向、纵向散点分布范围。然而，第一个图（a）中的点紧密地聚集在一条直线周围，说明这两个变量间存在较强的线性相关关系。在第二个图中，点的聚集要松散得多。两个图中 x 与 y 的相关程度是不一样的。为度量 x 与 y 的相关程度，需引入另一个统计量——相关系数，相关系数一般缩写为 r。

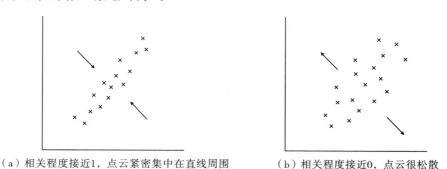

（a）相关程度接近1，点云紧密集中在直线周围　　　（b）相关程度接近0，点云很松散

图 5－5　相关系数不同但其他统计量相同的两组点云（散点图）

相关系数是线性相关或散点围绕一条直线聚集程度的度量。两个变量之间关系的统计量可以概括为：x 的平均值，x 的 SD；y 的平均值，y 的 SD；相关系数 r。

图 5－6 中 x 与 y 的平均数都为 3，SD 都为 1，但散点围绕直线的聚集程度不同，我们用相关系数 r 度量这种聚集程度。

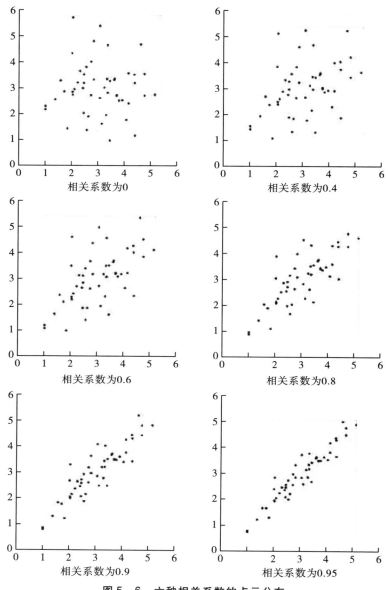

图 5 - 6　六种相关系数的点云分布

　　图 5 - 6 中，第二个散点图的 $r = 0.40$；线性关系开始显现。第三个图的 $r = 0.60$，x 与 y 之间有较强的线性关系，如此直到最后一个图。r 越接近于 1，变量间的线性关系就越强，散点在直线周围的聚集就越紧密。相关系数等于 1 这种情形未在图中展现，通常称之为完全相关，表示所有点都位于一条直线上，因此，理论上变量间存在着完全线性关系，但实际上相关系数总是小于或等于 1 的。

　　例如，同卵双胞胎身高间的相关系数是 0.95，这些双胞胎的身高是否相同？若是，他们在散点图中的点将紧靠直线 $y = x$。图 5 - 6 中右下图的相关系数是 0.95，但是在直线周围仍分布着相当数量的散点。双胞胎身高的散点图与此类似，身高不是完全相同的。

要注意的是：$r = 0.80$ 并不意味着80%的点都紧密地群集在一条直线的周围，也不表示其线性程度是 $r = 0.40$ 情况时的二倍。就目前来说，尚无直接的方式去解释相关系数的确切数值。目前为止，我们仅讨论了正相关。在我国，女性受教育程度越高，所生的孩子数量越少，这是一种负相关现象，即女性受教育程度的增加将伴随着生育孩子数量的减少。负相关可用负相关系数来表示。图5-7给出了另外六组虚拟数据的散点图，6个图中都有50个点，如图5-6一样，每个变量的平均数都是3，SD都是1。相关系数为 -0.90 表示如相关系数为0.90时相同的点云聚集程度。相关系数为负时散

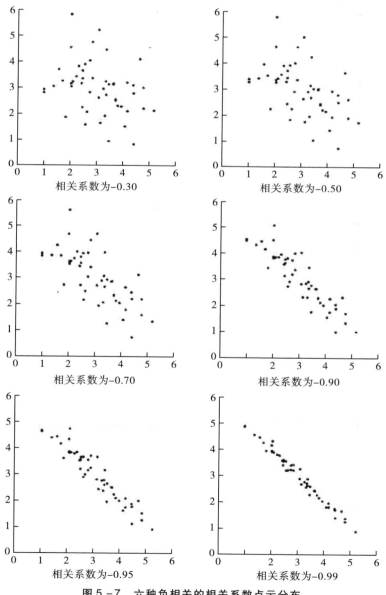

图5-7 六种负相关的相关系数点云分布

点沿斜向下的直线聚集，为正时散点沿斜向上的直线聚集。25～34 岁的女性受教育程度与其生育子女数量间的相关系数为 - 0.2，是弱负相关。相关系数为 - 1 是完全负相关，所有点都将在一条斜向下的直线上。

相关系数总是在 - 1 和 1 之间，可以是该范围内的任何数值。正相关时散点图是斜向上的，此时一个变量增加，另一个变量也增加；负相关时散点图是斜向下的，此时一个变量增加，另一个变量将会减少。

在图 5 - 6 的一系列散点图中，当 r 越接近 1 时，点将越密集地聚集在一条直线旁。这是条什么样的直线呢？我们把它称为 SD 线，它穿过对两个变量来说与平均数的差都为 SD 同样倍数的所有点。现以身高与体重的散点图为例说明，若某人的身高恰好比平均身高多 1 个 SD，体重也比平均体重多 1 个 SD，则他的点将落在 SD 线上。而身高比平均身高多 1 个 SD，但体重比平均体重多 0.5 个 SD 的人则不在此线上。同样，身高在平均身高之下 2 个 SD，体重也在平均体重之下 2 个 SD 的人在此线上。身高在平均身高之下 2 个 SD，但体重在平均体重之下 2.5 个 SD 的人不在此线上。

图 5 - 8 说明了如何在图上描绘 SD 线，SD 线穿过平均数点，并以 x 值每增加 1 个 SD，y 值也增加 1 个 SD 的比例上升。用专门的术语表达为斜率，即（y 的 SD）/（x 的 SD），这在正相关时适用。当相关系数为负时，SD 线向下降；斜率为 -（y 的 SD）/（x 的 SD）。

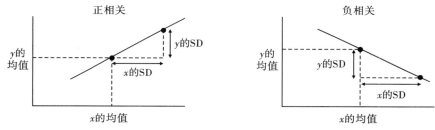

图 5 - 8　SD 线的绘制

三、计算相关系数

相关系数的计算过程如下：将每个变量都转换为标准单位，并将其相乘，乘积的平均数即为相关系数。

将第一个变量记为 x，第二个变量记为 y，相关系数记为 r，则可用公式表示如下：

r =［（以标准单位表示的 x）×（以标准单位表示的 y）］的平均数。

例：计算表 5 - 1 中 x 与 y 的相关系数 r。

表 5 - 1　数据值

x	y
1	5
3	9
4	7
5	1
7	13

注：表 5 - 1 第一行代表研究对象的两个测量值；两个数字分别为散点图中对应的 x 和 y 坐标。

解：计算过程如表 5 - 2 所示。

第一步：首先，求出 x 值的平均数和 SD：

x 的平均数为 4，SD = 2。

然后，将每一 x 值减去平均数，并除以 SD，得每个数据的标准单位如下：

$$\frac{1-4}{2}=-1.5, \quad \frac{3-4}{2}=-0.5, \quad \frac{4-4}{2}=0, \quad \frac{5-4}{2}=0.5, \quad \frac{7-4}{2}=1.5$$

此结果如表 5 - 2 的第三列所示。这些数字告诉我们以 SD 为单位，x 值在平均数之上或之下多远。例如，第一个值在平均数之下 1.5SD。

第二步：将 y 值转换为标准单位，结果如表 5 - 2 的第四列所示。这就完成了计算中最繁复的部分。

第三步：对表中各行，求如下乘积：

（以标准单位表示的 x）×（以标准单位表示的 y）

结果如表 5 - 2 最后一列所示。

第四步：求出这些乘积的平均数：

r =（以标准单位表示的 x）×（以标准单位表示的 y）÷ 样本量

$$=\frac{0.75-0.25+0.00-0.75+2.25}{5}=0.40$$

解毕。

表 5 - 2　r 的计算

x	y	以标准单位表示的 x	以标准单位表示的 y	乘积
1	5	− 1.5	− 0.5	0.75
3	9	− 0.5	0.5	− 0.25
4	7	0.0	0.0	0.00
5	1	0.5	− 1.5	− 0.75
7	13	1.5	1.5	2.25

如果对该数据绘出散点图，如图 5 - 9a 所示，散点将斜上升并松散地聚集于直线周围。

为什么 r 能反映变量之间的相关程度呢？在图 5-9a 中，各点旁都标明了 x、y 数据标准单位的乘积值。过平均数点绘出水平线和垂直线，则可将散点图划分为四个象限。如果一个点在左下象限，两个变量都小于平均数，因而其标准单位是负的，两个负数之积为正。对右上象限，两个正数之积仍为正。对其余两个象限，正负之积为负。所有这些乘积的平均数即为相关系数。若 r 为正，则两个正象限中的点占主导地位，如图 5-9b 所示；若 r 为负，则两个负象限中的点起主导作用，如图 5-9c 所示。

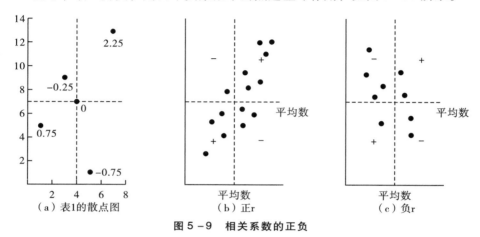

图 5-9　相关系数的正负

相关系数的特点是，相关系数是一个没有单位的纯数，它不受下列因素影响：①互换两个变量；②某一变量的所有值都增加同一数值；③某一变量的所有值都乘以同一正数。值得注意的是，相关系数度量的是相关关系，但相关关系并不等同于因果关系。

四、生态相关

1955 年，理查德·多尔爵士发表了一篇划时代的文章，论述了吸烟与肺癌之间的相关关系 r。其论据之一是十一个国家的吸烟率（按人计算）与肺癌死亡率间关系的散点图。这十一对比率间的相关系数是 0.7，这表示了吸烟与肺癌之间关系的密切程度。然而，吸烟并得肺癌的不是国家，而是人。因此，该研究是不正确的。要测量这种关系的密切程度，必须用关于个人吸烟和得肺癌的数据。基于比率或平均数的相关系数常使人得出错误结论，这就是生态相关。

例：从 1988 年人口调查的数据，我们计算出某国 25~64 岁男性的收入与受教育程度间的相关系数 r 为 0.4。普查局把该国分为 9 个地理区域。对这 9 个区域的任何一个，计算出居住在该区域的男性平均收入和平均受教育程度。最后，计算出这 9 对平均数间的相关系数，其值为 0.7。用基于区域的数据得出的相关系数来估计个人的相关系数，是完全错误的。这是因为在每一个区域内，围绕平均数有大量数据分散分布，用平均数取代一个区域则把这些分散分布的数据都排除在外，给人以点云紧密聚集的错误印象。图 5-10 用图示说明了这一点。

生态相关是基于比率或平均数的，在政治科学和社会学领域较为常见，它们会扩大数据之间的相关程度。

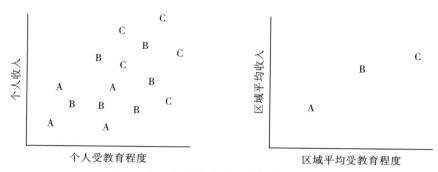

图 5-10　基于比率或平均数的相关系数

上图 5-10 左图表示了标为 A、B、C 的 3 个地理区域中个人收入与受教育程度。每个人都用他所居住的区域的字母来标记，这里 x 与 y 的相关是中等程度的。右图表示的是每个区域的平均数，平均数间的相关系数几乎为 1。

五、相关不是因果

对于学龄儿童来说，鞋码的大小与阅读能力密切相关。然而，学习新字词并不会使脚变大。相反，还有第三个因素——年龄。随着孩子们年龄的增长，他们学会了更好的阅读，他们长大了，穿不上旧鞋了。在这个例子中，混杂变量（年龄）很容易被发现。通常而言，找到混杂变量并不容易，已计算出的相关系数，并不能避免变量受第三个因素的影响。相关系数测度了数据之间的关系，但相关性与因果关系并不相同。

例 1：教育和失业。在经济大萧条期间，受过良好教育的人往往会有段时间的失业。

请思考：教育能使人们免于失业吗？事实证明，年龄是一个混杂的变量。年轻人受教育程度更高，因为教育水平一直在提高。如果在招聘方面有选择，雇主似乎更喜欢年轻的求职者。对年龄的控制使得教育对失业的影响要弱得多。

例 2：物种的分布范围和存活持续时间。自然选择是以物种为对象进行的吗？大卫·贾布隆斯基（David Jablonski）认为，地理范围是物种的一个可遗传特征：分布范围较为广泛的物种存活时间更长，因为如果灾难发生在一个地方，该物种在其他地方仍然存活，如散点图 5-11 所示，图中有 99 种腹足类生物（如鼻涕虫，蜗牛等）。纵轴是以百万年为单位绘制的物种寿命的持续时间；横轴是其分布范围，以公里为单位。这两个变量都是根据化石记录确定的。二者之间有一个很好的正相关性，r 约为 0.64。（点云看起来是无形的，但这是因为右下角和左上角有几个分散的点。）

请思考：更为宽广的地理范围是否可以提高物种的生存率？事实上，范围大可能导致寿命长。或者，较长的寿命可能会导致较大的地理分布范围。或者，可能还有其他事情发生。地理分布较为广泛的物种有更多的机会被保存在化石记录中，可以创造出更为长寿的表象。如果是这样，这个数字就是一个统计伪影，因此相关不是因果关系。

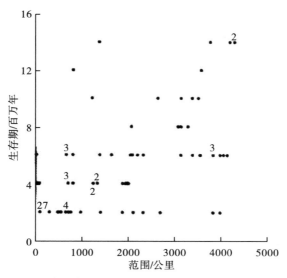

图 5 - 11　99 种腹足类生物按百万计的生存期与以公里计的地理范围

例 3：在人们日常饮食结构中有大量脂肪的国家，乳腺癌和结肠癌的发病率很高。有关脂肪摄入量与癌症死亡率的数据如图 5 - 12 所示。这种相关性经常被用来证明饮食中的脂肪会导致癌症。

请思考：这个证据可靠吗？事实上，如果饮食中的脂肪导致癌症，那么图表中的点云应向上倾斜，样本其他条件均相同。因此，这个图是证明上述假设的证据。但该证据说服力不足，因为样本的其他情况并不相同。例如，饮食中含有大量脂肪的国家也含有大量的糖。而对人体来说，脂肪和糖比淀粉含量更高的谷类产品更重要。一些国家饮食的某些方面，或生活方式中的其他因素，可能确实会导致某些类型的癌症，但也可能预防其他类型的癌症。目前为止，流行病学家只对上述因素中的少数几个有翔实的分析和研究，其余都是未知的。

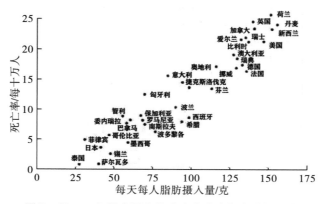

图 5 - 12　一组样本国家的癌症发病率与脂肪摄入量

小　结

（1）两个变量间的关系可直观地用散点图来表示。当散点图紧密地聚集于一条直线的周围时，变量间存在强相关性。

（2）一个散点图可用5个统计量来概括：x的平均数，x的SD，y的平均数，y的SD，相关系数r。

（3）正相关（点云斜向上）时相关系数前为正号，负相关（点云斜向下）时相关系数前为负号。

（4）在具有同样SD的一系列散点图中，当r接近于± 1时，点云更紧密地聚集在一条直线旁。

（5）相关系数的范围为-1（当所有点都在一条斜向下的直线上时）到$+1$（当所有点都在一条斜向上的直线上时）之间。

（6）点聚集在SD线旁。SD线穿过平均数点，当r为正时，直线的斜率为（y的SD）/（x的SD），当r为负时，斜率为$-$（y的SD）/（x的SD）。

（7）计算相关系数r需将每个变量都转换为标准单位，然后取其平均乘积。

（8）相关系数是一个纯粹的数，没有单位，不受下列情况影响：交换两个变量的位置、给一个变量的所有值都加上同一个数、把一个变量的所有值都乘以一个正数。

（9）相关系数度量了散点围绕直线的聚集程度，但这只是相对于SD而言。

（10）在有离群点或非线性相关的情况下，相关系数可能使人对分析结果感到疑惑，在可能的情况下，应生成散点图，并仔细观察，从而检查这类问题。

第二节　回归分析

一、回归分析概述

回归分析方法在生产实践中的应用较为广泛，也在应用中不断发展和完善的根本动力。如果从19世纪初（1809年）高斯（Gauss）提出的最小二乘法算起，回归分析的历史已有200多年。从经典回归分析方法到近代回归分析方法，它们所研究的内容非常丰富。回归分析方法是通过建立统计模型研究变量间相互关系的密切程度、结构状态及进行模型预测的一种有效工具。回归分析研究的主要对象是客观事物变量间的统计关系，它是建立在对客观事物进行大量试验和观察的基础上，用来寻找隐藏在那些看上去是不确定的现象中的统计规律性的统计方法，主要用来确定两种或两种以上变量间相互依赖的定量关系。回归分析中使用的回归方程是根据样本数据通过回归分析得到的反映一个变量（因变量）对另一个或一组变量（自变量）的回归关系的数学表达式。线性回归方程用得比较多，可以用最小二乘法求线性回归方程中的回归常数与回归系数，从而得到线性回归方程。

回归分析研究的主要步骤包括：

（1）根据研究目的确定指标因变量与自变量；

（2）收集并整理统计数据；

（3）确定理论回归模型的数学形式；

（4）估计模型中的参数；

（5）对模型进行检验与修改；

（6）将回归模型应用到实际。

二、回归分析的描述与测度

相关和回归这个术语是由英国著名统计学家弗兰西斯·高尔顿（Francis Galton）在19世纪末期研究孩子及他们父母的身高时提出来的。弗兰西斯·高尔顿发现身高较高的父母，他们的孩子也高。但这些孩子平均起来并不像他们的父母那样高。对于比较矮的父母情形也类似，他们的孩子比较矮，但这些孩子的平均身高比他们父母的平均身高高。弗兰西斯·高尔顿把孩子的身高向中间值靠近的趋势称之为一种回归效应，而他发展的研究两个数值变量的方法称为回归分析，如图5-13所示。

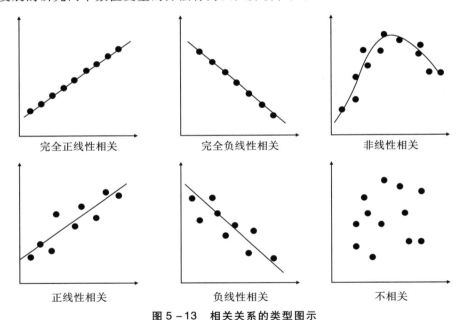

完全正线性相关　　　　完全负线性相关　　　　非线性相关

正线性相关　　　　　　负线性相关　　　　　　不相关

图5-13　相关关系的类型图示

回归方法描述一个变量如何依赖另一个或另一组变量的变化而变化。以身高和体重为例。假设有988个18~24岁男性数据，他们的平均身高为70英寸，总平均体重为162磅。整体来看，高的男性体重也更高。当身高增加一个单位时，体重相应地增加多少呢？首先，来看散点图5-14，身高在横轴，体重在纵轴。其统计量为：

平均身高 ≈ 70 英寸，SD ≈ 3 英寸

平均体重 ≈ 162 磅，SD ≈ 30 磅，$r ≈ 0.47$

选取纵轴和横轴的尺度使身高的一个 SD 与体重的一个 SD 在图中长度相同，这样 SD 线（虚线）在图中以 45 度斜向上。大量散点分布于此线周围，r 只有 0.47。

图中的点代表 988 个年龄在 18～24 岁男性的身高和体重。虚线构成的纵向条带中的点代表身高在平均身高之上约一个 SD 的所有男性，他们中体重也在平均体重之上一个 SD 的男性位于 SD 线上。大多数男性都位于 SD 线之下。以实线绘出的回归线估计了每一身高所对应的样本平均体重。

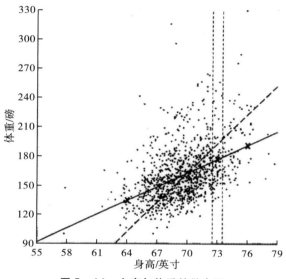

图 5-14　身高与体重的散点图

图 5-14 中两条垂直的虚线构成的纵向条带中的点表示身高在平均身高之上一个 SD 的男性，他们中体重也在平均体重之上一个 SD 的男性将沿 SD 线标绘。但是，这个纵向条带中的大多数点都在 SD 线之下。换句话说，身高在平均身高之上一个 SD 的大多数男性的体重都比平均体重之上一个 SD 要小一些，因此这些男性的平均体重只是总平均体重即全部体重数据的平均值之上一个 SD 的一部分，哪一部分？这就要看相关系数 0.47 了。与身高增加一个 SD 相对应，体重平均只增加 0.47 个 SD。

更准确地说，对于身高比平均身高多一个 SD 的男性：平均身高 + 身高的一个 SD = 70 英寸 + 3 英寸 = 73 英寸。他们的平均体重应比总平均体重多 0.47 个体重的 SD，为：0.47×30 磅 ≈ 14 磅，因此，他们的平均体重约为：162 磅 + 14 磅 = 176 磅。他们对应的点（73 英寸，176 磅）在图 5-15 中用"×"来表示。

那么身高比平均身高多 2 个 SD 的男性又如何呢？首先平均身高 + 身高的 2 个 SD = 70 英寸 + 2×3 英寸 = 76 英寸，这组男性的平均体重应比总平均体重高 0.47×2 = 0.94 个体重的 SD，即 0.94×30 磅 ≈ 28 磅。因此，他们的平均体重约为 162 磅 + 28 磅 = 190 磅。点（76 英寸，190 磅）在图 5-15 中也用一个"×"表示。

再看看身高比平均身高低 2 个 SD 的男性。他们的身高等于：平均身高 - 身高的 2 个 SD = 70 英寸 - 2×3 英寸 = 64 英寸。他们的平均体重比总平均体重少 0.47×2 = 0.94 个体重的 SD，即 0.94×30 磅 ≈ 28 磅。因此，这组男性的平均体重约为 162 磅 - 28 磅

=134 磅。图 5 - 15 中的第三个 "×" 就是点（64 英寸，134 磅）。所有（身高，平均体重估计值）这样的点都落在图 5 - 15 中的实线上，这就是回归线，它穿过平均数点，即身高为平均身高的男性体重也为平均体重。回归线对散点图就像平均数对数据表。y 关于 x 的回归线估计了每一个 x 值对应的 y 的平均数。

在回归线上，身高每增加一个 SD，相应地体重只增加 0.47 个 SD。具体地说，设想把这些男性按身高分组，其中有一个组身高为平均身高，另一组身高比平均身高多上一个 SD，如此等等。从一个组到另一个组，平均体重也将增加，不过只增加约 0.47 个 SD，0.47SD 是身高与体重之间的相关系数。

这种用相关系数估计每个 x 值所对应的 y 的平均数的方法叫回归方法。这种方法可叙述如下：x 每增加 1 个 SD，平均而言，相应地 y 增加 r 个 SD。当 x 增加 1 个 SD，y 的平均值只增加 r 个 SD，如图 5 - 15 所示。

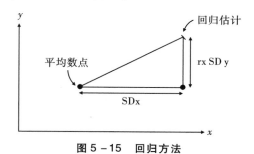

图 5 - 15   回归方法

图 5 - 16 中，x 与 y 的平均值都是 4，SD 都是 1。横轴数据 5 上方纵向条带中的点其 x 值比平均数多 1 个 SD。这些点的 y 值平均数用 "×" 来表示，它正好在穿过 y 平均数的水平线与倾斜的 SD 线之间。因此，x 每增加一个 SD，平均来说，y 相应地增加 r 个 SD。

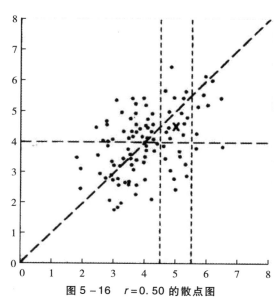

图 5 - 16 $r=0.50$ 的散点图

三、平均数图

图 5 – 17 是某数据库样本中 18 ~ 24 岁男性身高和体重的平均数图。其中，身高为 77 英寸（近似到英寸）的男性平均体重为 218 磅，在图中用点（77 英寸，218 磅）表示。身高为 77 英寸的男性有 2 个，图中用点旁标的数字 2 表示。该图表示了某数据库样本中 988 个 18 ~ 24 岁男性每一身高所对应的平均体重。

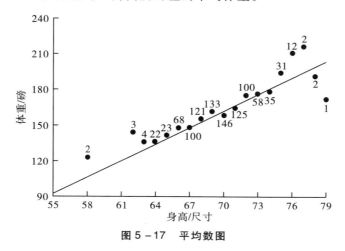

图 5 – 17　平均数图

图的中部（多数人所处的位置）接近于一条直线，两端则起伏较大。例如，身高为 78 英寸的男性平均体重为 192 磅，这比身高为 77 英寸的男性的平均体重少 26 磅。这种情况下，较高的男性反而比较矮的男性体重低。这是由于机会变异所致：这些样本的抽选是随机进行的，但碰巧抽中的男性中，77 英寸高的体重较大，78 英寸高的体重较低。回归线则消除了这种机会变异。

回归线是平均数图的光滑形式。如果平均数图正好是一条直线，则回归线和平均数图必然合为同一条直线。在有些情况下，回归线消除了数据的差异性。若两个变量之间存在非线性相关关系，回归线不能描述这种情况，这种情况最好使用平均数图。如图 5 – 18 所示，也就是说，当变量间存在非线性相关时，不能使用回归线。

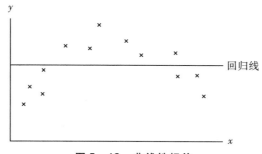

图 5 – 18　非线性相关

四、用于个体的回归方法

在某地健康与营养检查调查数据库中，18～24 岁男性身高与体重间的关系可概括如下：平均身高 ≈ 70 英寸，SD ≈ 3 英寸；平均体重 ≈ 162 磅，SD ≈ 30 磅，$r ≈ 0.47$。

现假设必须猜测这些男性中某人的体重而又不知道有关他的其他任何信息，最佳的猜测是总平均体重，162 磅。其次，已知该男性的身高，例如为 73 英寸，他体重的猜测可作如下考虑，由于这位男性身高较高，体重可能比平均体重更重些。对其体重的最佳猜测为该数据库中所有 73 英寸高的男性的平均体重。这个新平均数可以用回归方法估计，为 176 磅。一般规则是：当用一个变量预测另一个变量时，采用新平均数。在许多情况下，回归方法给出了估计新平均数的合理方法。当然，如果变量之间存在非线性关系，则回归方法不适用。

例 1：某大学对完成第一学年学习的大学生的 SAT 数学成绩（范围从 200 至 800）与第一年 GPA（范围从 0 至 4.0）之间的关系作了统计分析，结果为：SAT 平均数 = 550，SD = 80。第一年平均 GPA = 2.6，SD = 0.6，$r = 0.4$。散点图为橄榄球状。若一学生 SAT 分数为 650，预测其第一年的 GPA。

解：该生的 SAT 分数比平均数多 $100/80 = 1.25$ 个 SD。第一年 GPA 的回归估计为：在平均数之上 $0.4 × 1.25 = 0.5$ 个 SD，即 $0.5 × 0.6 = 0.3$ GPA 分。GPA 的预测值为：$2.6 + 0.3 = 2.9$。通常，调研人员通过研究求出回归估计值，然后进行外推；他们将该估计用于新的对象。通常只要调查中的对象对即将被作出推断的人具有代表性，这种方法都是有意义的。但是，每次都必须考虑这个问题：回归方法中的数学原理并不保证你的结论的正确。在上例中，该大学只有关于其录取的学生的经验值。把回归过程用于与这些学生有很大差异的学生就可能会有问题。

回到回归技术问题，回归技术也能用来预测百分位数排序。如果在测验中你的百分位数是 90%，说明你做得非常不错。班上只有 10% 的学生分数比你高，其他 90% 都比你低。25% 的百分位数就不怎么样了，班上有 75% 的学生分数比你高，只有其他 25% 比你低。

例 2：某大学发现 SAT 成绩与第一年的 GPA 都服从正态分布。假定某学生 SAT 成绩的百分位数是 90%（在所有一年级学生中），预测他第一年 GPA 的百分位数。

解：采用回归方法，需要知道该学生的第一年 GPA 在平均数之上多少个 SD。他的百分位数隐含地给出了这一信息，因为 GPA 服从正态分布，如图 5 - 19 所示。

图 5 - 19　预测第一年 GPA 百分位数的计算思路

这个学生的 SAT 成绩在平均数之上 1.3 个 SD。回归方法预测他的第一年 GPA 将在平均数之上 $0.4 × 1.3 ≈ 0.5$ 个 SD。最后，可以转换回到百分位数，如图 5 - 20 所示。

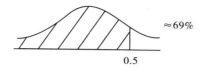

图 5-20　预测第一年 GPA 百分位数

由上图 5-20 所知，第一年 GPA 的百分位数排序预测为 69%。在解这个问题的过程中，两个变量的平均数与 SD 值从来没有用到，重要的是相关系数 r。这是因为整个问题是基于标准单位进行的。百分位数排序给出的是标准单位，只不过是以百分数的形式。

例 2 中的学生在 SAT 成绩与第一年考试成绩这两个不同的方面与全班进行了比较。他的 SAT 非常不错，得分在第 90 个百分位数。但回归估计只把他第一年考试成绩放在第 69 百分位数上——仍高于平均数，但高得不太多。另一方面，对差的学生——如 SAT 的百分位数为 10% 的学生——回归方法的预测值将有所提高，在第一年的考试成绩中，他们将在第 31 百分位数上。这仍比平均数低，但更接近平均数。

更仔细地分析这个问题，取所有 SAT 成绩在第 90 百分位数的学生——成绩好的学生。他们中有的在第一年考试中名次将上升，有的将下降，但平均说来，这组人的名次将会下降。作为比较，再取所有 SAT 成绩在第 10 百分位数的学生——成绩差的学生。同样，他们中有的在第一年考试中名次将上升，有的将下降，但平均说来，这些人的名次将会上升。这就是回归方法给予我们的结果。

回到从 SAT 名次猜测第一学年名次的问题上。如果这两种分数完全相关，则预测第一学年名次与 SAT 名次相同是讲得通的。在另一种极端，如果两者间是零相关，则 SAT 名次对预测第一学年名次毫无帮助。事实上，这种相关处于两个极端之间，因此，只得预测第一学年考试分数的名次在 SAT 名次与中位数之间的某个位置。

五、两条回归线

事实上，一个散点图可绘出两条回归线。下图 5-21 绘出了身高与体重的散点图。左图表示的是体重关于身高的回归线，它穿过所有纵条的中心，估计了对应于每一身高的平均体重。右图表示的是身高关于体重的回归线，它穿过所有横条的中心，估计了对应于每一体重的平均身高。在两图中，回归线为实线，SD 线为虚线。多数情况下，体重对身高的回归应用更多，但是，另一条也是可以的。

例：一项大型家庭研究发现，智商为 140 的男性，其妻子的平均智商为 120。请问智商为 120 的所有妻子，她们丈夫的平均智商比 120 高吗？请回答是或否，并简短地说明。

解：否。她们丈夫智商的平均数为约 110。如图 5-22 左图，丈夫智商为 140 的家庭表示在相应的纵条中，此纵条中的 y 平均数为 120。妻子智商为 120 的家庭表示在横条中，这是一组完全不同的数据。横条中所有点的 x 平均值约为 110。在图 5-22 右图中，可以看到有两条回归线：一条是由丈夫的智商预测妻子的智商；另一条是由妻子的智商预测丈夫的智商。

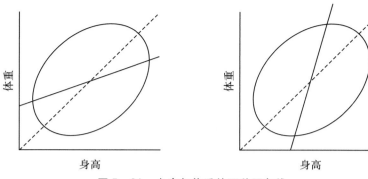

图 5-21　身高与体重的两种回归线

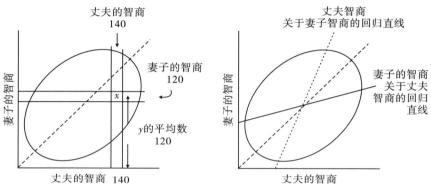

图 5-22　丈夫与妻子智商的回归线

小　结

（1）与 x 每增加 1 个 SD 相应，y 平均只增加 r 个 SD。画出这些回归估计可得 y 对 x 的回归线。

（2）平均数点图常接近于一条直线，只是可能略有波动。回归线消除了这些波动。如果平均数点图是一条直线，则它与回归线相重合。如果平均数点图呈强非线性形式，此时回归不适用。

（3）回归线能用于预测个体值。但如果需外推的数据较远，或者是属于不同类的问题时，需特别当心。

（4）在典型的考试——重考情形中，被测对象在两次考试中得到不同的分数。对在第一次考试中分数最低的群体来说，在第二次考试中的分数有的升高有的降低；但平均起来，分数最低的群体的分数将有所上升。对第一次考试中分数最高的群体来说，第二次考试的分数有的上升，有的下降，但平均来看，分数最高的群体分数将下降，这就是回归效应。只要散点图围绕 SD 线的分布呈椭榄球云团状，就会有回归效应。

（5）回归谬论认为，回归效应归因于围绕 SD 线的散布点分以外的其他原因。

（6）在同一个散点图中可以画出两条回归线：一条由 x 预测 y；另一条由 y 预测 x。

第三节　回归的均方根误差

一、均方根误差简介

回归方法可用于根据 x 来预测 y。然而，实际值与预测值可能不同，那么二者的差距有多大呢？我们使用均方根误差（r. m. s. error）来分析这些差异的总体大小。

以某数据库中 471 名 18 ~ 24 岁男性的身高和体重为例，汇总统计数据如下：平均身高 ≈ 70 英寸，SD ≈ 3 英寸；平均体重 ≈ 180 磅，SD ≈ 45 磅；$r ≈ 0.4$。如果已知某人的身高，则他的体重可用所有具有同样身高的男性的平均体重来预测。这个平均体重可用回归方法估计，这些估计值都将落在回归线上，如图 5 - 23 所示。

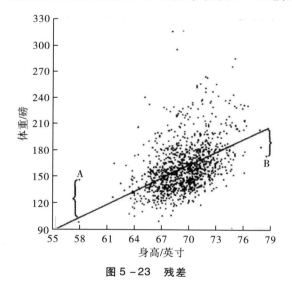

图 5 - 23　残差

残差是点在回归线之上（记为正值）或之下（记为负值）的距离（距离是按纵向测量的）。每一个距离都对应于回归线的一个残差。散点图 5 - 23 中点 A 的身高 58 英寸，对应于此身高的平均体重的回归估计为 106 磅。然而，A 的实际体重为 146 磅，预测值与实际值不等，残差为 40 磅。残差 = 实际体重 - 预测体重 = 146 磅 - 106 磅 = 40 磅。在图中，此残差是 A 在回归线上方的纵向距离，用左括弧标记。图中的 B 的身高约 79 英寸，体重 172 磅，用回归线预测其体重为 204 磅。因此，残差为 172 磅 - 204 磅 = -32 磅。在图中，此残差为 B 在回归线之下的纵向距离，用右括弧标记。

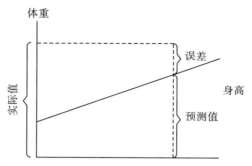

图 5 – 24　预测误差等于点与回归线的纵向距离

　　散点图中每一个点都有一个残差，这个残差表示使用回归方法带来的误差。图 5 –
24 绘制了某一点的误差与该点和回归线的纵向距离之间的关系。这些误差的总体大小
可用它们的均方根进行度量，其结果称为回归线的均方根误差。假如用散点图来表示，
则回归线的均方根误差表示一个代表点距离回归线有多远。散点图中的点按照与均方
根误差大小相似的残差（向上或向下）偏离回归线。均方根误差与回归线之间的关系
相当于标准差与平均数之间的关系，如图 5 – 25 所示。

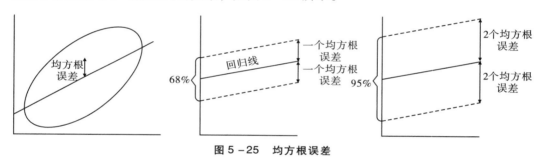

图 5 – 25　均方根误差

　　散点图中约有 68% 的点在与回归线相距一个均方根误差的范围中；约有 95% 的点
在与回归线相距两个均方根误差的范围中。这种估计对大多数数据来说是正确的，但
不是对所有数据。

　　从另一个角度看，当散点图中约 68% 的点落在某线与回归线平行的条带中时，该
线与回归线的距离（纵向向上或向下）为一个均方根误差。而当约 95% 的点落在某线
与回归线平行的条带中时，该线与回归线的距离为两个均方根误差。

　　这里比较一下基于回归线的均方根误差和基于基线预测法的均方根误差。基线预
测法是忽略 x 值，并使用 y 的平均值来预测 y。如果我们使用该方法，那么所有 y 的预
测值都随着 y 的平均值所代表的水平线变化。从图上看，基线预测法的误差是该水平
线上方和下方的垂直距离，如图 5 – 26 所示。从数字上讲，误差是典型点 y 值与 y 平均
值的偏差。因此，第二种方法的均方根误差就是 y 的 SD。这里 SD 就是样本与平均值
偏差的均方根。

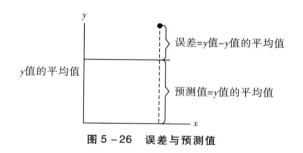

图 5-26　误差与预测值

二、计算均方根误差

由于回归线比 y 平均值的水平线更接近各样本点，故回归线的均方根误差小于 y 的 SD。均方根误差衡量了所有数据点距离回归线的距离如图 5-27 右图所示。图 5-27 左图是忽略 x 值所画的 y 的均值回归线，这条水平线就是 y 的平均值，这条线的均方根误差就是 y 的 SD。右图回归线的均方差比左图 y 的 SD 要小，因为相比于水平线，回归线离各个散点更近。

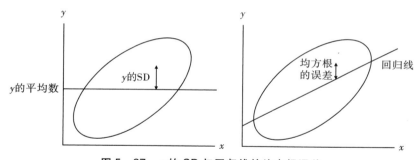

图 5-27　y 的 SD 与回归线的均方根误差

均方根误差与相关系数有如下关系：均方根误差小于 $\sqrt{1-r^2}$。因此由 x 来预测 y 的回归线均方根误差可用如下公式计算：$\sqrt{1-r^2} \times$ SD（y）。其中，公式中的 SD（y）是预测变量的 SD。如果由身高预测体重，那么就用体重的 SD。均方根误差必须以体重而不是身高为单位。如果由受教育程度预测收入，那么就使用收入的 SD。均方根误差必须以元为单位，而不是受教育年限。均方根误差的单位应与变量的单位一致。在身高-体重散点图中，有 471 个预测误差。由身高预测体重的回归线均方根误差为：$\sqrt{1-r^2} \times$ SD（体重）$= \sqrt{1-0.42} \times 451b \approx 411b$。均方根误差并不比体重的 SD 小太多，因为体重与身高的相关性不是很高：$r \approx 0.4$。从而我们得知：知道一个人的身高对预测他的体重其实没有太大作用。

均方根误差小于 $\sqrt{1-r^2}$ 结论比较难证明，但我们可以清楚地观察如下特例：假设 $r=1$。此时所有点都位于一条向上倾斜的直线上。回归线穿过散点图上的所有点，所有点的预测误差都是 0，所以均方根误差是 0。如公式所示，计算结果为：$\sqrt{1-r^2}=$

$\sqrt{1-12} = 0$。

假设 $r = -1$，那么结果是一样的，只是回归线是倾斜向下的。其均方根误差仍为 0，计算结果为：$\sqrt{1-r^2} = \sqrt{1-(-1)^2} = 0$。

第三种情况是假设 $r = 0$，那么两个变量之间无线性关系。因此回归线不能用于由 x 预测 y，这时均方根误差应等于 y 的 SD，计算结果为：$\sqrt{1-r^2} = \sqrt{1-0^2} = 1$。

均方根误差的测量值以绝对值的形式分布在回归线周围。另一方面，相关系数测量的是相对于标准差的分布，没有单位。均方根误差通过相关系数与 SD 相联系。相关系数 r 描述了相对于 SD，散点图上各点沿某条线的聚集程度。相关系数 r 说明了 y 的平均数如何依赖于 x 的变化而变化，即 x 每增加 1 个 SD，平均而言，y 将只增加 r 个 SD。相关系数 r 通过均方根误差，说明了回归预测的精确程度。

三、绘制残差图

通常来说，预测误差被称为残差。残差图的绘制如图 5-28 所示。散点图上的每个点都以图中所示的方式从图 5-28 左图转绘到右图，右图称为残差图，该图中横坐标保持不变，但是纵坐标被各点距离回归线上方（+）或下方（-）的距离，即残差所代替。

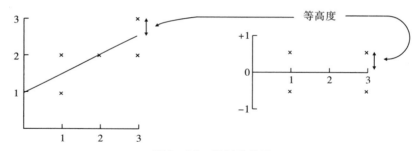

图 5-28 绘制残差图

如果残差的平均值为 0，那么残差图的回归线是水平的。

由图 5-28 可知，正残差与负残差互相平衡，用数学语言表示为：残差的平均值为 0。如果你仔细观察这个残差图，你会发现没有向上和向下的趋势。这是因为所有的正负残差都相互抵消了，也可以说是平均分布于回归线的两侧。

图 5-29 中的残差没有任何规律性可言，而图 5-30 的残差看起来有某种较强的规律性，当然这些点是假设出来的。如果残差图为这种形式，那么用回归方法做预测是错误的。有时我们可以通过直接观察原始数据的散点图，来确定变量之间是否存在这种非线性相关性。然而，残差图能给我们更灵敏的检测——因为我们可以把纵坐标放得很大，这样就可以进行非常细致的观察。残差图在多元回归中是一种非常有用的判断方法。

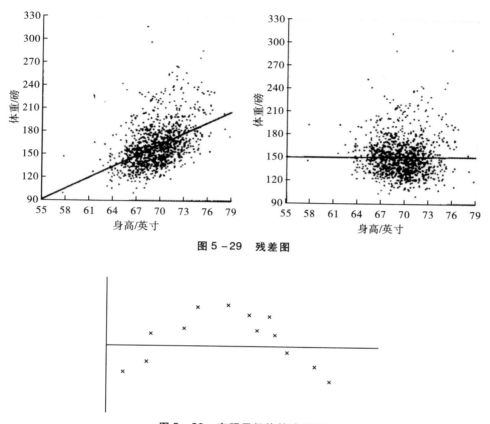

图 5 – 29   残差图

图 5 – 30   有明显规律的残差图

四、观察垂直条带

图 5 – 31 是 1078 位父子身高的散点图。父亲身高为 64 英寸的点在左侧实线组成的垂直条中。这些家庭中儿子身高的直方图显示在下图 5 – 32 中（实线）。父亲身高为 72 英寸的点绘制在右侧虚线组成的垂直条带中，下图 5 – 32 显示了这些儿子的身高直方图（虚线）。平均而言，虚线直方图比实线直方图更靠右，故高个子的父亲确实有高个子的儿子。然而，这两个直方图具有相似的形状，并且数据分布的情况几乎相同。

当散点图中所有的纵向条带都具有相似的分布，这个散点图我们就说它是等方差的或同方差的。对于给定的父亲身高，儿子的身高直方图中，条块在直方图的中

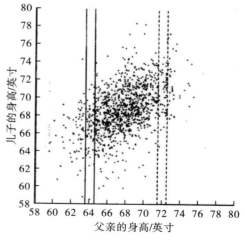

图 5 – 31   散点图

间分布比较多，这只是因为在中间这个区域有更多的样本，而不是有更多的极端身高家庭。一般来说，当原散点图是椭圆形的时候，等方差散点图的残差图也是椭圆形的。

在图 5 – 32 中，儿子身高预测值与父亲身高构成的回归线的均方根误差为 2.3 英寸。如果父亲的身高是 64 英寸，那么儿子身高预测值为 67 英寸；如果父亲的身高是 72 英寸，那么儿子身高预测值是 71 英寸，儿子身高的实际值可能与该预测值相差 2.3 英寸左右，即这个预测的误差为 2.3 英寸左右。

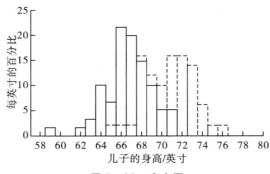

图 5 – 32　直方图

作为对比，图 5 – 33 显示了收入与受教育水平分布的异方差散点图。当人们的受教育年限上升的时候，其平均收入随之上升，但是数据点的分散分布状况也是上升的。当散点图是异方差散点图时，在散点图的不同位置，各点与回归线之间的距离都不同，每个点都与回归线偏离不同的距离。然而，这使得要准确预测受过较高教育的人群的收入状况变得非常困难。受教育年限为 8 年的人群，其收入预测的误差大约为 6000 美元。受教育年限为 12 年的人群，其收入预测误差将达到 15000 美元左右。受教育年限为 16 年的

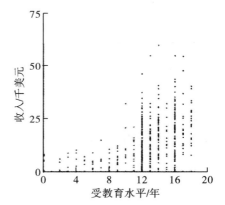

图 5 – 33　收入与受教育水平分布的
异方差散点图

人群，其收入的预测误差会增加更多，达 27000 美元左右。在这种情况下，回归线的均方根误差只是对所有不同的 x 值给出的一个平均误差。

如果散点图是椭圆形的，观察一个很窄的竖向条带，条带中所有的点将会在回归线上下分布。也就是说，这些点的 y 值与回归线的距离（偏差）与均方根误差相似。如果散点图是异方差的，均方根误差就不能用来预测 y 值。

五、垂直条带内正态曲线的应用

使用正态曲线，要求散点图必须是橄榄球云团状的，各点密集地散布在图的中心，并向边缘逐渐消失。如果散点图是异方差的，或非线性规律的，则不能使用该方法。

例：某高校一所法学院发现平时分和第一学年期末分数之间存在如下关系（对于完成第一年学业的学生）：平均平时分 = 162，SD = 6；第一学年期末分数平均分 = 68，SD = 10，$r = 0.6$。

（1）第一学年期末成绩超过 75 分的学生占比（即占学生总数的比例）是多少？

（2）在平时考试中获得 165 分的学生中，第一学年期末成绩超过 75 分的学生占学生总数的比例是多少？

解：（1）这是一个简单的数据正态近似问题。平时分成绩及其与第一学年期末成绩的相关系数 r 均与这一问无关，计算方法如图 5 – 34 所示。

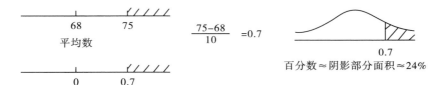

图 5 – 34　计算方法示意

（2）这是一个新问题。这是一个特殊的学生群体——那些在平时分中获得 165 分的学生。如图 5 – 35 所示，这些学生都在散点图中的同一垂直条带内。他们第一学年期末成绩是一个新的数据集。要想进行正态近似，就需要这个新数据集的平均值和 SD。

a. 计算新的平均值：在平时考试中取得 165 分的学生比平时分的平均值要高。作为一个群体，他们在法学院第一学年期末的表现会好于平均水平，尽管有相当大的差距（条形内的垂直分布）。可以通过回归方法估计这个条带内数据的平均值：165 分比平时分的平均值高 0.5 个标准差（165 – 162）/6 = 0.5，因此，这些学生在第一学年的期末得分将高于期末成绩的平均值，大约为 $r × 0.5 = 0.6 × 0.5 = 0.3$ 个标准差，也就是 0.3 × 10（期末成绩的 SD）= 3 点。新的平均值 = 原期末成绩平均值 + 3 = 68 + 3 = 71。

b. 计算新 SD：在平时分中获得 165 分的学生是一个更小、更同质的群体。因此，他们第一学年期末成绩的标准差应该不到 10 分（原 SD）。但到底少多少呢？由于该图是椭圆云团状的，所以，回归线周围的散点在每个垂直条带中大致相同，故可由回归线的均方根误差算出，用公式计算可得，新 SD 为：$\sqrt{1 - r^2} × SD（y）= \sqrt{1 - 0.6^2} × 10 = 8$ 分。

由于这里根据平时分分数预测了第一学年期末分数，所以第一学年期末分数的预测误差中，原期末分数的 SD = 10 代入公式进行了运算，而不是以平时分分数的 SD = 6 分代入运算。一个在平时考试中取得 165 分左右平时分的学生，第一年的期末成绩大约为 71 分左右，预测误差为正负 8 分。新的平均值是 71，新的 SD 是 8。

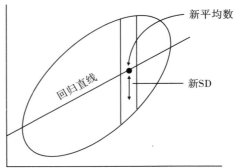

图 5 – 35　橄榄球云团状散点图

　　假设散点图是橄榄球云团状或椭圆状的，在图中垂直条带中取点，它们的 y 值是一个新的数据集。新的平均值是用回归法估计的，新的 SD 大约等于回归线的均方根误差。基于新的平均值和新的 SD，可以进行正态近似。

　　如果遇到非线性数据或异方差数据怎么办？通常的做法是进行数据转换，比如对数据取对数后再进行计算。

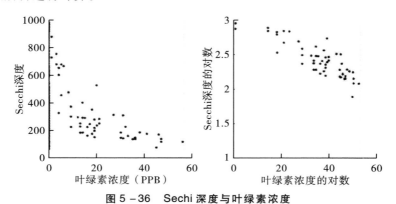

图 5－36　Sechi 深度与叶绿素浓度

　　图 5－36 左侧图显示了 Sechi 深度（测度水的清澈度）与叶绿素浓度（水藻含量）的散点图，数据是非线性和异方差的。右侧图显示了相同的数据，该图对所有原数据进行了取对数操作（以基数为 10 的对数），该散点图更像椭圆云团状。

小　结

　　当回归用于从 x 预测 y 时，实际值和预测值之间的差称为残差（或预测误差）。在一个散点图中，点与回归线的垂直距离对应着回归方法产生的残差。回归线的均方根误差是残差的均方根，这衡量了回归预测的准确性。预测误差的大小取决于均方根误差的大小。对大多数散点图而言，大约 68% 的数据在距离回归线一个均方根误差以内；大约 95% 的数据在距离回归线两个均方根误差以内。

　　y 的 SD 等于 y 的平均值所在的水平线的均方根误差，即等于 $\sqrt{1-r^2}$；由 x 预测 y 的回归线均方根误差为：$\sqrt{1-r^2} \times \mathrm{SD}(y)$。

　　在进行回归后，统计学家通常会绘制残差图。如果残差图显示某种明显的规律性，则回归方法可能不适用。当散点图中所有垂直条带显示出相似的数据分布情况时，该图是同方差的。此时，沿着回归线，各条带所指代的各子数据集的预测误差大小是相似的。当散点图是异方差时，散点图的不同部分的预测误差是不同的。但橄榄球云团状的散点图，图中不同部分是同质的。

　　假设散点图是橄榄球云团状的，在图上一个窄的垂直条带内取点，那么它们的 y 值是一个新的数据子集。新的平均值可由回归线进行估计，根据新的平均值和新的 SD，可以使用正态近似方法进行运算。

第四节　期望值与标准误差

一、期待值

期望值又称预期值。假设我们正在通过以下随机过程生成一个数字，统计一枚硬币 100 次投掷中的正面出现次数。可能会得到 57 个正面。这比预期值 50 高出 7，因此随机误差为 +7；如果再投 100 次，会得到不同数量的正面，也许是 46 个，随机误差为 −4；第三次重复可能会产生另一个数字，比如 47；此时随机误差将是 −3。得到数字可能会偏离 50，其大小与标准误差相似，那么 50 就是你的预期值。

期望值和标准误差的计算公式取决于生成数字的随机过程。在这里，我们得到的是从一个盒子中提取的样本总和，并通过一个例子介绍期望值的计算公式。假设有一个盒子，里面有 4 张票，代表 4 个金额，分别为 1、1、1、5，如图 5 − 37 所示。在盒子中随机抽取 100 次票，每次都会把抽出的票放回去重新摇匀。那么这个金额应该有多大？要回答这个问题，想想抽取结果是怎样的。盒子里有 4 张票，所以 5 出现的概率应该是 1/4，1 出现的概率应该是 3/4。在 100 次抽取中，可以预计大约有 25 次抽到 5，75 次抽到 1，那么抽取的卡片总额应该是 25 × 5 + 75 × 1 = 200。这个 200 就是你的预期值。

图 5 − 37　有 4 张卡片的盒子

预期值的计算公式非常简短，里面只有两个变量，一个是抽取次数，一个是盒子中各数字的平均值。从盒子中随机取票的预期值 = 抽取次数 × 盒子中各数字的平均值。

假设你和朋友玩躲猫猫，你最喜欢的方式是在朋友面前放 1 块糖，让朋友转身，你去藏起来。当朋友找不到你时，你把之前放的糖取回，朋友还会多给你 2 块糖；若朋友找到了你，他会拿走你之前放的 1 块糖。已知你有 1/4 的机会获胜，如果你在每次藏起来之前都放 1 块糖，你预计将在 100 次躲猫猫中获得（或损失）多少块糖？

第一步是构建一个盒子模型，如图 5 − 38 所示，盒子里的票表示一次游戏可以获得或损失的糖的数量。从盒子中抽取票的次数等于玩躲猫猫的次数。

图 5 − 38　盒子模型

每玩一次，你的净收益要么获得 2 块糖，要么损失 1 块糖。从概率上看，每玩一次，你有 1/4 的机会获得 2 块糖，有 3/4 的机会损失 1 块糖。因此你在 100 次躲猫猫后的净收益就像是从盒子里抽取 100 次票的总和。那么这个盒子的平均值是（2 − 1 − 1 −

1）/4 = －0.25 块糖。

也就是说，平均而言，每次游戏你将花费 0.25 块糖。在 100 次游戏中，你可能会损失大约 25 块糖。这就是答案。如果你继续下去，在 1000 次游戏中，你应该会损失 250 块糖左右。你玩得越多，损失的就越多。这时你也许会换个游戏玩。

二、标准误差

假设盒子里有 5 张票，如图 5－39 所示，上面的数字分别为 0、2、3、4、6，现在从盒子中随机抽取 25 次票，每次抽取后都将票放回盒子并重新摇匀。理论上，盒子中 5 张票中的每一张都有大约 1/5 的概率出现在我们抽取的票中，也就是说，盒子里有 5 张票，从盒子里随机抽 25 次，每张票平均出现的机会都是 5 次，所以 25 次抽取票上数字的总额应该在 75 左右，这就是我们对总数的期望值。计算如下：5×0＋5×2＋5×3 ＋5×4＋5×6＝75。

图 5－39　有 5 张票的盒子

当然，每张票不会精确地按 1/5 的概率被抽中，就像投掷硬币一样，我们没有在一半的投掷中获得硬币正面，这是由于存在随机误差，导致总和偏离预期值。总和＝期望值＋随机误差。随机误差是指高于（＋）或低于（－）预期值的数值。例如，如果总和为 70，则随机误差为 －5。

随机误差可能有多大？答案是由标准误差给出，通常缩写为 SE。

从盒子中抽出的票额总和可能在预期值左右，但其大小因随机误差、标准误差的存在而偏离预期值。有一个公式可用于计算随机抽取票编号总和的标准误差（SE），它被称为平方根定律。

平方根定律：当从一个盒子中随机抽取票时，抽出票额总和的标准误差为：

$$SE = \sqrt{抽取次数} \times SD（盒中的票额）。$$

这个公式有两个部分：抽取次数的平方根和盒子中票额的 SD。SD 可以用于衡量盒中数字之间的差异。如果盒子里的数字差值较大、较多，那么 SD 就会很大，标准误差 SE 也会很大，这时就很难预测随机抽票的预期值是多少。因此，由于抽取次数的不同，两次抽取的总和比一次抽取的总和更具有不确定性，变数更大。100 次抽取的总和也更有不确定性，变数更大。每次抽取都会给总和增加一些额外的可变性，因为不知道结果会如何。随着抽取次数的增加，总和变得越来越难以预测，随机误差越来越大，标准误差也越来越大。然而，标准误差上升得很慢，上升的值等于抽票次数的平方根。例如，100 次抽票的总和仅 $\sqrt{100} = 10$，即单次抽票的 10 倍。

标准差 SD 和标准误差 SE 是不同的。SD 适用于描述数据库中数据分布的集聚、分散情况，SE 则适用于机会可变性，如图 5－40 所示。例如，抽票编号的总和。正如我们在本小节开始时所说的，这个总和的期望值是 75。实际的总和将在 75 左右，由于随机误差的存在而偏离期望值。

SD适合于一列数

1 2 3 4 5 6

SE适合于机会过程

图 5 - 40 SD 与 SE 区别

随机误差可能有多大? 要找出答案, 需计算标准误差。假设盒子里有一组数字 0、2、3、4、6, 这些数字的平均值是 3, 各数字与平均值的偏差为 -3、-1、0、1、3, 那么盒子中这组数字的 SD 为 $\sqrt{\dfrac{(-3)^2+(-1)^2+0^2+1^2+3^2}{5}}=2$。

我们用电脑编程在该盒子中随机抽票 25 次, 每次抽取后将票放回并摇匀。最终抽出的数字为 (0, 0, 4, 4, 0) (4, 3, 2, 6, 2) (2, 0, 2, 6, 2) (6, 4, 2, 6, 3) (0, 3, 6, 4, 0)。这 25 次抽取的数字之和是 71, 比期望值低了 4, 所以随机误差是 -4。计算机又再次随机抽取了 25 次, 计算了 25 次抽取数字之和为 76, 这次的随机误差是 +1。第 3 次抽取的数字之和是 86。随机误差是 +11。

下表 5 - 3 展示了计算机从盒子 (0, 2, 3, 4, 6) 中随机抽取 25 次的结果。第一列的数字表明计算机抽取的次数, 一共抽了 100 回, 每回都是从盒子里取出 25 次。

事实上, 研究者让计算机做了 100 次加和, 每次加和的数字都在 75 左右, 与期望值 75 相差一个标准误差 (即 10) 左右。表中的数字 71 是抽取 25 次的票额总和; 76 是另一次抽票总和。总的来说, 该表有 100 个抽票的总和值 (称为观测值)。这些观测值与预期值 75 不同, 这是因为存在随机误差。例如, 71 的随机误差是 -4, 因为 71 - 75 = -4。76 的随机误差是 +1, 因为 76 - 75 = 1, 等等。该表中的观测值在期望值周围的分布非常小。原则上, 它们可以小到 0, 也可以大到 25 × 6 = 150。然而, 除了 76 号之外, 所有这些都在 50 到 100 之间, 也就是说, 在期望值的 2.5 个 SE 范围以内。

表 5 - 3 从盒子 (0, 2, 3, 4, 6) 中随机抽取 25 次的结果一览表

编号	和	编号	和	编号	和	编号	和	编号	和
1	71	21	80	41	64	61	64	81	60
2	76	22	77	42	65	62	70	82	67
3	86	23	70	43	88	63	65	83	82
4	78	24	71	44	77	64	78	84	85
5	88	25	79	45	82	65	64	85	77
6	67	26	56	46	73	66	77	86	79
7	76	27	79	47	92	67	81	87	82
8	59	28	65	48	75	68	72	88	88
9	59	29	72	49	57	69	66	89	76

编号	和	编号	和	编号	和	编号	和	编号	和
10	75	30	73	50	68	70	74	90	75
11	76	31	78	51	80	71	70	91	77
12	66	32	75	52	70	72	76	92	66
13	65	33	89	53	90	73	80	93	69
14	84	34	77	54	76	74	70	94	86
15	58	35	81	55	77	75	56	95	81
16	60	36	68	56	65	76	49	96	90
17	79	37	70	57	67	77	60	97	74
18	78	38	86	58	60	78	98	98	72
19	66	39	70	59	74	79	81	99	57
20	71	40	71	60	83	80	72	100	62

标准差 SD 和标准误差 SE 的不同之处在于，标准差 SD 告诉我们数据库中每个数字与平均值的差距有多大，即一组数据的离散程度。观测值，包括总和、平均值或百分比，应在预期值左右，由于随机误差的存在，多轮次观测值是不同的，随机误差的大小可由标准误差计算得出。标准误差 SE 是一个随机变量，用来衡量观测值同实际值之间的偏差。

三、使用正态曲线

从一个盒子中进行多轮次的随机抽票，每次抽票后都将票放回并将盒子摇匀后再次抽票。抽票的票额之和出现在给定范围内的可能性有多大？实际上，这是一个转换为标准单位（使用期望值和标准误差），然后计算出曲线下的面积问题。

例1：假设使用计算机从某盒子中随机抽取 25 次票，盒子中有 5 张票，票额分别为 [0，2，3，4，6]，将每次抽票结果打印出来，并将票额加和，重复这个过程。那么观测值落在 50 到 100 这一数字区间的概率有多大？

由之前的分析，可知，每个和（即可能值）将在水平轴上 0 与 25×6 = 150 之间的某个地方，如图 5-41 所示。

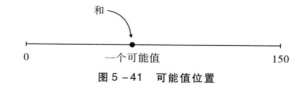

图 5-41　可能值位置

问题是要得出票额和出现在 50 与 100 之间的概率。

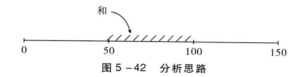

图 5 - 42　分析思路

为求解该问题，我们将其转换为标准单位，并利用正态曲线。标准单位说明了一个数偏离期望值多少个 SE。在本例中，100 转换为标准单位是 2.5。因为和的期望值是 75，且 SE 是 10，所以 100 超过期望值 2.5 个 SE。类似的，50 转换为标准单位是 −2.5。

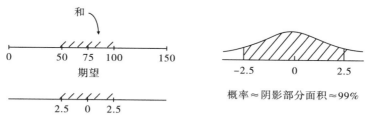

概率≈阴影部分面积≈99%

图 5 - 43　转换为标准单位并利用正态曲线求解

计算如下：平均值为（50 + 100）/2 = 75，100 − 75 = 25，25/SE = 25/10 = 2.5。预期值为 75，标准误差为 10，100 相当于平均值以上 2.5 个标准误差，转换为标准单位即为 2.5；50 就是平均值以下 2.5 个标准误差，转换为标准单位即为 −2.5。50 ~ 100 这一数字区间，就是距离预期值 ±2.5 个标准误差（SE）范围内，可用其对应的正态曲线下阴影部分面积，如图 5 - 43 的计算，经查正态曲线表，得阴影部分面积为 99%，也就是说，观测值落在 50 到 100 这一数字区间的概率为 99%。

现在，让我们再来回顾一下表 5 - 45，表 5 - 45 展示了 100 次观测值，其中 99 个观测值应位于 50 ~ 100 这一区间范围内，而实际上就是 99 个。最后，看一下更大的数字区间范围，大约有 68% 的观测值应为 65（75 − 10）~ 85（75 + 10）这一区间范围内，实际上有 73 个。表 5 - 45 中 95% 的观察值应该在期望值加减两个 SE（75 − 20 到 75 + 20）的范围内，实际上有 98 个。看起来运用正态曲线表进行计算的效果很好。

例 2：假设你与朋友玩一个游戏，朋友摆放 38 张卡在桌上，卡背面朝上，所有卡背面的颜色和花纹是一样的，卡的正面颜色不同，共有两张绿卡，18 张红卡，18 张黑卡。你每次给桌上放 1 块糖，然后去朋友面前抽卡，若抽中红卡，则之前那块糖归你，否则那块糖归你朋友。请估计你朋友从该游戏中获得 250 块糖的概率。

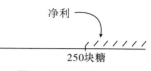

图 5 - 44　分析思路

解：这个问题问的是你朋友净收益超过 250 块糖的概率。

使用正态曲线估计。在 38 个卡片中只有 18 个红色，18 个黑色和 2 个绿色，即 20 个非红色。首先第一步，建立盒子模型，你每损失 1 块糖，你朋友就获得 1 块糖，盒子里应该有两个数，−1 和 1。你朋友获得 1 块糖的概率是 20/38，损失 1 块糖的概率是 18/38，你朋友获得 1 块糖可以看作 20 张票，损失 1 块糖可以看作另外 18 张票，因此，盒子模型中，应有 20 张 1 块糖的票，和 18 张 −1 块糖的票。你朋友的净收益就像是从这个盒子里抽了一万次票，净收益的期望值是这些抽票次数票额数字的平均值，该值为：$\dfrac{1+\cdots+1-1\cdots-1}{38}=\dfrac{20-18}{38}\approx0.05$。

平均而言，每次抽票都会增加约 0.05 块糖。10000 次抽票的总额预计为 10000 × 0.05 = 500 块糖。你朋友平均每天约赢得 0.05 块糖，因此在 10000 次游戏比赛中，他有望获得约 500 块糖。接下来需要知道盒子中票额的标准差是多少，进而可以找出净收益的标准误差。盒子中所有票额离平均数的距离会在 1 左右，因为他们的平均数接近于 0。因此盒子中票额的标准差为 1 块糖。这个衡量了盒子中票额分布的离散程度。根据平方根定律，10000 次抽票会导致更多的可变性，计算得 $\sqrt{10000}=100$，则 1 万次抽票的标准误差为 100 × 1 = 100 块糖，因此我们可以判断，预计你朋友将获得 500 块糖左右，偏差为 100 块糖。

接下来可使用正态曲线进行概率预估，如图 5 − 45 所示，先转换为标准单位，再使用正态曲线表进行查表、计算，从而回答原问题，即你朋友将从这些游戏中赢得超过 250 块糖收益的概率为 99%。这其中的关键思想是，净收益就像是从一个盒子里抽到的票额总和，这为平方根定律提供了逻辑基础。

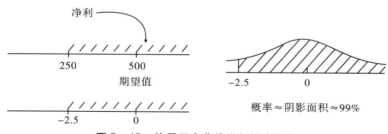

图 5 − 45　使用正态曲线进行概率预估

四、简化计算

简化计算对许多类似问题都有用。当一个列表中只有两个不同的数字（"大"和"小"）时，其 SD 计算公式为：SD =（最大值 − 最小值）× $\sqrt{\text{最大值占比} \times \text{最小值占比}}$

举例来说，有一组数据分别为 5、1、1、1。我们可以使用简化计算公式来进行计算。因为这组数据只有两个不同的数字 5 和 1，这组数据的 SD 计算如下 SD = (5 − 1) × $\sqrt{\dfrac{1}{4}\times\dfrac{3}{4}}\approx1.73$。

例：一人玩了 100 次抽卡，每抽一次交 1 块糖，若抽到数字 10 可获得 35 块糖，没抽到 10 就损失 1 块糖，他有 1/38 的机会获胜。请思考，该人将获得多少块糖？偏差为多少块糖？

解：构建盒子模型，找出净收益。此人的净收益相当于从盒子中随机抽取 100 张票的票额总和，从 1 张 +35 块糖的票，37 张 −1 块糖的票的盒子中进行抽取。

预期的净收益即是盒子中票额平均值的 100 倍，盒子里票额的平均值就是总额/38。获胜的票总共贡献了 35 块糖，而 37 张输了的票总共拿走了 37 块糖，所以采用简化计算公式可得，平均值 = （35 块糖 − 37 块糖）/38 ≈ −0.05 块糖。在 100 次抽取后，预期净收益为：100 × （−0.05） = −5。换句话说，此人预计在 100 次抽卡中损失约 5 块糖，下一步是找到 100 次抽取总和的标准误差 SE，即盒子中所有数字 SD 的 10 倍（即 $\sqrt{100}$）。可使用简化公式，盒子中所有数字的 SD 计算如下：SD = [35 − （ −1 ）] × $\sqrt{\dfrac{1}{38} \times \dfrac{37}{38}}$ ≈ 5.76。

100 次抽取的票额总和标准误差 SE = $\sqrt{100}$ × 5.76 ≈ 58。

结论：此人将损失大约 5 块糖，偏差为 ±58 块糖。由于标准误差 SE 的值较大，这也就给了此人一个理由，即自己会合理获得较多的糖。

五、分类和计数

某些过程包含计数，平方根法则能够用来获得计数的标准误差，但是必须正确建立盒子模型。

例：掷骰子 60 次的结果，如表 5 − 4 所示。

（1）骰子的总点数应为_____左右，偏差在_____左右。

（2）点数 6 的出现次数应为_____左右，偏差在_____左右。

表 5 − 4　一颗骰子掷 60 次的结果

4	5	5	2	4	5	3	2	6	3	5	4	6	2	6	4	4	2	5	6
1	5	3	1	2	2	1	2	5	3	3	6	6	1	1	5	1	6	1	2
4	4	2	1	4	4	5	2	6	3	2	4	6	4	6	4	6	1	5	2

图 5 − 46　60 次掷骰子的盒子模型

图 5 − 47　盒子模型中点数 6 的出现次数

解：（1）骰子的总点数应为 210 左右，偏差为 13。

分析：投掷 60 次骰子，总点数就像是从盒子里抽 60 次票的票额总和，盒子中的票额分别为 1 ~ 6，可构建盒子模型如上图 5 − 47 所示。这个盒子模型的平均值为 3.5，SD 为 1.71，预期值是 60 × 3.5 = 210，标准误差 SE = $\sqrt{60}$ × 1.71 ≈ 13。骰子的总点数

（即掷骰子的总额）应为 210 左右，偏差为 13，实际上，表中数字总和是 212，实际值与预期值相差了 1/6 个 SE。

（2）点数 6 的出现次数应为 10 次左右，偏差为 3 次。

分析：如果投掷骰子的点数为 6，则计数加 1；如果投掷骰子的点数是其他数字，则将 0 添加到计数中（如上图 5-47）。这中计数方式使得 6 次投掷骰子有 1 次机会得 1 分，6 次投掷骰子有 5 次机会保持得分不变。因此，在每次投掷中，骰子点数总和有 1 次机会得 1 分，在有 5 次机会保持得分不变，我们的盒子模型应该是 [0，0，0，0，0，1]（见下图 5-48）。投掷 60 次骰子，点数 6 出现的次数，就像在盒子中抽票 60 次的总和，这样我们就可以使用平方根定律。新的盒子模型中有 5 个 0 和一个 1，所以它的 SD $= \sqrt{\dfrac{1}{6} \times \dfrac{5}{6}} \approx 0.37$，抽票票额总和的 SE $= \sqrt{60} \times 0.37 \approx 3$。在 60 次投掷一个骰子的过程中，点数 6 出现次数在 10 次左右，偏差为 3 次。事实上，点数 6 出现了 11 次，这里点数 6 出现次数比期望值高了 SE 的 1/3。

这个例子说明了一个一般性的观点。尽管它们看起来可能大不相同，但许多关于偶然过程的问题都可以用同样的方式解决。在这些问题中，有些票是从一个盒子里随机抽取的。对抽票进行运算，得出在给定区间范围内可能答案出现的概率。在本章中，对抽票有两种可能的操作：正向加数，分类和计数，即只要更改盒子模型，上述两种操作都可以以相同的方式处理。如果必须对抽票进行分类和计数，那么在票额上加 0 和 1，一般来说，在对我们计数有意义的票额上加 1，在其他票额上加 0。

图 5-48　累加计数的盒子模型图

例：投掷一枚硬币 100 次，找出硬币正面出现的预期值和标准误差，并估计正面出现 40~60 次的概率是多少？

解：第 1 步，建立盒子模型。这个问题包括将投掷硬币结果分为正面和反面，然后计算正面出现的次数。所以盒子里应该只有 0 和 1，正面出现的概率是 50%，所以盒子模型中的票有两张，票额是 [0，1]。投掷一枚硬币 100 次，正面出现的次数，就相当于从盒子 [0，1] 中随机抽取 100 张票的票额总和。由于正面出现的次数与抽票的总和相同，因此可以使用平方根计算，盒子的 SD 为 $\dfrac{1}{2}$。100 次抽取的 SE 为 $\sqrt{100} \times \dfrac{1}{2} = 5$，正面出现的次数将在 50 左右，偏差为 5。正面出现在 40 到 60 次这一区间的概率，就是预期值，偏差 2 个 SE。该概率为 95% 左右。

假设一枚硬币被扔了很多次，大约一半的投掷结果会是硬币的正面，正面出现的次数 = 投掷次数的一半 + 随机误差。随机误差可能有多大？根据平方根定律，随机误差的可能大小为 $\sqrt{投掷次数} \times \dfrac{1}{2}$。

例如，如投掷硬币 10000 次，那么标准误差为 $\sqrt{1000} \times \frac{1}{2} = 50$。当投掷次数增加到 1000000 次时，SE 也会增加，但由于存在平方根定律，SE 只有 500 次。随着投掷次数的增加，正面出现次数的 SE 在绝对值上越来越大，但相对于投掷次数来说越来越小。这就是正面出现的比例越来越接近 50% 的原因，平方根定律是对平均定律的数学解释。

小 结

观测值应该在预期值附近，二者的不同是由于存在随机误差。随机误差的可能大小由标准误差计算得出。例如，从一个盒子中抽票的票额总和将在预期值附近，偏差一个标准误差。当从一盒有编号的票盒中随机抽票，并在每次抽取后，将票重新放回盒子中并摇匀。每次抽票都会在总和上加上一个大约为该盒子平均值的数额。总和的预期值为：（抽取次数）×（盒子平均值）。

当从一个盒子中随机抽票，其中的每张票都有编号，在每次抽取后，将票重新放回盒子中并摇匀，这时，抽取票额总和的 SE $= \sqrt{抽票次数} \times$ SD（盒子中所有数据），这就是平方根定律。当一个列表中只有两个不同的数字（"大"和"小"）时，其 SD 可用如下简化公式计算：SD $=$（最大值 − 最小值）$\times \sqrt{最大值占比 \times 最小值占比}$。

如果必须对抽票进行分类和计数，那么在票额上加 0 和 1，一般来说，在对我们计数有意义的票额上加 1，在其他票额上加 0。如果抽票次数较多，可以使用正态曲线来估计抽票的票额总和出现的概率。

第五节 显著性检验

一、介绍

是偶然性还是其他原因？统计学家发明了显著性检验来处理这类问题。假设两名调查人员正在为一大盒车票争论不休。李斯博士说这些车票编号的平均值是 50，王乐博士说，这些车票编号的平均值不是 50。最终，他们决定查看一些数据。由于盒子里有很多票，所以他们同意抽样——他们将随机抽取 500 张票。最终抽取的样本平均值是 48，SD 为 15.3。

李斯：样本的平均数接近 50。

王乐：平均数实际上是低于 50 的

李斯：差异只是 2 而已，SD 是 15.3。这个差距对于 SD 来说很小，只是随机误差/概率问题。

王乐：抽取的 500 次票额平均值为 342/500 ≈ 0.7，我们应该看 SE，因为 SE 告诉我们一个样本的平均值与预期值到底有多远，即盒子内所有数字的平均值。我们这次样本的 SE 是 $\sqrt{500} \times 15.3 \approx 342$，抽取样本的平均值是 342/500 ≈ 0.7

李斯：那么？

王乐：我们抽取样本的平均值是 48，你说盒子里所有数字的平均值一定是 50，如果你的理论是正确的，那么你的样本的平均值离你的期望值的差大于 3 个 SE。

李斯：你从哪里得到这个 3 的？

王乐：（48 − 50）/0.7 ≈ −3

李斯：你的意思是 3 个 SE 太多了，无法解释为随机问题？

王乐：这是我的观点，你无法用随机来解释这种差异。这个差异是真实的，换句话说，盒子里所有数字的平均值肯定不是 50，而是其他数字。

李斯：SE 反映了样本平均值和期望值的差异。

王乐：是的，样本平均值的期望值是盒子中所有票额的平均值。

一方认为这种差异是真实存在的，另一方认为这只是随机误差问题。这个计算过程就叫作显著性检验。

核心观点：如果观察值离期望值的距离等于多个 SE，那么观察值与期望值的差异就不能用随机误差来解释。统计学家们用更具有技术性的语言来描述这一类争议性问题，下面给大家介绍一些概念：原假设（nullhypothesis）、备择假设（alternativehypothesis）、统计检验（teststatistic）和 P 值（P – value）。

二、原假设和备择假设

在之前的例子中，样本数据来自 500 张票。双方都看到了平均值是 48，统计学语言中，这个 48 就是观察到的值。双方的争论在于对 48 的解释：这个样本能够告诉我们盒子中其他所有票的实际情况吗？

王乐博士认为观察到的平均值（48）与预期值（50）之间的差异是真实的。这个听起来有点怪，当然 48 与 50 是不同的。问题的关键在于，李斯博士认为 48 与 50 的差异仅仅是反映了随机误差变化，但王乐博士认为盒子中所有票的票额平均值本来就不是 50。

在两人的对话中，李斯博士在接受原假设：盒子的平均值就是 50，样本平均值比 50 低只是因为抽取的随机性所导致。王乐博士在接受备择假设，她认为实际上盒子中票额的平均值比 50 低。因为样本的平均值离期望值 50 的距离等于很多个 SE，所以李斯博士是错误的。双方都同意样本的平均值是 48，他们只是对盒子整体情况的理解存在差异。

原假设亦称待验假设、虚无假设、解消假设，是统计学的基本概念之一，假设检验中，待检验的有关总体分布的一项命题的假设称为原假设，一般记为 H0。

备择假设与原假设的方向不同。原假设（又称零假设）是假定总体参数未发生变化，备择假设（又称对立假设）是假定总体参数发生变化。实际建立假设时，原假设与备择假设方向不同，会导致不同的结论，为此，在选择原假设和备择假设时，我们通常根据研究者是希望收集证据予以支持还是拒绝的判断作为选择依据。

在假设检验中，由于涉及方向选择，而方向由备择假设决定，所以通常先建立备择假设，备择假设 H1 一旦建立，再根据完备与互斥性，那么原假设 H0 也就是确定了。

实际操作中，通常将研究者希望收集证据予以拒绝的假设作为原假设，而将研究者希望通过搜集证据予以支持的假设作为备择假设。例如，质量标准规定产品平均重量达到 500 克为合格品，质量检验人员通常希望找出不合格产品，则研究者希望通过收集证据予以支持的是该批产品，也就是该批产品平均重量不足 500 克。

原假设认为观察值与预期值的不同是因为随机误差，也就是说观察值能够反映盒子里其他未知样本的整体情况。此外，进行显著性检验，应建立盒子模型，把原假设作为盒子的数据。备择假设认为观察值与预期值的不同是真实的，也就是说，二者的差异不是由于随机误差导致的，观察值与预期值的差异是因为我们之前所认为的预期值是错误的，盒子里其他未知样本的整体情况（整个的预期值）并不是我们之前所认为的那样。

另一种假设通常是人们想去证明某事。原假设是对这些发现的另一种解释，就偶然变异（随机误差）而言。每个显著性检验都涉及一个盒子模型。检验的核心问题是确定我们观察到的差异是真实的，还是只是偶然变异。

三、统计检验和显著性水平

在对话中，王乐博士暂时假设原假设是正确的（盒子的平均值为 50）。在此基础上，她计算了样本平均值（即观测值）与预期值相差多少个 SE：（48 − 50）/0.7 ≈ −3。这就是统计检验的一个例子。

统计检验用于测量数据与原假设预期值之间的差异。王乐博士的统计检验通常被称为 z。$z = \dfrac{\text{观测值} - \text{预测值}}{\text{SE}}$，检验使用的 z 统计检验又称之为 z 检验。z 表示观测值与其期望值相差多少个 SE，其中，期望值是使用原假设计算的。

王乐博士使用原假设，因此在 z 检验中使用 50 作为基准，而不是其他数字，这是设定原假设正确为切入点。其他原假设并没有告诉我们盒子的 SD，必须根据数据估计 SD，以便获得 SE，从而计算 z 值。

z 检验值为 −3 使李斯博士感到沮丧，他知道了自己原来的想法是错的。为什么呢？3 不是一个特别大的数字，但是，正态曲线上 −3 左边的区域面积非常的小，一个样本平均值离其实际/期望平均值达 3 个 SE 的概率仅为 1/1000。这个 1/1000 的概率迫使李斯博士承认自己原来想错了，盒子中所有票额的平均值是低于 50 的，而且也不是所抽取样本的平均值。这个千分之几的概率叫作观察到的显著性水平。为什么要观察 −3 左边的区域，第一个要点是：数据有可能完全不同，这时候 z 可能也会完全不同。比如，如果样本的平均值是 47.2，SD 是 14.1，$z =$（47.8 − 50）/0.63 ≈ −4.4。

这是一个更充足的证据拒绝原假设：比 50 低 4.4 个 SE 更糟糕，更不能说明这是由于随机误差所导致的。另一方面，如果样本平均值是 46.9，SD 是 37，$z =$（46.9 − 50）/1.65 ≈ −1.9，−1.9 说明我们拒绝原假设的证据就不是那么强了；−3 的左边代表了一类样本，这类样本给了一个比观察值更极端（太大或太小）的 z 值，如图 5 − 49 所示，这是拒绝原假设的一个有力证据。

图 5 − 49　−3 左侧有样本的概率（P）为 1/1000

观察到的显著性水平是一种概率，这种概率表示实际的真实值与观测值差不多，或者比观测值更大或更小。这个概率的计算基础，是认为原假设是正确的，这个概率越小，我们越有足够的证据拒绝/推翻原假设。

z 检验总结如下：$z = \dfrac{\text{观测值} - \text{预测值}}{\text{SE}}$，由于统计检验 z 取决于数据本身，P 值也是如此。这就是为什么 P 值被称为"观察到的"显著性水平。在这一点上，z 检验的逻辑可以看得更清楚。这是一个矛盾的论点，旨在表明原假设将导致一个不正确的结论，因此必须予以拒绝。查看数据，计算统计检验值，得出观测值的显著性水平。为了解释这一点，首先，我们假设原假设是正确的。接下来，我们可以想象许多其他研究人员在重复这个实验。1/1000 的人说，你的统计检验值真的很离谱。你得到的统计检验值是极端的，只有 1/1000 的研究人员会得到与你相同的测试统计结果。原假设的结果是不正确的，因此应该予以拒绝。一般来说，观察到的显著性水平越小，就越可以拒绝原假设。"拒绝原假设"即通过统计检验。对于给定数据库而言，P 值是在假定原假设为正确的前提下，计算的一种大的统计测试概率，如图 5 − 50 所示。原假设是一个关于盒子的观点论述，无论你多久抽票一次，原假设要么总是对的，要么总是错的，因为盒子模型不会改变。

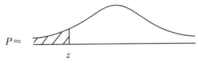

图 5 − 50　P 值为统计测试概率

当用盒子抽取的平均值的概率直方图可以用正态近似来表示时，可使用 z 检验，z 检验适用于进行大样本检验。

四、显著性检验与 T 检验

显著性检验的一般步骤为：

步骤 1，根据数据的盒子模型，建立原假设；

步骤 2，选择一个统计检验值，用于衡量数据与原假设预期值之间的差异；

步骤 3，计算观察到的显著性水平 P。

如果 P 小于 5%，则该结果被称为在统计学上具有显著性；如果 P 小于 1%，则结果被称为具有高度显著性。

当样本量较小时，需要修改 z 检验，统计学家通常使用 T 检验（也叫学生 T 检验）。某地的研究者进行了多项研究，来确定不同交通流量条件下高速公路附近的一氧化碳浓度。其中的基本技术包括用一种特殊的袋子捕获空气样本，然后使用一种名为分光光度计的机器测定袋子样本中的 CO，这些机器可以测量高达约 100ppm（百万分之一体积）的 CO 浓度，误差约为 10ppm。分光光度计非常精密，必须进行校准，每天测量气体样品中的 CO 浓度，称为量距气量标气体，其中浓度被精确地控制在 70ppm。如果机器的量距气读数接近 70ppm，则可以使用；如果没有，就必须进行调整。一个复杂的因素是测量误差的大小每天都在变化。然而，在任何特定的一天，我们假设误差是独立的，并遵循正态曲线；SD 是未知的并且每天都在变化。

一天，一名技术人员对样本气体进行了 5 次读数，得 78、83、68、72、88。在这些数字中，4/5 的数字高于 70，其中一些数字还高出不少。这可以用随机误差变化来解释吗？或者它是否有偏差？偏差是不是因为机器调整不当所导致的？

进行显著性检验需要建立盒子模型，如图 5 – 51 所示，可使用高斯模型（Gausemodel），根据这个模型，每个测量值等于 70ppm 的真实值，加上偏差，再加上误差盒子中的一个值。误差盒子中的票额平均值为 0，SD 未知。

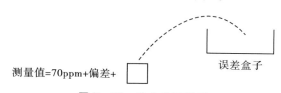

图 5 – 51 建立盒子模型

这里的关键参数是偏差，原假设认为偏差等于 0，根据这一假设，5 次测量平均值的预期值为 70ppm；平均值和 70ppm 之间的差异被解释为随机误差。备择假设认为偏差不等于 0，因此测量的平均值和 70ppm 之间的差异是真实存在的。

和以前一样，要使用适当的统计检验值，可采用公式：$z = \dfrac{观测值 - 预期值}{SE}$，5 次测量的平均值是 77.8ppm，SD = 7.22ppm，抽票总额的 SE = $\sqrt{5} \times 7.22 \approx 16.14$ppm；平均值的 SE = 16.14/5 $\approx$ 3.23ppm，则统计检验值 = 77.8 – 70/3.23 $\approx$ 2.4。可以看出，样本的平均值比原假设的预期值高出约 2.4 个 SE。现在，正态曲线下 2.4 右侧的面积小于 1%。这个 P 值看起来像是拒绝原假设的有力证据。

但似乎还有一些信息有缺失，我们计算的 SD 只是误差盒子的 SD，样本数据量太小，有可能结果是错的，应考虑一些不确定性。这个可以分两步去考虑。

步骤 1，当测量次数较少时，误差盒子的 SD 不应通过测量的 SD 来估计。相反，可使用 SD$^+$。SD$^+$ = $\sqrt{\dfrac{测量次数}{测量次数 - 1}} \times$ SD，在上一个例子中，测量次数为 5 次，其 SD 为 7.22ppm。所以 SD$^+$ $\approx \sqrt{\dfrac{5}{4}} \times 7.22 \approx 8.07$ppm。然后，用之前的公式计算 SE，总和

的 SE 为 $\sqrt{5} \times 8.07 \approx 18.05$，SE 平均值 $= 18.05/5 = 3.61\text{ppm}$，统计检验值为（77.8 - 70）$/3.61 \approx 2.2$。

步骤 2，找到 P 值。对于测量次数较多的数据，可以使用正态曲线来完成计算。但对于小样本量，必须使用不同的曲线，称为学生曲线。实际上，对每个自由度，都有一条这样的曲线。自由度 = 测量次数 - 1。

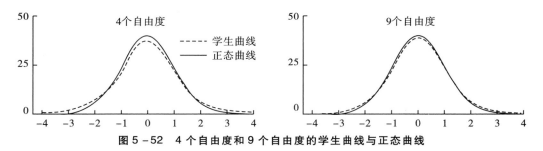

图 5 - 52　4 个自由度和 9 个自由度的学生曲线与正态曲线

在上图 5 - 52 中，虚线是 4 个自由度或 9 自由度的学生曲线，实线是正态曲线。学生的曲线看起来很像正态曲线，但中间的峰值更低，数据离散分布程度更大一点，左右分布更广。随着自由度的增加，曲线越来越接近正态曲线，这反映出测量的 SD 越来越接近误差盒子的 SD。这些曲线都是围绕 0 对称的，每条曲线下面的总面积等于 100%。

在该例中，对于 5 次测量，存在 $5 - 1 = 4$ 个自由度。要找到 P 值，我们需要在 4 个自由度的学生曲线下找到 2.2 右侧的区域。该区域可以在 T 检验表格中找出，在表中第一列自由度中找到 4，代表 4 个自由度，再看这一行数据，第一个数字是 1.53，在纵向标题为 10% 的列中，这意味着学生曲线下 1.53 右侧的 4 个自由度的面积等于 10%。其他数据也可以用相同的方式读取。在我们的例子中，有 4 个自由度，t 是 2.2。从表中可以看出，学生曲线下方 2.13 右侧的面积为 5%，所以 2.2 右边的面积必须是大约5%，P 值约为 5%。

$P \approx$

2.2

图 5 - 53　自由度为 4 的学生曲线

表 5 - 5　T 检验

自由度	10%	5%	1%
1	3.08	6.31	31.82
2	1.89	2.92	6.96
3	1.64	2.3	4.54
4	1.53	2.13	3.75
5	1.48	2.02	3.36

这一证据与原假设相悖。原假设认为偏差等于 0，备择假设认为偏差不是 0，因此测量值的平均值与 70ppm 之间的差异是真实存在的，偏差不是 0。

学生曲线应在以下情况下使用：数据就像是从一个盒子中抽取出来的；盒子里票额的 SD 未知；观测次数很少，因此无法非常准确地估计盒子的 SD；盒子中票额数据的直方图看起来与正态曲线没有太大区别；对于大数据量的观测（比如说 25 个或更多），通常使用正态曲线；如果盒子的 SD 是已知的，并且盒子的内容遵循正态曲线，那么即使是小样本，也可以使用正态曲线，如图 5-54 所示。

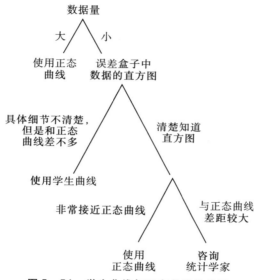

图 5-54　学生曲线与正态曲线的使用

例如：某日仪器测量的 6 个读数结果是 72、79、65、84、67、77。请问该仪器的测量是否正确？还是说测量结果有偏差？

解：新测量值的平均值 = 74，SD 是 6.68ppm，则 $SD^+ = \sqrt{\frac{6}{5}} \times 6.68 \approx 7.32ppm$，平均值的 SE = $(\sqrt{6} \times 7.32) / 6 \approx 2.99ppm$，则 t = $(710 - 70) / 2.99 \approx 1.34$。为计算 P 值，采用学生曲线而不是正态曲线，自由度为 6 - 1 = 5。从图中可以看出，5 个自由度的学生曲线下 1.34 右侧的面积略大于 10%，所以我们不能拒绝原假设。似乎没有太多证据表明存在偏差。这台仪器已经可以使用了。关于 10% 的推理：从图中看，1.48 右边的区域是 10%。1.34 刚好在 1.48 的左边。所以 1.34 右边的面积略高于 10%，如图 5-55 所示。原假设认为偏差为 0。备择假设是偏差不等于 0，因此拒绝原假设，即存在偏差，测量平均值和 70ppm 之间的差异是真实存在的，这台仪器不能正常使用。

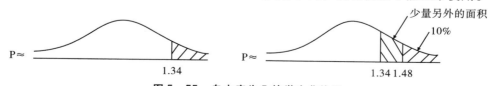

图 5-55　自由度为 5 的学生曲线图

小 结

显著性检验涉及观察到的差异是真实的（备择假设）还是只是随机误差。为进行显著性检验，必须建立盒子模型并设定原假设。备择假设是关于盒子模型的另一种相反说法。

统计检验测量了数据与原假设预期值之间的差异。z 检验使用如下公式计算 $z = \dfrac{\text{观测值} - \text{预测值}}{\text{SE}}$，上述公式分子中的期望值，是在原假设的基础上计算的。如果原假设决定了盒子模型的 SD，则在计算分母中的 SE 时使用此信息。否则，必须根据数据估计 SD。

观察到的显著性水平（也称为 P，或 P 值），是获得与观察到的统计数据一样极端或更极端的观测统计数据的概率。该概率是在原假设是正确的基础上计算的，因此，P 值决定原假设是否正确。P 值过小是拒绝原假设的有力证据，它表明除了偶然性（或随机性）之外，还有其他因素在起作用。

假设从一个盒子中随机抽取少量的票，其中的数据遵循正态曲线，平均值为 0，SD 未知。每一次抽票都被添加到一个未知的常数中，从而给出一个测量值。原假设认为未知常数等于某个给定值 c。备择假设认为未知常量大于 c。盒子的 SD 通过 SD + 计算得出。然后计算抽票平均值的 SE。统计检验值 $t =$（抽票的平均值 $- c$）/SE，观察到的显著性水平不是从正态曲线获得的，而是由一条学生曲线所得。自由度 = 测量次数 -1，这个过程我们称之为 t 检验。

第六节　卡方检验

一、介绍

模型的拟合度是否良好？观测值与期望值之间的差异是否超出了预期的范围？为了对模型优劣进行判断，必须回答这个问题。卡方检验（即 χ^2 - 检验，Chi - Square Test）是一种用于检验分类变量之间关系的统计方法，它可以用来解决此类问题。χ^2 - 检验最早由英国统计学家卡尔·皮尔逊（Karl Pearson）在 1900 年提出。他利用卡方分布来设计了这种假设检验方法，用于分析分类数据之间的关联性。自此，卡方检验成为统计学中一个非常重要的工具，被广泛应用于各种实际问题的研究和解决。

举一个常见的投掷硬币的例子。

给定一个正常的硬币，现在投掷 50 次，根据投硬币观察到的正面、反面次数，判断这个硬币是均衡的还是不均衡？

那有生活常识的我们肯定会说，最可能出现的情况是 25 次正面 25 次反面，27 次正面 23 次反面也有很大可能，甚至 30 次正面 20 次反面也有可能。

但是如果是 3 次正面 47 次反面，这个几乎是不可能的。

上面的方式，是已知硬币正常的结果，预测出现正反面的次数。

χ^2 – 检验恰好与此相反，是根据观察到的现象，即出现的正反面次数，来判断结果，即硬币是否正常。

还是以抛掷硬币为例，如果我们事先不知道硬币是否正常，抛 50 次硬币观察到的现象是 3 次正面 47 次反面，这个时候几乎可以断定硬币是不正常的。

继续上面这个例子，如果我不知道这个硬币是否正常，可以用正面、反面出现的频次来判断，投 50 次，其中 28 个正面，22 个反面。如何证明这个硬币是正常的还是不正常的呢？解答的有效方式就是采用 χ^2 – 检验。

接下来，再看一个稍微难一点的例子，投骰子。这个例子可以说明 χ^2 – 检验如何解决多类问题。

有一个骰子，不知道它是否正常，于是计划投 36 次看一下。一组记录了本次试验中各点数出现情况的观测结果，如图 5 – 56 所示：

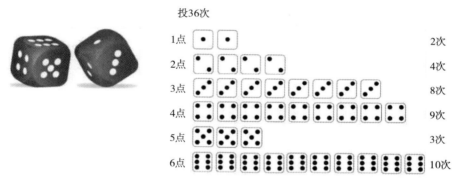

图 5 – 56　投掷 36 次骰子的观察结果

假如骰子是正常的，那么上面的试验相当于是从盒子中随机有放回的抽取 36 次，如图 5 – 57 所示。

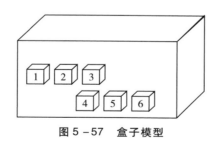

图 5 – 57　盒子模型

根据这个盒子，本次试验中，每个点数应该出现 6 次左右：即理论频数为 6。因此，将数据与理论相比较，须数出每个点数实际出现的次数。对于如何判断这个骰子是否正常，我们可以请一位统计学家来帮忙。按照统计学家的判断方式，需要先画出一个表格，统计关于频数的结果，如表 5 – 6 所示。将各频次值相加，总和必然为 36，因为它是上述试验中所列要素的总和。

表 5 - 6 一只骰子投掷 36 次的掷得结果

投掷点数	1	2	3	4	5	6	频次加和
观察频数	2	4	8	9	3	10	36
理论频数	6	6	6	6	6	6	36

观察表 5 - 6 的结果，似乎 6 实际的频数较高。6 出现的次数的 $SE = \sqrt{36} \times \sqrt{\frac{1}{6} \times \frac{5}{6}} \approx 2.24$。

我们发现观察到的 6 的次数比期望值高出了 1.8 个 SE 左右〔（观察频数 - 理论频数）÷ SE =（10 - 6）÷ 2.24 ≈ 1.8〕。这个结果或许也可以用随机误差解释，但我们仍无法判断这个骰子是否正常。当然，表中有好几列看起来可疑，统计学家不会仅根据表中某一列的结果做出判断。

观察表 5 - 6 中的每一列，观察频数与理论频数间存在着差异。统计学家的想法是将所有这些差值汇总到一个整体的度量中去，用其来反映观察数据与模型期望间的总体距离。那么 χ^2 - 检验刚好可以根据观察到的现象（投各点数的次数或者频数），来判断这个结果（骰子是不是均衡的）。具体做法为：χ^2 - 统计量对每一个差值取平方，然后除以相应的期望频数，并对这些差异值求和，即：

$$\chi^2 = \sum \frac{（观察频数 - 期望频数）^2}{期望频数}$$

将表 5 - 6 中每一列均计算出一个差异值，然后求和，便能够计算得到 χ^2 统计量。现在，我们将表 5 - 6 中的数据带入这个公式中，χ^2 统计量计算结果为：

$$\frac{(O-E)^2}{E} + \frac{(O-E)^2}{E} + \frac{(O-E)^2}{E} + \frac{(O-E)^2}{E} + \frac{(O-E)^2}{E} + \frac{(O-E)^2}{E}$$

$$= \frac{(2-6)^2}{6} + \frac{(4-6)^2}{6} + \frac{(8-6)^2}{6} + \frac{(9-6)^2}{6} + \frac{(3-6)^2}{6} + \frac{(10-6)^2}{6}$$

$$= 9.6$$

统计学家认为，当一个观察频数远离期望频数时，和中的对应项就相应变大；当两者接近时，这一 χ^2 统计量就应该小。大的 χ^2 统计量表明观察频数远离期望频数。小的 χ^2 统计量含义正好相反：观察频数接近期望频数。因此，我们可以利用 χ^2 统计量来度量观察频数与期望频数间的距离。

当然，如果投掷一枚均匀的骰子 36 次，如果刚好运气独特，χ^2 统计量仍有可能得出比 9.6 更大的结果。可用机会变异来解释这一现象。但是，若这样的结果难以令人信服，因为发生这种结果的可能性太低了。若想查清楚，仅利用上面计算的 χ^2 统计量来进行判断是不够的，它存在不少问题：

①究竟应该如何选择上述判断的标准？即 χ^2 统计量为多少时可认为骰子不均衡？

②假如这枚骰子就是均衡的，又由于做出这枚骰子不均衡的依据是随机抽取的样

本值，所以，即使这枚骰子是均衡的，但由于随机误差，仍有可能让 χ^2 统计量很大，从而做出这枚骰子不均匀的错误判断。

③另一方面，当这枚骰子确实不均衡时，又有可能根据投掷出的结果计算得到的 χ^2 统计量很小，而产生这枚骰子是均衡的错误判断。

总之，样本的随机性决定了这两种错误是不能完全避免的。那么如何解决这些问题？统计学家的做法是，先假定这枚骰子是均衡的，然后把犯第一种错误的概率控制在一定限度内，即预先给定一个很小的正数 α（比如 0.05，0.01 等）。事实上，如果允许犯这种错误的概率等于 α，则 χ^2 统计量的值是否过大就可以被判断。即：若小概率事件在一次试验中发生了。根据实际推断真理，我们有理由认为小概率事件的前提假设不可信而否定它。

那么在这个投掷骰子的试验中，我们需要知道投掷一颗均衡的骰子 36 次，并用观察到的频数计算 χ^2 统计量，计算结果是 9.6 或比 9.6 更大的概率。

为什么要"或更大"？9.6 这个数值可能成为推翻模型的证据，因为它确实很大，也就意味着观察频数距离期望太远。如果真的如此，那么大于 9.6 的数值将会是推翻模型的更强有力的证据。模型将产生这么强有力的证据来推翻它自己的概率有多大呢？为了求得这个概率，统计学家将计算一下 χ^2 统计量获得大于等于 9.6 这一数值的概率。

计算这个概率看起来是件非常复杂的工作，但在计算机上只需要几秒钟，答案是小于 10% 的概率的。也就是说，如果这枚骰子是均衡的，那么它只有不到 10% 的概率产生一个像所观察到的那样大的（甚至更大）的 χ^2 统计量值。至此，统计学家完成了他的工作，我们可以认为这枚骰子并不是均衡的。

像在之前的一节的论述中一样，这个很小的正数 α 被称为"观察的显著水平"，我们将其记作 P。过去没有计算机来完成这项工作。因此，人们提出了一种用手算近似求 P 值的方法。可以利用一条称为 χ^2-曲线的新曲线来帮助求解。根据前面所述自由度的概念，确切地说，每一个自由度数目有一条曲线。在这个骰子试验中，模型是指定的：没有参数需要由数据估计，因为这个盒子模型告诉人们盒子里是什么。在这种情况下，自由度 $=\chi^2$ 统计计算中的项目数 -1。对于骰子，则有 5 个自由度。借助 Python，编写代码，绘制出是当自由度分别为 1、2、5、8 和 16 时的 χ^2-曲线，如图 5-58 所示。

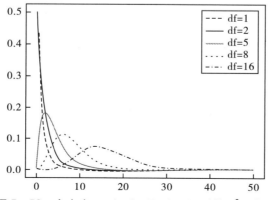

图 5-58　自由度 $n=1$，2，5，8，16 时的 χ^2-曲线

观察这组曲线可以发现，这些曲线都有很长的右尾。同时，当自由度增大时，曲线开始变得扁平并向右侧偏移。当增大自由度到 20，再次通过 Python 绘制出卡方分布的分布曲线图，如图 5 - 59 所示，从这些图可以看出，当自由度不断增大时，卡方分布趋于正态分布。

如何应用这个曲线图近似的计算显著水平呢？对于 χ^2 - 检验，P 值近似的等于 χ^2 - 统计量观察值右面，对应自由度的 χ^2 - 曲线下面的面积。当模型没有参数需要估计时，自由度 = χ^2 计算中的项目数 -1。

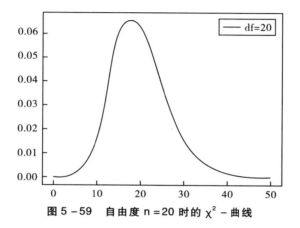

图 5 - 59　自由度 n = 20 时的 χ^2 - 曲线

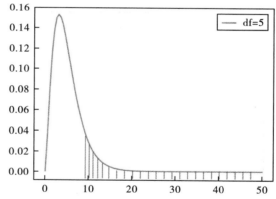

图 5 - 60　自由度 n = 5，χ^2 - 统计量值为 9.6 时的 χ^2 - 曲线右面面积

因此，我们对于投掷骰子的例子，如图 5 - 60 所示。该面积可由 χ^2 - 分布的 α 上侧分位数 $\chi^2_\alpha (n)$ 表或统计计算器求得。原则上，每一条曲线有一张表格，但这样使用不太方便。因此，如表 5 - 7 所示，人们将各种面积按百分数单位，横向排列在表中最上面一行；各种自由度则由上而下罗列在表的左边。

表 5-7 χ^2-分布的 α 上侧分位数 χ^2_α（n）表

自由度 n	α								
	0.995	0.990	0.95	0.9	0.1	0.05	0.025	0.01	0.005
1	…	…	…	0.02	2.71	3.84	5.02	6.63	7.88
2	0.01	0.02	0.1	0.21	4.61	5.99	7.38	9.21	10.6
3	0.07	0.11	0.35	0.58	6.25	7.81	9.35	11.34	12.84
4	0.21	0.3	0.71	1.06	7.78	9.49	11.14	13.28	14.86
5	0.41	0.55	1.15	1.61	9.24	11.07	12.83	15.09	16.75
6	0.68	0.87	1.64	2.2	10.64	12.59	14.45	16.81	18.55
7	0.99	1.24	2.17	2.83	12.02	14.07	16.01	18.48	20.28
8	1.34	1.65	2.73	3.4	13.36	15.51	17.53	20.09	21.96
9	1.73	2.09	3.33	4.17	14.68	16.92	19.02	21.67	23.59
10	2.16	2.56	3.94	4.87	15.99	18.31	20.48	23.21	25.19

例如，查找 0.1 的一列和 5 个自由度的一行时，在表格中找到了对应单元格的数字为"9.24"，意思是 5 个自由度曲线下 9.24 右面的面积占比是 10%。对于本例中，5 个自由度曲线下 9.6 右面的面积在表格中找不到，但它介于 5%（11.07 右面的面积）和 10%（9.24 右面面积）之间。有理由猜测这个面积仅略小于 10%。

这样查表的近似性准确率有多高？下图 5-61 中，给出了利用计算机随机投掷一颗正常骰子 500 次的 χ^2-统计量的概率直方图。同时，也绘出了相应自由度为 5 时的 χ^2-曲线。可以发现，直方图比曲线崎岖不平得多，但总体上还是可以较好地拟合于它。特别要说明的是，直方图下任一给定的 χ^2-统计值右面的面积接近于曲线下面相应的面积。根据 Python 的计算机运行结果，直方图右面面积为：0.0841，卡方曲线右面面积为：0.0853，可见近似程度不错。

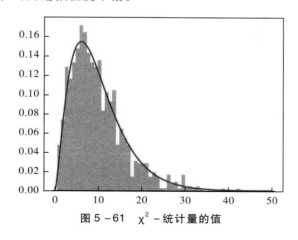

图 5-61 χ^2-统计量的值

粗略的估计，当试验频数每一列的期望频数是 5 或更大时，近似值是可信的。另一种情况，在下面的盒子中取 100 次，如图 5 – 62 所示，近似程度就不会这么好。

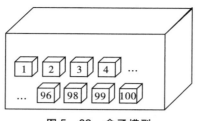

图 5 – 62　盒子模型

原因是，在这种情况下，抽到数字"1"的期望次数仅为 1；抽到数字"2""3"也一样。即，期望频数小到近似值不可信。

相对于 z 检验，什么时候应该使用 χ^2 – 检验？若关系到盒子中的组成百分率时，用 χ^2 – 检验。如果仅涉及盒子的平均数，则用 z 检验。比如，假设从一盒数值 1 至 10 的卡片中进行随机抽取（每次抽完再放回卡片），如图 5 – 63 所示，盒子中各个数字卡片的百分率未知。为了检验每个数值占总卡片数的 1/10 的假设，则用 χ^2 – 检验。基本上，满足这个假设的盒子只有一个：

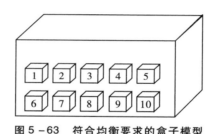

图 5 – 63　符合均衡要求的盒子模型

然而，如果仅为检验盒子的均值为 5.5 这一假设，则用上一节中介绍过的 z 检验。

总结：χ^2 – 检验能够回答观察数据是否与抽取结果相一致，该抽取是随机的，且是从一个所装卡片已知的盒子中抽取的。

二、χ^2 – 检验的构造

根据上一节中对 χ^2 – 检验的介绍，总结一下 χ^2 – 检验的组成成分及步骤：

（1）观察值：指实际采集到的样本数据，它是卡方检验的输入数据，通常被记作为 n。对于上述的骰子试验，$n = 36$，其基本数据，如图 5 – 56 所示。

（2）机会模型及期望值：本节中，机会模型指的是内容给定的一盒卡片。同时，从盒子中抽取的卡片是随机放回的。根据模型，数据就如同抽的数。期望值指的是基于假设模型得到的理论预测值，通常是按照样本数据的比例来计算。

（3）频数表：对每一个类或值，根据基本数据获取每一个类或值的观察频数。如骰子试验中，需要分别统计 6 个点数在试验中出现的频数，频数表如表 5 – 6 所示。

（4）χ^2 – 统计量：用于衡量观察值和期望值之间的偏离程度。其计算公式为：

$$\chi^2 = \sum_{i=1}^{n} \frac{(O_i - E_i)^2}{E_i}$$

其中，O_i 是第 i 个样本数据的观察值，E_i 是第 i 个样本数据的期望值，n 是样本数据的个数。

（5）自由度：用于描述卡方分布的自由度，在本小节中，自由度 $df =$ 计算中的项目数 -1。值得注意的是，本计算公式仅适用于当盒子的内容给定时。如，对于骰子有 $6-1=5$ 个自由度。

（6）P 值：它是适当的自由度 χ^2 - 曲线下面 χ^2 - 统计量值的右面面积。用于判断卡方统计量是否显著，即在假设模型下出现当前样本数据或更极端情况的概率。通常使用 α（显著性水平）来作为判断的标准，若 P 值小于 α，则拒绝假设模型；否则不能拒绝假设模型。

其中，显著性水平指用于设定显著性的标准，通常取 0.05 或 0.01 等值。

根据 χ^2 - 检验的构造方法，无论盒子里的东西是什么，只要样本数据的个数 n 足够大，适应的 χ^2 - 曲线和 $\chi^2_\alpha(n)$ 表均可用来近似计算 P。同理，对于其他的检验统计量，每只盒子也可以根据一条新的曲线进行检验。

三、如何使用 χ^2 - 检验

在上面章节的第 4 及 5 小节中列举的试验全部为相互独立的。对于该类独立试验，如果需要进行 χ^2 - 检验，可以通过将个别 χ^2 - 统计量相加起来并合并得到结果。同理，自由度也相加。

比如，根据一个试验得出的 χ^2 - 统计量 $=6.7$，自由度 $df = 5$。另一个独立试验得出的 χ^2 - 统计量 $=2.5$，自由度 $df = 3$。则，两个独立试验得出的 χ^2 - 统计量加和值为 $6.7+2.5=9.2$，我们可以将这个 "9.2" 作为合并的 χ^2 - 统计量。

在进行几次独立试验时，也可以使用 χ^2 - 检验来检查不同类别之间是否存在显著差异。具体步骤如下：

（1）将每个类别中的观察值按行列形式组成一个观察频数矩阵（contingency table）；

（2）计算每个类别的总和以及整个矩阵的总和；

（3）计算每个单元格的期望频数。期望频数是假设类别之间没有关系时，每个单元格中的预期值，可以通过下面的公式计算：

$$E = （行总和 * 列总和）/总样本数$$

（4）计算卡方统计量。卡方统计量度量了观察频数和期望频数之间的差异程度，可以通过下面的公式计算：

$$\chi^2 = \sum_{i=1}^{n} \frac{(O_i - E_i)^2}{E_i}$$

（5）计算自由度。自由度是指用于计算卡方统计量的独立变量的个数。对于几次独立试验，自由度 $df = $（行数 -1）$*$（列数 -1）。

（6）利用卡方分布表或计算机软件确定 P 值。P 值是指在假设类别之间没有关系

的情况下，观察到卡方统计量或更极端值的概率。如果 P 值小于显著性水平（如 0.05），则可以拒绝原假设，认为不同类别之间存在显著差异。反之，则接受原假设，认为差异不显著。

四、独立性检验

χ^2 - 检验可以用于独立性检验，其步骤如下：

（1）建立原假设和备择假设。

原假设：两个变量之间独立，即观察值与期望值没有显著的差异；

备择假设：两个变量之间不独立，即观察值与期望值有显著的差异。

（2）构建列联表。

构建一个 r 行 c 列的列联表，r 为第一个变量的类别数，c 为第二个变量的类别数。

（3）计算期望频数。

计算每个单元格的期望频数 E_{ij}。

（4）计算 χ^2 - 统计量。

（5）计算自由度。

自由度公式为：$df = （r-1）$ 次数 $*$ $（c-1）$ 次数。

（6）计算 P 值。

查表近似的计算 P 值，P 值表示在原假设成立的情况下，观察到比当前统计量更极端的值出现的概率。

（7）判断结论。

如果 P 值小于显著性水平（通常为 0.05），则拒绝原假设，认为两个变量之间存在显著差异；如果 P 值大于等于显著性水平，则接受原假设，认为两个变量之间独立。

以上的步骤看起来似乎非常复杂，我们以下面的例子来说明如何更好地理解。

例如，性别跟是否分期存款是独立的吗？为了讨论这个问题，我们调查了不同性别人群的银行存款状态。调查得到的观察数据如下表 5-8 所示：

表 5-8   不同性别人群的银行存款状态

性别	分期	不分期
男	90	110
女	30	70

表 5-8 中的数字代表频数，例如男士分期的频数为 90，女士分期的频数是 30，这些数字是我们的观察值。

可以发现，这一张 2×2 的表，即，它的原始数据包括 2 行和 2 列。一般的，如果在研究两个变量之间的关系时，若其中一个变量有 m 个分类，另一个变量有 n 个分类，则我们应该要构建一张 $m \times n$ 的数据表。

根据表 5-8 中的数据发现，约 45% 的男性为分期存款，相比较仅有 30% 的女性为分期存款。可见，男性比女性更偏向于分期存款方式。

针对这组数据，我们或许可以用机会变异来解释。毕竟，即使总体中全体男性中银行存款习惯的分布与女性的分布完全相同，由于抽取样本的随机性，样本中也会出现不同。即，如果运气足够好，也可能使样本中有过少地使用分期存款的女性，或过多地使用分期存款的男性。因此，为了确定观察的差异是实际存在的还是由于机会变异，需要进行统计检验。而 χ^2 – 检验是一种有效的方式。

可以假设表 5 – 8 是一个基于从总体中随机不放回的抽取的 300 人的简单随机样本。于是，可建立如图 5 – 64 所示的盒子模型。

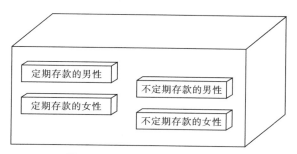

图 5 – 64 银行存款的盒子模型

对应于总体中的每一个人，盒子里有一张票。这些票的每一张都对应某抽票人。我们的试验相当于从这个银行存款的盒子模型中随机不放回地抽取 300 张票，并一一数出 4 种不同类型的票有多少张。因为盒子中各个票的百分数份额未知，因此这个模型中包括 4 个参数。

现在，做出假设，即建立原假设和备择假设。

原假设：性别跟是否分期是相互独立的；总体中，男性习惯使用定期存款的百分数与相应女性的百分数相等。

根据这一假设，样本百分数的差异只是因为机会变异。

备择假设：性别跟是否分期具有相依性；总体中，男性习惯使用定期存款的分布与相应女性的分布不同。

根据这一假设，样本百分数的差异反映了总体中的差异。

为进行 χ^2 – 检验，我们现在需要比较观察频数与期望频数的差异。

本例中，期望值如表 5 – 9 所示，它们是在独立原假设的基础上算出的：

表 5 – 9 期望频数表

性别	分期	不分期
男	80	120
女	40	60

该表中的期望值分别为 80，120，40，60。

这个期望频数是如何得到的呢？可以从上表 5 – 8 的观察数据，计算表 5 – 8 中行和列的总数，如表 5 – 10 所示：

表 5-10　行和列的总数

性别	分期	不分期	总和
男	90	110	200
女	30	70	100
总和	120	180	300

由表 5-10 可知，样本中使用分期的百分数是：

$$\frac{120}{300} \times 100\% = 40.0\%$$

男性总数为 200 人，如若性别与银行存款状态相互独立，则样本中习惯用分期的男性数量应该为：

$$200 \times 40\% = 80$$

同理，可以计算出其余单元格中的期望频数。

下一步，就是计算 χ^2-统计量的值：

$$\chi^2 = \sum_{i=1}^{n} \frac{(O_i - E_i)^2}{E_i} = \frac{(90-80)^2}{80} + \frac{(110-120)^2}{120} + \frac{(30-40)^2}{40} + \frac{(70-60)^2}{60}$$
$$\approx 6.25$$

有多少个自由度呢？

当检验一个 $m \times n$ 的表格中的独立性时，自由度 $df = (m-1) \times (n-1)$ 个自由度。

因此，针对本例，自由度 $df = (2-1) \times (2-1) = 1$ 个自由度。

现在，有了 χ^2-统计量和它的自由度，则可以很方便地计算出 P 值：

经查表，可以算出 P 值为 0.012，在 0.05 的阈值下，我们可以判定观察到的情况是小概率事件，所以拒绝了性别跟银行存款状态是独立的原假设。可见，样本中的观察差异看来反映了总体中实际存在的差值，而不是机会变异。这就是 χ^2-检验所能说明的。

小　结

卡方检验（即 χ^2-检验，Chi-Square Test）是一种用于检验分类变量之间关系的统计方法，它可以用来检验模型的拟合度是否良好，及观测值与期望值之间的差异是否超出了预期的范围。χ^2-检验最早由英国统计学家卡尔·皮尔逊（Karl Pearson）在 1900 年提出。他利用卡方分布来设计了这种假设检验方法，用于分析分类数据之间的关联性。自此，卡方检验成为统计学中一个非常重要的工具，被广泛应用于各种实际问题的研究和解决。

第七节　回归分析在城乡规划中的应用

一、城市人居环境感知对幸福感的影响研究

（一）数据来源与研究方法

研究数据来自住建部于 2021 年 7 月在全国 59 个体检试点城市开展的城市体检社会满意度调查，调查对象主要为 16 周岁以上的本地常住人口，调查方式为社区管理员通过随机抽样方式选取符合条件的被访者，由被访者在线上 App 网站问卷填写。研究区域为长三角地区参与住建部城市体检试点的样本城市，包括上海、杭州、宁波、衢州、南京、徐州、合肥和亳州等共计 8 个城市，共回收有效问卷数量为 47905 份。

研究方法为主成分分析法与多元线性回归。主成分分析法为以长三角地区 8 个体检样本城市的 47905 位被访者为样本，以 8 大维度 67 个城市人居环境评价二级指标数据为变量构建矩阵，采用 SPSS24 统计分析软件中的主成分分析方法进行数据降维处理，运算后得出矩阵的特征根和对应的方差贡献率，选择特征根大于 1 的主成分作为主成分因子，最后根据成分得分系数矩阵计算出每位被访者的城市人居环境感知评价因子得分。多元线性回归为构建多元回归模型为：$Y_i = \beta_0 + \beta_1 D_1 + \beta_2 D_2 + \cdots + \beta_p D_p + \varepsilon_i$

式中：Y 表示居民幸福感；D_1 为核心解释变量，也就是通过主成分分析法得到的城市人居环境感知评价因子；$D_2 \cdots D_p$ 为控制变量，分别表示被访者的社会经济属性特征和所居住城市的城市规模；ε_i 表示误差项。

（二）结果分析

采用主成分分析方法对长三角地区城市体检社会满意度评价数据进行降维处理，并按照特征根大于 1 的原则选取主成分，最终提取了 7 个城市人居环境评价主成分因子，如表 5 – 11 所示。

表 5 – 11　城市人居环境感知的主成分因子提取

主成分因子	反映指标信息（旋转后的因子载荷系数 >0.5）	特征值	累计贡献率/%
F_1 城市活力	X_4：建筑高度；X_{12}：外来人口友好性；X_{13}：弱势群体关爱性；X_{14}：最低生活保障水平；X_{15}：保障性住房建设；X_{16}：棚户区及城中村改造水平；X_{28}：人才引进政策；X_{29}：工作机会；X_{30}：市场环境；X_{31}：科技创新环境；X_{32}：年轻人吸引力；X_{33}：贷款方便程度；X_{53}：自然灾害应对；X_{54}：安全事故应对	35.445	52.904

主成分因子	反映指标信息（旋转后的因子载荷系数 >0.5）	特征值	累计贡献率/%
F₂ 城市管理	X₁₇：盲道占用；X₁₈：路边坡道设置；X₂₁：街道卫生；X₂₂：窨井盖维护；X₂₄：路灯管理维护；X₂₅：机动车、非机动车停放管理；X₂₆：街道牌匾标识设置管理；X₂₇：停水停电的应急处理措施；X₅₀：紧急避难场所；X₅₂：内涝积水；X₅₅：步行环境；X₅₆：骑行环境；X₅₇：公交车准点率；X₅₈公共交通换乘；X₆₀：道路通畅性；X₆₂：通勤时间	2.424	56.521
F₃ 城市舒适	X₁₉：小区垃圾分类；X₂₀：物业管理；X₂₁：街道卫生；X₂₃：立杆管理；X₃₄：完整社区；X₃₇：社区老年食堂/饭桌；X₃₈：普惠性幼儿园；X₃₉：社区卫生服务中心；X₄₀：社区体育场地；X₄₁：社区充电桩；X₄₂：社区道路、健身器材等基础设施维护；X₄₃：社区活动组织；X₄₄：社区邻里关系；X₄₅：住房质量及维护水平；X₄₆：老旧小区改造水平	2.076	59.619
F₄ 城市宜居	X₁：开敞空间；X₂：亲水空间；X₃：人口密度；X₆₄：文化设施；X₆₅：历史街区保护；X₆₀：历史建筑与传统民居的修复和利用；X₆₇：游客吸引力	1.438	61.765
F₅ 城市包容	X₅：公园绿地方便性；X₁₀：房租可接受程度；X₁₁：住房租赁市场的规范程度；X₆₃：标志性建筑（特色建筑）	1.260	63.646
F₆ 城市安全	X₄₈：交通秩序 X₄₉：消防安全隐患	1.058	65.224
F₇ 城市便利	X₃₅：日常就近购物；X₅₉：轨道交通站点设置	1.034	66.767

表 5 - 12 为城市人居环境感知评价对幸福感影响的多元线性回归结果。其中，模型 1 仅引入城市人居环境感知评价因子，模型 2 引入城市人居环境感知评价因子和居民社会经济属性特征，模型 3 进一步引入城市规模变量。

模型 3 的结果表明，7 个城市人居环境评价感知因子均对长三角地区城市居民幸福感具有显著的影响。其中，城市活力、城市管理、城市舒适、城市包容、城市宜居等因子均对长三角地区城市居民幸福感有显著正向影响，且影响强度依次递减，对应的回归系数分别为 0.242、0.240、0.228、0.211 和 0.137，均通过了 0.01 的显著性水平检验。从回归系数看，城市活力、城市管理和城市舒适等城市人居环境感知因子是影响长三角地区城市居民幸福感更为关键的因素。而城市安全和城市便利因子却对长三角地区城市居民幸福感具有显著的负向影响，回归系数分别为 - 0.029 和 - 0.022，均通过 0.01 的显著性水平检验。这与过去研究结论不太一致，这种负向影响的可能原因是，城市安全因子是对交通秩序和消防安全隐患的表征，城市安全评价高值区通常分布在低密度的城市郊区，进而可能对居民幸福感造成负面影响；城市便利因子重点反映日常就近购物和轨道交通站点设置，由于大城市内部的商业综合体覆盖范围还不够广泛，以及轨道交通站点设置并不特别方便和人性化，容易对居民幸福感产生一定的负面影响。

在社会经济属性特征方面，与女性相比，男性对居民幸福感有显著正向影响。相对 20 岁以下的参照组，30 ~ 39 岁、40 ~ 49 岁、50 ~ 59 岁、60 ~ 69 岁的人群对居民幸福感有显著负向影响，表明年龄越大居民的幸福感越低。与离退休相比，其他职业、个体经营者、企业员工对居民幸福感有显著负向影响，其中企业员工的负向影响最显著，回归系数为 0.063。与外地户口相比，本地户口对居民幸福感有显著正向影响，表明在其他条件不变的情况下，本地户口居民幸福感比外地户口居民幸福感平均值要高出 0.175 分。与借住相比，单位提供住宿、共有产权住房、租房、购房对居民幸福感有显著正向影响，表明住房产权稳定居民的幸福感更高。与 51% 及以上住房支出群体相比，居民住房支出为 31% ~ 50%、21% ~ 30%、11% ~ 20%、10% 及以下和没有住房支出对幸福感具有显著正向影响，说明居民住房支出越低，其幸福感越高。与 3 万元以下家庭年收入群体相比，家庭年收入为 3 万 ~ 4.9 万元、5 万 ~ 6.9 万元、7 万 ~ 9.9 万元、10 万 ~ 19.9 万元、20 万 ~ 29.9 万元、30 万 ~ 49.9 万元、50 万元及以上等群体的居民幸福感显著更高，说明居民家庭年收入的增加有助于提升其幸福感。

另外，城市规模类型也是影响长三角地区城市居民幸福感的显著因素。与居住在其他城市相比，居住在省会城市/直辖市对长三角地区城市居民幸福感具有显著的负向影响，回归系数为 0.040，通过 0.01 的显著性水平检验。可能因为长三角地区省会城市和直辖市比其他中小城市可能表现出更多的城市病，如住房压力较大、交通拥堵严峻和生态空间缺乏等。

表 5 – 12　城市人居环境感知评价对幸福感影响的多元回归模型结果

变量	模型 1	模型 2	模型 3
城市活力	0.273** （-89.938）	0.240*** （-79.862）	0.242*** （-80.109）
城市管理	0.259*** （-85.322）	0.239*** （-79.946）	0.240*** （-80.149）
城市舒适	0.234*** （-77.083）	0.228*** （-76.485）	0.228*** （-76.607）
城市宜居	0.143*** （-46.97）	0.137*** （-46.67）	0.137*** （-46.751）
城市包容	0.237*** （-78.073）	0.213*** （-68.356）	0.211*** （-67.271）
城市安全	-0.040*** （-13.143）	-0.028*** （-9.547）	-0.029*** （-9.846）
城市便利	-0.008* （-2.511）	-0.021*** （-6.979）	-0.022*** （-7.382）
性别（参照：女性）			
男性		0.039*** （-6.493）	0.041*** （-6.701）

变量	模型 1	模型 2	模型 3
年龄（参照：20 岁以下）			
20~29 岁		-0.026（-0.859）	-0.027（-0.895）
30~39 岁		-0.089**（-2.929）	-0.089**（-2.921）
40~49 岁		-0.136***（-4.327）	-0.136***（-4.32）
50~59 岁		-0.153***（-4.859）	-0.154***（-4.892）
60~69 岁		-0.131***（-4.128）	-0.134***（-4.218）
70 岁及以上		0.023（-0.627）	0.020（-0.549）
教育（参照：小学及以下）			
初中		0.011（-0.469）	0.010（-0.407）
高中		0.006（-0.236）	0.006（-0.73）
大专		-0.021（-0.891）	-0.019（-0.804）
本科		-0.046（-1.929）	-0.043（-1.802）
研究生及以上		-0.021（-0.694）	-0.017（-0.556）
职业（参照：离退休）			
其他职业		-0.039*（-2.462）	-0.040*（-2.536）
个体经营者		0.045*（-2.303）	0.038*（-1.964）
企业员工		-0.061***（-3.768）	-0.063***（-3.932）
党政机关或事业人员		-0.020（-1.175）	-0.018（-1.082）
户籍（参照：外地户口）			
本地户口		0.173***（-16.858）	0.175***（-17.048）
住房属性（参照：借住）			
单位提供住宿		0.086**（-3.108）	0.085**（-3.079）
共有产权住房		0.214***（-8.901）	0.217***（-9.061）
租房		0.081***（-3.491）	0.081***（-3.49）
购房		0.244***（-10.973）	0.244***（-10.967）
住房支出（参照：51% 及以上）			
31%~50%		0.128***（-9.409）	0.128***（-9.442）
21%~30%		0.204***（-15.611）	0.206***（-15.736）
11%~20%		0.292***（-22.813）	0.293***（-22.939）
很少，10% 及以下		0.329***（-26.838）	0.331***（-27.058）
0，没有住房支出		0.326***（-28.594）	0.330***（-28.875）

续表

变量	模型 1	模型 2	模型 3
家庭年收入（参照：3 万元以下）			
3 万 ~ 4.9 万元		0.067*** （-4.774）	0.068*** （-4.849）
5 万 ~ 6.9 万元		0.091*** （-6.839）	0.094*** （-7.129）
7 万 ~ 9.9 万元		0.128*** （-10.024）	0.133*** （-10.426）
10 万 ~ 19.9 万元		0.192*** （-15.632）	0.198*** （-16.064）
20 万 ~ 29.9 万元		0.269*** （-19.236）	0.275*** （-19.623）
30 万 ~ 49.9 万元		0.336*** （-19.632）	0.341*** （-19.945）
50 万元及以上		0.385*** （-17.282）	0.391*** （-17.569）
城市规模（参照：其他城市）			
省会城市/直辖市			-0.040*** （-6.221）
常数	4.066*** （-1338.202）	3.441*** （-80.489）	3.457*** （-80.751）
拟合优度（R）	0.383	0.431	0.432

注：***、**、*分别表示 $P < 0.01$、$P < 0.05$、$P < 0.1$；括号内数字为标准误差。

为进一步分析城市人居环境感知评价因子与幸福感的联系在不同城市规模、户籍和年龄之间是否存在异质性，采用多元回归模型对不同城市规模、户籍和年龄类型的子样本分别建模分析。表 5-13、表 5-14 分别为不同城市规模、户口类型和年龄的异质性回归结果。从模型拟合效果来看，其他城市模型的拟合优度（0.442）高于省会城市/直辖市模型的拟合优度（0.420），本地户口模型的拟合优度（0.420）高于外地户口模型的拟合优度（0.407），老年人模型的拟合优度（0.460）高于中年人（0.424）和青年人模型的拟合优度（0.409）。

表 5-13 不同城市规模和户籍异质性的回归结果

变量	城市规模		户籍类型	
	模型 4：省会城市/直辖市	模型 5：其他城市	模型 6：本地人口	模型 7：外地人口
城市活力	0.247*** （-64.042）	0.237*** （-47.905）	0.236*** （-74.248）	0.266″ （-28.909）
城市管理	0.245*** （-64.677）	0.229*** （-46.329）	0.240*** （-75.976）	0.237 （-25.610）
城市舒适	0.227*** （-61.105）	0.230*** （-45.372）	0.231*** （-74.051）	0.202 （-20.710）
城市宜居	0.139*** （-37.366）	0.133*** （-27.708）	0.139*** （-44.762）	0.126″ （-14.123）
城市包容	0.215*** （-56.701）	0.207*** （-36.617）	0.208*** （-63.752）	0.242″ （-22.759）
城市安全	-0.028*** （-6.717）	-0.036*** （-8.425）	-0.029*** （-8.992）	-0.020″ （-2.846）
城市便利	-0.028*** （-7.045）	-0.010* （-2.229）	-0.023*** （-7.245）	-0.007 （-0.707）
控制变量	控制	控制	控制	控制
拟合优度（R^2）	0.420	0.442	0.420	0.407

注：***、**、*分别表示 $P < 0.01$、$P < 0.05$、$P < 0.1$；括号内数字为标准误差。

表 5-14　不同年龄异质性的回归结果

变量	年龄类型		
	模型 8：青年人	模型 9：中年人	模型 10：老年人
城市活力	0.213^{***} （-32.716）	0.243^{***} （-60.521）	0.264^{***} （-40.876）
城市管理	0.241^{***} （-36.574）	0.242^{***} （-61.508）	0.234^{***} （-36.343）
城市舒适	0.240^{***} （-37.674）	0.229^{***} （-59.710）	0.217^{***} （-30.971）
城市宜居	0.137^{***} （-20.985）	0.138^{***} （-35.911）	0.138^{***} （-21.862）
城市包容	0.174^{***} （-25.619）	0.220^{***} （-53.267）	0.211^{***} （-30.847）
城市安全	-0.026^{***} （-3.966）	-0.031^{***} （-7.387）	-0.025^{***} （-4.835）
城市便利	-0.013^{*} （-2.070）	-0.026^{***} （-6.784）	-0.018^{**} （-2.713）
控制变量	控制	控制	控制
拟合优度（R^2）	0.409	0.424	0.460

注：***、**、* 分别表示 $P < 0.01$、$P < 0.05$、$P < 0.1$；括号内数字为标准误差。青年人、中年人和老年人分别指被访者的年龄为 39 岁以下、40~59 岁和 60 岁及以上。

（三）结论

基于 2021 年长三角地区城市体检社会满意度调查数据，该研究利用主成分分析和多元回归分析相结合方法，分别探讨了长三角地区城市人居环境感知评价因子及其对居民幸福感的影响，得出以下主要结论：长三角地区城市体检社会满意度评价指标共可以提取出 7 个城市人居环境感知评价主成分因子，累计贡献率达到 66.767%，分别命名为城市管理、城市活力、城市舒适、城市宜居、城市包容、城市安全和城市便利因子。多元线性回归结果表明，城市活力、城市管理、城市舒适、城市包容和城市宜居等因子均对长三角地区城市居民幸福感具有显著的正向影响，且 5 个因子的影响强度依次递减；而城市安全和城市便利因子对长三角地区城市居民幸福感具有显著的负面影响。另外，性别、年龄、职业、户籍、住房属性、住房支出和家庭年收入等社会经济属性变量和城市规模特征也对长三角地区城市居民幸福感具有显著的影响。异质性分析结果表明，城市人居环境感知评价因子对不同城市规模、户籍和年龄人群的幸福感影响有所差异。在城市规模方面，省会城市/直辖市居民幸福感主要受到城市活力、城市管理、城市舒适等因子的正向影响，而其他城市居民幸福感主要与城市活力、城市舒适和城市管理等因子具有更强的正相关。在户籍方面，本地人口幸福感受到城市管理和城市活力因子的正向影响较大，同时受到城市安全和城市便利主成分因子的负向影响；而外地人口幸福感受到城市活力和城市包容因子的正向影响较大，仅受到城市安全因子的负向影响。在年龄方面，青年人幸福感受到城市管理因子的正向影响最大，而中年人和老年人幸福感受到城市活力因子的正向影响最大。

二、城市空间环境要素影响肺癌发病水平的关系探析研究

（一）数据来源与研究方法

研究中的四类肺癌发病数据，主要通过《2013 年中国肿瘤登记年报》获得。该统计数据获取的肺癌发病数据为抽样检测统计数据，且在区/县层面。为了与因变量以地级市为空间统计尺度相对应，研究以可获得的区/县数据代表地级市空间单元的肺癌发病水平。当一个地级市有多个区/县的肺癌发病标准化率数据，则对肺癌发病数据采取均值作为地级市的肺癌发病标准化率数据。经过整理，可纳入研究分析的地级市共有126 个，主要分布在人口密度较高的地区，包括华北、华中、华东、华南和成渝地区，西藏缺乏肺癌监测数据，新疆、青海、甘肃、云南、内蒙古、吉林肺癌监测数据较少。因肺癌的发病具有一定滞后性，研究选取对应 126 个地级市 2008 年、2013 年建成环境的相关数据，主要来自 2008、2013 年《中国城市建设统计年鉴》和各地级市的城市统计年鉴。研究不仅分析 2013 年的截面数据，而且也分析 2013 年肺癌发病数据与 2013、2008 年建成环境数据变量的多元线性关系，以探析建成环境发展变化可能对肺癌发病造成的影响，如表 5 - 15 所示。气候指标选取了建筑气候分区 1 个变量，根据建筑气候区划从 Ⅰ 区到 Ⅷ 区，分别赋值为 1 到 7。

表 5 - 15　2013 年肺癌患病率数据描述统计

因变量	单位：人/10 万人口				
	个数	最小值	最大值	平均值	标准差
男性肺癌粗发病率	126	20.29	158.09	70.570	22.197
女性肺癌粗发病率	126	12.81	70.30	34.107	12.667
男性肺癌发病标准化率	126	20.5	118.3	53.491	16.189
女性肺癌发病标准化率	126	11.04	66.93	23.701	9.191

研究采用皮尔森相关性分析方法辨析城市空间环境单因素对肺癌发病水平的影响，通过多元线性回归方法探索多因素对肺癌发病水平的影响。首先分析肺癌发病变量与建成环境、协变量的皮尔森相关系数，明确影响肺癌显著相关的单因素。接着分别挑选出对女性肺癌发病标准化率、女性肺癌粗发病率、男性肺癌发病标准化率、男性肺癌粗发病率具有显著影响的城市空间环境变量，采用多元线性回归分析方法，探析显著影响肺癌发病率的环境变量。

（二）结果分析

根据统计分析结果，分别挑选出对男性肺癌发病标准化率、男性肺癌粗发病率、女性肺癌发病标准化率、女性肺癌粗发病率具有显著影响的变量，采用逐步线性回归方法，构造城市空间环境自变量能解释影响 4 个因变量的最优方程。经过多元线性回归分析后，得到以下的多元线性回归模型结果，如表 5 - 16 所示。

肺癌男性发病标准化率多元回归后的模型显示，男性肺癌发病标准化率与城市空

表 5-16 各肺癌发病因变量与城市空间环境变量的多元线性回归结果汇总

因变量	模型		非标准化系数 B	标准误差	标准系数 试用版	t	Sig.	B 的 95.0% 置信区间 下限	上限	相关性 零阶	偏	部分	共线性统计量 容差	VIF	R	R²
2013 年男性肺癌发病标准化率	模型 1	（常量）	45.223	3.746		12.072	0	37.808	52.639						0.21	0.044
		2008 年 PM2.5 年均值	0.202	0.085	0.21	2.383	0.019	0.034	0.37	0.21	0.21	0.21	1	1		
2013 年男性肺癌粗发病率	模型 1	（常量）	62.258	2.876		21.646	.000	56.565	67.951						0.329	0.108
		2008 年二产产值	.013	.003	.329	3.868	.000	.006	.020	.329	.329	.329	1.000	1.000		
	模型 2	（常量）	51.181	5.478		9.343	.000	40.337	62.024						0.384	0.147
		2008 年二产产值	.012	.003	.303	3.588	.000	.005	.019	.329	.309	.300	.982	1.018		
		2013 年人均道路面积	.661	.280	.199	2.360	.020	.107	1.216	.240	.209	.197	.982	1.018		
2013 年女性肺癌发病标准化率	模型 1	（常量）	34.447	2.143		16.076	.000	30.204	38.689						0.432	0.187
		气候分区	-4.048	.772	-.432	-5.246	.000	-5.575	-2.520	-.432	-.432	-.432	1.000	1.000		
	模型 2	（常量）	28.065	2.805		10.006	.000	22.511	33.619						0.507	0.257
		气候分区	-3.774	.745	-.403	-5.065	.000	-5.250	-2.299	-.432	-.421	-.400	.922	1.012		
		2008 年人均建成区面积	7.354	2.197	.266	3.347	.001	3.003	11.704	.310	.293	.265	.988	1.012		
2013 年女性肺癌粗发病率	模型 1	（常量）	28.289	1.579		17.917	.000	25.163	31.416						0.439	0.193
		2008 年二产产值	.010	.002	.439	5.330	.000	.006	.014	.439	.439	.439	1.000	1.000		
	模型 2	（常量）	21.999	3.026		7.269	.000	16.006	27.992						0.48	0.231
		2008 年二产产值	.009	.002	.416	5.112	.000	.006	.013	.439	.426	.413	.986	1.014		
		2013 年人均道路面积	.369	.152	.197	2.419	.017	.067	.670	.246	.217	.195	.986	1.014		

间环境要素之间的相关关系非常弱，仅 2008 年 PM2.5 年均值是回归分析后仅剩的因变量，相关系数（R）为 0，且模型仅能解释肺癌男性发病 4.4% 的原因。说明宏观层面城市空间环境要素影响肺癌男性发病标准化率的效应非常弱。这可能因为主要影响男性肺癌发病的有抽烟习惯等其他因素；气候分区和 2008 年人均道路面积显著影响女性肺癌发病标准化率，回归模型的解释效应为 25.7%，其中气候分区这个单因素就具有 18.7% 的解释效应。模型显示，2008 年人均道路面积若提升 1% 左右，女性肺癌发病标准化率将提升 2.67%。而从建筑气候分区 Ⅰ - Ⅷ 区，每跨越一个气候分区，女性肺癌发病标准化率将降低 4.03%；整体而言，2008 年的城市空间环境要素变量对 4 个肺癌发病因变量影响的解释力高于 2013 年的城市空间环境变量，一定程度上说明了城市空间环境对肺癌发病的影响具有滞后性。

（三）结论

城市层面空间环境要素对呼吸健康具有一定显著影响，经济发展水平的粗放模式可加重肺癌发病水平，城市外延拓展和部分人均指标提升可增加肺癌的发病水平。2013 年面板数据分析显示，随着建成区面积、人均工业用地面积、人均道路面积等规模和人均类变量值的增加，对应呈显著性的肺癌发病水平会相应升高。因此，在城镇化进一步发展的过程中，从降低肺癌发病提升公共健康的角度出发，城市发展模式不能一直是增量发展不断扩大规模，应重视基于存量的品质提升；城市也不能过度拓展，应重视小而紧凑的发展方式，将人均指标控制在一定范围。

小　结

回归分析在城乡规划中有着广泛的应用，如城市人居环境感知对幸福感的影响、城市面建成环境对特定疾病的影响、城市蓝绿空间对居民身心健康的影响等等，这些应用性研究对城市更新改造、城市管理公共政策制定有着重要参考价值。

课后习题

1. 相关分析

（1）二手车车龄与其价格之间的相关是正还是负？为什么？（古玩车除外。）车重与每加仑油所跑英里数间的相关怎么样呢？

（2）计算下图 5 - 65 中 3 组数据的 r。

（3）许多研究发现喝咖啡与心脏病间存在相关。某研究发现喝咖啡与心脏病之间相关系数为 3。这能得出喝咖啡会导致心脏病的结论吗？或者你能用其他方式解释喝咖啡与心脏病间的相关关系吗？

（4）许多经济学家相信失业与通货膨胀间存在权衡关系：低失业率将导致高通货膨胀率，高失业率将降低通货膨胀率。美国 1960—1969 十年中这两个变量间的关系如

x	y		x	y		x	y
1	6		1	2		1	7
2	7		2	1		2	6
3	5		3	4		3	5
4	4		4	3		4	4
5	3		5	7		5	3
6	1		6	5		6	2
7	2		7	6		7	1
（a）			（b）			（c）	

图 5-65　3 组数据图

下图，对应每年都有一个点，失业率表示在 x 轴上，通货膨胀率表示在 y 轴上。这些点是下降的并接近一条称为菲利普曲线的平滑曲线。这是观察研究还是对照实验？如果绘出 20 世纪 70 年代或 50 年代的点，你认为它们会沿下图的曲线下降吗？

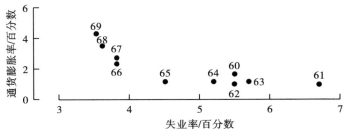

图 5-66　60 年代的 Phillips 曲线

（5）下图 5-67 摘自理查德·多尔爵士的研究。图中数据为 1930 年各个国家人均烟消费量和 1950 年男性死于肺癌的比率（1930 年时几乎没有任何妇女吸烟；吸烟的效果也需要一个较长的时间才能显示出来）。请思考在 1930 年，某个国家吸烟量越高，总的来说，该国 1950 年肺癌死亡率越高，已有数据是否可以证明这一点？吸烟较多的人肺癌死亡率往往较高，已有数据是否可以证明这一点？

国家	烟消费量	每百万人中的死亡数
澳大利亚	480	180
加拿大	500	150
丹麦	380	170
芬兰	1 100	350
大不列颠	1 100	460
冰岛	230	60
荷兰	490	240
挪威	250	90
瑞典	300	110
瑞士	510	250
美国	1 300	200

图 5-67　各个国家人均烟消费量和男性死于肺癌的比率

（6）在 19 世纪的意大利，一位社会学家正在研究自杀与识字之间的关系（读写能力）。他有各省的数据，包括每个省份的识字率和自杀率。相关性为 0.6。这是否正确地估计了识字和自杀之间的联系强度？

2. 回归分析

（1）某班学生期中考试平均分数为 60，SD 为 15，期末考试成绩亦如此。期中考试与期末考试成绩间的相关系数约为 0.50。估计期中考试取得如下分数的学生的期末考试成绩：60 分；75 分；30 分。

（2）对男孩子的跟踪研究得到如下结果：4 岁时平均身高 ≈ 41 英寸，SD ≈ 1.5 英寸，18 岁时平均身高 ≈ 70 英寸，SD ≈ 2.5 英寸，r ≈ 0.80。试估计 4 岁时身高分别为 41 英寸、44 英寸、40 英寸时男孩 18 岁时的平均身高。

（3）在某一样本中 18~74 岁男性，有平均身高 ≈ 69 英寸，SD ≈ 3 英寸；平均体重 ≈ 171 磅，SD ≈ 30 磅，r = 0.40。试估计如下身高的男性的平均体重：

（a）69 英寸；（b）66 英寸；（c）24 英寸；（d）0 英寸。

（4）某一数据库中 45~54 岁男性的平均身高为 69 英寸，与总平均身高相同。正确还是错误，并解释：他们的平均体重应约为 171 磅。

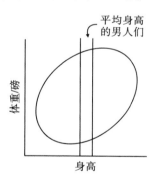

图 5-68 身高体重散点图

3. 回归的均方根误差

（1）如下 3 个散点图，拟合的回归线已画出。请观察并指出，哪个图的均方根误差是 0.2，哪个是 1，哪个是 5？

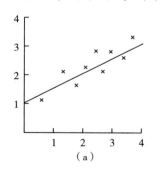

（a）

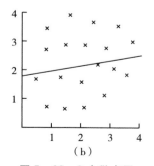

（b）

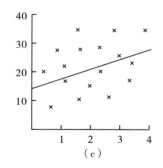

（c）

图 5-69 3 个散点图

（2）某校发现学生入学考试成绩与第一学期末考试成绩的关系如下：入学考试平均分 $=165$，$SD=5$；第一学期末平均分 $=65$，$SD=10$，$r=0.6$。如果用入学考试成绩来预测期末考试成绩，预测值的均方根误差是？

（3）已知如下数据：父亲平均身高 ≈ 68 英寸，$SD \approx 2.7$ 英寸；儿子平均身高 ≈ 69 英寸，$SD \approx 2.7$ 英寸；$r \approx 0.5$。

（a）求由父亲身高预测儿子身高的回归线均方根误差。

（b）请预测父亲身高分别为 72 英寸、66 英寸时，儿子的身高是多少？

（c）该预测可能偏离实际值多少英寸左右？

（4）见下图 5-70：

（a）在散点图中，x 和 y 的平均数约为 3、4 还是 5？

（b）x 和 y 的 SD 约为 0.6、1.0 还是 2.0？

（c）相关系数约为 0.4、0.8 还是 0.95？

（d）残差的平均数约为 0、2 还是 4？

（e）残差的 SD 约为 0.6、1.0 还是 2.0？

（f）考虑散点图中 x 坐标在 4.5 与 5.5 之间的点，它们的 y 坐标的平均数约为 4.6、4.8 还是 5.0？

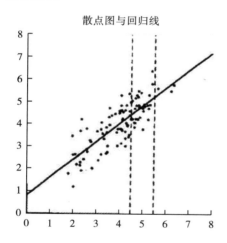
散点图与回归线

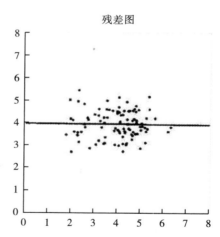
残差图

图 5-70　散点图与残差图

4. 期望值与标准误差

（1）在一个盒子中随机抽取 100 次票，每次抽取后，会将票重新放回盒子里并摇匀，再进行下一次抽取。盒子中有 6 张票，票额分别为 1、1、2、2、2、4，每次抽取后将票放回盒中并重新摇匀。请问：

（a）抽取 100 次的票额加和的最小值是_____，最大值是_____。

（b）抽取 100 次的票额加和将会在_____左右，偏差为_____。

（2）在一个盒子中随机抽取 100 次票，每次抽取后，会将票重新放回盒子里并摇匀，再进行下一次抽取。盒子中有 4 张票，票额分别为 1、3、3、9。

（a）请问抽取的票额总和最大值是多少？最小值是多少？

（b）请问抽取的票额总和在 370～430 这一区间的概率有多大？

（3）随机放回地从盒子 1、2、3、4、5、6、7 中抽取 100 次。

（a）求抽得数之和的期望值与标准误差。

（b）假设你必须猜测该和是什么，你将猜多少？你期望偏离约 2、4 还是 20 左右？

（4）抛一枚硬币打赌 100 次。如果出现头像，赢 1 美元。如果出现背面，输 1 美元。净利大约是多少，有多少左右的误差，请利用提供的数据计算。

5. 显著性检验

（1）从一个盒子中随机抽取一百张票，每次抽取后都将票放回并摇匀。抽票的平均值为 22.7，标准差为 10。有人声称盒子的平均值等于 20。这合理吗？

（2）某天，仪器测量的 6 个读数结果是 72、79、65、84、67、77。请问该仪器的测量是否正确？还是说测量结果有偏差？

（3）原假设认为差异是由于什么造成的，但备择假设认为这种差异是真实的。

6. 卡方检验

（1）求 5 个自由度的 χ^2 - 曲线下面位于下列的几个统计量值右面的面积。

①1.145

②9.236

③11.071

（2）求 10 个自由度的 χ^2 - 曲线下面位于下列的几个统计量值右面的面积。

①3.940

②15.987

③20.4832

（3）假设观察频数如下表 5-17 所示。试计算 χ^2 的值，自由度及 P。并根据计算结果进行推断。

表 5-17　投掷骰子的观察频数表

点数	观察频数
1	5
2	7
3	17
4	16
5	8
6	7

（4）某项关于某地区的大陪审团的研究，比较了陪审员们与全体人口的人口统计特征，目的是查看陪审团的陪审员名单是否具有代表性。以下是关于陪审团人员年龄方面的结果（表 5-18）。（仅考虑 21 岁及以上的人；该区域的年龄分布由公共卫生部的数据得知。）试问这 66 名陪审员是从该地区的（21 岁及以上）人口总体中随机选取的吗？

表 5-18　陪审团人员年龄分布

年龄	该地区的百分数	陪审员人数
21~40 岁	42	5
41~50 岁	23	9
51~60 岁	16	19
61 岁及以上	19	33
总数	100	66

（5）某人告诉你用下面的方法解前面一道习题：将各数转化成为百分数；譬如，100 次中的 7 次是 7%；取观察和期望百分数之间的差值；将该差平方，再除以期望百分数，继而相加得出 χ^2 的值。这个检验方法正确吗？

（6）现在投掷同一枚骰子来产生观察数据，先投掷 60 次得到了一组观察数据，然后又投掷了 400 次得到了一组观察数据。试问可以合并两个试验的结果吗？若可行，应该如何进行？

（7）现在投掷同一枚骰子来产生观察数据，总共投掷 600 次。但这时，我们将其中的 60 次观察数据抽取得到 A 组观察数据，将总共获取的 600 次观察数据抽取作为 B 组观察数据。试问可以合并两个试验的结果吗？若可行，应该如何进行？

（8）某城镇有约 100 万合法选民，从中选取一个容量为 10000 人的简单随机样本，请研究上一届选举中性别与是否投票的关系。结果如下表 5-19：

表 5-19　随机样本分布

是否投票	男性	女性
投票	2792	3591
没投票	1486	2131

（9）下表 5-20 是某市某个时间现场人口调查中 25~29 岁人口的交叉列表。试问男性和女性的分布相同吗？如何解释这些结果？假设这些数据抽取自一个简单随机样本。

表 5-20　简单随机样本

婚姻状况	男性	女性
从未结过婚	21	9
已婚	20	39
丧偶/离异/分居	7	7

参考文献

［1］David Freedman，Robert Pisani etc.，Statistics（4th edition）. W. W. Norton & Company. New York. London. 1992.

［2］湛东升，周玄，周侃，等. 城市人居环境感知对幸福感的影响——基于长三角地区城市体检数据的分析［J］. 地理科学进展，2023，42（04）：730－741.

［3］杨秀，王劲峰，类延辉，等. 城市层面建成环境要素影响肺癌发病水平的关系探析：以126个地级市数据为例［J］. 城市发展研究，2019，26（07）：81－89.

第六章　逻辑斯蒂回归模型

回归分析是研究一个或一组变量的变化对另一个变量变化程度的影响方法，是研究变量之间关系的一种数学工具。其中，逻辑斯蒂回归模型（Logistic regression model）是处理分类因变量的常用统计方法，也是回归分析中更实用的一种模型。它是对定性变量的回归分析，对样本的假设条件要求不高，即使样本不服从正态分布，也可以建立该模型进行分析。本章介绍了逻辑斯蒂回归模型的概念，及各类逻辑斯蒂回归模型的模型估计、评价与结果解读，并对其在城乡规划中的应用做了示例。通过本章的学习，应能够做到以下几点：

（1）掌握逻辑斯蒂（Logistic）回归模型的基本概念与各类模型的原理；

（2）熟悉每类逻辑斯蒂（Logistic）回归模型的适用情境；

（3）了解逻辑斯蒂（Logistic）回归模型在城乡规划中的应用。

第一节　二分类 Logistic 回归模型

一、模型概念

Logistic 概率函数又称增长函数，是 1838 年比利时 P. F. Verhuist 首次提出的。他用 Logistic 函数作增长曲线后，利用该曲线进行人口统计学的研究一直持续到 19 世纪末。Logistic 概率函数是 Logistic 回归模型的雏形，经过许多年间发展，Logistic 回归模型替代 Logistic 概率函数成为应用研究中使用非常广泛的模型。

Logistic 回归模型，是根据单个或多个连续型或离散型自变量来分析和预测离散型因变量的多元分析方法。Logistic 回归模型按因变量分类，可以分为二分类 Logistic 回归模型、多分类有序 Logistic 回归模型（累积 Logistic 回归模型）、多分类无序 Logistic 回归模型（多项 Logistic 模型），其中最常用的是二分类 Logistic 回归模型。Logistic 回归模块在社会学、生物统计学、临床、数量心理学、计量经济学、数据分析挖掘、疾病诊断、药效判断、经济数据分析和宏观形势预测等领域有着广泛的应用。在日常的学习、工作和生活中，许多客观发生的事件本质上是定性的或离散的，而不是像数值那样表现出连续性、随机性和定量化。在解决此类实际问题时，我们经常会遇到因变量需要定性或离散的情况。比如想知道某个专业毕业后是否会从事专业相关的工作。在这些事件中，所有可能的结果都是一个二元分类，即从事或不从事，此类事件发生的概率之和为 1，因变量还可以为分类变量，如耕地、林地、草地等土地利用类型，评价为好、中、差。在 Logistic 回归中，因变量为二项分类变量或多项等级变量，自变量可以是分类变量或连续变量，其中，因变量是两个类别的称为二元 Logistic 回归，因变量是多类别的称为多元 Logistic 回归，因变量为等级变量的称为多分类有序 logistic 回归，因变量为无序变量的称为多分类无序 logistic 回归。

在 Logistic 回归进行数据分析时，定性变量为因变量，相关影响因素为自变量，该模型可以：

（1）预测一个事件是否会发生，或者事件发生的概率。例如，Logistic 回归模型建立后，在不同自变量因素的影响下，可以根据模型预测某个可能事件发生的概率，或者在一个客观事件发生后，由它引起的另一个客观事件发生的概率。

（2）进行影响因素和危险因素分析。Logistic 回归模型可用于在多种可能的影响因素中找出影响显著的因素，也可仅考察某一因素是否是影响事件发生的因素。

（3）进行鉴别分类，类似于预测。如根据 Logistic 模型，可以确定某个事件实际发生的可能性有多大。

二、模型原理

（一）适用条件

若想要研究的因变量是一些二值选择变量，例如：步行或不步行；满意或不满意；购物或不购物等等，在这种情况下，因变量只有"是（赋值 1）"或"否（赋值 0）"两种选择，它必然不服从正态分布，而是服从二项分布。因此不能建立线性模型用最小二乘法进行回归，可采用另一种估计方法——最大似然估计法（MLE）。MLE 的原理是，给定样本值之后，该样本最有可能来自参数为何值的总体。也就是说，要寻找到一个参数，使得在总体中观测到拥有的现有样本数据的可能性最大。这时候就可以使用二分类 Logistic 回归模型。

做 Logistic 回归之前，需满足如下条件：

条件 1：因变量 Y 是二分类变量；

条件 2：因变量 Y = 1 的发生率 < 15%（若发生率 > 15%，则 logistic 模型计算的比值比 odds ratio 误差较大，这时可使用广义线性模型 GLM）；

条件 3：有至少 1 个自变量，自变量可以是连续变量，也可以是分类变量；

条件 4：每条观测数据之间相互独立。分类变量（包括因变量和自变量）的分类必须全面且每一个分类间互斥；

条件 5：最小样本量要求为自变量数目的 15 倍，但也有一些研究者认为样本量应达到自变量数目的 50 倍；

条件 6：连续的自变量与因变量的 logit 转换值之间存在线性关系；

假设 7：自变量之间无多重共线性；

假设 8：没有明显的离群点①、高杠杆点②和强影响点③。

（二）数学原理

就具体的模型数学原理而言：

假设在因变量 y_k^* 和自变量 x_k 之间存在一种线性关系，即：

$$y_k^* = \alpha + \beta x_k + \varepsilon_k$$

且存在一个临界点 c（比如 $c = o$）

当 $y_k^* > 0$　　则 $Y_k = 1$

当 $y_k^* < 0$　　则 $Y_k = 0$

即：

$$
\begin{aligned}
P\left(y_k = 1 \mid x_k\right) &= P\left[\left(\alpha + \beta x_k + \varepsilon_k\right) > 0\right] \\
&= P\left[\varepsilon_k > -\left(\alpha + \beta x_k\right)\right] \\
&= P\left[\varepsilon_k \leqslant \left(\alpha + \beta x_k\right)\right] \\
&= F\left(\alpha + \beta x_k\right) \\
&= \frac{1}{1 + \exp\left[-\left(\alpha + \beta x_k\right)\right]} \\
&= \frac{\exp\left(\alpha + \beta x_k\right)}{1 + \exp\left(\alpha + \beta x_k\right)}
\end{aligned}
$$

其中，$F(\cdot)$ 为误差项 ε_k 的累积分布函数，假设误差项 ε_k 有 Logistic 分布，标准正态分布。

当 ε_k 服从 Logistic 分布，就得到 Logistic 回归模型，当 ε_k 服从标准正态分布，就得到 Probit 模型。在 Logistic 回归模型中 $E\left(\varepsilon_k\right) = 0$，$D\left(\varepsilon_k\right) = \frac{\pi^2}{3} \approx 3.29$。选择这样一个方差能使累积分布函数得到一个较为简单的公式。

从而 Logistic 回归模型为：

$$p_k = P\left(y_k = 1 \mid x_k\right) = \frac{\exp\left(\alpha + \beta x_k\right)}{1 + \exp\left(\alpha + \beta x_k\right)}$$

经过对数变换，上述模型可变为：

$$\ln\left(\frac{p_k}{1 - p_k}\right) = \alpha + \beta x_k$$

其中，p_k 为第 k 个样本发生事件的概率，它是由一个解释变量 x_k 构成的非线性函数。当存在 M 个自变量的二分类因变量 Logistic 回归模型为：

$$
\begin{aligned}
p_k &= P\left(y_k = 1 \mid x_{1k}, x_{2k}, \cdots, x_{mk}\right) \\
&= \frac{\exp\left(\alpha + \beta x_k\right)}{1 + \exp\left(\alpha + \beta x_k\right)}
\end{aligned}
$$

---

①　离群点（qutliens）是其他数据偏离太大的点。

②　高杠杆点：通常指自变量中出现异常的点。

③　是指对模型有较大影响的点，模型中包含该点与不包含该点会使模型相差很大。

经过对数变换，上述模型可变为：

$$\ln\left(\frac{p_k}{1 - p_k}\right) = \alpha + \sum_{m=1}^{M} \beta_m x_{mk}$$

其中，$k = 1, 2, \cdots, K, m = 1, 2, \cdots, M$；

三、模型检验与评价

一是对模型中的每个自变量进行检验，包括检验模型和检验模型参数，二是对模型进行拟合优度检验。

（一）模型检验

模型检验（overall test）的检验假设为 H_0：$\beta_1 = \beta_2 = \cdots = \beta_m = 0$，检验方法包括似然比 G 检验、赤池信息准则（Akaike information criterion）、SC 检验法（Schwarte criterion）、计分检验（score test）等。这些检验方法中，以似然比检验最可靠，计分检验结果通常与似然比 G 检验一致。这里仅介绍似然比 G 检验。

似然比 G 检验可用于检验全部自变量（包括常数项）对因变量的联合作用，其检验统计量为：

$$G = -2\lg(L) = -2\sum_i w\lg(\hat{p}_i)$$

式中，w 是样本的权重，$\hat{p}_i$ 是样本的第 i 个预期概率。

（二）检验模型参数

模型偏回归系数的验设为：H_0：$\beta_j = 0$，H_1：$\beta_j \neq 0$（$j = 1, 2, \cdots, m$），检验统计量为 Waldχ^2 统计量，其计算公式为：

$$\chi^2 = (\beta_i / S_{\beta_i})^2$$

当在 α 水准上拒绝 H_0 时，认为 x_j 对 $y = 1$ 的概率 P 的影响有统计学意义。

（三）拟合优度检验

1. ROC 曲线

拟合优度检验的目的是检验模型与实际数据的符合情况，可先通过内部验证评价模型校准度和区分度。ROC 曲线及其曲线下的面积是体现区分度中重要的指标。

ROC 是受试者工作特征（receiver operating characteristic，ROC）或相对工作特征（relative operating characteristic）的缩写。ROC 曲线分析在 20 世纪 50 年代起源于统计决策理论，后来应用于雷达信号观察能力的评价，20 世纪 60 年代中期，该方法大量用于实验心理学和心理物理学研究。1971 年，Lusted 描述了如何将心理物理学上常用的 ROC 曲线方法用于医学决策，该方法克服了诊断试验中仅孤立地使用灵敏度与特异度以及相关指标的缺陷。自此以后，ROC 曲线分析成为非常有价值地描述与比较诊断试验的工具。ROC 曲线的基本思想是把敏感度和特异性看作一个连续变化的过程，在医学领域进行研究通常用一条曲线描述诊断系统的性能，其制作原理是在连续变量中不同界值点处计算相对应的灵敏度和特异度，然后以敏感度为纵坐标、1 - 特异性为横坐标绘制一条真阳性率与假阳性率的曲线。

一般情况下，直接通过研究结果就可以绘制 ROC 曲线。但当存在一些可能影响研究结果的协变量时，如果不消除这些因素的影响，得到的研究结果可能就不可靠。此时，需要使用调整协变量的 ROC 曲线分析。

评价某个或多个指标（比如建立的模型或多个关键基因）对某二分类变量（如开车和不开车）分类及诊断的效果。通过绘制某个指标或多个指标的 ROC 曲线并计算各自的 AUC（ROC 曲线下的面积），就可以知道哪个指标的分类效果更好。

真阳性率（TPR）：所有实际值为 1 的样本被正确地判断为 1 的个数与所有实际为 1 的样本个数之比（即真的是真的），TPR 又称为 sensitivity（灵敏度）。

假阳性概率（FPR）：所有实际值为 0 的样本被错误地判断为 1 的个数与所有实际为 0 的样本个数之比（即假的误认为是真的，被误报），FPR 等于 1 - Specificity（特异度）；

Specificity（特异度）：所有实际为 0 的样本被正确地判断为 0 的个数与所有实际为 0 的样本个数之比（即假的是假的），Specificity 又称为真阴性率（TNR）；

约登指数（Youden index）：也称正确指数。用开车举例，约登指数即反映了区分开车的样本与非开车样本的总能力。Youden index = Sensitivity + Specificity - 1 = TRP - FRP，范围取值介于 0 和 1 之间，约登指数越大，表示分类模型性能越好。约登指数最大值也就对应着该方法的最佳诊断临界值，即 cutoff 值；

AUC（area under curve）：ROC 曲线下的面积，介于 0.1 和 1 之间，作为数值可以直观地评价模型的预测准确性，AUC 值越大预测准确率越高。

最佳临界值：可知 ROC 曲线上最靠近左上角的 ROC 曲线上的点其灵敏度和特异度之和最大，这个点或是其邻近点常被称为诊断参考值，这些点被称为最佳临界点，点上的值被称为最佳临界值。

此外，拟合优度检验常用的检验统计量有剩余差（deviance，D）和皮尔逊 Pearsonχ^2。对于大样本数据，上述两个统计量均近似服从自由度为 $v = k - m - 1$（k 为样本量，m 为自变量个数）的 χ^2 分布。对于给定的检验水准 α，如果 $D \approx \chi^2 < \chi_\alpha^2$ 可认为模型与实际数据拟合良好。

2. 拟合优度检验方法

模型完成后，需要评价模型是否有效地描述反应变量及模型匹配观测数据的程度。当模型的预测值能够与对应的观测值有较高的一致性，就认为这一模型拟合数据，否则将不能接受这一模型，需要对模型重新设置。下面介绍几种拟合优度检验的方法：

（1）皮尔逊 χ^2（Pearson χ^2）。

皮尔逊 χ^2 是用来通过比较模型预测的和观测的事件发生和不发生的频数检验模型成立的假设。其标准 χ^2 统计量计算公式为：

$$\chi^2 = \sum_{j=1}^{J} \frac{(O_j - E_j)^2}{E_j}$$

其中，$j = 1, 2, \cdots J$，中的 J 是协变类型的种类数目，O 表示观测频数，E 表示预测频数，χ^2 的自由度是协变类型数目与参数数目之差。

χ^2 统计量很小就意味着预测值与观测值之间没有显著差别，表示这一模型很好地拟合了数据，相反 χ^2 统计量很大统计检验就显著，于是提供拟合不佳的证据。当拟合不好时，可以用残差和其他诊断测量来说明每个案例对模型拟合的影响以便寻找模型不合理的原因。

（2）偏差（deviance）。

$\hat{L}_s$ 为设定模型所估计的最大似然值，它概括了样本数据由这一模型所拟合的程度。$\hat{L}_f$ 是饱和模型的最大似然值，在同一套数据中必须有一个基准模型作为比较，所设模型拟合优度的标准即饱和模型。$\hat{L}_s / \hat{L}_f$ 称为似然比，记为 $L.R$。用 -2 乘以似然比的自然对数形成一个统计量，当样本足够大时，它服从 χ^2 分布，其自由度等于所设模型中协变类型个数减去系数个数所得之差。称作偏差，通常用 D 来表示：

$$D = -2\ln\left(\frac{\hat{L}_s}{\hat{L}_f}\right) = -2 \ (\ln \hat{L}_s - \ln \hat{L}_f)$$

当 $\hat{L}_s$ 值相对于 $\hat{L}_f$ 值较小时，就会有较大的 D 值，此时所设模型很差，相反当 $\hat{L}_s$ 值近似于 $\hat{L}_f$ 值时，D 值就会很小，此时所设模型拟合很好。

D 统计量和皮尔逊 χ^2 统计量有着同样的渐进 χ^2 分布。然而，这两个统计量的值一般有所不同，模型的最大似然估计所设立的模型取得最大的似然函数作为拟合优度指标的偏差通过这些估计便取得其最小，当用最大似然值来拟合 Logistic 回归模型时，偏差比皮尔逊 χ^2 更适用于测量拟合优度。

当 D 统计量和皮尔逊 χ^2 统计量差别很大时，此时这两个统计量对于 χ^2 分布的近似程度不够充分表现，这可能是由于样本规模太小造成的结果。

当在建立模型中涉及连续自变量时，D 统计量和皮尔逊就不适合用来检验模型拟合优度，由于这时有些协变量有过多的不同值，导致大量的协变类型存在。此时可以用 Hosmer – Lemeshow 拟合优度指标。

（3）Hosmer – Lemeshow 拟合优度指标。

Hosmer 和 Lemeshow 于 1989 年研制出了一种 Logistic 回归模型拟合优度检验方法，称为 Hosmer – Lemeshow 拟合优度指标，记为 HL。HL 检验根据预测概率值将数据大致分为相同规模的 10 个组，不考虑协变类型个数，将观测数据按照其预测概率做升序排列。

其公式如下：

$$HL = \sum_{G=1}^{G} \frac{Y_G - n_G \hat{p}_G}{n_G \hat{p}_G (1 - \hat{p}_G)}$$

其中，G 代表分组数，且 $G \leqslant 10$；n_G 为第 g 组中的案例数；Y_G 为第 g 组事件的观测数量；$\hat{p}_G$ 为第 g 组的预测事件概率；$n_G \hat{p}_G$ 为事件的预测数，它等于第 g 组的预测概率之和。

通过皮尔逊 χ^2 来概括这些分组中事件结果的观测数和预测数，将其与自由度为 $G-2$ 的 χ^2 进行比较，χ^2 检验不显著表示模型很好拟合了数据。当 χ^2 检验显著时表示模型拟合不好。

HL 指标也存在一些缺点，它是一种保守的检验，比如在解释变量中的非线性问题的功效很低。此时可以用信息测量指标。

（4）信息测量指标（information measures）。

估计 logistic 回归模型拟合优度的指标中，信息测量类指标也是非常重要的，其中较著名的信息测量指标为 Akaike 信息指标（记为 AIC），定义如下：

$$AIC = \left(\frac{-2L\hat{L}_s + 2(K+S)}{n} \right)$$

其中 K 为模型中自变量的数目；S 为反应变量类别总数目减 1；n 是观测数量；$L\hat{L}_s$ 是所设模型的估计最大似然值的自然对数，其值较大表示拟合数好。$-2L\hat{L}_s$ 值域为 0 至 $+\infty$，值越小说明拟合度越好。

注：SAS 的 PROCLOGISTIC 程序提供的 $AIC = -2L\hat{L}_s + 2(K+S)$。

另一个指标是贝叶斯信息标准（BIC）。BIC 有两种定义公式，第一种 BIC 指标定义为：

$$BIC = -2L\hat{L}_s - d.f.s \times \ln(n)$$

其中，$-2L\hat{L}_s$ 是 -2 乘以所设模型的对数似然值；$d.f.s$ 为模型的自由度，它等于样本规模与模型估计系数之差。n 为样本规模总数。$BIC_s > 0$ 表示所设模型比饱和模型差，$BIC_s < 0$ 表示所设模型比饱和模型好。

另一种 BIC 指标定义为：

$$BIC' = -G_s + d.f'.s \times ln(n)$$

其中，$d.f'.s$ 为自变量个数，$G_s = \dfrac{-2L\hat{L}_0 - (-2L\hat{L}_s)}{2L\hat{L}_s - 2L\hat{L}_0}$。$BIC' > 0$ 表示所设模型比零假设模型要差，$BIC' < 0$ 表示所设模型比零假设模型要好。

用偏差进行模型评价的数学公式如下：

我们知道：

$$D = -2\ln\left[\frac{\hat{L}_s}{\hat{L}_f} \right] \tag{6-1}$$

由（6-1）可得：

$$D = -2\sum_{i=1}^{n} \left[y_i\ln\left(\frac{\hat{\pi}_i}{y_i}\right) + (1 - y_i ln\left(\frac{1-\hat{\pi}_i}{1-y_i}\right) \right]$$

进而得：

$$G = -2\ln\left[\frac{\hat{D}_s}{\hat{D}_f} \right] \tag{6-2}$$

当拟合模型 β_0 是 $\ln\left(\dfrac{n_1}{n_0}\right)$ 在 $n_1 = \sum y_i$ 和 $n_0 = \sum(1 - Y_i)$ 在预测值 $\dfrac{n_1}{n_0}$ 不变时，可得：

$$G = -2\ln\left[\frac{\left(\dfrac{n_1}{n_0}\right)n_1\left(\dfrac{n_0}{n}\right)n_0}{\prod\limits_{i=1}^{n}\hat{\pi}\,Y_{ii}\,(1 - \hat{\pi}_i)(1 - Y_i)}\right] \qquad (6-3)$$

或写成：

$$G = 2\sum_{i=1}^{n}[y_i\ln(\hat{\pi}_i) + (1 - y_i)\ln(1 - \hat{\pi}_i)] - 2[n_1\ln(n_1) + n_0\ln(n_0) - n\ln(n)]$$

$$(6-4)$$

四、应用示例

二分类 logistic 回归模型在城乡规划领域中应用较广，可以用于分析城市与乡村的各类空间要素和非空间要素对人群幸福感、满意度、行为选择等的影响，并从中发现对其有显著影响的因素，进而通过空间要素的更新、优化，实现城乡高质量发展；在城市空间优化方向，可以通过分析城市空间对居民通勤方式、出行方式、出行目的地选择的影响，进而对公共交通、私人交通的发展及城市空间优化提出指导意见；在新型城镇化进程中，该模型可以帮助判断不同地区城市的城市化水平的影响因素、研究区域 GDP 或人均 GDP 对城市化水平的影响；该模型还可以进行相关预测，从而帮助人们更好地理解所研究的问题。下面就城市街道空间环境对自行车出行方式选择影响的二分类 logistic 回归模型进行举例说明。

（一）数据简介与模型假设

当 logistic 回归模型中因变量为哑变量[①]，且只存在一个自变量时，称其为一元二分类 Logistic 回归模型，若模型中存在多个自变量，称其为多元（或多项式）Logistic 回归模型。下面以街道建成环境影响自行车出行选择的 logistic 回归模型举例进行说明。由于是否采用自行车出行为典型的二分类变量，因此可建立自行车出行的 Logistic 回归模型，对影响自行车出行的城市街道空间环境变量进行评价。自变量为大树遮阴、有自行车道、街道高宽比较舒适（1∶1~1∶2）、自行车道宽度 ≥3m，因变量为是否采用自行车出行，采用自行车出行 $y = 1$，采用其他交通工具出行 $y = 0$。下表 6-1 是城市街道空间环境是否影响自行车出行的原始数据一览表。

---

① 是一种将多分类变量转换为多个二分类变量的方法，取值为 0 或 1，用于反映某个变量的不同属性。

表 6-1　城市街道空间环境与自行车出行原始数据一览表

序号	有大树遮阴	有自行车道	街道高宽比较舒适	自行车道宽度≥3米	自行车出行	序号	有大树遮阴	有自行车道	街道高宽比较舒适	自行车道宽度≥3米	自行车出行
1	0	0	1	0	0	51	1	0	0	1	1
2	1	0	0	0	1	52	1	1	0	1	0
3	1	0	0	1	1	53	1	0	0	1	0
4	1	0	0	0	1	54	1	0	0	1	1
5	1	1	0	1	0	55	1	0	0	0	1
6	0	0	0	1	1	56	0	0	0	0	1
7	0	0	0	1	1	57	0	0	0	0	1
8	1	0	0	0	1	58	1	0	0	1	0
9	1	1	0	1	0	59	0	0	0	1	1
10	0	0	0	1	1	60	0	0	0	0	1
11	1	0	0	1	1	61	1	0	0	1	1
12	1	0	0	0	1	62	1	0	0	1	1
13	1	1	0	1	0	63	1	0	0	1	1
14	1	0	0	1	0	64	1	1	0	1	0
15	1	0	0	0	1	65	1	1	0	1	1
16	1	0	0	0	1	66	1	0	0	0	1
17	0	0	0	1	0	67	0	0	0	1	1
18	1	1	0	1	0	68	0	0	0	1	1
19	1	0	0	1	0	69	1	0	0	0	1
20	1	1	0	1	1	70	1	1	0	1	0
21	0	0	0	1	0	71	1	0	0	1	1
22	1	1	0	1	0	72	1	0	0	1	1
23	1	0	0	0	1	73	0	0	0	0	1
24	1	0	0	1	0	74	1	0	0	0	1
25	0	0	0	1	1	75	1	0	0	1	1
26	0	0	0	1	1	76	1	0	0	0	1
27	0	0	1	0	0	77	1	0	0	0	1
28	0	0	1	0	0	78	1	0	0	0	1
29	1	1	0	1	0	79	1	0	0	0	1
30	1	0	0	0	1	80	1	0	0	1	1
31	1	1	0	1	0	81	1	0	0	0	1

序号	有大树遮阴	有自行车道	街道高宽比较舒适	自行车道宽度≥3米	自行车出行	序号	有大树遮阴	有自行车道	街道高宽比较舒适	自行车道宽度≥3米	自行车出行
32	1	0	0	0	1	82	1	0	0	0	0
33	1	0	0	0	1	83	1	1	0	1	0
34	1	0	0	0	1	84	1	0	0	0	1
35	0	0	0	1	1	85	0	0	0	1	1
36	0	0	0	1	1	86	0	0	0	0	1
37	1	1	0	1	0	87	1	1	0	1	0
38	1	0	0	0	1	88	1	0	0	1	0
39	1	0	0	0	1	89	1	0	0	0	1
40	0	0	1	0	0	90	0	0	0	0	1
41	1	0	0	1	0	91	1	1	0	1	0
42	1	0	0	1	0	92	1	0	0	1	0
43	1	0	0	1	0	93	0	0	0	0	0
44	0	0	0	1	1	94	1	0	1	0	1
45	1	0	0	1	1	95	1	1	0	1	0
46	1	0	0	0	1	96	1	1	0	1	0
47	1	0	0	1	0	97	0	0	0	1	1
48	0	0	0	1	0	98	1	0	0	1	1
49	1	0	0	1	0	99	1	0	0	1	1
50	1	1	0	1	1	100	1	0	0	1	0

（二）模型结果及其检验

Logistic 回归可用于分析模型整体情况，以及每个 X 对 Y 的影响情况（显著性、影响程度等）。其中，主要关注 P 值，回归系数，OR 值和 Pseudo R^2。$P > |z|$ 值用来判断 X 对 Y 是否呈现出显著影响，$P > |z| < 0.05$ 说明该自变量与因变量显著相关。表 6-1 中，在控制了自行车道有大树遮阴、街道高宽比较舒适、自行车道宽度大于 3 米时变量后，有自行车道时，人们采用自行车出行的可能性是之前的 0.103 倍。表 6-2 中模型伪 R 平方值（Pseudo R^2）为 0.3554，意味所有变量能解释采取自行车出行的 35.54% 变化原因。根据 P 值及 OR 值可知，有自行车道、街道高宽比较舒适、自行车道宽度 >3m 对采取自行车道出行有显著性的正向影响，意味着除有大树遮荫外，其他 3 个变量与人们采用自行车出行的概率显著相关。

表 6 – 2　logistic 模型回归结果

Logistic regression				Number of obs	=	100
				LR chi2（4）	=	45.56
				Prob > chi2	=	0.0000
Log likelihood = – 41.321262				Pseudo R2	=	0.3554

自行车出行	Odds Ratio	Std. Err.	z	P > z	[95% Conf.	Interval]
有大树遮荫	0.4790861	0.3245712	– 1.09	0.277	0.1269818	1.80753
有自行车道	0.1033605	0.0772602	– 3.04	0.002	0.0238834	0.4473143
街道高宽比舒适	0.0049347	0.0078831	– 3.32	0.001	0.0002155	0.1129905
自行车道宽度≥3米	0.0661666	0.0714642	– 2.51	0.012	0.0079668	0.5495301
_ cons	57.22609	67.4156	3.44	0.001	5.686306	575.9145

Note：_ cons estimates baseline odds.

对模型进行拟合优度检验如下（Stata 中输入 estat gof 或 lfit），可以看到 P = 0.0114，即小于 0.05，说明模型拟合较好，如表 6 – 3 所示。

表 6 – 3　模型拟合优度检验

Logistic model for 行车出行, goodness – of – fit test		
number of observations	=	100
number ofCovariate patterns	=	7
Pearson chi2（2）	=	8.95
Prob > chi2	=	0.0114

小　结

在 Logistic 回归中，因变量为二项分类变量或多项等级变量，自变量可以是分类变量或连续变量，其中，因变量是两个类别的称为二元 Logistic 回归，因变量是多类别的称为多元 Logistic 回归，因变量为等级变量的称为多分类有序 logistic 回归，因变量为无序变量的称为多分类无序 logistic 回归。在 Logistic 回归进行数据分析时，需建立一个以定性变量为因变量，一些相关影响因素为自变量的模型，该模型可以预测一个事件是否会发生，或者事件发生的概率、进行影响因素和危险因素分析、进行鉴别分类等。

若想要研究的因变量是一些二值选择模型，例如：步行或不步行，满意或不满意，购物或不购物等等，在这种情况下，因变量只有"是（赋值 1）"或"否（赋值 0）"两种选择，它必然不再服从正态分布，而是服从二项分布。因此不能建立线性模型用最小二乘法进行回归，而采用的是另外一种估计方法——最大似然估计法（MLE）。MLE 的原理是，给定样本值之后，该样本最有可能来自参数为何值的总体。也就是说，要寻找到一个参数，使得在总体中观测到拥有的现有样本数据的可能性最大。这时候就可以使用二分类 Logistic 回归模型。

第二节 多分类有序 Logistic 回归模型

一、模型概况

多分类有序 Logistic 回归模型定义为：

$$y^* = \alpha + \sum_{k=1}^{K} \beta_k x_k + \varepsilon$$

其中 y^* 表示观测现象内在趋势，它并不能被直接测量，ε 为误差项，ε 服从 Logistic 分布。

假设实际观测反应变量 y 有 J 种类别，$j = 1$，2，$\cdots$，J，那么共有 $J - 1$ 个分界点将各相邻类别分开，即：

$$当 \; y^* \leqslant \mu_1，则 \; y = 1；$$
$$当 \; \mu_1 \leqslant y^* \leqslant \mu_2，则 \; y = 2；$$
$$\cdots\cdots$$
$$当 \; \mu_{J-1} \leqslant y^*，则 \; y = J；$$

其中 μ_j 表示分界点，有 $J - 1$ 个值，且有 $\mu_1 < \mu_2 < \cdots < \mu_{J-1}$。则给定 x 值的累积概率可以表示为：

$$P(y \leqslant j \mid x) = P(y^* \leqslant \mu_j)$$
$$= P\left[(\alpha + \sum_{k=1}^{K} \beta_k x_k) + \varepsilon \leqslant \mu_j \right]$$
$$= P\left[\varepsilon \leqslant \mu_j - (\alpha + \sum_{k=1}^{K} \beta_k x_k) \right]$$
$$= F\left[\mu_j - (\alpha + \sum_{k=1}^{K} \beta_k x_k) \right]$$

其中，
$$P\;(y \leqslant j \mid x)\; = P\;[y = 1 \mid x]\; + P\;[y = 2 \mid x]\; + \cdots + P\;[y \leqslant j \mid x] \quad \alpha_j = \mu_j - \alpha$$
将其作自然对数变换得：

$$\ln\left(\frac{p_j}{1 - p_j} \right) = \alpha_j - \sum_{k=1}^{K} \beta_k x_k$$

称之为多分类有序 logistic 回归模型。
故：
$$P\;(y \leqslant j \mid x)\; = P\;(y \leqslant j \mid x)\; - P\;(y \leqslant j - 1 \mid x)$$

α_j 是解释变量都为 0 时，在某固定的 j 下的两类不同概率之比的对数值。由于回归系数 β_k 与 j 无关。故有 $\alpha_1 < \alpha_2 < \cdots < \alpha_J$。这里 α_0 定义为 $-\infty$，α_J 定义为 $+\infty$. 当其他变量不变时，x_k 的两个不同取值水平为 a，b，其比数为 $OR = e_k^\beta\;(b - a)$。所以 x_k 的任意两个水平的优势比与 j 无关与 α_j 也无关。

注：当 $X^T = \;(x_1，x_2，\cdots，x_k)$，$\beta^T = \;(\beta_1，\beta_2，\cdots，\beta_k)$

$$P(y \leq j \mid x) = \frac{\exp(\alpha_j - \beta^T X)}{1 + \exp(\alpha_j - \beta TX)}$$

经过自然对数变换得：

$$\ln\left[\frac{P(y \leq j \mid x)}{1 - P(y \leq j \mid x)}\right] = \alpha_j - \beta^T X$$

从而：

$$P(y \leq j \mid X) = P(y \leq j \mid X) - P(y \leq j - 1 \mid X)$$

二、模型估计

多分类有序 Logistic 回归模型中有 $(J-1) + K$ 个参数。α_j，β_k 为待估参数。由多分类有序 Logistic 定义可知，各类不同有序观测值的概率为：

$$P(y \leq j \mid X) = P(y \leq j \mid x) - P(y \leq j - 1 \mid x)$$

$$= \frac{1}{1 + \exp(-\alpha_j + \sum_{k=1}^{K} \beta_k x_k)} - \frac{1}{1 + \exp(-\alpha_{j-1} + \sum_{k=1}^{K} \beta_k x_k)}$$

不妨设

$$y_{ij} = \begin{cases} 1, & \text{第 } i \text{ 个例子属于 } j \text{ 类}, \\ 0, & \text{第 } i \text{ 个例子不属于 } j \text{ 类} \end{cases}$$

则，它的联合分布可以表示为：

$$L(\theta) = \prod_{i=1}^{n} \prod_{j=1}^{J} P(y \leq j \mid x) y_{ij}$$

$$P(y \leq j \mid x) = P(y \leq j \mid x) - P(y \leq j - 1 \mid x)$$

$$= p_{ij} - p_{ij-1}$$

对数似然函数为：

$$\ln[L(\theta)] = \ln\left[\prod_{i=1}^{n} \prod_{j=1}^{J} P(y \leq j \mid x) y_{ij}\right]$$

$$= \sum_{i=1}^{n} \sum_{j=1}^{J} y_{ij} \ln p(y = j \mid x)$$

$$= \sum_{i=1}^{n} \sum_{j=1}^{J} y_{ij} \ln\left[\frac{1}{1 + \exp(-\alpha_j + \sum_{k=1}^{K} \beta_k x_k)}\right] - \frac{1}{1 + \exp(-\alpha_{j-1} + \sum_{k=1}^{K} \beta_k x_k)}\right]$$

为了估计最大的总体参数 α_j 和 β_j 的值，先对 α_j 和 β_j 求偏导，并令其等于 0。即：

$$\frac{\partial \ln L}{\partial \beta_k} = -\sum_{i=1}^{n} \sum_{j=1}^{J} y_{ij} x_{ki} [1 - p_{i,j} - p_{i,j-1}], k = 1, 2, \cdots, K$$

$$
\frac{\partial\, 2\ln L}{\partial\, \beta_r \partial\, \alpha_t} = \begin{cases} 0; t \neq r, r+1, r-1, \\[2mm] \dfrac{-\displaystyle\sum_{i=1}^{n} p_{ri}(1-p_{ri})\left\{\dfrac{y_{ri}[p2_{ri}+p_{r-1,i}(1-2p_{ri})]}{(p_{ri}-p_{r-1,i})^2}+\dfrac{y_{r+1,i}[p2_{ri}+p_{r+1,i}(1-2p_{ri})]}{(p_{r+i,i}-p_{r,i})^2}\right\}}{r=t} \\[2mm] -\displaystyle\sum_{i=1}^{n} \dfrac{y_{li}p_{ri}(1-p_{ri})(1-p_{ti})}{(p_{ri}-p_{ti})^2} \\[2mm] t=r-1, r+1, l=\max\{t,r\}, t=1,2,\cdots,J-1, r=1,2,\cdots,J-1. \end{cases};
$$

对于 Logistic 回归，以上方程组是 α_j 和 β_j 的非线性函数，求解非常困难。我们只能通过迭代进行方程求解，采用牛顿迭代进行求解，具体方法如下：

考虑关于 $\ln L\,(\theta\,|\,y)$ 在 $\theta^{(i)}$ 的泰勒展开，

$$
\ln L\,(\theta\,|\,y) = \ln L\,(\theta^{(i)}\,|\,y) + (\theta-\theta^{(i)})^T \frac{\partial\, \ln L\,(\theta\,|\,y)}{\partial\, \theta}\bigg|_{\theta^{(i)}}
$$
$$
+\frac{1}{2}(\theta-\theta^{(i)})^T\frac{\partial\, \ln L\,(\theta\,|\,y)}{\partial\,^2\theta}\bigg|_{\theta^{(i)}} (\theta-\theta^{(i)}) + o\,(\,|\,|\,\theta-\theta^{(i)}\,|\,|^2)
$$

两边对 θ 求偏导，由于 $\dfrac{\partial\, \ln L\,(\theta\,|\,y)}{\partial\, \theta}$ 是极大似然点，故等于 0，所以就有：

$$
\frac{\partial\, \ln L\,(\theta\,|\,y)}{\partial\,^2\theta}\bigg|_{\theta^{(i)}} (\theta-\theta^{(i)}) = -\frac{\partial\, \ln L\,(\theta\,|\,y)}{\partial\, \theta}\bigg|_{\theta^{(i)}}
$$

故：

$$
\theta = \theta^{(i)} - \Big[\frac{\partial\, \ln L\,(\theta\,|\,y)}{\partial\,^2\theta}\,|\,_{\theta^{(i)}} (\theta-\theta^{(i)})\Big]^{-1}\frac{\partial\, \ln L\,(\theta\,|\,y)}{\partial\, \theta}\bigg|_{\theta^{(i)}}
$$

用 $\theta^{(i)}$ 表示 $\hat{\theta}$ 的初值，$\theta^{(i)}$ 表示第 i 次的迭代结果，则牛顿算法可以表示为：

$$
\theta^{(i+1)} = \theta^{(i)} + \Big[-\frac{\partial\, \ln L\,(\theta\,|\,y)}{\partial\,^2\theta}\,|\,_{\theta^{(i)}} (\theta-\theta^{(i)})\Big]^{-1}\frac{\partial\, \ln L\,(\theta\,|\,y)}{\partial\, \theta}\bigg|_{\theta^{(i)}}
$$

对任意的 ε，都有 $|\,\theta^{(i+1)}-\theta^{(i)}\,| < \varepsilon$ 时，$\theta^{(i+1)}$ 即为方程根。

三、应用示例

有序 Logistic 回归用于研究 X 对于 Y 的影响关系，如果 X 为类别变量，一般需要作虚拟变量设置，Y 为数值型变量，变量的数字大小有比较意义。多分类有序逻辑回归通常用来研究自变量对各类难以直接测算的因变量的影响因素分析，在城乡规划中往往会用来研究城乡居民通勤幸福感、生活满意度、居住满意度、BMI、步行安全感等的影响因素，且其存在性别、年龄、学历以及建成环境等多个潜在的影响因素的情况。多分类有序逻辑回归也能研究不同变量之间的影响关系。在城乡交通出行中，可用于分析不同城市、不同居民的不同出行特征，并分析不同出行特征对交通发展与完善的积极或消极影响，为居民出行与道路交通建设提出建议等。在城乡规划实践过程中，政府、规划从业者可以构建多分类有序 logistic 回归模型，从而多方面科学地了解影响居民生活、生产的影响因素，根据实际情况，更科学地制定政策和规划方案。

通勤是大多数城市居民每日必须面对的一项出行活动，通勤幸福感的高低对人们

的正情绪有着举足轻重的影响。尤其是大城市居民，与中小城市居民相比，其通勤通常具有时间更长、距离更远、效率更低的特点。在本次分析的案例城市西安，根据相关调查结果显示，其居民的通勤时长已达67分钟。不断拉长的通勤时间，道路拥堵状况的不断加剧，致使中国很多城市早晚高峰期出现很多"路怒症"人群。因此，研究大城市居民通勤幸福感影响因素，并针对这些因素提出相应的政策建议，有利于提高居民通勤幸福感，减少人群"路怒症"，提升城市居民正情绪，进而提升人们的工作效率、创造力与身心健康水平，从而推动整个社会的进步和发展。

在模型中，将通勤幸福感作为因变量，记为 Happycoi，取值范围为 $1 \sim 4$，1 为非常不幸福，2 为不幸福，3 为幸福，4 为非常幸福；样本通勤方式为自变量，记为 CMi，包括步行、私人自行车、公共自行车、公交车、地铁、电动自行车、通勤班车 7 种通勤方式；通勤时间和通勤频率作为自变量，记为 CTi，如通勤时间小于 15 分钟、通勤时间大于或等于 15 分钟且小于 30 分钟、通勤时间大于或等于 30 分钟，通勤频率为每天两次。LMi 表示样本居住地、工作地土地利用混合度，是以样本工作地、居住地为圆心，以一千米为半径画一个圆，并以该圆所覆盖的范围为计算基准，所计算的土地利用混合度，计算结果均在 0 至 1 之间，0 表示完全无土地利用混合度，1 表示土地利用混合度非常高。DMi 为个人经济属性，包括个人的年龄、性别、家庭人口数、家庭收入、日工作时长等变量。Hi 表示样本的身心健康状况，包括受访时的身体健康状况（有无生病）、身体质量指数 BMI，以及个人价值观和日常心情，如表 6-4 所示模型变量定义与描述分析。

表 6-4　变量定义与描述分析（样本量：800）

变量名		变量含义	Mean	Std. Dex	Min
通勤幸福感		有序变量，从非常不幸福到非常幸福，赋值 $1 \sim 4$	2.996	0.538	1
通勤模式	步行	虚拟变量	0.169	0.375	0
	私家车	虚拟变量	0.169	0.375	0
	私人自行车	虚拟变量	0.039	0.194	0
	公共自信车	虚拟变量	0.122	0.327	0
	公交车	虚拟变量	0.449	0.498	0
	地铁	虚拟变量	0.256	0.436	0
	电动车	虚拟变量	0.044	0.205	0
	通勤班车	虚拟变量	0.043	0.203	0

变量名		变量含义	Mean	Std. Dex	Min
通勤时间	短通勤时间	虚拟变量，通勤时间 < 15 分钟	0.170	0.376	0
	中等通勤时间	虚拟变量，15 分钟 ≤ 通勤时间 < 30 分钟	0.371	0.483	0
	长通勤时间	虚拟变量，通勤时间 > 30 分钟虚拟变量	0.458	0.499	0
通勤频率 2 次／日		虚拟变量	0.144	0.351	0
土地利用混合度	工作地混合度	以工作地为圆心，1 千米为半径画圆计算 （一 > kpkIn-pk）／InN	0.753	0.075	0.333
	居住地混合度	以居住地为圆心，1 千米为半径画圆计算 （一 > kpklIn-pk）／InN	0.735	0.074	0.460
人口社会经济属性	年轻人	虚拟变量，18 < 年龄 ≤ 30	0.486	0.500	0
	中年人	虚拟变量，30 < 年龄 ≤ 45	0.415	0.493	0
	老年人	虚拟变量，45 < 年龄 ≤ 60	0.099	0.298	0
	男性	虚拟变量	0.498	0.500	0
	低家庭收入	虚拟变量，家庭月收入 < 0.6 万元	0.416	0.493	0
	中等家庭收入	虚拟变量，0.6 万元 ≤ 家庭月收入 < 1.4 万元	0.492	0.500	0
	高家庭收入	虚拟变量，家庭月收入 ≥ 1.4 万元	0.092	0.289	0
	家庭人口规模	目前同住的家庭人口数	2.800	1.353	1
	工作时长 > 8 小时／日	每日工作时长 > 8 小时，是则为 1，否则为 0	0.447	0.498	0
身心健康状况	身体健康状况	虚拟变量，现在身体没有任何疾病	0.760	0.427	0
	BMI	体重与身高的平方的比值	22.025	3.131	12.768
	价值观	虚拟变量，乐观的	0.668	0.471	0
	日常心情	虚拟变量，平时经常感到开心	0.162	0.369	0

采用多分类有序 Logistic 回归模型进行分析，构建如下模型：

$$\ln\left(\frac{\text{Prob}（\text{Happyco}_i）}{1 - \text{Prob}（\text{Happyco}_i）}\right) = \alpha + \beta_1 CM_i + \beta_2 CT_i + \varepsilon \quad （模型 1）$$

$$\ln\left(\frac{\text{Prob}（\text{Happyco}_i）}{1 - \text{Prob}（\text{Happyco}_i）}\right) = \alpha + \beta_1 CM_i + \beta_2 CT_i + \beta_3 LM_i + \varepsilon \quad （模型 2）$$

$$\ln\left(\frac{\text{Prob}（\text{Happyco}_i）}{1 - \text{Prob}（\text{Happyco}_i）}\right) = \alpha + \beta_1 CM_i + \beta_2 CT_i + \beta_3 LM_i + \beta_4 DM_i + \varepsilon \quad （模型 3）$$

$$\ln\left(\frac{\text{Prob}（\text{Happyco}_i）}{1 - \text{Prob}（\text{Happyco}_i）}\right) = \alpha + \beta_1 CM_i + \beta_2 CT_i + \beta_3 LM_i + \beta_4 DM_i + \beta_4 H_i + \varepsilon \quad （模型 4）$$

表 6-5 即以通勤幸福感为因变量的有序 logistic 回归分析结果，这里仅列出模型结果为显著的变量。研究共使用了 4 个模型，模型 1 仅用通勤方式、通勤时间、通勤频率作为自变量对通勤幸福感进行回归分析；模型 2 在模型 1 的基础上加入了样本地和工作地的土地利用混合度两个自变量；模型 3 在模型 2 的基础上加入了样本的社会经济属性变量，除年龄、性别、收入、家庭人口规模外，还加入了控制变量"日工作时长"；模型 4 在模型 3 的基础上，增加了样本身心健康方面的变量。模型 4 为分析通勤幸福感影响因素的最终模型。此外，私家车、中等通勤时间（15 分钟 ≤ 短勤时间 < 30 分钟）、中年人（30 < 年龄 ≤ 45）、中等家庭收入（0.6 万元 ≤ 家庭月收入 < 1.4 万元）为模型中的参照组。

表 6-5 有序 Logistic 回归模型结果

（因变量：通勤幸福感；样本量：800）

自变量		模型 1	模型 2	模型 3
通勤方式	步行	0.329	0.407	0.464*
	公交车	-0.406**	-0.434**	-0.511***
	通勤班车	1.187***	1.144***	1.058***
通勤时间	短通勤时间	0.43	0.523*	0.571**
	长通勤时间	-0.548***	-0.512***	-0.513***
土地利用混合度	工作地混合度	2.441**	2.034*	2.014*
人口社会经济属性	年轻人		-0.418**	-0.486**
	男性		0.385**	0.456**
身心健康状况	BMI			-0.052*
	价值观			0.766***
	日常心情			0.403*
伪决定系数 R^2		0.0405	0.0537	0.0764

Legend: $^*p < 0.1$; $^{**}p < 0.05$; $^{***}p < 0.01$

模型结果：在通勤方式方面，步行与通勤班车的数值为正，表明与采用私家车通勤的人群相比，采用步行、班车通勤的人群的通勤幸福感更高，采用公交车通勤的人群通勤幸福感较低。模型 4 显示，采用通勤班车上下班的居民的通勤幸福感较高，此外，私人自行车、公共自行车、地铁、电动车均与通勤幸福感不相关。在通勤时间方面，与通勤时间在 15 ~ 30 分钟的人群相比，通勤时间在 15 分钟以内（短通勤时间）的人群通勤幸福感更高，通勤时间在 30 分钟以上（长通勤时间）的人群通勤幸福感较低。这与国外的研究成果相似。由于通勤时间通常被人们看作是一种损耗，因此，通勤时间较短的人群的通勤幸福感更高，而通勤时间较长的人群，随着时间的增长，其身心较疲劳。

小 结

在 Logistic 回归中，因变量是为等级变量的称为多分类有序 logistic 回归，自变量可以是分类变量或连续变量。多分类有序 logistic 回归通常用来研究自变量对各类难以直接测算的因变量的影响因素分析，在城乡规划中往往会用来研究各类城乡居民通勤幸福感、生活满意度、居住满意度、BMI、步行安全感等的影响因素。在城乡规划实践过程中，可构建多分类有序 logistic 回归模型，了解居民生活、生产的影响因素，从而更科学地制定相关政策和规划方案。

第三节 多分类无序 Logit 回归模型

一、模型简介

多分类无序 Logit 回归模型应用于分类反应变量的类别为三分类及以上，且类别之间并无序次关系时。多分类无序 Logit 回归模型是 Logistic 回归分析的另一种自然扩展，其结果更好解释，并且不需要对多元正态分布的假设。对于多分类反应变量，与多分类无序 Logit 回归模型相对的 Probit 模型应用很少，因为它与多元正态分布相连，要涉及多元积分的求解，在估计方面的计算较为困难。这里我们只介绍多分类无序 Logit 回归模型，又称一般化 logit 回归模型或多项 logit 回归模型。

多分类无序 Logit 回归模型定义：

对于有 $j = 1，2，\cdots，J$ 类的非次序反应变量，多分类无序 Logit 回归模型可以通过以下 Logit 形式形容：

$$\ln\left[\frac{P(y = j \mid x)}{P(y = J \mid x)}\right] = \alpha_j + \sum_{k=1}^{K} \beta_{jk} x_k$$

在多分类无序 Logit 回归模型中，Logit 是由反应变量中的不重复的类别的对比所形成的。当反应变量有 J 类别时多项 Logit 回归模型中便有 $J - 1$ 个 Logit。在多分类有序 Logistic 回归模型中有 $J - 1$ 个累积 Logit 函数的截距估计，但是只有一套斜率系数的估计对应自变量。而在多分类无序 Logit 回归模型中，不仅有 $J - 1$ 个截距而且有 $J - 1$ 套斜率系数估计对应同一套自变量。上式中有每一个斜率系数都有两个下角标的原因。

其中第一个下角标标志不同的 Logit，第二个下角标标志不同的自变量。

在有 J 个类别的多项 Logit 回归模型中，$J-1$ 个 Logit 可表述为：

$$\ln\left[\frac{P(y=1\mid x)}{P(y=J\mid x)}\right] = \alpha_1 + \sum_{k=1}^{K}\beta_{1k}x_k$$

$$\ln\left[\frac{P(y=2\mid x)}{P(y=J\mid x)}\right] = \alpha_2 + \sum_{k=1}^{K}\beta_{2k}x_k$$

$$\cdots\cdots$$

$$\ln\left[\frac{P(y=J-1\mid x)}{P(y=J\mid x)}\right] = \alpha_{J-1} + \sum_{k=1}^{K}\beta_{(J-1)k}x_k$$

其中最后一个类别（即第 J 个类别）被作为参照类，

由 $P(y=1\mid x) + P(y=2\mid x) + \cdots + P(y=J\mid x) = 1$ 有：

$$P(y=1\mid x) + P(y=2\mid x) + \cdots + P(y=J\mid x)$$

$$= P(y=1\mid x) + \sum_{j=1}^{J-1}\exp\left(\alpha_j + \sum_{k=1}^{K}\beta_{jk}x_k\right)\right] = 1$$

故：

$$P(y=J\mid x) = \frac{1}{1 + \sum_{j=1}^{J-1}\exp\left(\alpha_j + \sum_{k=1}^{K}\beta_{jk}x_k\right)}$$

$$P(y=(J-1)\mid x) = \frac{\exp\left(\alpha_{J-1} + \sum_{k=1}^{K}\beta_{(J-1)k}x_k\right)}{1 + \sum_{j=1}^{J-1}\exp\left(\alpha_j + \sum_{k=1}^{K}\beta_{jk}x_k\right)}$$

$$\cdots\cdots$$

$$P(y=J\mid x) = \frac{\exp\left(\alpha_j + \sum_{k=1}^{K}\beta_{jk}x_k\right)}{1 + \sum_{j=1}^{J-1}\exp\left(\alpha_j + \sum_{k=1}^{K}\beta_{jk}x_k\right)}$$

二、应用示例

与二分类 logistic 回归相比，无序多分类模型等式左边为因变量两个取值水平的对数发生比，因而，无序多分类 logistic 回归模型系数表示：控制其他自变量不变，当某一自变量增加一个单位时，当前类别相对于参照类别的对数发生比的增量。因此，通过模型系数可以判断某一个自变量对不同水平因变量的发生概率的影响，在实际应用中，可以通过改变某一影响因素的值来控制事件的发生概率。在城乡规划中，该模型可用于定量化分析土地混合利用和城市活力等，为规划方案中的用地布局提供科学依据；在城市人文方面，可从个体因素、家庭因素、社会化服务等多个因素研究城市人群的各类意愿选择，还可采用无序多分类 logistic 回归模型，将社会化服务和态度等因素纳入到模型范围研究，科学指导城市人口政策与社会福利政策，促进社会发展。

这里以三分类无序 Logit 回归模型为例，进行应用示例。

采用 2281 条通勤数据，运用无序 Logit 回归模型分析建成环境对通勤方式选择的影响。自变量说明如表 6-6 所示。其中，建成环境"5D"要素按居住地和工作地进行了区分：密度分为人口密度和建筑密度；多样性采用用地混合度来表征；设计包括路网密度变量；到公共交通站点的距离以距公交车站距离代表；目的地可达性以距离市中心距离代表。其他建成环境变量主要包括附近公交线路条数、附近有已建成地铁站、大专院校、公园、超市便利店等。考虑数据的可获取性，参考国内已有研究成果，本研究采用单个样本居住地和工作地 800 米半径范围内各类 POI 点数量与区域面积之比表征用地混合度，该值越大表明用地性质越混合。通勤距离是由手机软件 GPS 功能记录的样本实际通勤距离，而不是工作地、居住地之间的直线距离。

建成环境、个人社会经济属性以及其他通勤行为变量共同影响居民通勤方式的选择。其中，建成环境除"5D"要素外，还加入了其他建成环境变量，包括工作地、居住地附近公交线路条数，是否有大专院校、社区超市便利店及公园绿地等；其他通勤行为变量采用通勤距离进行控制；个人社会经济属性变量除常用变量外，还加入了样本职业、居住时长和个人健康状况，以期通过这些变量的控制得到更加准确的模型。

表 6-6 自变量说明一览表

类型	变量	变量说明	均值	标准差	最小值	最大值
建成环境"5D"变量	工作地人口密度/（人·（万 m²）⁻¹）	工作地所在街道办人口数量/工作地街道办面积	95.04	74.60	2.60	273.70
	居住地人口密度/（人·（万 m²）⁻¹）	居住地所在街道办人口数量/工作地街道办面积	86.70	74.04	1.43	279.27
	工作地建筑密度	工作地 800m 半径内建筑基底总面积	0.25	0.09	0.03	0.48
	居住地建筑密度	居住地 800m 半径内建筑基底总面积	0.24	0.11	0.03	0.69
	工作地用地混合度	工作地 800m 半径内 POI 数量	493.15	340.20	1.02	1622.22
	居住地用地混合度	居住地 800m 半径内 POI 数量	431.31	300.86	0.41	1705.58
	工作地路网密度（km·km⁻¹）	工作地 800m 半径内道路总长度	7.56	2.99	0.91	14.17
	居住地路网密度（km·km⁻¹）	居住地 800m 半径内道路总长度	6.56	3.15	0.00	14.94
	工作地距公交站距离/m	工作地距离最近公交车站实际距离	248.26	151.41	6.00	805.00

类型	变量	变量说明	均值	标准差	最小值	最大值
建成环境"5D"变量	居住地距公交站距离/m	居住地距离最近公交车站实际距离	245.79	164.19	24.00	984.00
	工作地距市中心距离/km	工作地距离市中心直线距离	7.58	6.52	0.14	80.32
	居住地距市中心距离/km	居住地距离市中心直线距离	8.50	5.77	0.43	40.89
其他建成环境变量	公交线路条数/条	居住/工作地公交线路总数量	6.24	5.93	0.00	30.00
	地铁站	哑变量：附近有已建成地铁站为1，否则为0	0.35	0.48	0.00	1.00
	大专院校	哑变量：附近有大专院校为1，否则为0	0.49	0.50	0.00	1.00
	社区超市便利店	哑变量：附近有社区超市便利店为1，否则为0	0.87	0.34	0.00	1.00
	公园	哑变量：附近有公园绿地为1，否则为0	0.35	0.40	0.00	1.00
通勤行为变量	通勤距离	实际通勤距离的平方根	59.25	38.02	0.00	172.44
控制变量（个人社会经济属性）	年龄/岁	连续变量：样本年龄	34.48	8.14	20.00	67.00
	性别	哑变量：女=1，否则为0	0.51	0.50	0.00	1.00
	婚姻状况	哑变量：结婚或未婚已同居=1，否则为0	0.77	0.42	0.00	1.00
	未成年人	哑变量：有未成年人=1，无=0	0.58	0.49	0.00	1.00
	白领	哑变量：是=1，否=0	0.12	0.32	0.00	1.00
	自由职业者	哑变量：是=1，否=0	0.07	0.26	0.00	1.00
	家庭月收入低	哑变量：家庭月收入≤3000元为1，否则为0	0.18	0.39	0.00	1.00
	家庭月收入中等	哑变量：家庭月收入3000~1万元为1，否则为0	0.65	0.48	0.00	1.00
	家庭月收入高	哑变量：家庭月收入>1万元为1，否则为0	0.04	0.19	0.00	1.00
	居住时长>5 a	哑变量：在现居住地居住时长>5 a为1，否则为0	0.55	0.50	0.00	1.00
	小汽车数量/辆	连续变量：家庭拥有小汽车数量	0.68	0.63	0.00	1.00
	BMI高	哑变量：BMI指数≥24为1，否则为0	0.34	0.47	0.00	1.00

多分类无序 Logit 回归模型适用于因变量为无序变量的模型，该模型适用于具体 3 个及 3 个以上因变量的模型，同时其自变量可以是连续也可以是离散的。研究中将居民主要通勤方式归为 6 类。考虑到 6 大类通勤方式的数据为离散型数据，且对数据没有正态性要求，因此采用多分类无序 Logit 回归模型进行建模。模型公式为：

$$\ln\left(P_1/P_2\right) = \beta_1 B + \beta_2 O + \beta_3 D + \beta_4 C + \beta_5 \tag{1}$$

式中：$\ln\left(P_1/P_2\right)$ 为任意两种主要通勤方式概率比值的自然对数；B 为建成环境中的"5D"要素，包括密度、多样性、设计、到公共交通站点的距离和目的地可达性；O 是其他建成环境变量；D 是通勤距离变量；C 为控制变量，包括样本的性别、年龄、婚姻状况和家庭收入等个人社会经济属性变量以及个人健康状况变量等，如表 6－5 所示；β_t 为参数向量，$t = 1$，2，3，4，5。

当以小汽车为参照组时，通过公式（1）可以构建以下方程作为具体回归方程：

$$\ln\left(P_{walk}/P_{Car}\right) = \beta_{w1} B + \beta_{w2} O + \beta_{w3} D + \beta_{w4} C + \beta_{w5} \tag{2}$$

城市建成环境对居民通勤方式选择的多项 Logit 回归结果（以小汽车为参照组），如表 6－7 所示。由表可知，在控制通勤距离、个人社会经济属性、身体健康等变量后，建成环境各变量对居民通勤方式的选择具有不同的影响。

表 6－7　多分类无序 logit 回归模型结果

类型	变量	步行	自行车	电动车	公交车	地铁
建成环境"5D"变量	工作地人口密度	－0.003	0.005	0.008	－0.004	－0.011**
	居住地人口密度	0.000	－0.004	－0.008	0.007*	0.002
	工作地建筑密度	－3.969	－9.487***	－14.419**	－8.347***	－8.718**
	居住地建筑密度	－0.903	1.753	0.739	1.425	3.127
	工作地用地混合度	0.001	0.003***	0.003**	0.001	0.003***
	居住地用地混合度	0.001	0.001	－0.001	0.000	－0.001
	工作地路网密度	0.004	－0.015	－0.419***	0.057	0.136
	居住地路网密度	0.038	0.111	0.287***	－0.064	－0.026
	工作地距公交站距离	0.000	0.000	－0.001	－0.001	0.000
	居住地距公交站距离	0.000	0.000	0.003**	0.000	0.000
	工作地距市中心距离	0.006	0.071**	0.081	－0.109	－0.214*
	居住地距市中心距离	0.029	0.046	0.004	0.071	0.096*
其他建成环境变量	公交线路条数/条	－0.018	－0.013	－0.134**	0.009	0.023
	地铁站	0.403	0.363	1.892***	0.572	1.004*
	大专院校	0.764***	0.707**	2.303***	0.049	－0.278
	社区超市便利店	0.751**	0.281	－0.798	－0.162	0.396
	公园	0.066	－0.189	－0.213	0.638	0.193
通勤行为变量	通勤距离	－0.070***	－0.031***	－0.016**	0.001	－0.003

续表

类型	变量	步行	自行车	电动车	公交车	地铁
控制变量（个人社会经济属性）	年龄/岁	0.031	0.056**	0.113***	-0.023	-0.046
	性别	0.319	-0.082	-1.597***	0.780**	0.673
	婚姻状况	-1.300***	-1.073*	0.017	-0.970*	-1.203
	未成年人	-0.396	0.615	1.057*	0.154	-0.143
	白领	-0.750*	-1.697***	-3.900***	-0.406	0.025
	自由职业者	-0.338	-0.457	-0.256	-0.844	-1.016
	家庭月收入低	0.510	0.843	1.004*	0.523	-0.422
	家庭月收入高	-0.900*	-3.079*	-3.718**	-1.658***	-16.291***
	居住时长 > 5 a	-0.247	-0.723	-0.886	-0.612	-0.184
	小汽车数量/辆	-1.234***	-1.751***	-1.220***	-1.347***	-1.717***
	BMI 高	-0.041	-0.209	-1.393**	-0.621	-0.238
	cons	4.194***	-0.174	0.066	3.100	1.817
	R^2			0.3750		

注：***、**、* 分别表示在 1%、5%、10% 显著水平上通过检验；N = 2281。

结果表明：（1）工作地人口密度、建筑密度、与市中心的距离，居住地人口密度、路网密度，公交线路条数、是否有大专院校及社区超市便利店在一定程度上会对西安市居民采用活动性通勤和公共交通通勤产生一定的影响，同时通勤距离与小汽车通勤显著正相关。

（2）工作地建成环境对于居民通勤方式的选择具有较大影响。工作地建筑密度与自行车、电动车、公交车和地铁的使用具有显著负向作用，而居住地建筑密度却并不明显；工作地用地混合度对于自行车、电动车和地铁呈现显著正相关，而居住地用地混合度对此并无影响。

（3）除传统"5D"要素外，附近是否有大专院校、社区超市便利店与部分通勤方式显著相关。如附近是否有大专院校与步行、自行车和电动车通勤显著正相关，附近有社区超市便利店与步行通勤显著正相关。这些结论凸显了土地利用相关要素对通勤方式选择的影响。此外，身体健康变量 BMI 与通勤方式选择具有相关性，肥胖人群（BMI ≥ 24）更倾向于采用小汽车而不是电动车进行通勤。

小 结

与二分类 logistic 回归相比，无序多分类模型等式左边为因变量的两个取值水平的对数发生比，因而，无序多分类 logistic 回归模型系数表示：控制其他自变量不变，当某一自变量增加一个单位时，当前类别相对于参照类别的对数发生比的增量。因此，通过模型系数可以判断某一个自变量对不同水平因变量的发生概率的影响，在实际应用中，可通过改变某一影响因素的值来控制事件的发生概率。在城乡规划中，该模型可用于定量化分析土地混合利用和城市活力等，为规划方案中的用地布局提供科学依据；在城市人文方面，可从个体因素、家庭因素、社会化服务等多个因素研究城市人群的各类意愿选择，还可采用无序多分类 logistic 回归模型，将社会化服务和态度等因素纳入到模型范围研究，科学指导城市人口政策与社会福利政策，促进社会发展。

课后习题

1. 表 6 - 8 给出了 20 名受访者的数据。试用二项分类 Logistic 回归方法分析生活质量满意度（满意 y = 1；不满意 y = 0）与年龄、家庭同住人口数、自评健康（由低到高共 4 级）、体重、收入（由低到高共 4 期）之间的关系。其中，V_1 表示满意与否（对生活状况很满意 = 1；对生活状况不满意 = 0），V_2 表示受访者年龄，V_3 表示家庭同住人口数，V_4 表示自评健康（1 = 不太健康；2 = 一般健康；3 = 较健康；4 = 很健康），V_5 表示体重，V_6 表示收入状况，1 为低收入群体（月收入 < 3000 元），2 为中等收入群体（8000 > 月收入 ≥ 3000），3 为高收入群体（12000 > 月收入 ≥ 8000），4 为高收入群体（月收入 ≥ 12000）。

表 6 - 8 生活质量满意度数据

序号	V_1 生活质量满意	V_2 年龄	V_3 家庭同住人口数	V_4 自评健康	V_5 体重	V_6 收入
1	0	66	3	3	46	1
2	1	45	2	2	60	2
3	1	79	1	1	50	3
4	0	65	2	3	50	2
5	0	55	3	4	60	3
6	0	58	3	3	43	2
7	1	43	1	2	70	1
8	0	45	2	4	56	4
9	0	51	1	1	76	1
10	1	57	3	1	70	2
11	0	66	2	3	50	1
12	1	30	3	4	55	3
13	0	53	1	1	59	1
14	0	34	3	2	49	2

序号	V_1 生活质量满意	V_2 年龄	V_3 家庭同住人口数	V_4 自评健康	V_5 体重	V_6 收入
15	1	38	1	4	55	3
16	0	41	1	2	67	1
17	0	16	1	3	68	1
18	1	34	3	2	67	3
19	1	46	1	2	51	3
20	0	72	3	4	72	2

2. 表 6-9 给出了对某省随机挑选的 20 名受访者的数据。试用 Logistic 回归方法分析出行幸福感（由低到高共 3 级）与出行距离、性别（1 代表男性，0 代表女性）之间的关系，其中出行幸福感 1 为不幸福；2 为中等幸福；3 为很幸福。

表 6-9 观测数据一览表

序号	出行幸福感	性别	出行距离
1	1	1	15
2	1	1	15
3	2	1	14
4	2	0	16
5	3	0	16
6	3	0	17
7	2	0	17
8	2	1	18
9	1	1	14
10	3	0	18
11	1	1	17
12	1	0	17
13	1	1	15
14	2	1	18
15	1	0	15
16	1	0	15
17	3	0	17
18	1	1	15
19	1	1	15
20	2	0	16

3. 为了获得人们生活满意度的情况，某公司对 120 位随机抽取的受访者进行了调查，其中回收有效样本 114 个，提取出其中 25 个样本进行研究，数据信息如表 6 – 10 所示。试用多元有序 Logit 回归方法分析受访者生活满意程度（1 表示很满意；2 表示基本满意；3 表示不满意）与性别（1 代表男性；0 代表女性）、学历（1 表示大学专科及以下；2 表示大学本科；3 表示研究生及以上）之间的关系。

表 6 – 10　受访者数据一览表

序号	生活满意程度	性别	学历
1	1	1	1
2	1	1	1
3	2	1	1
4	2	0	1
5	3	0	2
6	3	0	2
7	2	0	2
8	2	1	2
9	1	1	2
10	3	0	3
11	1	1	2
12	1	0	1
13	1	1	3
14	2	1	3
15	1	0	2
16	1	0	2
17	3	0	2
18	1	1	1
19	1	1	3
20	2	0	2
21	1	1	1
22	2	1	2
23	3	0	3
24	1	1	1
25	2	1	2

参考文献

［1］VERHULST P J. Notice sur lalois Que la Population Suit Dans Sons Acctoissen － ment ［J］. Corr. Math. Phys. Et Physiyue, 1938, （10）: 119 － 130.

［2］BRESLOW N E. Statistics in epidemiology: The case － control study ［J］. Jour-nalof the American Statistical Association, 1966, （91）: 110 － 28.

［3］RICHARD A J, Dean W W, 陆璇译. 实用多元统计分析 ［M］. 清华大学出版社. 2001.

［4］GHEORGHE K, CRISTINA D. Spatial modelling of deforestation in Romanian Car-pathian Mountains using GIS and Logistic Regression ［J］. Journal of Mountain Science, 2019, 16 （05）: 1005 － 1022.

［5］邢容容, 马安青, 张小伟, 于欣鑫, 马冰然. 基于 Logistic － CA － Markov 模型的青岛市土地利用变化动态模拟 ［J. 水土保持研究, 2014, 21 （06）: 111 － 114 ＋ 2.

［6］王济川, 郭志刚. Logistic 回归模型 － 方法与应用 ［M］. 高等教育出版社. 2001.

［7］COX D R. The Analysis of Binary Data ［J］. London: Methuen. 1970.

［8］张一柯, 经典 Logistic 回归: 原理、计算步骤以及应用 ［EB/OL］. （2021 － 02 － 28）. 知乎 https: //zhuanlan. zhihu. com/p/353112595

［9］AGRESTI A. Categorical data Analysis ［J］. Wiley, Inc, New York. 1990.

［10］COLLETT D. Modelling Binary Data ［J］. Chapman Hall, London. 1991.

［11］COULL B A, AGRESTI A. Random effects modeling of multiple binomial.

［12］王鹏, 邓红卫. 基于 GIS 和 Logistic 回归模型的洪涝灾害区划研究 ［J］. 地球科学进展, 2020, 35 （10）: 10610 － 1072.

［13］刘鑫. 中小城市城区道路网规划研究与实践——以海安市为例 ［J］. 武汉交通职业学院学报, 2022, 24 （03）: 93 － 99.

［14］张芝榕, 朱菁, 陈淑燕等. 基于公交司机压力感的城市公交场站规划研究——以西安为例 ［J］. 现代城市研究, 2020 （07）: 92 － 101 ＋ 110.

［15］王济川, 郭志刚. Logistic 回归模型 － 方法与应用 ［M］. 高等教育出版社. 2001.

［16］侯文, 顾长伟. 累积比数 Logistic 回归模型及其应用 ［J］. 辽宁师范大学学报（自然科学报）, 2009, 32 （4）.

［17］ALBERT A, ANDERSON J A. On the existence of maximum likelihood esti － ma-tes in logistic models ［J］. Biometrika, 1984, （71）: 1 － 10.

［18］ALBERT A, ANDERSON J A. On the existence of maximum likelihood estimatesin logistic models ［J］. Biometrika, 1984, （71）: 1 － 20.

［19］朱菁, 范颖玲, 樊帆. 大城市居民通勤幸福感影响因素研究——以西安市为例 ［J］. 城乡规划, 2018 （03）: 49 － 53.

［20］ HAUSMAN J D，McFadden A specification test for the multinomial logit model ［J］. Econometrica，1984，（52）：1219 – 1240.

［21］ FLEISS J. Statistical Methods for Rates and Proportions ［J］. Wiley，Inc，New York. 1981.

［22］ BOX GEP，Tidwell PW. Transformation the independent variables ［J］. Technometrics，1962，（4）：531 – 550.

［23］ 朱菁，张怡文，樊帆，等. 基于智能手机数据的城市建成环境对居民通勤方式选择的影响——以西安市为例 ［J］. 陕西师范大学学报（自然科学版），2021，49（02）：55 – 66.

第七章　结构方程模型

　　本章系统介绍了结构方程模型的基本原理，首先介绍了结构方程模型的基本思想、功能，并对结构方程模型的基本原理进行了说明，并运用实例说明了结构方程模型在城乡规划中的应用。通过本章的学习，应能够做到以下几点：

　　（1）掌握结构方程模型的基本思想；

　　（2）理解结构方程模型的基本原理；

　　（3）了解结构方程模型适合解决的问题；

　　（4）掌握结构方程模型在城乡规划领域如何应用。

第一节　结构方程模型简介

一、结构方程模型

　　结构方程模型是在糅合回归模型、路径模型、验证性因子模型三者各自优势功能的基础上发展而来的，这 3 个模型也是结构方程模型的建模基础。该模型是一种使用测量模型构造潜变量，再搭建反映潜变量之间关系路径的结构模型，从而构成一个完整的结构方程模型来估计、检验潜变量之间关系的多元统计分析方法。当然，结构方程模型并不仅仅是潜变量模型，而且还是一个能处理显变量、潜变量、潜显混合变量的一般性模型框架。在模型设定过程中，研究者要决定模型应包含哪些变量，不应包含哪些变量，探索这些变量之间是如何相互关联的；潜变量需要几个测量指标，采用哪些测量指标，哪些变量是外生变量、内生变量、中介变量以及调节变量、多层变量等等，要将研究重点关注的那些相关关系及待估参数全部纳入模型之中。一般可采用 3 种建模思路，第一种是验证性方法，即先提出一个假设理论模型，然后收集数据，并检验数据能否支持该理论模型。第二种是备择模型法，即提出几个不同的理论模型，然后挑选出与数据拟合最好的模型。第三种是模型生成法，即首先生成一个与数据拟合程度较低的初始模型，然后使用修正指数 EPC 等指标增加或删除参数（路径），直至获得一个拟合可以接受的模型，还可以使用其他数据做交叉验证（cross - validation）。

　　使用因子分析法筛选一组显变量来构造潜变量的测量模型。显变量与潜变量之间的相关关系用因子载荷来标识。因子载荷代表了该显变量对潜变量的测量（反映）程度或该潜变量对指标变量的影响大小，其平方值则反映各个指标变量之间的公共性或该因子方差的公共部分，故因子载荷又称为效度系数。一般希望标准化的载荷系数在0.6以上，如果小于0.5，这个测量指标的使用要慎重。因子分析的测量技术，如图7－1所示。

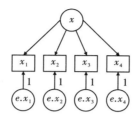

图7－1　结构方程模型的测量模型

在图7－1的测量模型中，$x_1 - x_4$ 都是连续型显变量，用作测量潜变量 X 的指标变量。$x_1 - x_4$ 属于内生显变量（因为有 X 和误差项的箭头指向它们），X 为外生潜变量。$e.x_1 - e.x_4$ 4个测量误差项则是外生潜变量。这里的内生、外生性质仅在该测量模型的范围内成立。

因子分析的测量原理是，$x_1 - x_4$ 都受 X 的影响（或支配）。它们的取值中有一部分是对 X 影响的反映，另一部分则是各自的独特误差（$e.x_1$）。利用4个相关系数（载荷系数）乘以 $x_1 - x_4$ 的值，就可以将 $x_1 - x_4$ 中反映 X 影响的公共值提取出来，而不相关的值则是误差 $e.x_1 - e.x_4$。这样与 X 不相关的测量值 $e.x_1 - e.x_4$ 就被排除在外，而反映 X 影响的真实值则被保留了下来。之后，再对这些真实测量值进行下步的统计分析和估计运算。这也是结构方程模型的参数估计结果和显著性水平优于回归模型的主要原因之一。

首先，测量模型要解决的问题主要是所选择的指标变量能否很好地构造出（或测量出）所需的潜变量，故而主要应评估其聚合效度和区分效度。聚合效度主要是指测量同一个潜变量的各个指标之间要有相对较高的载荷系数（>0.7）；区分效度主要是指各个潜变量（因子）之间的相关系数不能太高（<0.9）。简言之，各个指标要确实能聚拢在一起测量同一个因子，而不同因子的指标之间又要有区分度，能被区分开。

其次，搭建描述潜变量之间关系路径的结构模型。结构模型通常都是研究工作考察的重点和焦点。结构模型要解决的主要问题是能否正确地描绘潜变量之间的内在联系。这种联系的方向和大小就用结构系数来标识。结构模型主要是评估其理论效度和预测效度。这就要检验理论模型与样本数据方差－协方差的拟合度。此外，每一个结构方程都有一个预测误差或扰动项，代表内生潜变量没有被模型中的解释潜变量所解释或预测的那一部分变化值。

构建一个好的测量模型是关键的第一步。如果测量模型构造得不好，所检验的结构模型也将变得没有意义。因此，在检验潜变量结构关系之前必须先检验好测量模型。只有当各个潜变量都已被很好地测定（检验其因子载荷、信度系数、被解释了的方差大小），继而检验结构模型中各个潜变量之间的关系路径才是合理的。事实上，结构方程模型在拟合时如果不能收敛，大多数情况下都归咎于测量模型的设定错误。

最后，一个完整的结构方程模型，如图 7 - 2 所示。测量模型包括构建 3 个潜变量 X、Y 和 Z，分别由 3 个指标进行测量。X、Z 都是外生潜变量，Y 是内生潜变量。X、Z 都作为 Y 的解释变量。这些测量指标 $y_1 - y_3$、$x_1 - x_3$、$z_1 - z_3$ 都是内生显变量。

模型中还有一类特殊的变量——以 $e.$ 作为前缀的测量误差变量。误差变量与内生变量一一对应。例如，内生显变量的误差一般命名为 $e.y_1$，内生潜变量的误差项则命名为 $e.y$。误差项被视为一种特殊的外生潜变量。不同于其他外生潜变量的是，误差项有一些默认的设定，如均值为 0，误差项对指标变量的路径系数被限定为 1，且不能更改，但它的方差会被估计出来（标准误）。

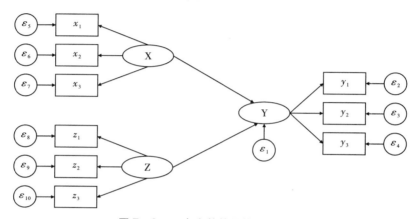

图 7 - 2 　一个完整的结构方程模型

在标准结构方程模型中，连续型内生变量（潜或显）都有一个对应的误差项。而在广义结构方程模型中，如果内生变量是显变量，只有服从正态分布的才有对应的误差项，其他分布类型没有对应的误差项。如果内生变量是潜变量，则所有的内生潜变量都有对应的误差项。这是因为在结构方程模型中，所有因子分析测量出来的潜变量都被假定为服从正态分布。

二、广义结构方程模型

结构方程模型可以分为标准结构方程模型和广义结构方程模型两大类。Stata 分别用 sem 和 gsem 两组不同的命令模块来估计这两大类模型。sem 命令估计标准线性结构方程模型，而 gsem 命令估计广义结构方程模型。在本节后面，我们也会用 SEM 和 GSEM 来指代这两类不同的模型。

标准结构方程模型的所有内生变量（含潜变量的测量指标）都是连续型变量（显或潜），模型为线性回归模型，并且只能估计单层（single - level）模型。尽管标准结构方程模型的应用范围比较严格，但它具有一些独特的功能，包括：能使用保留缺失值极大似然估计法 MLMV（不用删除有缺失的观测值个体）；能报告拟合指标、修正指标，并将影响效应分解为直接效应、间接效应；能根据抽样方法和权重对标准误进行调校（适合分层、整群、多阶段等非简单随机抽样数据）；能估计只有样本统计量的数据（只有原始数据的方差、协方差或相关系数、均值）等等。这些功能非常实用，并且都是广义结构方程模型和其他定量研究方法所不具有的。

广义结构方程模型的内生变量可以是连续型变量，也可以是二值、有序、计数、无序多项选择等非连续型变量。只要模型中的内生变量有非连续型的，即使只有1个，也应使用广义结构方程模型，包括潜变量的测量指标。这是因为测量指标被当作内生显变量。

广义结构方程模型不仅可以估计单层模型，还可以估计多层模型，即估计包含固定效应和随机效应的混合效应模型。例如，难以观测得到的由于从属某一更高层级而产生的嵌套效应，如学校对学生成绩的影响、地区对上市公司的影响、社区对家庭的影响；或不同层级交杂的交错效应，如行业与地区交错对上市公司的影响或对员工的影响。总之，GSEM既可以估计线性模型，也可以估计广义线性模型；既可以估计单层模型，也可以估计多层模型；既可以估计单层的线性与广义线性模型，也可以估计多层的线性与广义线性模型；既可以估计传统的固定效应模型，也可以估计包含随机效应的混合效应模型。GSEM并不需要满足完全的联合正态分布假设，而只需要满足外生显变量给定条件下的联合正态分布。即把模型中的外生显变量都当作给定的，根据它们的取值来估计模型的参数。

三、路径分析

变量间的因果关系往往很复杂，一个变量对于某些变量可以是原因变量，对另一些变量则是结果变量，此时对变量仅用因变量、自变量分类并不能满足需要，回归分析模型框架无法解决此类问题，需要利用路径分析。路径分析是SEM的一种特例，其只有观测变量而无潜变量，故可将SEM视为路径分析的多变量型态，路径分析也可视为SEM的单变量型态。路径分析一般运用回归分析的检验方法进行假设检验，并要借助于数理统计方法和原理进行模型拟合，然后比较模型的优劣，并寻找出最适合的模型。路径分析中引入了隐变量，并允许变量间存在测度误差，用极大似然估计方法代替了最小二乘法。通常我们把基于最小二乘法的传统路径分析称为路径分析，而把基于极大似然估计的路径分析称为结构方程模型。

SEM与路径分析的差别在于，SEM包括测量关系和影响关系，路径分析只有影响关系，如果结构方程在分析过程中发现无论模型怎么修正拟合效果都不好，可以改为路径分析进行分析，因为模型会更加简单。且SEM可以先透过因素分析将可观测的变量集结成几个共同因素。而路径分析，其外生变量之间必须相互独立，未经过因素分析处理。SEM的变量间可以有双向因果关系，但路径分析通常只可以有单向关系。SEM可以包含变量间的衡量误差，但是路径分析的外生变量需是定值。SEM可运用最大概似法（ML）来进行参数估计，但路径分析是以一般最小平方法。

路径分析关心的是通过建立于观测值一致的"原因""结果"的路径结构，对变量之间的关系作出合理的解释。在路径分析中，通常用路径图表示内生变量与外生变量间的因果关系。路径分析包括：路径图、路径分析的数学模型及路径系数的确定和模型的效应分解等内容。一般的，路径分析要经过 5 个步骤：模型设定、模型识别、模型估计、模型评价和模型调试及修改。实际工作时可根据专业知识先构造一个路径图，由路径图求出各个表型变量的相关系数矩阵，然后与由样本资料获得的可测变量的相关系数矩阵进行拟合，并计算拟合统计量，从而达到通过比较两个或多个模型并挑选出最适合专业理论的路径模型。路径分析的优点在于：能够通过相关系数来衡量变量间的相关程度或通过路径系数来确定变量间的因果关系；它不仅能说明变量间的直接效应，而且能说明变量间的间接效应。

路径分析研究的是变量之间关系不同形式，考虑因素全面，更为科学合理。路径分析可将毛作用分解为直接作用和各种形式的间接作用，提升对系统中变量间的因果关系更深入、客观、具体的理解。而且路径分析不仅可以对变量之间的回归系数进行分解，也可对简单相关系数进行分解。它就是从分解相关系数发展出来的，通过分解原因变量与结果变量之间的相关系数，抽离出原因变量对结果变量的直接影响和间接影响。

路径分析的主要工具是路径图，它采用一条带箭头的线表示变量之间的关系。但单箭头表示变量之间的因果关系，双箭头表示变量之间的相关关系。图 7 - 3 是一个简单的路径图，变量 Z_1、Z_2 之间存在着因果关系，Z_1、Z_2 共同决定了变量 Z_3。

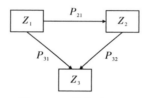

图 7 - 3　简单路径图

箭头上的字母（例如：P_{31}）表示路径系数，反映了原因变量对结果变量的直接影响程度。同时也可以把图 7 - 3 表示成结构方程组的形式，即：

$$Z_2 = P_{21} Z_1$$
$$Z_3 = P_{31} Z_1 + P_{32} Z_2$$

其中图 7 - 3 中，Z_1 和 Z_2 之间的路径箭头指向 Z_3，说明 Z_1 作用于 Z_2。这一因果关系对应着上述结构方程组中的第一式。对于这一因果关系的强度，用路径系数 P_{21} 来表示。

对于路径模型，往往很难用因变量或自变量来划分，因为这两个概念只有在一个方程中才能确定。对于拥有多个联立方程的整个路径分析模型则无法应用。例如，上例中就第一个方程而言，Z_2 是因变量；但在第二个方程中，Z_2 是 Z_1 的一个自变量。因此，在路径模型中，一般不采用 Y 作为因变量名，而是根据因果链条以序号来命名变量。为了区分不同的路径系数，一般用该路径箭头所指的结果变量的下标作为路径系数的第一个下标，而用该路径的原因变量的下标作为路径系数的第二下标。例如路径 P_{32} 系数代表了 Z_2 对 Z_3 的影响作用。

小　结

　　结构方程模型是在糅合回归模型、路径模型、验证性因子模型三者各自优势功能的基础上发展而来的。该模型是一种使用测量模型构造潜变量，再搭建反映潜变量之间关系路径的结构模型，进而构成一个完整的结构方程模型来估计、检验潜变量之间关系的多元统计分析方法。在模型设定过程中，研究者要决定模型应包含哪些变量，不应包含哪些变量，探索这些变量之间是如何相互关联的；潜变量需要几个测量指标，采用哪些测量指标，哪些变量是外生变量、内生变量、中介变量以及调节变量、多层变量等等，要将研究重点关注的那些相关关系及待估参数全部纳入模型之中。

　　结构方程模型可以分为标准结构方程模型 SEM 和广义结构方程模型 GSEM 两大类。标准结构方程模型的所有内生变量（含潜变量的测量指标）都是连续型变量（显或潜），模型为线性回归模型，并且只能估计单层（single-level）模型。广义结构方程模型的内生变量可以是连续型变量，也可以是二值、有序、计数、无序多项选择等非连续型变量。只要模型中的内生变量有非连续型的，即使只有 1个，也应该使用广义结构方程模型，包括潜变量的测量指标。这是因为测量指标被当作内生显变量。

　　理论和实践表明，变量间的因果关系往往很复杂，一个变量对于某些变量可以是原因变量，对另一些变量则是结果变量，此时对变量仅用因变量、自变量分类并不能满足需要，回归分析模型框架无法解决此类问题，需要利用路径分析。路径分析是 SEM 的一种特例，其只有观测变量而无潜在变量，故可将 SEM 视为路径分析的多变量型态，路径分析也可视为 SEM 的单变量型态。路径分析是线性回归分析的深化和拓展，可利用路径图分析变量之间的关系。路径分析关心的是通过建立于观测值一致的"原因""结果"的路径结构，对变量之间的关系作出合理的解释。在路径分析中，通常用路径图表示内生变量与外生变量间的因果关系。路径分析理论包括部分内容：路径图、路径分析的数学模型及路径系数的确定和模型的效应分解。一般的，路径分析要经过 5 个步骤：模型设定、模型识别、模型估计、模型评价和模型调试及修改。

第二节　结构方程模型基础原理

一、基本概念

　　结构方程模型（简称 SEM）是一种多元线性的统计建模方法，它的分析过程包括模型构建、模型修正及模型解释。SEM 包含测量模型和结构模型两个基本模型，测量模型表示潜在变量与观测变量间的共变关系，可看作一个回归模型，由观测变量向潜在变量回归；结构模型部分表示潜变量间的结构关系，也可看作一个回归模型，由内生潜在变量对若干内生和外生潜在变量的线性项作回归。模型中的变量可分为潜在变量和观测变量两种，观测变量是可以直接测量的变量，潜变量为不能通过直接测量得到但可借助观测变量间接测量的变量。

广义结构方程模型（简称 GSEM）是一种统计分析方法，它可以用来研究多个变量之间的关系。这种模型可以用来分析各种类型的数据，包括连续型、二元型和有序型数据。其基本原理是将多个变量之间的关系表示为一个结构方程。这个结构方程也包括两个部分：测量模型和结构模型。这个模型可以用来测试各种假设，例如变量之间的因果关系、中介效应和调节效应等。然而，GSEM 也有一些限制，它需要大量的数据来支持模型的复杂性，而且需要专业的统计知识来进行分析。由于 GSEM 是一个更大的框架，故而 SEM 能估计的模型，理论上 GSEM 都可以估计，反之则不可逆。但 GSEM 缺少一些 SEM 特有的功能，如使用 MLMV 估计、报告标准化系数等等。SEM 与 GSEM 会存在较多的重叠部分。对重叠部分，此时两种方法得到的估计结果几乎相同。这是因为两种方法都是基于相同的数学模型，只是使用的算法不同。对重叠部分，建议优先采用 SEM 估计。因为 SEM 只需较少的数学运算和近似迭代，运算速度更快，估计结果也更精确。研究者需要根据内生变量的类型（连续型或非连续型）、单层或多层来选用 SEM 或 GSEM。

路径分析是由自变量、中间变量、因变量组成并通过单箭头、双箭头连接起来的路径图，如图 7-4 所示。路径图中，单箭头表示外生变量或中间变量与内生变量的因果关系。另外，单箭头也表示误差项与各自的内生变量的关系，双箭头表示外生变量间的相关关系。显变量用长方形或正方形表示，潜变量用椭圆或圆圈表示。显变量一般是指可以直接观测到，比如身高、年级等；潜变量不能直接观察到，通过其他变量推测得来，或者说用多个量表题目测出来算总分。一般的，显变量的误差项用大写字母 E 表示，潜变量的误差项用大写字母 D 表示。图中，y_1、y_2 和 y_3 为内生变量，x_1 和 x_2 为外生变量，某个变量受到内生变量的影响，用 β；受到外生变量的影响，用 γ 表示。通常在写回归系数的脚标时，将因变量写前面，自变量写后面。同时写在箭头上的字母表示路径系数，如 γ_{31} 等。ε_1、ε_2、ε_3 是内生变量的误差项。x_2 通过影响 y_1 和 y_2

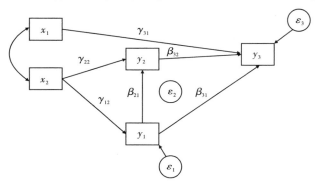

图 7-4　标准路径分析图示意

对 y_3 产生间接影响，因此 y_1 和 y_2 是中间变量。

变量对变量的影响包括直接作用与间接作用。若 X 直接通过单箭头对 Y 具有因果影响，称 X 对 Y 有直接作用。若 X 对 Y 的作用是间接地通过其他变量 Z 起作用，则称 X 对 Y 有间接作用，Z 称为中间变量。按变量的因果关系分类，将变量分为外生变量、内生变量和中间变量。路径图中的箭头起始的变量称为外生变量或独立变量，此变量的变化通常由路径图以外的原因产生，没有其他变量会影响或导致该变量发生改变，也没有误差项。它可以被双向箭头的一端指向，但绝不会被单向箭头所指向。把箭头终点指向的变量称为内生变量、因变量或结果变量，此变量的变化依赖箭头上端变量的变化及误差项。它可以在任何位置，如果在模型的某个地方，有一个指向它的单向箭头，则该变量是内生的。内生变量具有误差项，由其他变量与随机无法解释的方差影响产生。中间变量即接受指向它的箭头又发出箭头，也叫调节变量。例如 X 对 Y 有影响，中间变量 M 对这种影响产生影响，即加入变量 M，当为不同值 X 对 Y 影响的系数显著地不一样，就说明 M 有中间或者调节作用。

递归路径模型是指因果关系结构中全部为单向链条关系，无反馈作用的模型。并且这意味着模型中各内生变量与其原因变量的误差之间或各两个内生变量的误差之间必须相互独立。递归路径模型是不可识别的。如果模型中的变量之间存在双向影响的关系，那么模型被称为非递归模型。

误差项又称残差项，通常指路径模型中用路径无法解释的变量产生的效应与测量误差的总和。路径系数指内生变量在外生变量上的偏回归系数。当显变量的数据为标准化数据时，该路径系数就是标准化回归系数，用来描述路径模型中变量间因果关系强弱的指标。直接效应是指外生变量与内生变量之间的关系为单向因果关系时所产生的效应；间接效应是指外生变量通过中间变量对内生变量所产生的效应；总效应是指一个变量对另一个变量所产生直接效应与间接效应的综合。

二、模型设计与分析

模型设计先要根据理论或以往的研究成果来设定假设的初始理论模型。设计过程中要决定模型应包含哪些变量，不应包含哪些变量，探索这些变量之间是如何相互关联的；潜变量需要几个测量指标，采用哪些测量指标；哪些变量是外生变量、内生变量、中介变量，以及调节变量、多层变量等等。要将研究重点关注的相关关系及待估参数全部纳入模型之中。

（一）结构方程模型设计

一般可以采用 3 种建模思路：第一种是验证性方法，即先提出一个假设理论模型，然后收集数据并检验数据能否支持该理论模型；第二种是备择模型法，即提出几个不同的理论模型，然后挑选出与数据拟合最好的模型；第三种是模型生成法，即首先生成一个与数据拟合程度较低的初始模型，然后使用修正指数、EPC 等指标增加或删除参数（路径），直至获得一个拟合可以接受的模型，还可以使用其他数据作交叉验证。如果样本量很大，可将一半用于建立模型和修正模型，再用另一半做交叉验证。生成法是最常用的建模方法。模型设定是整个结构方程模型建模工作中最难的部分。

（二）广义结构方程模型设计

模型的设计思路与结构方程模型相同，通常来说，当潜变量为分类型或混合型时，采用广义结构方程模型 GSEM 最优。通过对研究问题的剖析，将对研究变量有影响的不同变量以及不同变量的中介效应，有选择地纳入模型中。同时，考虑到外生变量分属不同的层级，将在广义结构方程模型中引入空间误差项来控制样本间的空间异质性。此外，研究中所使用的自变量和中介变量均为客观观测变量。总结上述内容，我们需要通过构建基于广义结构方程模型框架、不含潜变量的路径分析模型研究内容进行建模设计。

（三）路径分析模型设计

路径分析的模型主要包括三部分内容：路径图、数学模型及路径系数的确定和模型的效应分解。路径图表明了包括误差项在内的所有变量间的关系。路径分析的数学模型及路径系数的确定是根据路径分析的假设和一些规则，通过模型的拟合、结构方程组的求解确定待定系数。

1. 路径图

路径图是研究者根据已经掌握的专业知识以及变量间的直接关系和间接关系初步建立的分析图。在建立初步路径图的过程中，要先确定一套模型参数，即固定参数和待估参数。通常情况下，固定参数的估计并不来自样本数据而认为是零，也可以在路径图中用数字直接标出。而待估参数的确定一般要通过利用已知变量构造的路径图或确立的方程组对待估参数进行估计。通常在样本数据与初步假设的路径图进行拟合的过程中，研究者选择并决定该参数是固定参数还是待估参数。需要指出的是，路径模型的因果关系结构必须根据实际经验的总结并在一定的理论假设之上而设置，一般通过变量之间的逻辑关系、时间关系来设置因果结构。

2. 逆溯路径链的规则

按照休厄尔·赖特教授 1934 年提出的追溯路径链的原则，显变量进行数据标准化后构造出的合适的路径图中，任何两变量的相关系数就是联结两点之间的所有路径链上的相关系数或路径系数的乘积之和。遵循以下几条规则：第一，每一条路径链上都要先退后进，而不能先进后退。第二，某一个变量只能在每条路径链上通过一次。第三，每条路径链上只可以有一个双箭头。

路径模型有两种类型：递归模型与非递归模型。两种模型在分析时有所不同。递归模型可直接通过常规最小二乘回归来估计路径系数，对于非递归模型则不能如此。在因果关系中全部为单向链条关系、无反馈作用的模型称为递归模型。无反馈作用意味着各内生变量与其原因变量的误差项之间或两个内生变量的误差项之间必须相互独立。图 7 - 5 就是典型的递归模型。与递归模型相对立的另一类模型是非递归模型。一般来说，非递归模型相对容易判断，如果一个模型不包括非递归模型的特征，则它就是递归模型。如果一个路径模型中包括以下几种情况，便是非递归模型。

（1）模型中任何两个变量之间存在直接反馈作用，在路径图上表示为双向因果关系，如图 7 - 5 所示。

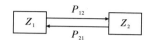

图 7 - 5　存在双向因果关系的路径图

（2）某变量存在自反馈作用，即该变量存在自相关，图 7 - 6 中的 Z_3 变量存在自反馈。

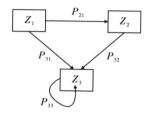

图 7 - 6　存在自反馈的路径图

（3）变量之间虽然没有直接反馈，但存在间接反馈作用，即顺着某一变量及随后变量的路径方向循序渐进，经过若干变量后，又能返回这一起始变量，如图 7 - 7 所示，变量 Z_1，Z_2，和 Z_3 之间形成间接循环圈。

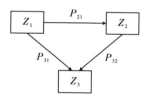

图 7 - 7　变量 Z_1，Z_2，和 Z_3 之间形成间接循环圈

（4）内生变量的误差项与其他有关项相关，如结果变量的误差项与原因变量相关，或不同变量之间的误差项之间存在着相关。

（5）对于非递归模型，通常不能用最小二乘法进行估计，其参数估计过程比较复杂，有时可能无解而且对整个模型也无法比较。对于递归路径模型，一般有如下的假定和限制：①路径模型中各变量之间的关系都是线性可加的因果关系。模型变量间的关系必须是线性关系意味着在设立因果关系时，原因变量的每一个单位变化量引起结果变量的变化量不变。当一个结果变量在受多个变量作用时，各原因变量的作用可以相加；②每一个内生变量的误差项与其前置变量是不相关的，同时也不与其他内生变量的误差项相关；③路径模型中因果关系是单方向的，不包括各种形式的反馈作用；④路径模型中各变量均为间距测度等级；⑤各变量的测度不存在误差；⑥变量间的多重共线性不能过高，否则会影响路径系数的估计；⑦要求样本含量是待估数的 10 ～ 20 倍，并要求样本数据是正态分布的。对于偏态样本数据，一般要运用渐进分布自由法，该法一般要求样本量超过 2500 个。

第一，对于任何一个递归路径模型，可以用如下的结构方程来进行表示。

$$\eta = \beta\eta + \gamma\zeta$$

第二，其中，β 是 $m \times m$ 个内生变量间的结构系数矩阵，γ 是 $m \times n$ 个内生变量与外生变量及误差变量之间的结构系数矩阵，η 为随机向量，η 的分量对应于内生变量，ζ 为随机向量，ζ 的分量对应于外生观测变量和误差变量。在 η 和 ζ 中的这些变量可以是显变量也可以是隐变量。在 η 中内生变量可以表示成其余内生变量和 ζ 中的外生变量以及 ζ 中的残差分量的线性组合。结构系数矩阵反映了 η 中的这些内生变量之间的相关关系；结构系数矩阵 γ 描述了 η 中的内生变与 ζ 中的外生变量和误差变量之间的相关系数。

第三，在上述假设中，可采用最小二乘法，对于方程组中的每个方程利用多元回归分析方法求解各个参数的无偏估计。所得的偏回归系数就是相应的路径系数。路径系数可采用非标准化回归系数，也可采用标准化的回归系数。通常采用标准化回归系数作为路径系数，这会使得路径分析和表达较简明。

第四，在路径图中，外生变量对内生变量的因果效应应包括外生变量对内生变量的直接效应和外生变量通过中间变量作用于内生变量的间接效应的总和。效益的分解等同于回归分析的变异的分解。总效应包括误差效应和总因果效应，而总因果效应又包括直接效应和间接效应。对原始数据而言，外生变量对内生变量的效应等于偏回归系数。对于标准化数据而言。外生变量对内生变量的效应等于标准化回归系数。由于路径模型中各变量之间的关系都是线性、可加的因果关系，变量 i 对 j 的总效应是变量 i 对变量的 j 直接效应与间接效应的总和。

第五，下面我们以一个简单的回归系数的分析例子说明效应的分解。在路径图 7 - 3 中，其结构方程组为：

$$Z_2 = P_{21}Z_1 \tag{7-1}$$
$$Z_3 = P_{31}Z_1 + P_{32}Z_2 \tag{7-2}$$

将第（7 - 1）式代入第（7 - 2）式，则有：

$$Z_3 = P_{31}Z_1 + P_{32}Z_2 = （P_{31} + P_{32}P_{21}）Z_1$$

考虑到最终反应变量 Z_3 被表示为 Z_1 的函数。在括号中是变量 Z_1 对变量 Z_3 产生的总效应 $P_{31} + P_{32}P_{21}$。它由两部分组成：第一部分为变量 Z_1 对 Z_3 产生的直接效应 P_{31}；第二部分为变量 Z_1 对变量 Z_3 产生的间接效应 $P_{32}P_{21}$。

三、模型的识别

（一）结构方程模型与广义结构方程模型

结构方程模型与广义结构方程模型的识别相似。具体来说，理论模型设计好之后，研究者画出路径图、写出方程组或命令程序，但这些并不意味着模型就一定能求解出来。在估计未知参数之前，还有必要先确认该模型是否有解（可识别）。

模型识别指的是对模型的一些参数进行必要的设定，使剩余的参数能求得唯一的一组解，达成理论模型内含的总体协方差矩阵能最优拟合样本的协方差矩阵 S。模型设计出来之后就会存在一个模型内含的协方差矩阵 E，但可能存在一组或几组不同的参数解能产生相同的协方差矩阵。我们将这些模型称为等价模型或替代模型。如果存在不同的理论模型能同等地拟合样本数据，说明模型施加的约束条件不够。此时，必须添加更多的约束条件。

模型识别可分为 3 种不同类型。它取决于理论模型参数估计值的唯一解，样本协方差矩阵 S 中所包含信息量的大小。第一种为无法识别（无解），即由于样本协方差矩阵 S 包含的信息不够，以致理论模型的一个或多个参数无法求解；第二种为恰足识别（唯一解），即样本协方差矩阵 S 恰好包含使所有参数求出唯一解所需的信息；第三种是过度识别（多组解），即样本协方差矩阵 S 包含多余的信息，使得理论模型的自由参数产生多组解。

其中，恰足识别、过度识别都认为模型是可解的。对于过度识别的情形，即使相比未知变量拥有更多的方程（更多信息），SEM 依然能求出一个解。此时，不同于恰足识别的数值解，过度识别模型会求得一个极大似然解。如果模型是识别不足的，此时模型的自由度（df）为负数。我们必须进一步施加更多的约束条件，使模型的自由度大于或等于 0，才能求解该模型。

（二）路径分析模型

模型的识别过程是考虑由路径模型列出的结构方程组对每一个待估参数进行求解，并判定每一个待估参数是否得到唯一解的过程。如果一个待估参数至少可以由可测度变量的方程协方差阵中的一个或多个元素的代数函数来表达，那么这个参数称为识别参数。如果一个待估参数可以由一个以上的不同函数来表达，那么这个参数称为过度识别参数。如果模型中的待估参数都是识别参数，那么这个模型就是识别模型。当模型中的每个参数都是识别的且至少有一个参数是过度识别的，这个模型就是过度识别模型。当模型中的每个参数都是识别的，且没有一个参数是过度识别的，那么这个模型就是恰足识别模型。如果模型中至少有一个不可识别的参数，那么这个模型就是不可识别模型。一个模型是不可识别模型时，所有参数都无法进行估计。递归法则是路径模型识别的充分条件，而不是路径模型识别的必要条件。递归法则要求路径模型中的内生变量间结构系数矩阵 β 必须是下三角矩阵，并且残差项的方差协方差阵 Φ 必须是对角矩阵。如果路径模型同时具有以上两个条件，那么该路径模型就是递归模型，是可识别的模型。

四、模型的修正

如果理论模型与真实模型之间的误差过大，说明研究者设计出来的理论模型有误，这种错误称为模型设计误差。这可能是因为漏掉了重要变量或变量间相关关系（路径），也可能是因为模型中加入了错误的变量或变量间相关关系（路径）。其结果是，获得的模型参数估计值是有偏的，会系统性地偏离本来的真实值，与样本数据之间的拟合度将会较低，统计结果也可能会不显著。此时，研究者必须对模型进行修正，寻找模型的设计错误。

（一）结构方程模型与广义结构方程模型

结构方程模型与广义结构方程模型的修正方法相似。具体来说——

（1）方法一：考察模型中参数的统计显著性。在新模型中，可以删除那些不显著参数的路径。需要注意的是，参数不显著有可能是由统计效力、样本大小造成的。例如，小样本可能导致参数不显著，但大样本却能使之显著。另外还要综合考虑该参数的理论价值。有些参数虽然不显著但却具有非常重要的理论价值，依然要将其保留在新模型中（不要删除）。参考的标准就是这个参数对研究者而言是否有意义。

（2）方法二：考察由（$S - \Sigma$）得到的残差矩阵。这些残差必须足够小，如果某个变量的残差较大，则说明模型设计存在相应的问题。考察标准化或正态化的残差矩阵，更易于发现问题所在。通过残差矩阵（拟合矩阵与样本矩阵的离差）查看标准化残差或正态化残差，如果标准化残差较大，就说明某一个协方差在模型中没有得到很好的解释。此时，就要搜寻能更好地解释该协方差结构的路径。

（3）方法三：统计软件报告的修正指数。该指数的含义是，如果将之前的某一个固定参数改为自由参数，将至少能按该修正指数的大小降低新模型的x^2（$x^2 = 0$意味着拟合程度为100%。降低说明提高了模型的拟合程度）。1个自由度的x^2检验临界值为3.84（5%显著性水平），大于3.84的都可以纳入修改范围（从大到小依次考虑）。如果是1%显著性水平，该参考值为6.63。同时查看相应的EPC指标。EPC指标表示如果将那些非自由参数（固定或限定）设置为自由参数，其参数估计值的大小和符号所发生的变化（不同于修正指数是针对整个模型所发生的变化）。该指标可以帮助研究者判断哪些参数应设为固定的，哪些应设为自由参数。这些MI、EPC指标是一次性使用的，一般不会同时删除两个，而是先删除一个，然后通过软件生成新的MI、EPC指标进行观察，再来判断。

（4）方法四：观察测量模型中相关系数（因子载荷）的平方值。该指标衡量了使用某一个显变量作为潜变量的测量指标的优劣程度（信度指标）。结构模型同样也会报告相关系数（结构系数）的平方值。该指标用于衡量潜变量之间结构关系的大小（预测力指标），因此，可以根据这两个指标来筛选测量模型中的指标变量，以及结构模型中的潜变量，事实上，绝大部分模型设计错误都发生在测量模型。因此，研究者应先使用探索性因子分析（EFA）来寻找所需的潜变量个数和类型，再使用验证性因子分析（CFA）进一步验证（最好使用不同的数据）。

（5）方法五：通过检查初始参数估计值也可以帮助鉴别一个错误或设计有误的模型。如，2SLS初始估计值、自动初始值等都可以作为起始值。有时，一些参数估计值出现了不可能（不恰当）的取值，如相关系数 >1，方差为负数，指标变量的误差方差接近0（意味着对潜变量的完美测量，这往往不太可能）、奇异值等等。

（6）方法六：研究者也可以借助一些模型比较的拟合指标。如，x^2/df（临界比率CR，寻找最小者）、TLI（NNFI）、CFIO、NFI、AIC或BIC，等等。这些指标可以帮助研究者从多个备择模型中选出合适的理论模型。其中，在有限样本条件下，TLI和RNI是无偏的、最适宜使用的模型比较指标。此外，也可以用LR检验来挑选备择模型（当二者无显著差异时应选择更严格的模型)。

总之,研究者可以综合运用以上各种办法修正原模型。但模型修正的最终结果和质量还是得依靠相关理论、客观事实以及逻辑推断。所遵循的准则是,加入模型的变量及其关系路径必须是非常重要且有意义的,否则设计出来的模型就没有实际价值。

(二) 路径分析模型

路径分析是用来探索和分析系统内两个或多个变量间因果关系的一种统计分析工具。在很多情况下,路径模型的分析先从建立饱和模型开始,但是饱和模型并不是我们实际上想要的最终模型,饱和模型经常是作为一个起点或基准,真正能够检验的是非饱和模型,而饱和模型则无法进行整个模型的统计检验。在对路径模型中的观测变量进行回归分析时,首先要考虑观测数据是来自实验研究还是来自非实验研究。如果观察数据来自实验研究,在进行回归分析的过程中,一些变量的回归系数统计性不显著,就考虑将其对应的路径从模型中删除。如果观察数据来自非实验研究,例如社会学、城乡规划学、地理学、经济学以及心理学领域的观察数据,属于调查数据资料,变量之间的因果关系并不明确,同时也不能对外部因素采取与实验研究类似的预处理或控制,那么回归系数的解释变得较为复杂。需要说明的是,一个路径模型需要反复进行模型调试及修改,才能探索出比较合适的路径图。要改进一个拟合度不高的模型,可以改变计量部分、增加参数、设定某些误差项和限制某些参数。最重要的是,模型的修改不能过分追求统计上的合理,而应尽量使路径模型具有实际意义。

五、模型的拟合优度检验

(一) 结构方程模型与广义结构方程模型

结构方程模型和广义结构方程模型的拟合优度检验相似。具体而言,在求出结构方程模型的参数估计值之后,下一步需考察理论模型与样本数据的拟合程度。一个设计优良的理论模型必须满足与真实总体模型的一致性。也就是说,从总体中随机抽取得到的样本协方差矩阵 S 能被所设计的理论模型的协方差区充分复制出来。

结构方程模型的拟合检验主要从两个方面进行:一是针对整个模型的拟合度检验;二是针对模型单个参数的显著性检验。

一般把研究者设计出来的模型称为理论模型(或隐含模型),也常为该理论模型设定两个参照系——饱和模型和独立模型。饱和模型纳入了所有可能的相关关系和路径,而独立模型则认为所有变量之间都不相关。显而易见,饱和模型是最完美的,但也是最复杂的,常常无法求解。然而,研究者并不需要按饱和模型设计和估计参数,只需估计那些重点关注的路径和参数,而将其他参数设为固定参数或受限参数。这样设计出来的理论模型既简洁明了,又容易求解。最后,只要相比饱和模型或独立模型,理论模型的拟合指标(如 x^2、RMSEA)能在相应置信水平下显著无差异(个别指标要求有显著差异),则该理论模型就被认为是可以接受的。这些拟合指标的原理都是基于 $(S - \Sigma)$ 离差大小,如果该离差较小,则认为模型拟合程度较高;如果离差较大,则认为模型的拟合程度较低。具体而言，都是基于饱和模型、独立模型、样本量大小、自由度或 x^2 计算出来的，取值范围为 0 （完全不拟合）到 1 （完全拟合），如图 7 - 8 所示。

图 7 - 8　独立模型、理论模型与饱和模型

考察单个参数的显著性主要是为了评估模型中各个变量及路径的合理性。首先看该参数的估计值是否显著异于 0，使用的方法为 t 检验，这类似于回归模型中的参数显著性检验（每一条路径都是一个回归方程）；接着检验参数估计值的符号（正负）是否与理论预期的一致；最后考察得到的参数估计值的大小是否在合理的预期范围之内。这 3 个条件必须都满足，即符合预期的方向、显著异于 0、解释合理有意义。

结构方程模型中检验的参数是所有需要估计的参数，对全模型 8 个矩阵 B、Γ、A_y、A_x、Φ、Ψ、Θ_E、Θ_ξ 的全部元素都要进行显著性检验。需要注意的是，t 值与模型设计有关。使用同一数据时，不同的模型设计（等价模型）可能使同一参数得到不同的标准误，使得对基于同一数据但模型不同的参数显著性作出不同的判断（可能一个是显著的，但另一个却不显著），从而得出矛盾的结论。这意味着 t 检验对模型的设计错误缺乏稳健性。此时，我们可以在一个模型中保留该参数，而在另一个模型中删除该参数（嵌套模型），然后再使用 LR 检验，从而判断参数估计值的显著性，而不是使用 t 检验。

（二）路径分析模型

路径分析模型检验是对事先根据理论构造的路径分析模型进行检验，判定经过调试得到的模型与原假设模型是否一致，并评价该检验模型与假设模型的拟合状况。检验的模型如果完全与假设模型相同，那么并不需要检验。如果有所不同，其统计检验的意义是通过检验模型与实际观察数据的拟合情况，来反映这两个模型之间的差别。如果统计检验不显著，说明它不拒绝原模型假设。如果统计检验显著，说明所得到的模型不同于原假设模型。对于递归模型而言，饱和的递归模型是指所有变量之间都有单向路径或表示相关的带双向箭头的弧线所连接的模型，它是恰足识别的模型。过度识别模型是饱和模型中删除若干路径后所形成的模型。饱和模型能够完全拟合数据，是完善拟合的代表，可作为评价非饱和模型的基准。非饱和模型是饱和模型的一部分，是饱和模型删除了某些路径形成的，其他部分与饱和模型是相同的。我们称这种关系为嵌套。对非饱和数据检验的原假设为：该模型从饱和模型中删除的那些路径系数等于零。

对于每个路径模型，我们都可写出其结构方程组，且方程组个数和内生变量的个数相等，不妨设有 m 个内生变量，则对于 m 个方程，设其回归后的决定系数分别为 $R_{(1)}^2$，$R_{(2)}^2$，$\cdots$，$R_{(n)}^2$。每个 R^2 代表相应内生变量的方差中回归方程所解释的比例，$1 - R^2$ 则表示相应内生变量的方差中回归方程所不能解释残差部分所占比例。于是，定义整个路径模型的拟合指数为：

$$R_C^2 = 1 - （1 - R_{(1)}^2）（1 - R_{(2)}^2）\cdots（1 - R_{(n)}^2）$$

拟合指数是指路径分析模型中已解释的广义方差占需要得到解释的广义方差的比例，它的值域为 $[0, 1]$。对饱和模型计算该指数是为了给非饱和模型提供评价基础，因而一般称 R_C^2 为基准解释指数，$1 - R_C^2$ 为基准残差指数。同理，可求得嵌套的非饱和模型的相应拟合指数：

$$R_t^2 = 1 - （1 - R_{(1)}^2）（1 - R_{(2)}^2）\cdots（1 - R_{(m)}^2）$$

对非饱和模型计算该指数是为了给非饱和模型进行检验，因而称 R_t^2 为待检验解释指数，显然有 $R_t^2 \leqslant R_C^2$。

在两者基础上，定义一个关于检验模型拟合度的统计量 Q。

$$Q = \frac{1 - R_C^2}{1 - R_t^2}$$

Q 统计量的分布很难求出，但依据 Q 统计量可构造如下统计量 W：

$$W = -（n - d）\ln Q$$

上式中，n 为样本量，d 为检验模型与饱和模型的路径数目之差，在大样本情况下，统计量 W 服从自由度为 d 的卡方分布。

模型拟合指数是考察理论结构模型对数据拟合程度的统计指标。不同类别的模型拟合指数可以从模型复杂性、样本大小、相对性与绝对性等方面对理论模型进行度量。如果模型拟合不好，需要根据相关领域知识和模型修正指标进行模型修正，表 7-1 列出了常用的多种拟合指数及其评价标准。

表 7-1　拟合指数及其评价标准

指数名称		评价标准
绝对拟合指数	x^2（卡方）	越小越好
	GFI	大于 0.9
	RMR	<0.05，越小越好
	SRMR	<0.05，越小越好
	RMSEA	<0.05，越小越好
相对拟合指数	NFI	>0.9，越接近 1 越好
	TLI	>0.9，越接近 1 越好
	CFI	>0.9，越接近 1 越好
信息指数	AIC	越小越好
	CAIC	越小越好

需要注意的是，拟合指数的作用是考察理论模型与数据的适配程度，并不能作为判断模型是否成立的唯一依据。拟合优度高的模型只能作为参考，还需要根据所研究问题的背景知识进行模型合理性讨论。即便拟合指数没有达到最优，但一个能够使用相关理论解释的模型更具有研究意义。

六、模型相关系数的分解

我们以简单路径结构模型为例，如图 7 - 9 所示，在进行相关系数的分解时，不仅要考虑内生变量的误差项，而且还要考虑外生变量的误差。外生变量误差项代表模型外所有因素的集合作用，可用 e 加上相应下标来表示。

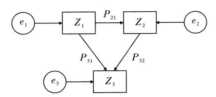

图 7 - 9　简单路径结构模型相关系数的分解

对于上述路径图，其对应的结构方程组为：

$$Z_1 = e_1 \qquad\qquad (7-3)$$

$$Z_2 = P_{21}Z_1 + e_2 \qquad\qquad (7-4)$$

$$Z_3 = P_{31}Z_1 + P_{32}Z_2 + e_3 \qquad\qquad (7-5)$$

上述方程组中的各方程均有误差项的影响，它表示未列入模型的各变量的影响。Z_1 是唯一的外生变量，它完全是由模型外部因素决定的。

首先，我们分析 Z_1 和 Z_2 的相关关系。对于任意两个变量 x 和 y 之间的相关系数，按照其定义，有：

$$r_{xy} = \frac{\delta_{xy}}{\delta_x \delta_y} = \frac{\sum (x - \bar{x})(y - \bar{y})}{n \delta_x \delta_y} = \frac{1}{n} \sum \left(\frac{(x - \bar{x})}{\delta_x} \right) \left(\frac{(y - \bar{y})}{\delta_y} \right) = \frac{1}{n} Z_x Z_y$$

于是，类似的，对于上述结构方程组，可推出相关系数。

$$r_{12} = \frac{1}{n} \sum Z_1 Z_2$$

将式（7-4）代入上式，有：

$$r_{12} = \frac{1}{n} \sum Z_1 Z_2 = \frac{1}{n} \sum Z_1 (P_{21}Z_1 + e_2) = P_{21} \frac{\sum Z_1 Z_1}{n} + \frac{\sum Z_1 e_2}{n}$$

由于上式右边中，第一个分数为 Z_1 的方差，而 Z_1 为标准化变量，其方差为 1；第二个分数即 Z_1 与 e_2 的协方差，根据递归模型的假设，误差项与变量无关。因此，上式可简化为：

$$r_{12} = P_{12}$$

同时，由于 Z_1 对 Z_2 方程解释的比例为 r_{12}^2，解释的方程比例为 $1 - r_{12}^2$。e_2 与 Z_2 之间的相关系数为 $\sqrt{1 - r_{12}^2}$，e_2 与 Z_2 的路径系数也等于 $\sqrt{1 - r_{12}^2}$。同理，标准化的外生变量 Z_1 与误差项 e_1 的相关系数为 $\sqrt{1 - 0^2} = 1$。这代表了模型中外生变量与其误差项关系的一般规律。

下面我们再来分析 Z_1 与 Z_3 之间的相关关系。同理可知，

$$r_{13} = \frac{1}{n} \sum Z_1 Z_3$$

将式（7-5）代入上式，有：

$$r_{13} = \frac{1}{n} \sum Z_1 Z_3 = \frac{1}{n} \sum Z_1 (P_{31}Z_1 + P_{32}Z_2 + e_3)$$

$$= P_{31} \frac{\sum Z_1 Z_1}{n} + P_{32} \frac{\sum Z_1 Z_2}{n} + \frac{\sum Z_1 e_3}{n}$$

与前类似，可得：

$$r_{13} = P_{31} + P_{32} r_{12} = P_{31} + P_{32} r_{21}$$

最后，来分析 Z_2 与 Z_3 之间的相关关系。同理可知，

$$r_{23} = \frac{1}{n} \sum Z_2 Z_3$$

将式（7-5）代入上式，有：

$$r_{23} = \frac{1}{n} \sum Z_2 Z_3 = \frac{1}{n} \sum Z_2 (P_{31}Z_1 + P_{32}Z_2 + e_3)$$

$$= P_{31} \frac{\sum Z_2 Z_1}{n} + P_{32} \frac{\sum Z_2 Z_2}{n} + \frac{\sum Z_2 e_3}{n}$$

与前类似，可得：

$$r_{23} = P_{31} r_{12} + P_{32} = P_{31} P_{21} + P_{32}$$

将上面分析所得的相关系数分解得结果放在一起，得：

$$r_{12} = P_{12}$$
$$r_{13} = P_{31} + P_{32} P_{21}$$
$$r_{23} = P_{31} P_{21} + P_{32}$$

在路径分析模型中，变量 Z_1 是这一模型中唯一的外生变量，变量 Z_3 是这一模型的最终结果变量，因此对它们之间的相关系数的分解是我们关注的焦点。

从上面结果看，相关系数 r_{13} 已表示为路径系数的函数，它由两部分构成，第一部分 P_{31} 反映了 Z_1 对 Z_3 的间接作用，第二部分 $P_{32} P_{21}$ 反映变量 Z_1 经过中间变量 Z_2 对变量 Z_3 产生的间接作用。相关系数 r_{13} 分解为直接作用和间接作用，与前面效应分解的结果是相同的。需要注意的是，间接作用中两个路径系数的下标排列，从右至左看，首先由 1 至 2，然后由 2 至 3。它们体现了阶段性，同时也体现了传递性，这一特征在相关系数的分解中十分重要。

从前面的分解结果看，r_{23} 也可分解为两部分，一部分是 $P_{31} P_{21}$，另一部分是 P_{32}。其中 P_{32} 是从路径图上可直接看到的直接作用，但对于另一部分 $P_{31} P_{21}$，我们有待进一步分析。注意这两个连乘的路径系数的下标是无法连接起来的，并且在对应的路径模型上也找不到其他间接作用的路径链条。因而称相关系数 r_{23} 的这一部分为伪相关。它的产生是由于这一相关系数涉及的两个变量 Z_2 和 Z_3；有一个共同的原因变量 Z_1。由于 Z_1 的变化引起 Z_2 与 Z_3 同时变化，而产生伪相关。伪相关是统计学中面临的重要问题，在统计分析中需检验和排除伪相关。

小　结

结构方程模型（简称 SEM）是一种多元线性统计建模方法，它的分析过程包括模型构建、模型修正及模型解释。SEM 包含测量模型和结构模型两个基本模型，测量模型表示潜在变量与观测变量间的共变关系，可看作一个回归模型，由观测变量向潜在变量回归；结构模型部分表示潜变量间的结构关系，也可看作一个回归模型，由内生潜在变量对若干内生和外生潜在变量的线性项作回归。模型中的变量可分为潜在变量和观测变量两种，观测变量是可以直接测量的变量，潜在变量为不能通过直接测量得到但可借助观测变量间接测量的变量。

广义结构方程模型（简称 GSEM）是一种统计分析方法，它可以用来研究多变量之间的关系。这种模型可以用来分析各种类型的数据，包括连续型、二元型和有序型数据。其基本原理是将多个变量之间的关系表示为一个结构方程。这个结构方程也包括两个部分：测量模型和结构模型。这个模型可以用来测试各种假设，例如变量之间的因果关系、中介效应和调节效应等。

模型设计先要根据理论或以往的研究成果来设定假设的初始理论模型。设计过程中要决定模型应包含哪些变量，不应包含哪些变量，探索这些变量之间是如何相互关联的；潜变量需要几个测量指标，采用哪些测量指标；哪些变量是外生变量、内生变量、中介变量，以及调节变量、多层变量等等。要将研究重点关注的相关关系及待估参数全部纳入模型之中。

结构方程模型与广义结构方程模型的识别相似。具体来说，理论模型设计好之后，研究者画出路径图、写出方程组或命令程序，但这些并不意味着模型就一定能求解出来。在估计未知参数之前，还有必要先确认该模型是否有解（可识别）。模型识别可分为 3 种类型。它取决于理论模型参数估计值的唯一解，样本协方差矩阵 S 中所包含的信息量的大小。第一种为无法识别（无解），即由于样本协方差矩阵 S 包含的信息不够，以致理论模型的一个或多个参数无法求解；第二种为恰足识别（唯一解），即样本协方差矩阵 S 恰好包含使所有参数求出唯一解所需的信息；第三种是过度识别（多组解），即样本协方差矩阵 S 包含多余的信息，使得理论模型的自由参数产生多组解。

如果理论模型与真实模型之间的误差过大，说明研究者设计出来的理论模型有误，这种错误称为模型设计误差。这可能是因为漏掉了重要变量或变量间相关关系（路径），也可能是因为模型中加入了错误的变量或变量间相关关系（路径）。其结果是，获得的模型参数估计值是有偏的，会系统性地偏离本来的真实值，与样本数据之间的拟合度将会较低，统计结果也可能会不显著。此时，研究者必须对模型进行修正，寻找模型的设计错误。

结构方程模型的拟合检验主要从两个方面进行：一是针对整个模型的拟合度检验；二是针对模型单个参数的显著性检验。路径模型检验是对事先根据理论构造的路径模型进行检验，判定经过调试得到的模型与原假设模型是否一致，并评价该检验模型与假设模型的拟合状况。检验的模型如果完全与假设模型相同，那么并不需要检验。如果有所不同，其统计检验的意义是通过检验模型与实际观察数据的拟合情况，来反映这两个模型之间的差别。如果统计检验不显著，说明它不拒绝原模型假设。如果统计检验显著，说明所得到的模型不同于原假设模型。在进行相关系数的分解时，不仅要考虑内生变量的误差项，而且还要考虑外生变量的误差。此外，伪相关是统计学中面临的重要问题，统计分析中需要检验和排除伪相关。

第三节　结构方程模型在城乡规划中的应用

一、结构方程模型在通勤幸福感研究中的应用

（一）模型公式及解析

通过利用结构方程模型中特殊的一种形式——路径分析去分析通勤幸福感的影响因素，如图 7 - 10 所示，这是一个经过简化的关于通勤幸福感的路径分析模型：

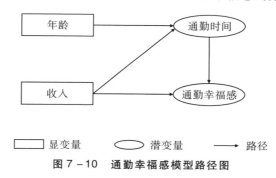

□ 显变量　○ 潜变量　→ 路径

图 7 - 10　通勤幸福感模型路径图

该模型仅包含 4 个因素，我们可以从自身的生活经验出发考虑它们之间的相互关系：通勤方式是影响通勤幸福感的最主要因素；年龄和收入对通勤幸福感也有影响；年龄和收入同时又对通勤方式选择有影响，然后再通过通勤方式对通勤幸福感产生间接的作用。该模型显然不能仅用一个简单的多元线性回归方程就解释清楚。面对这样错综复杂的变量关系，路径分析能对模型进行逐步解析。

路径分析模型描述的变量间相互关系不仅包括直接的，还包括间接的关联。上方路径图可以拟合出两个多重线性回归方程：

$$通勤方式 = 常数项 + 年龄 + 收入$$

$$通勤幸福感 = 常数项 + 年龄 + 收入 + 通勤方式$$

从整理得到的两个多重线性回归模型可以发现，在路径分析图中，有的变量不受其余变量的影响，只影响其他变量；而有的变量既受其他变量的影响，又能够影响其

他变量。其中，通勤方式是在第一个方程中是因变量，但在第二个方程中是自变量。通过这两个方程可以知道，年龄对通勤幸福感的作用是由两部分构成的，第一部分是对通勤幸福感的直接影响，第二部分是通过先影响通勤方式，然后再通过通勤方式的作用间接影响通勤幸福感。如果在制作路径分析图时只考虑到第二个方程而忽视第一个方程，那么就会因为只反映直接影响导致相应的回归系数估计值不够准确，甚至难以解释。联系前面介绍的自变量共线性问题，年龄和收入在第二个方程里的关系就是共线性关系，所以路径分析模型可以从根本上对存在共线性的变量给出彻底的解决方法。

（二）模型结果解读

该模型数据源自某高校数据库中的 2440 条某市上班族通勤数据，包括以下变量：年龄（age）、家庭月收入（famomicom）、通勤时间（duramin）、通勤幸福感（tripHappy）等，利用 Stata 进行路径图设计与模型运算，如图 7 - 10、表 7 - 2 所示。

明确分析思路，该应用的路径分析属于递归模型，路径分析图和拆解的两个多重回归模型如下所示：

$$lg（通勤方式）= \alpha_2 + \beta_{22} * lg（年龄）+ \beta_{23} * 家庭月收入$$

$$lg（通勤幸福感）= \alpha_1 + \beta_{12} * lg（年龄）+ \beta_{23} * 家庭月收入 + \beta_{14} 通勤时间$$

表 7 - 2　通勤幸福感路径分析结果

duramin	Coef.	Std. Err.	t	P > | t |	Beta
age	- 0. 3626	0. 31692	- 1. 14	0. 253	- 0. 0231747
fammonicom	3. 69144	2. 439715	1. 51	0. 130	0. 0306466
_ cona	35. 2691	12. 60658	2. 80	0. 005	.

n = 2439　R2 = 0. 0014　sprt（1 - R2）= 0. 9993

triphappy	Coef.	Std. Err.	t	P > | t |	Beta
duramin	- 0. 00011	0. 000276	- 0. 41	0. 683	- 0. 0082252
age	0. 025251	0. 004312	5. 86	0. 000	0. 1177877
fammonicom	- 0. 07978	0. 033204	- 2. 40	0. 016	- 0. 0483417
_ cona	2. 981656	0. 171769	17. 36	0. 000	.

n = 2439　R2 = 0. 0160　sprt（1 - R2）= 0. 9920

根据公式与路径图，间接效应和总效用很容易被计算出来。间接效应等于彼此相连的因果路径上各个系数的乘积。总效应等于两个变量间所有直接效应和间接效应。根据上图，收入对预期通勤幸福感具有的效应如下：

直接效应（收入→通勤幸福感）：- 0. 0483

间接效应（收入→通勤时间→通勤幸福感）：0. 0306 *（- 0. 0082）= - 0. 0003

总效应（收入→通勤时间→通勤幸福感）：- 0. 0489 - 0. 0003 = - 0. 0486

换言之，这个模型预测，在其他条件相同的情况下，收入每提高一个标准差，通过直接及间接效应，估计的通勤幸福感将下降 0.0486 个标准差。收入间接效应接近于 0，通过通勤方式的间接效应使其在因果上变得重要。

二、结构方程模型在生活满意度研究中的应用

基于居住在中国 97 个城市的 8862 名受访者（2014 年收集）数据，构建一个广义结构方程模型（GSEM），在统一的分析框架内探索社区和城市层面的建成环境属性、活动性通勤、身体质量指数（BMI）和生活满意度之间的复杂关系。

（一）理论框架与模型建立

图 7-11 是一个关于生活满意度的分析框架：

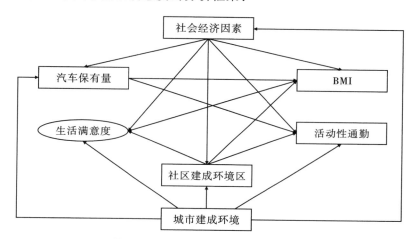

图 7-11　生活满意度分析概念框架

这里提出 3 个假设问题：①多尺度建成环境属性是否在很大程度上影响汽车保有量、活动性通勤（方式和时间）、BMI 和生活满意度。②建成环境是否通过拥有汽车和活动性通勤（方式和时间）对 BMI 和生活满意度产生间接影响。③带有连续响应假设的基于 SEM 的建模框架会导致有偏差的结果。具体而言，研究提出将上述关系整合到一个统一的基于 GSEM 的路径建模框架中。此外，两个空间尺度（城市和社区）可能具有集群效应。此外，尽管引入了一些城市和社区层面的变量，但它们可能还不够。为此，采用了一种嵌套的多层次方法，其中引入了两个随机误差分量：城市级误差分量和社区级误差分量，后者嵌套在前者中。

该框架正确反映了不同类型数据的特征，模型包含 7 个因素，分别是城市与社区建成环境、社会经济因素、活动性通勤（方式和时间）、汽车保有量、BMI（身体质量指数）、生活满意度。

建成环境因素总共包括 8 个变量，分城市和社区两个层面。它们分别是人口密度，距交通设施的距离，到 CBD 的距离，体育设施、广场、图书馆、银行的数量，土地利用混合度。各变量数据采用下列方法获得：

（1）在社区层面的特征中，人口密度是在社区层面上衡量的，居住地的交通可达性由受访者直接给出的距离和 CBD 来表征。4 个便利设施（体育设施、广场、图书馆

和银行）的数量衡量了便利设施的可达性、便利设施的可达性和社区质量。

（2）土地利用混合度是以上述 4 个便利设施为基础，采用多样性指数的方法进行校正。土地用途组合的数值从 0 到 1 不等，数值越大，说明土地用途组合适当。多样性指数计算公式如下：

$$E = \frac{-\sum_{i=1}^{s} P_i \ln(P_i)}{\ln s}$$

式中，P_i 为各类设施在社区中所占比例，s 为各类设施的数量。

（3）在城市层面的特征中，人口规模源于 2014 年各省统计年鉴。人口密度的计算方法是城市人口规模除以城市面积。2014 年各省统计年鉴还提供了公共交通车辆数量和铺装道路面积，用于衡量交通供给和平均道路面积。受访者是否居住在有地铁交通系统的城市也包括在这项研究中，这些信息也提取自 2014 年的统计年鉴。

模型中的其他变量由下列方法计算获得：

（4）活动性通勤方式是指受访者的活动性通勤方式是步行还是骑自行车。如果受访者步行或骑自行车上学或上下班，则活动性通勤时间为其通勤时间；否则，活动性通勤时间的值等于零。

（5）BMI 的测量方法是体重除以身高的平方（kg/m²）。

（6）生活满意度来源于以下问题："你对目前的生活总体上有多满意？"，受访者被要求根据 5 个尺度进行回答（1：非常不满意；……，5：非常满意）。

该模型的内生变量既有连续型变量，也包括非连续型变量，考虑到构建广义结构方程模型（GSEM），还因为 GLM 估计器是基于密度函数的最大似然估计器，它允许直接使用所有类型的数据。使用 Stata 软件进行这些估计。

为了验证 GSEM 的有效性，采用传统的 SEM 进行比较。研究使用赤池信息准则（AIC）和贝叶斯信息准则（BIC）来衡量这两个模型的性能。AIC 和 BIC 用于比较 SEM 和 GSEM 的拟合优度，拟合优度可以分别用公式 7-6 和 7-7 计算。

$$\text{AIC} = -2\ln(L) + 2p \qquad (7-6)$$
$$\text{BIC} = -2\ln(L) + p\ln(n) \qquad (7-7)$$

其中 L 为似然函数，p 为参数数，n 为样本数。

（二）模型结果与分析

在被调查的 97 个城市中，78% 的受访者将活动性通勤方式作为主要的出行方式。BMI 值的均值和标准差为 22.36 ± 3.50，95% 可信区间（CI）分别为 15.50 和 29.20。生活满意度调查结果显示，受访者对目前的生活总体满意（平均值 mean ± 标准差 SD：3.66 ± 0.91）。

两个拟合优度测量值的较小值表示一个更好的选择。如表 7-3 所示，在比较 AIC 和 BIC 值时，GSEM 的表现明显优于 SEM。结果表明，与 SEM 模型相比，GSEM 模型能更好地捕捉多尺度建成环境属性、活动性通勤、BMI 和生活满意度之间的关系。

表 7 - 3 GESM 和 SEM 之间结果的比较

	GSEM				SEM			
	活动性通勤方式	活动性通勤时间	BMI	生活满意度	活动性通勤方式	活动性通勤时间	BMI	生活满意度
汽车保有量	- 0.068	- 0.948	0.401	0.259	- 0.117	- 0.319	0.298	0.143
活动性通勤方式			- 0.581	0.036			- 0.051	0.053
活动性通勤时间			- 0.102	0.036			- 0.341	0.092
BMI				- 0.009				- 0.006
AIC	401，049				402，602			
BIC	384，022				385，575			

表 7 - 4 列出了 GSEM 的其他结果。结果表明，对于活动性通勤方式，社区层面和城市层面建成环境属性分别占总方差的 27.20% 和 22.07%。这说明社区层面建成环境属性比城市层面建成环境属性具有更强的解释力。相反，对于活动性通勤时间、BMI 和生活满意度，社区层面建成环境属性分别占总方差的 10.77%、21.43% 和 22.05%，远低于城市层面建成环境属性所占的相应份额（活动性通勤时间占 54.36%，BMI 占 38.55%，生活满意度占 38.91%）。因此，城市层面的建成环境属性在描述人们的活动性通勤、BMI 和生活满意度方面发挥着更重要的作用。

GSEM 估计结果表明，某些社会经济特征与两个层次的建成环境显著相关，即建成环境属性随社会经济特征而变化。这些结果进一步证实了社会经济特征与汽车拥有量、活动性通勤、BMI（身体质量指数）和生活满意度之间的各种直接和间接影响。城市级和社区级建成环境之间的关系也被揭示出来。

生活满意度通过两条途径与活动性通勤（模式和时间）相关：①活动性通勤→生活满意度；②活动性通勤→身体质量指数→生活满意度。活动性通勤方式与生活满意度呈显著正相关，表明活动性通勤者的生活满意度较高。活跃的通勤时间与生活满意度没有显著相关性，尽管其通过 BMI 的间接影响具有统计学意义。至于 BMI，研究发现它与生活满意度呈显著负相关，这意味着体重超重对应于较低水平的生活满意度。

社会经济特征通过 5 条途径与生活满意度相关：①社会经济特征→生活满意度；②社会经济特征→活动性通勤→生活满意度；③社会经济特征→BMI→生活满意度；④社会经济特征→活动性通勤方式→BMI→生活满意度；⑤社会经济特征→有效通勤时间→BMI→生活满意度。具体而言，年龄、子女、家庭规模和收入与生活满意度呈正相关，而性别与生活满意度呈负相关。性别、年龄和收入与生活满意度的相关性通过相应的间接效应得到了加强。引入间接效应后，家庭规模与生活满意度的相关性降低。此外，儿童与生活满意度之间的直接联系并不显著，而间接影响显著。

表7-4　GSEM关于四个内生变量的估计结果

变量	汽车保有量			主动通勤 活动性通勤方式			主动通勤 活动性通勤时间			BMI			生活满意度		
	直接效应	间接效应	总效应	直接效应	间接效应	总效应	直接效应	间接效应	总效应	直接效应	间接效应	总效应	直接效应	间接效应	总效应
汽车保有量	—	—	—	-0.068	—	—	-0.948	—	—	0.265	0.136	0.401	0.298	-0.039	0.259
主动通勤模式	—	—	—	—	—	—	—	—	—	-0.581	—	—	0.031	0.005	0.036
主动通勤时间	—	—	—	—	—	—	—	—	—	-0.102	—	—	0.035	0.001	0.036
BMI	—	—	—	—	—	—	—	—	—	—	—	—	-0.009	—	—
社会经济特征															
性别	-0.003	0.001	-0.002	-0.129	-0.011	-0.14	-0.467	0.094	-0.373	0.500	-0.109	-0.391	-0.019	-0.004	-0.023
年龄	-0.001	0.000	-0.001	0.017	-0.001	0.016	0.142	-0.028	0.114	0.021	0.005	0.026	0.020	0.005	0.025
教育	0.027	0.005	0.032	-0.092	-0.005	-0.097	-0.695	9.032	-0.663	-0.12	0.013	0.107	0.019	0.004	0.023
孩子数量	0.013	0.002	0.015	0.015	0.002	0.017	0.021	0.053	0.074	0.103	0.007	-0.11	-0.004	0.116	0.112
家庭规模	0.022	-0.002	0.020	-0.008	-0.021	-0.029	-0.478	0.005	-0.472	0.007	0.012	0.019	0.043	-0.007	0.036
收入	0.005	0.001	0.006	0.000	0.002	0.002	-0.052	0.010	-0.042	-0.006	-0.012	-0.018	0.005	0.087	0.092
社区等级															
人口密度	-0.002	—	—	0.002	0.003	0.002	-0.1	0.002	-0.098	-0.028	0.008	-0.020	0.000	-0.003	-0.004
距交通站点距离	-0.001	—	—	0.001	0.000	0.001	0.24	0.001	0.241	-0.008	-0.025	-0.033	-0.005	0.009	0.004
距市中心距离	-0.001	—	—	-0.001	0.000	-0.001	0.291	0.001	0.292	-0.028	-0.03	-0.058	-0.002	-0.010	0.008
运动设施数量	0.009	—	—	0.009	-0.001	0.008	0.135	-0.009	0.126	-0.083	-0.015	-0.098	0.024	0.008	0.032
广场数量	-0.048	—	—	0.019	0.003	0.052	0.243	0.046	0.289	-0.114	-0.073	-0.187	0.069	0.001	0.070
图书馆数量	0.015	—	—	0.015	-0.001	0.014	-0.071	-0.014	-0.085	-0.204	0.005	-0.199	0.047	0.003	0.050

续表

| | 汽车保有量 | | | 主动通勤 | | | | | | BMI | | | 生活满意度 | | |
| | | | | 活动性通勤方式 | | | 活动性通勤时间 | | | | | | | | |
	直接效应	间接效应	总效应	直接效应	间接效应	总效应	直接效应	间接效应	总效应	直接效应	间接效应	总效应	直接效应	间接效应	总效应
银行数量	0.037	—	—	0.037	-0.003	0.034	0.277	0.035	0.312	0.017	-0.035	-0.018	0.081	0.019	0.100
土地利用混合度	-0.131	—	—	0.197	0.071	0.126	-0.032	0.124	0.092	-0.142	-0.164	-0.306	0.089	-0.022	0.067
城市建成环境属性															
城市人口规模	0.102	0.032	0.070	-0.103	0.021	-0.082	0.014	0.002	0.016	0.018	0.032	0.05	-0.012	0.003	-0.009
城市人口密度	-0.116	0.009	-0.107	0.139	0.012	0.127	0.19	-0.012	0.178	0.164	0.023	0.187	-0.255	0.139	-0.116
地铁	0.042	0.002	0.040	-0.023	-0.003	-0.026	0.16	-0.032	0.128	-0.210	-0.103	-0.313	0.065	0.032	0.097
交通供给	-0.014	0.002	-0.012	-0.020	-0.032	-0.052	-0.536	0.183	-0.353	0.102	0.008	0.110	-0.024	0.008	0.032
平均道路面积	-0.017	0.008	-0.009	0.034	0.084	0.118	0.739	0.018	0.757	-0.280	0.034	-0.246	1.321	0.005	-0.019
常数项	-0.029			0.572			0.286			21.479					
阈值1				—			—			—			-3.342		
阈值2				—			—			—			-1.510		
阈值3				—			—			—			0.582		
阈值4				—			—			—			2.324		
方差份额由每一类变量解释															
社会经济特征				50.73%			34.87%			40.02%			39.04%		
社区建成环境属性				27.20%			10.77%			21.43%			22.05%		
城市建成环境属性				22.07%			54.36%			38.55%			38.91%		

关于社区层面的建成环境属性，与社会经济特征一样，它们通过 5 条路径与生活满意度相关。4 个社区层面的建成环境属性（即体育设施、广场和银行的数量，以及土地利用组合）与生活满意度呈显著正相关。引入复杂的间接效应后，土地利用组合的相关性降低。这与体育设施、广场和银行的数量不同，它们的相关性增加了。城市层面的建成环境在解释生活满意度方面也发挥了重要作用。除了平均道路面积外，其他 4 个属性都与生活满意度显著相关。相应的直接效应削弱了人口规模和城市人口密度的相关性，但增强了城市层面地铁可用性和公交供应的相关性。人口规模的负系数表明，大城市的居民对自己的生活不如小城市的居民满意。同样，生活在人口密集城市的人们的生活满意度较低。与此同时，拥有地铁系统和更多公交车辆的城市有更多的人拥有高生活满意度。

综合上述结果，社区和城市层面的建成环境属性在描述活动性通勤、BMI 和生活满意度方面发挥着重要作用。其次，城市层面的建成环境属性对改善活动性通勤时间、BMI 和生活满意度更有效，而社区层面的建成环境特性与活动性通勤方式的相关性更大。最后，生活满意度与活动性通勤方式和 BMI 显著相关，但生活满意度与活动性通勤时间之间的相关性并不显著。BMI 与活动性通勤时间有显著关联，但与活动性通勤方式没有显著关联。

三、结构方程模型在居住满意度研究中的应用

城市与乡村组成了人类生存的主要空间，而乡村作为一个具有多元化因素的地域综合体，位置偏远，经济发展相对落后，城乡差距越来越大，是否留在乡村居住成为农户需要考虑的问题。党的十九大提出"乡村振兴战略"，指出从 5 个振兴入手，着力解决当前乡村问题，逐步促进城乡融合发展，满足人民对美好生活的需求，不断增强生活幸福感。党的二十大中提出"全面推进乡村振兴"，强调"建设宜居宜业和美乡村"。居住满意度是评价居住质量的一个标准，是居民对生活条件、居住环境、社会网络关系、居住适宜性等因素的整体评价，反映了理想与现实之间的差距，且现实差距越小，居住满意度也就越高，相反则越低。农户居住满意度能够有效反映农户生活幸福指数，并对乡村振兴实施效果进行检验，同时为乡村振兴战略的具体实施提供发展路径。

居住意愿会受到外界因素和个体内在因素的双重影响，在研究时需要在必要定性分析的基础上采用更成熟的方法进行定量数据描述，增强内容客观性和全面性，同时针对不同年龄段的群体深入探讨不同因素的影响。这里以贵州省脱贫县独山县为例。

（一）独山县农户居住满意度及影响因素

独山县地处贵州省最南端，是典型的西南丘陵山区、武陵山区少数民族地区、国家级脱贫县，基于此，农户基本生活情况和居住情况也受到重点关注。这里选取其百泉镇、基长镇、麻万镇、麻尾镇、上司镇、下司镇、影山镇、玉水镇的 14 个村和 1 个社区作为研究区。

采用实地调研获取的研究数据，运用探索性因子分析法对数据进行检验，结合结构方程模型更深层次地探讨独山县农户的居住满意度及其影响因素。随机抽取独山县

363 户农户进行以"农户居住满意度"为主题的问卷调查，获取有效问卷 327 份，回收率为 90.08%。在收集的有效问卷中，每个镇获取不少于 20 份问卷，问卷采用五级量表形式表示，1~5 分分别表示非常不满意、不太满意、一般、比较满意、非常满意。参考已有研究成果，研究量表包括农户家庭基本情况、收入情况、所在村庄基本信息及相关满意度等内容。

通过探索性因子分析法可得出农户的居住满意度主要受 3 个潜变量的影响：住房条件、生活环境、社会服务。通过探索性因子分析检验之后，在此基础上构建居住满意度结构方程模型，如图 7 - 12 所示，初始模型由 3 个潜变量和 15 个观察变量组成。在此，提出以下 3 个假设：

H1：住房质量对农户居住满意度存在显著正向影响；

H2：生活环境对农户居住满意度存在显著正向影响；

H3：社会服务对农户居住满意度存在显著正向影响。

在农户个体属性特征与潜变量相关分析中可以发现：农户个体属性特征影响农户对独山县生活条件的整体评价，其中健康状况、月收入、职业及干部帮扶是可调整变动的因素，这为独山县进一步提升居住满意度提供了理论依据，实际操作可从以上 4 个方面有针对性帮扶。

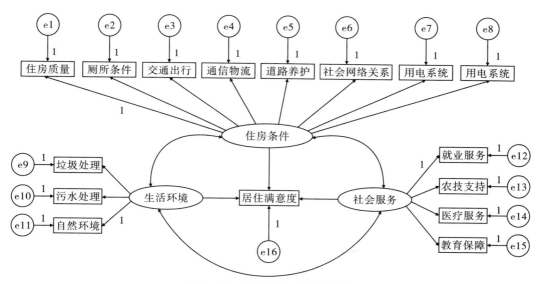

图 7 - 12　居住满意度初始模型

（二）模型构建

1. 模型拟合检验与修正

结构方程模型拟合度是否良好主要通过以下几个指标进行衡量：CMIN/DF（近似卡方）、RMSEA（近似误差均方根）、SRMR（残差均方根）、CFI（比较拟合指数）、GFI（拟合优度指数）、AGFI（调整拟合优度指数）、TLI（非规范拟合指数）、NFI（规范拟合指数）。从初始模型拟合检验结果看，如表 7 - 5 所示，近似卡方值（CMIN/DF）略微不达标，GFI、AGFI、TLI、NFI 4 项指标略小于 0.9，其余指标符合要求，说明初始模型还有待进一步优化修正。从修正指标看，若删除"X_2 厕所条件"和"X_8 饮水条件"中的一个指标，可以进一步优化卡方值，同时"X_{13} 农技支持"的标准化系数与残差大于1，故删除该指标。在删除"X_8 饮水条件"和"X_{13} 农技支持"之后再次建模，并得到修正模型的适配值。修正后的模型结果，如表7－5所示，均符合建议值要求，说明模型拟合度良好。

表7－5 模型拟合度检验

指数	CMIN/DF	RMSEA	SRMR	CFI	GFI	AGFI	TLI	NFI
建议值	1~5	<0.080	<0.050	>0.900	>0.900	>0.900	>0.900	>0.900
初始模型结果	5.335	0.072	0.047	0.916	0.850	0.882	0.894	0.899
修正模型结果	3.375	0.058	0.031	0.941	0.912	0.906	0.934	0.937

2. 模型信效度检验

通过对模型修正后，用 Stata 软件对剩余的观察变量进行总体信效度分析，结果显示克朗巴赫阿尔法（Cronbach's Alpha）值为 0.859，大于 0.7，故问卷整体信度良好。再依次对 3 个潜变量进行效度分析，克朗巴赫阿尔法值均大于 0.7，即问卷内容设计较为合理。

修正后的模型中，各外生观察变量的标准化因子系数与载荷值均大于 0.5，如表7－6所示，说明该模型中观察变量能较好地解释潜变量。3 个潜变量的组合信度分别为 0.920、0.922、0.823，均大于 Q7，AVE（平均变异抽取量）分别为 0.630、0.800、0.613，均大于 0.5，说明该模型总体具有良好的信效度。

表7－6 模型信效度检验结果

潜变量	观察变量	标准化因子载荷	信度	组合信度（CR）	AVE
住房条件	X_1 住房质量	0.78	0.878	0.920	0.630
	X_2 厕所条件	0.66			
	X_3 交通出行	0.97			
	X_4 通信物流	0.86			
	X_5 道路养护	0.78			
	X_6 用电系统	0.98			
	X_7 社会网络关系	0.54			
生活环境	X_9 垃圾处理	0.87	0.910	0.922	0.800
	X_{10} 污水处理	0.95			
	X_{11} 自然环境	0.85			
社会服务	X_{12} 就业服务	0.65	0.796	0.823	0.613
	X_{14} 医疗服务	0.74			
	X_{15} 教育保障	0.93			

（三）模型结果分析

模型结果表明，住房条件、生活环境、社会服务与居住满意度在 0.01 的水平下呈显著的正相关关系，表明对居住满意度有正向的影响，则 H1、H2、H3 假设均成立如表 7－7、图 7－13 所示。其中，生活环境的影响效应最大，数据显示，生活环境每增加 1 个单位，居住满意度会提升 0.40 个单位；生活环境包含了居住环境和自然生态环境，结果显示"X_9 垃圾处理""X_{10} 污水处理""X_{11} 自然环境"对生活环境的影响分别为 0.87、0.95、0.85，说明大力加强人居环境的管理对于居住满意度有关键作用。

表 7－7　结构模型估计结果

		标准化系数	非标准化系数	标准误（S. E.）	组合信度（CR）	P	结果
住房条件	居住满意度	0.39	0.64	0.05	7.95	＊＊＊	H1 成立
生活环境	居住满意度	0.40	0.50	0.05	9.32	＊＊＊	H2 成立
社会服务	居住满意度	0.27	0.40	0.09	6.09	＊＊＊	H3 成立

注：＊＊＊表示在 $P < 0.001$ 水平下有统计学意义

其次是住房条件，数据显示，住房条件增加 1 个单位，居住满意度会相应增加 0.39 个单位。住房作为农户生活的基本条件，是对居住满意度造成影响的关键因素之一，但住房条件对居住满意度的影响程度不足于生活环境。在这里住房条件包含了住房质量及与住房配套的一些条件，其中"X_3 交通出行"和"X_6 用电系统"的影响较大，分别为 0.97 和 0.98，可见对于农户而言，在乡村居住必须保证交通通达性良好，用电必须正常。

社会服务也是影响居住满意度的重要因素。由于社会服务每增加 1 个单位，居住满意度将提升 0.27 个单位。社会服务作为对农户的一种保障服务，服务效果会直接影响农户内心的感受，"X_{15} 教育保障"对其影响最大，因素负荷量为 0.93 如表 7－6 所示。乡村教育是乡村振兴必不可少的一个环节，它会直接影响乡村整体的文化水平，同时，孩子在读书的年龄能够接受相应的教育也是父母的期望，教育水平的差异也是城乡差异之一，因此，教育保障在农户心目中占比较高。其次是"X_{14} 医疗服务"和"X_{12} 就业服务"，因素负荷量分别为 0.74、0.65，表明加强乡村教育保障力度、满足农户的医疗服务能提高农户的居住满意度。

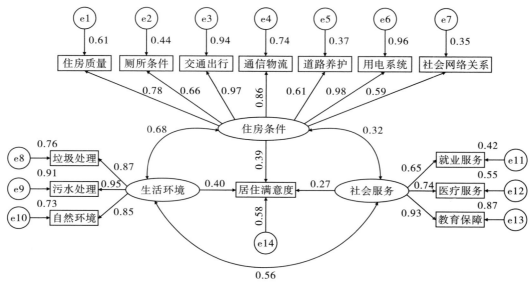

图 7-13 居住满意度修正模型结果

小 结

结构方程模型可以通过分析各因素对健康城市、低碳城市、海绵城市、宜居城市以及存量规划等的影响，定量讨论各因素对城市建设的正向和负向影响程度，为科学制定城市发展建设政策提供参考。目前，多数的分析方法很难衡量某一变量对城市某一问题的影响程度和显著水平，较难解释各因素间的影响程度和相互关系。而结构方程模型可以以一系列可观测的指标代替潜变量，从微观视角上对某一城市问题与各潜变量间的复杂关系进行模拟分析，得到不同解释变量对某一城市问题的影响程度。结构方程模型具有强大数据分析能力，已被广泛应用到诸如建成环境和出行行为、城市空间环境和主观幸福感等方面的相关研究中。

课后习题

近年来，伴随着网红经济的崛起，网红营销成了当今商业发展不可或缺的一部分，了解网红效应对商圈发展因素的影响，可以促进商圈可持续发展，增加消费者黏性。请采用商圈网红营销 2023 数据库（扫描 P347 二维码查看数据库），使用 Amos 软件，采取结构方程模型就下述假设进行分析。

假设：商圈网红化营销在消费者黏性的中介影响下，对商圈发展有影响。

若假设成立，能证明商圈网红化营销对商圈发展具有支持作用。本题要求在完成结构方程模型分析的基础上，对研究内容提出相应意见建议，并记录完整的软件操作过程。

参考文献

［1］SCHUMACKER R E, LOMAX R G. A Begniner's Guide to Structural Equation Modeling ［M］. London：Taylor & Francis Group，2016.

［2］阳义南. 结构方程模型及 STATA 应用 ［M］. 北京大学出版社. 2021.

［3］侯杰泰，温忠麟，成子娟. 结构方程模型及其应用 ［M］. 北京：教育科学出版社，2004.

［4］广义结构方程模型 ［EB/OL］. https：//wenku. baidu. com/view/42b3aed7d3d 233d4b14e852458fb770bf78a3bd7. html? _ wkts_ =1689920895690，2023 − 7 − 12.

［5］周老师. 结构方程模型和路径分析的区别，原理是否一样？ – 知乎（zhihu. com）［EB/OL］. https：//www. zhihu. com/question/21500426

［6］何晓群. 多元统计分析，5 版 ［M］. 中国人民大学出版社出版，2019.

［7］COOLEY W W. Explanatory Observational Studies ［J］. Educational Researcher，1978. 7（9）：9 − 15.

［8］第十五章路径分析 ［EB/OL］. https：//www. docin. com/p − 2144825454. html，2018 − 10 − 16.

［9］路径分析、结构方程模型及应用 ［EB/OL］. https：//doc. mbalib. com/view/3a672b484f7e2171ac37d827a238c95a. html，2017 − 03 − 30.

［10］阳义南. 结构方程模型及 Stata 应用 ［M］. 北京：北京大学出版社，2021.

［11］于玮烨. 结构方程模型 学习总结 1.3 模型识别 ［EB/OL］. https：//zhuan-lan. zhihu. com/p/306079941，2020 − 11 − 12.

［12］贾俊平等. 统计学 ［M］. 北京：中国人民大学出版社，2015.

［13］易丹辉. 结构方程模型方法与应用 ［M］. 北京：中国人民大学出版社，2008.

［14］YIN C Y, ZHANG J Y, Chunfu Shao. Relationships of the multi − scale built environment with active commuting, body mass index, and life satisfaction in China：A GSEM − based analysis ［J］. Travel Behaviour and Society，2020，21（1）：69 − 78.

［15］蔡智聪，廖和平，洪惠坤，等. 西南丘陵山区脱贫县农户居住满意度及影响因素分析——以贵州省独山县为例 ［J］. 西南大学学报（自然科学版），2022，44（11）：25 − 38.

［16］唐勇，何莉，梁越. 雾霾风险视域下健康城市形象研究——基于结构方程模型的测量 ［J］. 四川轻化工大学学报（社会科学版），2022，37（01）：1 − 15.

［17］施德浩，于涛，蔡文婷. 交易成本影响居民对存量规划满意度的实证研究——以杭州为例 ［J］. 现代城市研究，2019（08）：85 − 92.

［18］喻超. 基于结构方程模型的信阳城市宜居性影响因素研究 ［D］. 河南大学，2014.

［19］尹超英. 多尺度建成环境及通勤行为对居民幸福感影响建模研究 ［D］. 北京交通大学，2020.

第八章 线性规划

系统工程要使用许多数学方法和科学技术。本部分内容着重介绍运筹学有关方法。运筹学是20世纪40年代开始形成的一门新学科。它用定性与定量分析的方法来研究现实世界系统运行的规律，从中提出具有共性的模型，寻求解决模型的方法，其目的是帮助管理者选择最优决策方案、开展未来发展预测等工作。因此，运筹学是实现科学化发展必不可少的工具。运筹学又是一门应用学科，也是交叉学科，它在工程技术、生产管理、军事作战及城乡规划等领域都有广泛的应用。运筹学中的每一种方法都是一门独立的学科或数学分支，内容很丰富，这里仅介绍在城乡规划中应用较多的各类方法。

线性规划（Linear Programming，简称LP）是运筹学的一个重要分支，也是科学与工程领域广泛应用的数学模型。它辅助人们进行科学管理，是国际应用数学、经济、管理、计算机科学界所关注的重要研究领域。线性规划广泛应用于研究有限资源的最佳分配问题，即如何对有限的资源进行最佳的调配和最有利的使用，以便最充分发挥资源的效能来获取最佳的经济效益。因此，线性规划模型被广泛应用于科学与工程领域。线性规划模型在城乡规划学科中有着广泛的应用。城乡规划主要研究城市与农村的空间发展、城市与农村的关系、城乡协调发展等问题。在城乡规划中，线性规划模型可以应用在不限于以下的方面：

（1）土地利用规划：可用于优化土地利用，确定不同类型的土地用途，使得城乡发展达到最佳的协调性。

（2）交通规划：可用于优化道路、公共交通、停车场等的规划，使城乡交通更加便捷和高效。

（3）城市建设规划：可用于确定城市建设项目的规模、位置、时间等，使城市建设更加合理和经济。

（4）城市环境规划：可用于优化城市环境管理，如垃圾处理、水资源利用、城市绿化等，提高城市环境质量。

（5）资源分配规划：可用于城乡资源的分配，如农村教育资源、医疗资源、公共设施等的优化分配，实现城乡资源的均衡发展。

第一节 数学模型及应用

一、数学模型

线性规划这一类统筹计划问题用数学语言表达出来，就是在一组约束条件下寻求一个目标函数的极值问题。如果约束条件表示为线性方程式，目标函数表示为线性函数时，就叫线性规划。

线性规划数学模型包括如下几个基本部分：

1. 变量

这是指决策问题所需要控制的因素，一般称为决策变量，常以 x_i 表示，决策变量的多少取决于决策问题本身复杂程度以及决策研究控制精度的要求。变量越多，就越能反映实际，但求解越繁重。

2. 目标函数

这是对研究问题目标的数学描述，是一个极值问题。即极大值或极小值，如投资最省，距离最短，时间最少，产量最高……线性规划一般只解决单目标的问题。

3. 约束条件

这是实现目标的限制因素，如土地、资金、材料……这些限制因素就是模型中所需要满足的基本条件，即约束方程。约束方程一般多是一组联立方程组或不等式方程组。约束条件具有 3 种基本类型：$\geqslant$、$=$、$\leqslant$。

为了说明线性规划的数学模型，现以海绵城市新型生态建筑材料为例。设某新型生态建筑材料需要由 3 种原材料混合而成，各原材料的具体指标，如表 8－1 所示。

表 8－1 各建筑原材料的质量和成本

原材料	含水泥量（%）	含膨润土量（%）	成本（元/吨）
1#	54	0.13	35
2#	49	0.22	28
3#	45	0.34	22

现将这 3 种建筑原材料混合使用，要求混合后建筑材料的含水泥量不低于 48%，含膨润土量不高于 0.25%。问这 3 种原材料应该怎样混合才能使新型生态建筑材料的成本最低。

为了解答这个问题，设 1#、2#、3# 3 种建筑原材料的百分配比是 x_1、x_2、x_3，我们的目标是使建筑材料的总成本最小，即：

求：

$$\text{Min } z = 35x_1 + 28x_2 + 22x_3 \tag{8－1}$$

要满足的条件是

$$\begin{cases} 54x_1 + 49x_2 + 45x_3 \geqslant 48 \\ 0.13x_1 + 0.22x_2 + 0.34x_3 \leqslant 0.25 \\ x_1 + x_2 + x_3 = 1 \\ x_1 、 x_2 、 x_3 \geqslant 0 \end{cases} \tag{8-2}$$

这是一个典型的线性规划问题。式（8-1）称作目标函数，方程式组（8-2）称作约束条件。线性规划中满足约束条件的解称作可行解，在可行解中，又能满足目标函数的解，称作最优解。线性规划的目的就是要求出最优解。

一般的，线性规划可表示为：

目标函数：$\mathrm{Max}\ z = c_1x_1 + c_2x_2 + \cdots + c_nx_n$

$$s.t. \begin{cases} a_{11}x_1 + a_{12}x_2 + \cdots + a_{1n}x_n = b_1 \\ a_{21}x_1 + a_{22}x_2 + \cdots + a_{2n}x_n = b_2 \\ \cdots\cdots\cdots\cdots \\ a_{m1}x_1 + a_{m2}x_2 + \cdots + a_{mn}x_n = b_m \\ x_1 、 x_2 \cdots\cdots x_n \geqslant 0 \end{cases} \tag{8-3}$$

这里，我们把式（8-3）的表达方式称作线性规划的标准形式。

值得注意的是：

（1）线性规划的目标函数和约束条件方程必须是线性函数；

（2）决策变量是连续分布的，即变量值可以取小数；

（3）目标函数的单一性，如果决策目标是多个的，而且相互间有矛盾时，需设法将它们简化为单目标，否则属于数学规划的另一分支——多目标规划的问题；

（4）线性规划模型的方程为确定型，模型中没有未知系数；

（5）决策变量的非负性。

根据线性规划模型对标准形式的要求，当数学模型是其他形式时，需要用下述方法将它们转化为标准形式：

（1）若目标函数是最小化时，即有：

$$\mathrm{Min}\ z = c_1x_1 + c_2x_2 + \cdots + c_nx_n$$

这时，令 $z' = -z$，则目标函数变成：

$$\mathrm{Max}\ z' = -c_1x_1 - c_2x_2 - \cdots - c_nx_n$$

这就与标准形式的目标函数形式一致了。

（2）约束条件为不等式时，这里有两种情况：一种是约束条件为"≤"形式的不等式，这时可在"≤"号的左端加入非负的松弛变量，把原"≤"形式的不等式变为等式；另一种是约束条件为"≥"形式的不等式，则可在"≥"号的左端减去一个非负的松弛变量（或称剩余变量），从而变成等式的约束条件。

（3）若存在无非负要求的变量，即变量 x_k 取正值或负值都可以时，可令 $x_k = x_k' - x_k''$，其中 $x_k' \geqslant 0$，$x_k'' \geqslant 0$。

例如，有线性规划：

$$\text{Min } z = 2x_2 - x_1 - 3x_3 \tag{8-4}$$

$$s.t. \begin{cases} x_1 + x_2 + x_3 \leqslant 7 & (8-5) \\ x_1 - x_2 + x_3 \geqslant 7 & (8-6) \\ -3x_1 + x_2 + 2x_3 = 5 & (8-7) \\ x_1 \text{ 及 } x_2 \geqslant 0, \ x_3 \text{ 无符号约束} & (8-8) \end{cases}$$

变成标准形式后有：

$$\text{Max } z' = x_1 - 2x_2 + 3(x_4 - x_5) + 0x_6 + 0x_7 \tag{8-9}$$

$$s.t. \begin{cases} x_1 + x_2 + (x_4 - x_5) + x_6 = 7 & (8-10) \\ x_1 - x_2 + (x_4 - x_5) - x_7 = 2 & (8-11) \\ -3x_1 + x_2 + 2(x_4 - x_5) = 5 & (8-12) \\ x_1 、 x_2 、 x_4 、 x_5 、 x_6 、 x_7 \geqslant 0 & (8-13) \end{cases}$$

（8-4）式中，利用 $z' = -z$，把最小值问题变成最大值问题，（8-5）式中的"≤"不等式，由于加上松弛变量 x_6，变成等式约束式（8-10），相应在目标函数式（8-9）式中加上 $0x_6$。（8-6）式中有"≥"不等式，减去松弛变量 x_7，也应变成等式约束式（8-11），在目标函数中相应有 $0x_7$。至于无符号约束的变量 x_3，已由非负约束的变量 x_4、x_5 所代替。

二、线性规划模型在城乡规划中的应用实例

线性规划是运筹学中较成熟的一个分支，随着计算机技术的普及，计算问题日益变得不是主要的问题。系统优化目的关键是根据研究问题的背景，对问题内部关系的深刻理解，归纳抽象成线性规划模型。以下介绍几个例子，希望可以帮助读者从中得到启发，扩大思路，以便构造更合理模型。

（一）运输分配问题

例如有两个混凝土生产能力分别为 $I_1 = 3.0$ 万立方米/日和 $I_2 = 2.0$ 万立方米/日的工厂。它们同时向 3 个工地供应，3 个工地需求量分别为 $j_1 = 1.0$ 万立方米，$j_2 = 1.5$ 万立方米和 $j_3 = 2.5$ 万立方米。

两个工厂分别到 3 个工地的运输距离为 d_{ij}。两个工厂分别向各工地的供应量令其为 x_{ij}，如表 8-2 所示。

表 8-2 凝土工厂生产、运输及供应数据

工厂 i	工地 j		
	$j_1 = 1.0$	$j_2 = 1.5$	$j_3 = 2.5$
$I_1 = 3.0$	$x_{11} = 0.5$	$x_{12} = 0$	$x_{13} = 2.5$
	$d_{11} = 10$	$d_{12} = 14$	$d_{13} = 11$
$I_2 = 2.0$	$x_{21} = 0.5$	$x_{22} = 1.5$	$x_{23} = 0$
	$d_{21} = 16$	$d_{22} = 15$	$d_{23} = 19$

可见两个工厂总生产量为 5 万立方米，3 个工地的总需求量正好也是 5 万立方米，供需平衡。现在的问题是各个工厂向各个工地分别输送多少混凝土量，既满足各工地需求量的要求又保证各工厂有能力供应，同时使运输的费用（吨 – 公里）最小。

根据上述关系，可以建立如下模型，

目标函数：

$$\min Z = d_{11} \cdot x_{11} + d_{12} \cdot x_{12} + d_{13} \cdot x_{13} + d_{21} \cdot x_{21} + d_{22} \cdot x_{22} + d_{23} \cdot x_{23}$$
$$= 10x_{11} + 14x_{12} + 11x_{13} + 16x_{21} + 15x_{22} + 19x_{23} \qquad (8-14)$$

约束条件：

$$\begin{cases} x_{11} + x_{12} + x_{13} = 3.0 \\ x_{21} + x_{22} + x_{23} = 2.0 \\ x_{11} + x_{21} = 1.0 \\ x_{12} + x_{22} = 1.5 \\ x_{13} + x_{23} = 2.5 \\ x_{11}, \ x_{12}, \ \cdots x_{23} \geq 0 \end{cases} \qquad (8-15)$$

式中 x_{ij} 值即为求解的答案值。

（二）生产投资安排问题

如某开发公司可能选择建造二室户、三室户和四室户的住宅，现在需要确定每种住宅的数量，以使获得利润最大，但要满足以下约束条件：

（1）这项工程的总预算不超过 900 万元；

（2）为了使这项事业在经济上可行，总单元数必须不少于 350 套；

（3）基于市场的分析，每类住宅的最大百分数为：

二室户套数为总数的 20%；

三室户套数为总数的 60%；

四室户套数为总数的 40%。

（4）建筑造价（包括土地、建筑和工程费用，室内设施，绿化等）：

二室户：20000 元/套；

三室户：25000 元/套；

四室户：30000 元/套。

（5）扣除利息、税收等之后的纯利润为：

二室户：2000 元/套；

三室户：3000 元/套；

四室户：4000 元/套。

令 x_1，x_2，x_3 分别代表二、三、四室户住宅的套数，钱数以万元计。

根据项目要求，可设立目标函数：

$$\max Z = 0.2x_1 + 0.3x_2 + 0.4x_3 \qquad (8-16)$$

约束条件：

$$\begin{cases} 2.0x_1 + 2.5x_2 + 3.0x_3 \leqslant 900.0 \text{（万元）} \\ x_1 + x_2 + x_3 \geqslant 350 \text{（套）} \\ x_1 \leqslant 0.2X \text{（}X\text{ 为住宅总套数）} \\ x_2 \leqslant 0.6X \\ x_3 \leqslant 0.4X \end{cases} \qquad (8-17)$$

其中，可设置 $X = 350 + x_4$，x_4 为辅助变量。

对该线性规划模型的求解结果是：

$$x_1 = 45$$
$$x_2 = 210$$
$$x_3 = 95$$

最大利润 $Z = 110$ 万元。

（三）大城市客运交通结构优化

城市客运交通结构是关系城市交通系统发展方向的核心问题。我国大城市主要的客运交通方式包括：轨道交通、常规公交、私家车、自行车、步行、出租车和摩托车。城市客运交通结构优化即是在城市交通基础设施建设水平、环境、能源等各种条件的约束之下，选择可能的交通工具并进行恰当的组合，使各种交通方式互补协调、扬长避短，从而最大限度地发挥各种交通方式的优势，并且在满足城市居民出行需要的基础上，追求最高的交通效率。传统意义上的交通效率是指利用有限的交通资源实现尽可能多的人的空间移动（人公里），但按照国家落实科学的发展观及建设和谐社会的要求，交通效率还应包括降低城市交通污染、减少交通能耗、提高乘客服务水平、提高交通速度等许多方面，它是一个综合的、多指标的体系。正因为如此，城市客运交通系统中的各种交通方式所承担的单位客运周转量对交通效率的影响是不同的。为体现这种差别，可以建立如下数学模型：

$$\max Z = CX,$$
$$s.t. \begin{cases} AX = b, \\ X \geqslant 0, \end{cases} \qquad (8-18)$$

式中，Z 为城市客运交通效率函数；C 为各种交通方式所承担的客运周转量的权重行向量；X 为各种交通方式承担的客运周转量列向量；A 为约束方程组的系数矩阵。各种交通方式所承担的客运周转量的权重行向量 C，其内在的含义为轨道交通、常规公交、私家车、自行车、步行、出租车和摩托车等客运交通方式承担单位客运交通周转量对城市交通运输效率改善的贡献大小。各种交通方式单位周转量对运输效率改善的贡献值，具体如表 8-3 所示。

表 8-3　我国大城市主要交通方式客运周转量的权重值

权重值	轨道交通	常规公交	私家车	自行车	步行	出租车	摩托车
c_i	0.089 3	0.042 9	0.023 7	0.017 1	0.021 1	0.014 4	0.014 5

综上所述，基于交通方式结构的城市交通运输效率函数（即目标函数）为：

$$\max Z = 0.0893x_{rai} + 0.0429x_{bus} + 0.0237x_{car} + 0.0171x_{byc}$$
$$+ 0.0211x_{ped} + 0.0144x_{tax} + 0.0145x_{mot} \tag{8-19}$$

建立优化模型：

合理、科学的大城市客运交通结构不仅应满足城市居民的出行需求，而且还应实现城市交通的可持续发展。满足城市居民的出行需求不仅包括空间位移的要求，还包含出行时耗的要求。城市交通的可持续主要包括道路用地资源的可持续性、能源消耗的可持续性、环境污染的可持续性。这些都是建立大城市客运交通结构优化模型约束条件的基本依据。因此，大城市客运交通结构优化模型为：

$$\max Z = \sum_{i=1}^{n} c_i \cdot x_i$$

$$s.t. \begin{cases} \sum_{i=1}^{n} x_i \geqslant D \\[2mm] \dfrac{\sum\limits_{i=1}^{n} v_i \cdot x_i}{\sum\limits_{i=1}^{n} x_i} \cdot t \geqslant R \\[2mm] \dfrac{\sum\limits_{i=1}^{n} l_i \cdot x_i}{\sum\limits_{i=1}^{n} x_i} \leqslant LR \\[2mm] \sum\limits_{i=1}^{n} e_i \cdot x_i \leqslant ENC \\[2mm] \sum\limits_{i=1}^{n} p_{ij} \cdot x_i \leqslant EC_j \\[2mm] G \cdot (1-\varepsilon) \leqslant \sum\limits_{i=1}^{n} \dfrac{x_i}{h_i} \leqslant G \cdot (1+\varepsilon) \\[2mm] x_i^{min} \leqslant x_i \leqslant x_i^{max} \end{cases} \tag{8-20}$$

式中，D 为通过交通需求预测求得的城市居民交通需求总量，人·km；v_i 为第 i 种交通方式的平均速度；t 为规划年城市居民的平均出行时间预算；R 为规划年城市等效半径；l_i 为第 i 种交通方式的动态占用道路面积；LR 为规划年的城市人均占用道路面积；e_i 为规划年第 i 种交通方式的能源消耗因子；ENC 为规划年城市客运交通分担的能源消耗上限；p_{ij} 为第 i 种交通方式第 j 种污染物的排放因子，g/人·km；EC_j 为城市交通第 j 种污染物的环境容量，g；G 为规划年城市居民出行总量；ε 为误差范围，一般取 5%；hi 为规划年第 i 种交通方式的平均出行距离；x_i^{min} 和 x_i^{max} 分别表示各个交通方式在规划年所能承担的客运周转量的上限和下限。

本节列举了较多的例子是为阐述，线性规划的关键在于城乡规划从业人员对问题的深刻理解，只有如此才能在实际中得到广泛和有效的应用。能否从实际问题中构造出恰当的模型恰恰是最困难的工作。这就要求我们努力从有关方面创造性地去确定课题，制定模型，从而求得最优解。

小 结

线性规划模型是一种非常有用的数学模型，可用于优化生产、配送、投资、资源分配等方面的决策问题。它是一种被广泛应用的数学优化工具，可以用于求解各种实际问题，如生产规划、配送问题、网络设计、金融和经济决策等等。

线性规划模型的优点包括：

易于建模：线性规划模型的建模非常简单，只需要确定决策变量、目标函数和约束条件，不需要对复杂的非线性函数进行建模。

高效求解：线性规划问题可以使用现代优化算法高效求解，例如单纯形法、内点法、基于网络流的算法等。

灵活性：线性规划模型可以很容易地扩展到包括更多的约束条件或更多的决策变量。

可视化：线性规划问题可以用图形方法直观地表示，可以帮助人们更好地理解问题。

然而，线性规划模型也有一些限制和缺点，例如：

仅限于线性问题：线性规划模型只适用于线性问题，不能处理非线性问题。

必须满足可行性条件：线性规划问题必须满足可行性条件，即存在一组解满足所有约束条件。

敏感度分析困难：线性规划问题的最优解可能受到约束条件或目标函数参数的微小变化而产生显著的变化，因此对解的敏感度分析比较困难。

总的来说，线性规划模型是一种非常有用的数学工具，可以用于各种实际问题的优化，但也需要注意其限制和缺点。

第二节 线性规划问题的求解

线性规划问题的求解法目前已有好几种，最常见的有图解法、单纯形法（Simplex Method）、匈牙利法等。其中又以单纯形法应用最为广泛。

由于计算机技术的迅速普及，手算已基本上被计算机所取代，因此这里仅从实用的角度对求解方法、步骤作具体介绍，以期能达到灵活运用的目的。同时对单纯形法的求解基本思路有所了解，而对其中有关理论方面的问题则不深入涉及。

一、图解法

对于只有两个变量的线性规划问题，可以用图解法求最优解，也就是做出约束条件的可行域，利用图解的方法求出最优解，其特点是过程简洁、图形清晰。

1. 从数学角度看图解法的原理

设线性目标函数 $z = Ax + By + C$；当 $B \neq 0$ 时，$y = -\dfrac{A}{B}x + \dfrac{z-C}{B}$，这样目标函数可看成斜率为 $-\dfrac{A}{B}$；在 y 轴上的截距为 $\dfrac{z-C}{B}$ 且随 z 值变化的一组平行线。因此，求 z 的最大值或最小值的问题可转化为求直线 $y = -\dfrac{A}{B}x + \dfrac{z-C}{B}$ 与可行域有公共点时，直线在 y 轴上的截距的最大值或最小值问题。

具体的解题步骤是，先做出直线 $y = -\dfrac{A}{B}x$，再平行移动这条直线，最先通过或最后通过的可行域的顶点就是最优解。当 $B > 0$ 时，z 的值随着直线在 y 轴上的截距的增大而增大；当 $B < 0$ 时，z 的值随着直线在 y 轴上的截距的增大而减小。这样由 y 在可行域上的最值，可以得出目标 z 在可行域上的最优解。对于求最优整解，如果作图非常准确可用平移求解法，也可以取出目标函数可能取得最值的可行域内的所有整点依次验证，选出最优解。

2. 线性规划图解法的应用

（1）一般问题。

设有一个线性规划问题表达式（包括目标函数、约束条件）如下：

$$\max f = 50x_1 + 40x_2$$

$$s.t. \begin{cases} x_1 + x_2 \leqslant 450 \\ 2x_1 + x_2 \leqslant 800 \\ x_1 + 3x_2 \leqslant 900 \\ x_1, \ x_2 \geqslant 0 \end{cases} \tag{8-21}$$

解：在直角坐标系中画出约束条件不等式中所决定的 5 条直线，如图 8-1 所示，由 5 条直线所围成的一个凸多边形就是约束条件给定的区域，其中所有的点都满足约

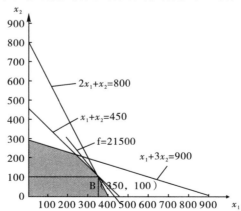

图 8-1 线性规划问题中的约束条件和最优解

束条件的要求。实际上，它表示一个由凸多边形内无数多个点所组成的集合，称为凸集。用平行移动的方法可以从无穷多点中求出使目标函数值最大的点。

目标函数 $f = 50x_1 + 40x_2$ 的斜率为 $-5/4$。当 f 为不同值时，在 x_1、x_2 坐标系中实际上是一系列的平行线，在每一条直线上 x_1、x_2 取不同的值，f 总是某一定值。由于直线是"等值线"，而且斜率相等，它们又是一系列平行线。因此只要画出其中任意一条线，将它们平移到某个与凸集相交的极限位置，所得的交点就是既满足约束条件（在凸集范围内），又使 f 值为最大最优解的点。如图 8－1 中的点 B，$x_1 = 350$，$x_2 = 100$，计算出 $f = 21500$。

（2）线性规划图解的特殊情况。

其一，多重解。当目标函数与某一约束条件平行时，有多重最优解。如图 8－2 所示：

$$\max Z = x_1 + 2x_2$$

$$s.\,t. \begin{cases} x_1 + 2x_2 \leqslant 8 \\ x_1 \leqslant 4 \\ x_2 \leqslant 3 \\ x_1,\ x_2 \geqslant 0 \end{cases} \quad (8-22)$$

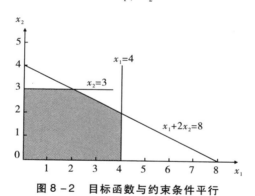

图 8－2　目标函数与约束条件平行

其二，无界解。无界解出现在可行域没有边界限制时。例如：

$$\max Z = 6x_1 + x_2$$

$$s.\,t. \begin{cases} -2x_1 + x_2 \leqslant 4 \\ x_1 - x_2 \leqslant 2 \\ x_1,\ x_2 \geqslant 0 \end{cases} \quad (8-23)$$

其三，无可行解。即新的约束条件围成的区域与原可行域无公共点，致使本题无可行解，如图 8－3 所示。

二、单纯形法

单纯形法是一种常用的线性规划求解算法，线性规划问题所有可行解构成的集合（即可行域）是凸集，它们有有限个顶点，并且其最优解如果存在必在该凸集的某顶点

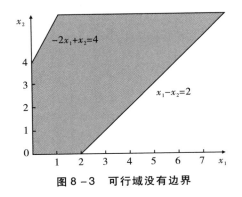

图 8-3 可行域没有边界

处达到。这里顶点所对应的可行解，成为基本可行解。1947 年美国丹捷格提出先找出一个基本可行解，对它进行判断，看是否最优解。若不是，则按照一定法则转换到另一个使目标函数能增加的基本可行解。根据这个理论思想提出了单纯形法。单纯形法是求解线性规划一种传统而且有效的方法。

单纯形法的基本思想是通过不断地改变基变量和非基变量的取值来逐步接近最优解。以下是单纯形法的求解过程：

（1）将线性规划模型转化为标准型，即将目标函数转化为最小化形式，并加入人工变量和松弛变量，使得所有的约束条件均为等式形式。

（2）选取初始基变量，将目标函数表示为基变量的线性组合，并计算出各个基变量的取值。

（3）判断当前解是否可行，即是否满足所有的约束条件。如果当前解可行，则转到步骤（5）；否则转到步骤（4）。

（4）选取一个非基变量作为入基变量，并选取一个基变量作为出基变量，以使得目标函数值增加或者减少。具体方法是计算每个非基变量对目标函数值的贡献，并选取贡献最大的非基变量作为入基变量；然后计算出每个基变量的取值变化量，并选取变化量最小的基变量作为出基变量。

（5）计算新的基变量取值，并检验是否满足约束条件。如果新解可行，则转到步骤（3）；否则转到步骤（4），继续寻找新的入基变量和出基变量。

（6）当所有的基变量对应的约束条件都满足时，得到最优解。此时目标函数值最小或者最大，对应的基变量取值即为最优解。

需要注意的是，单纯形法可能会出现以下情况：无界解（即目标函数可以取任意大的值）、无可行解（即没有任何一组解能够满足所有的约束条件）、多重解（即存在多组解具有相同的目标函数值）。在实际应用中需要注意这些情况的处理。

为了便于大家直观地理解单纯形法，借助以下例子说明计算步骤。任何一种算法都有其知识背景，本书不多作介绍。

设有一个线性规划问题表达式（包括目标函数、约束条件）如下：

$$\max Z = 2x_1 + 5x_2$$

$$s.t. \begin{cases} x_1 \leqslant 4 \\ 2x_2 \leqslant 12 \\ 3x_1 + 2x_2 \leqslant 0 \\ x_1, \ x_2 \geqslant 0 \end{cases} \quad (8-24)$$

单纯形法步骤：

（1）将原题目化为标准型。

$$\max Z = 2x_1 + 5x_2 + 0x_3 + 0x_4 + 0x_5$$

$$s.t. \begin{cases} x_1 + x_3 = 4 \\ 2x_2 + x_4 = 12 \\ 3x_1 + 2x_2 + x_5 = 0 \\ x_1, \ x_2, \ x_3, \ x_4, \ x_5 \geqslant 0 \end{cases} \quad (8-25)$$

（2）确定初始基本可行解。

先写出约束条件的系数矩阵

$$A = (\mathbf{P1}, \ \mathbf{P2}, \ \mathbf{P3}, \ \mathbf{P4}, \ \mathbf{P5}) = \begin{bmatrix} 1 & 0 & 1 & 0 & 0 \\ 0 & 2 & 0 & 1 & 0 \\ 3 & 2 & 0 & 0 & 1 \end{bmatrix}$$

x_3，x_4，x_5 的系数列向量为：

$$\mathbf{P3} = \begin{bmatrix} 1 \\ 0 \\ 0 \end{bmatrix} \quad \mathbf{P4} = \begin{bmatrix} 0 \\ 1 \\ 0 \end{bmatrix} \quad \mathbf{P5} = \begin{bmatrix} 0 \\ 0 \\ 1 \end{bmatrix}$$

则 x_3，x_4，x_5 是线性无关的（线性独立）。且此矩阵为单位矩阵，通俗易懂。

因此选 x_3，x_4，x_5 为基变量，x_1，x_2 为非基变量。从约束条件中可以得到：

$$\begin{cases} x_3 = 4 - x_1 \\ x_4 = 12 - 2x_2 \\ x_5 = 18 - 2x_2 - 3x_1 \end{cases} \quad (8-26)$$

令 x_1，$x_2 = 0$，就可得到一个基本可行解 $X^{(0)} = (0, 0, 4, 12, 18)^{\mathrm{T}}$。此结果对应图解法当中凸多边形的原点 O（0，0），再将有关数字加入表中，得到初始单纯形表，如表 8 – 4 所示。

表 8 – 4　初始单纯形表

C_j			2	5	0	0	0
C_b	X_b	b	x_1	x_2	x_3	x_4	x_5
0	x_3	4	1	0	1	0	0
0	x_4	12	0	〔2〕	0	1	0
0	x_5	18	3	2	0	0	1
$C_j - Z_j$			2	5	0	0	0

表 8 - 4 中，C_b 是指基变量的系数，X_b 是指基变量，b 是指约束方程组右端的常数。

（3）最优性检验

由表 8 - 4 中可得基变量的检验数全为零。两个非基变量的检验数分别为：

$$\sigma_1 = c_1 - \sum_{i=1}^{3} c_i a_{i1} = 2 - (0 \times 1 + 0 \times 0 + 0 \times 3) = 2$$

$$\sigma_2 = c_1 - \sum_{i=1}^{3} c_i a_{i2} = 5 - (0 \times 0 + 0 \times 2 + 0 \times 2) = 5$$

由于非基变量 x_1，x_2 的检验数 $\sigma_1 = 2$，$\sigma_2 = 5$ 都大于零，且系数列向量 $P1$，$P2$ 有正分量存在，须转入下一步基变换。

（4）基变换。

先要确定换入变量及换出变量。由于 $\max (\sigma_1，\sigma_2) = \max (2，5) = 5$，则其对应的非基变量 x_2 为换入变量。其所在行对应的基变量 x_4 为换出变量。谨记"一进一出"原则。

（5）迭代。

将 x_2 所在列 x_4 所在行的交叉处 [2] 为主元素。迭代以 [2] 为主元素进行初等行变换使 $P2$ 交换为（0 1 0）^T，在 x_4 行中将 x_2 替换 x_4，于是得到新的单纯形表，如表 8 - 5 所示。

表 8 - 5　第一次迭代单纯形表

	C_j		2	5	0	0	0
C_b	X_b	b	x_1	x_2	x_3	x_4	x_5
0	x_3	4	1	0	1	0	0
5	x_2	6	0	1	0	1/2	0
0	x_5	6	3	0	0	- 1	1
	$C_j - Z_j$		2	0	0	- 5/2	0

新的基本可行解 $X (1) = (0，6，4，0，6)^T$ 对应目标函数值 $Z = 30$。此次迭代结果对应图解法当中 x_2 轴上的点（0，6），该点也是凸多边形上的顶点。

再次观察检验数 $\sigma_1 = 2$ 大于零，且系数列向量 $P1$ 有正分量存在，须转入下一步基变换，重复依次进行上述步骤 $\max (\sigma_j) = 2$ 则其对应的非基变量 x_1 为换入变量。$\theta = \min (b'_i / a'_k | a'_k) = \min (4，2) = 2$。其所在行对应的基变量 x_5 为换出变量。将 x_1 所在列 x_5 所在行的交叉处 [3] 为主元素。迭代以 [3] 为主元素进行初等行变换使 $P3$ 交换为（0 0 1）^{T}。在 x_5 行中列中将 x_1 替换 x_5，于是得到新的单纯形表，如表 8 - 6 所示。

表 8 – 6　第二次迭代单纯形表

	C_j		2	5	0	0	0
C_b	X_b	b	x_1	x_2	x_3	x_4	x_5
0	x_3	– 2	0	0	1	1/3	– 1/3
5	x_2	6	0	1	0	1/2	0
0	x_1	2	1	0	0	– 1/3	1/3
	$C_j - Z_j$		0	0	0	– 11/6	– 7/6

（6）根据最优解判定定理所有检验数。

判定所有检验数，$\sigma_j \leqslant 0$，其中 $j = 1，2，3，4，5$ 直至所有的检验数非正，迭代完成。即得到最优解 $X^* = X^{(2)} = (2，6，-2，0，0)^T$ 对应目标函数值 $Z = 34$。如果我们以图解法求解此模型，会发现此次迭代结果正是图解法当中的极值点，也验证我们单纯形法所得结果和几何上得出的结果一致。

小　结

线性规划问题所有可行解构成的集合（即可行域）是凸集，它们有有限个顶点，并且其最优解如果存在，必在该凸集的某顶点处达到。这里顶点所对应的可行解，成为基本可行解。对于只有两个变量的线性规划问题，建议利用图解法求最优解，也就是做出约束条件的可行域，利用图解的方法求出最优解，其特点是过程简洁、图形清晰。通过单纯形法可以处理简单的线性规划问题，由此也得出了线性规划问题里的约束条件在几何上对应着一个凸多面体，有的也称为多胞形，单纯形的本质就是从多胞形的一个顶点出发，然后在多胞形的表面沿着边从一个顶点朝着另一个顶点移动，每到达一个新的顶点，进行最优检验和迭代，按照一定路线继续移动，直到最优解。

第三节　线性规划建模、求解示例

一、线性规划建模

某工厂生产 A、B 两种产品，生产每一吨产品所需要的劳动力和煤电消耗以及创造的收益，如表 8 – 7 所示。

表 8 - 7 某工厂的生产情况

产品种数	劳动力（个，按工作日计算）	煤（t）	电（kW）	单位产值（万元）
A（x_1）	3	9	4	7
B（x_2）	10	4	5	12
限量	300	360	200	f

现因条件限制，该厂仅有劳动力 300 个，煤 360t，供电局只供给 200kW 的电。试问：该厂生产 A 产品和 B 产品各多少吨，才能保证创造最大的经济产值？

建模思路：设该厂生产 A 产品 x_1（t），生产 B 产品 x_2（t）。于是根据表 8 - 7 中提供的数据信息可以建立如下模型：

目标函数：$\max f = 7x_1 + 12x_2$

$$约束条件：s.t. \begin{cases} 3x_1 + 10x_2 \leqslant 300 \\ 9x_1 + 4x_2 \leqslant 360 \\ 4x_1 + 5x_2 \leqslant 200 \\ x_1, \ x_2 \geqslant 0 \end{cases} \tag{8-27}$$

接下来利用单纯形表中的表格解法进行求解。

二、线性规划模型求解

（一）引入松弛变量

因为有 3 个约束条件，所以引入 x_3、x_4、x_5，然后将"≤"号变为"="号，从而得到标准式：

$$f = 7x_1 + 12x_2 + 0x_3 + 0x_4 + 0x_5$$

$$\begin{cases} 3x_1 + 10x_2 + x_3 = 300 \\ 9x_1 + 4x_2 + x_4 = 360 \\ 4x_1 + 5x_2 + x_5 = 200 \end{cases} \tag{8-28}$$

假设初始基底可行解为 $f = 0$。此时，$x_1 = 0$，$x_2 = 0$，$x_3 = 300$，$x_4 = 360$，$x_5 = 200$，于是目标函数化为：

$$f - 7x_1 - 12x_2 + 0x_3 + 0x_4 + 0x_5 = 0 \tag{8-29}$$

综合上式及线性规划标准式可得到以下方程组：

$$\begin{cases} f - 7x_1 - 12x_2 + 0x_3 + 0x_4 + 0x_5 + f = 0 \\ 3x + 10x_2 + x_3 + 0x_3 + 0x_4 + 0x_5 + 0f = 300 \\ 9x_1 + 4x_2 + 0x_3 + x_4 + 0x_5 + 0f = 360 \\ 4x_1 + 5x_2 + 0x_3 + 0x_4 + x_5 + 0f = 200 \end{cases} \tag{8-30}$$

（二）构造单纯形表

将上面带有松弛变量的方程组表示为矩阵形式。根据对应关系，将方程组的系数填入表内，得到初始单纯形表，如表 8 - 8 所示。

表 8 - 8　初始单纯形表

x_1	x_2	x_3	x_4	x_5	f	b
-7	[-12]	0	0	0	1	0
3	10	1	0	0	0	300
9	4	0	1	0	0	360
4	5	0	0	1	0	200

（三）寻找主元，消除第一行中的最大负系数

由于表中第一行的"-12"绝对值最大，观察第二列与最后一列的关系，根据主元的计算公式计算可得：

$$300/10 = 30，360/4 = 90，200/5 = 40$$

由于 30 < 40 < 90，第二列的第一个元素"10"就是主元。将主元所在行进行行列式变换，使得第二列中，除了"10"所在行的其他行的数值变化为 0，结果如表 8 - 9 所示：

表 8 - 9　消除第一个最大负系数

x_1	x_2	x_3	x_4	x_5	f	b
-17	0	6	0	0	5	1800
3	10	1	0	0	0	300
39	0	-2	5	0	0	1200
[5]	0	1	0	2	0	100

（四）重复上述操作，消除第一行剩余的最大负系数

继续在第一列寻找主元：

$$300/3 = 100，1200/39 = 31，100/5 = 20$$

其中，"20"最小。可见主元是该列的最后一个元素"5"。用"5"所在的行继续进行行列式变换，得到表格如表 8 - 10 所示：

表 8 - 10　消除第二个最大负系数

x_1	x_2	x_3	x_4	x_5	f	b
0	0	13	0	34	25	10700
0	50	8	0	-6	0	1200
0	0	29	25	-78	0	2100
5	0	-1	0	2	0	100

（五）表格标准化，读取结果

按照上表计算的结果，按行将 x_1、x_2 和 f 对应的系数变化为 1，得到标准化结果如

表 8 - 11 所示：

表 8 - 11　标准化结果

x_1	x_2	x_3	x_4	x_5	f	b
0	0	13/25	0	34/25	1	428
0	1	4/25	0	-3/25	0	24
0	0	29	25	-78	0	2100
1	0	-1/5	0	2/5	0	20

小　结

　　一般来说，求线性目标函数在线性约束条件下的最大值或最小值的问题统称为线性规划问题。满足线性约束条件的解叫作可行解，由所有可行解组成的集合叫作可行域。决策变量、约束条件、目标函数是线性规划的三要素。当变量数增多时，求解线性规划问题的基本方法是单纯形法，其基本思路是根据问题的标准型（等价地把不等式改为等式），从可行域中一个基本可行解（顶点）开始转换到另一个可行解（顶点）。这种过程叫"迭代"，每迭代一次都使目标函数去接近最优解，最后到达最优解。

课后习题

1. 将下列线性规划模型转为标准型。

（1）

$$\max Z = 2x_1 + x_2 + 3x_3 + x_4$$

$$s.t. \begin{cases} x_1 + x_2 + 3x_3 + x_4 \leqslant 7 \\ 2x_1 - 3x_2 + 5x_3 = -8 \\ x_1 - 2x_3 + 2x_4 \geqslant 7 \\ x_1, \ x_2, \ x_3 \geqslant 0, \ x_4 \ 无约束 \end{cases}$$

（2）

$$\min Z = -3x_1 + 4x_2 - 2x_3 + 5x_4$$

$$s.t. \begin{cases} 4x_1 - x_2 + 2x_3 - x_4 = -2 \\ x_1 + x_2 + 3x_3 - x_4 \leqslant -8 \\ -2x_1 + 3x_2 - x_3 + 2x_4 \geqslant 2 \\ x_1, \ x_2, \ x_3 \geqslant 0, \ x_4 \ 无约束 \end{cases}$$

2. 用图解法求解下列线性规划问题。

（1）
$$\min Z = -x_1 + 2x_2$$
$$\begin{cases} x_1 - 2x_2 \geqslant -2 \\ x_1 + 2x_2 \leqslant 6 \\ x_1, \ x_2 \geqslant 0 \end{cases}$$

（2）
$$\max Z = 3x_1 + 6x_2$$
$$\begin{cases} x_1 - x_2 \geqslant -2 \\ x_1 + x_2 \leqslant -5 \\ x_1, \ x_2 \geqslant 0 \end{cases}$$

3. 用单纯形法求解下列线性规划问题。

（1）
$$\max Z = 2x_1 + x_2$$
$$\begin{cases} 3x_1 + 5x_2 \leqslant 15 \\ 6x_1 + 2x_2 \leqslant 24 \\ x_1, \ x_2 \geqslant 0 \end{cases}$$

（2）
$$\max Z = 2x_1 + 5x_2$$
$$\begin{cases} x_1 \leqslant 4 \\ 2x_2 \leqslant 12 \\ 3x_1 + 2x_2 \leqslant 18 \\ x_1, \ x_2 \geqslant 0 \end{cases}$$

4. 工业生产问题

某公司生产两种产品 A 和 B，每天生产时间限制为 8 小时。产品 A 和 B 的生产分别需要 2 小时和 3 小时，每个单位 A 和 B 的利润分别为 3 元和 5 元。每天公司能够销售的最大产品数量分别为 100 个和 80 个。求该公司每天应该生产多少个产品 A 和 B 才能最大化利润。

5. 建筑业问题

假定一个城区的某区要建设一批家庭住宅楼，楼层设想为 6 层和 9 层两类。现有可用土地 6hm²，建设资金至多能投入 3.6 亿元，容积率限定为 1.15。经过估算，土地购置费、管理销售等的费用大约需要 2.35 亿元，即至多有 1.25 亿元的资金用于楼房建设。并且设想，9 层楼房的房间面积更大。预算表明，6 层楼房的平均单方造价是 1650 元/m²，9 层楼房的平均单方造价是 1950 元/m²；6 层楼房的平均单方售价是 7000 元/m²；9 层楼房的平均单方售价是 7500 元/m²。以上全部按照建筑面积计算，各种数据及其关系列表如下。在这种情况下，请问开发商应该分别拿出多少土地用于建筑 6 层和 9 层楼房，才能获得最高收益？最终毛收益利益和利润各是多少？试建立本问题的线性规划模型并进行求解。

表 8－12　某小区住宅楼房建设情况预算简表

楼房类型	地面建筑面积	总面积限制	单方造价与投入	单方造价与收益
6 层	x_1（m^2）	$6x_1/60000$	1650 元/m^2	7000 元/m^2
9 层	x_2（m^2）	$9x_2/60000$	1950 元/m^2	7500 元/m^2
总量约束	x_1+x_2	1.15	125000000 元	f

参考文献

［1］吕慎，田锋，李旭宏．大城市客运交通结构优化模型研究［J］．公路交通科技，2007，No. 136（07）：117－120.

［2］吕慎，田锋，李旭宏．我国大城市客运交通结构发展模式研究——应用层次分析－主成分分析组合评判法［J］．土木工程学报，2003，36（1）：30－35.

［3］王兰林．线性规划图解法浅析［J］．河南财政税务高等专科学校学报，2010，24（02）：910－96.

［4］李青．线性规划问题图解法与单纯形法的比较［J］．科技展望，2016，26（28）：202＋204.

［5］陈彦光．城市规划系统工程系［M］．北京：中国建筑工业出版社，2019.

第九章　整数规划

　　整数规划（Integer Programming，简称 IP）是线性规划（Linear Programming，简称 LP）的一种扩展。在整数规划中，决策变量需要满足整数限制条件，即每个变量只能取整数值。这使得整数规划问题更加复杂，通常比线性规划问题更难求解。整数规划可以应用于很多实际问题，如生产调度、网络优化、资源分配等。

　　整数规划可以分为以下几种类型：

　　（1）0-1 整数规划：所有变量只能取 0 或 1；

　　（2）整数线性规划：所有变量必须是整数，但可以取任意整数值；

　　（3）混合整数规划：既有整数变量，又有连续变量；

　　（4）0-1 混合整数规划：一部分变量只能取 0 或 1，另一部分变量必须是整数，但可以取任意整数值；

　　（5）多目标整数规划：有多个目标函数，所有变量必须是整数；

　　（6）约束整数规划：在满足一些附加的约束条件的前提下，所有变量必须是整数。

　　这些类型的整数规划在应用中都有着广泛的应用。

第一节　数学模型及应用

一、数学模型

　　整数规划是指变量只能取整数时的数学规划。例如，某建筑工地有两种型号的挖掘机，其挖掘能力、操作工作数和辅助工人数，如表 9-1 所示。该建筑工地要求控制操作工作总数在 56 人/班以下、辅助工人总数在 70 人/班以内，问如何安排这两种挖掘机的工作台数，才能使建筑工地的挖掘能力最大。

表 9-1　两种挖掘机的挖掘能力及要求

挖掘机型号	挖掘能力（万吨/台年）	操作工人数（人/班）	辅助工人数（人/班）
I 型	40	9	7
II 型	90	7	20

　　为了解算这个问题，设 I 型挖掘机工作 x_1 台、II 型挖掘机工作 x_2 台。这里的目标

是使挖掘能力最大，即：

$$\text{Max}\,Z = 40x_1 + 90x_2 \tag{9-1}$$

要满足的约束条件是：

$$9x_1 + 7x_2 \leqslant 56 \tag{9-2}$$

$$7x_1 + 20x_2 \leqslant 70 \tag{9-3}$$

$$x_1、x_2 \geqslant 0 \tag{9-4}$$

$$x_1、x_2 \text{ 为整数} \tag{9-5}$$

这也是一个线性规划问题，有目标函数式（9-1）及约束条件式（9-2）—（9-5）。所不同的是，变量 x_1 及 x_2 是表示挖掘机的台数，只能是整数。假如用四舍五入的办法将不是整数的 x_1、x_2 之解变为整数，往往会破坏原来的约束条件。即使不破坏约束条件，它们也不一定是最优解。

一般的，当数学规划的变量要求是整数解时，称此规划为整数规划。具体地说，当所有变量都要求是整数时，此数学规划称作纯整数规划；当只有部分变量有这种整数要求时，称混合规划。特别的，当整数变量只在 0 或 1 这两个数进行选择时，称作 0-1 整数规划，这是一种简单而常见的整数规划。此外，在非线性规划中也可以有这种整数要求，称作非线性整数规划。

整数规划是一类非常重要的组合优化问题，其求解是 NP-hard 的，因此，目前的求解方法主要是基于启发式算法和精确算法，常用的方法有以下几种：

（1）分支定界法：将整数规划问题不断分解成若干个子问题，并用界限函数对子问题进行界限，最终找到最优解。

（2）剪枝搜索算法：基于分支定界的思想，通过对搜索空间进行剪枝，减小搜索空间，加快求解速度。

（3）遗传算法：通过模拟进化的方式，利用自然选择、交叉和变异等操作，生成一组具有较好适应度的解，最终找到最优解。

（4）神经网络算法：通过神经网络模型学习整数规划问题的特征和规律，通过反向传播算法优化网络权重，最终找到最优解。

（5）内点法：使用线性规划的内点法求解松弛问题，通过与原问题之间的关系，逐步逼近整数解。

（6）支持向量机：利用支持向量机的分类能力，将整数规划问题转化为分类问题，通过支持向量机求解。

这些方法都有各自的优缺点，应根据具体问题的特点选择合适的方法进行求解。

二、整数规划模型在城乡规划中的应用实例

在日常生活和生产工作中，我们时常会遇到结果取整数的规划问题。在规划日常生产和工作的安排时，实际安排到日常生产和工作中的劳动力、资源和需要应用到的设备的数量在大多数情况下都是整数，城乡建设过程中建筑物的楼栋数、层数等也需要是整数。整数规划就是用来研究、处理这一类问题的数学规划。因此，整数规划模

型可以在城乡规划中用来解决许多不同的问题。下面通过几个实例，说明整数线性规划在实际中的应用。

（一）投资问题

某公司有 5 个投资项目被列入投资计划，各项目需要的投资额和期望的收益，如表 9 - 2 所示。已知，该公司只有 600 万资金用于投资，由于技术上的原因，投资受到以下约束：

（1）项目 1、项目 2 和项目 3 至少应有 1 项被选中；

（2）项目 3 和项目 4 只能选 1 项；

（3）项目 5 选中的前提是项目 1 必须被选中。

问，如何选择一个最好的投资方案才能使投资收益最大？

表 9 - 2 投资收益信息

项目	投资额（万元）	期望收益（万元）
1	210	150
2	300	210
3	100	60
4	130	80
5	260	180

为了解决这个投资问题，可以设 $0-1$ 变量 x_i 为决策变量，即 $x_i=1$ 表示项目 i 被选中，$x_i=0$ 表示项目 i 被淘汰，则我们可以建立如下的整数规划模型：

$$\max Z = 150x_1 + 210x_2 + 60x_3 + 80x_4 + 180x_5$$

$$s.t. \begin{cases} 210x_1 + 300x_2 + 100x_3 + 130x_4 + 260x_5 \leq 600 \\ x_1 + x_2 + x_3 \geq 1 \\ x_3 + x_4 = 1 \\ x_5 \leq x_1 \\ x_i \text{ 取 } 0 \text{ 或 } 1, \ i = 1, \cdots, 5 \end{cases} \quad (9-6)$$

（二）背包问题

背包问题由来已久，该问题提出的原因是一个旅行者需要携带的物品常常很多，但他可以负担的重量是一定的。因此，为每一种物品规定一个重要性系数就是十分必要的。这样，旅行者的目标就变为在不超过一定重量的前提下，使所携带物品的重要性系数之和最大。下面，我们以一个经典的例子来示意建立整数模型解决背包问题。

一名登山队员做登山准备，他需要携带的物品及每一件物品的重量和重要性系数，如表 9 - 3 所示。假定登山队员允许携带的最大重量为 25 千克，试确定一个最优方案。

表 9 – 3　物品信息

	食品	氧气	冰镐	绳索	帐篷	照相器材	通信设备
重量（千克）	5	5	2	6	12	2	4
重要系数	20	15	18	14	8	4	10
c_i/a_i	4	3	9	2.33	0.67	2	2.5

解：

设 $0-1$ 变量，$x_i = 1$ 表示携带物品 i，$x_i = 0$ 表示不携带物品 i，则该问题可构建如下的模型：

$$\max Z = 20x_1 + 15x_2 + 18x_3 + 14x_4 + 8x_5 + 4x_6 + 10x_7$$

$$s.t. \begin{cases} 5x_1 + 5x_2 + 2x_3 + 6x_4 + 12x_5 + 2x_6 + 4x_7 \leqslant 25 \\ x_i \text{ 取 0 或 1，} i = 1, 2, \cdots, 7 \end{cases}$$ 　　　　（9 – 7）

这一简单的背包问题，无疑可以用一般线性规划的方法求解。但由于该问题的特殊结构，我们也可以找到更简单有效且具有启发性的求解方法。比如可以计算每一物品的重要性系数和重量的比值 c_i/a_i，比值大的首先选取，直到重量超过限制。由计算结果可知，帐篷的重要性系数和重量的比值最低，那么我们应该考虑首先淘汰帐篷，将其余的变量取值为 1。这时，计算携带物品的总重量为 24 千克，这就是简单背包问题的最优解。我们把这种只有一个约束的背包问题称为一维背包问题。

（三）布点问题

布点问题又称作集合覆盖问题，是一类典型的整数规划问题，它所解决的主要问题是一个给定集合（集合一）的每一个元素必须被另一个集合（集合二）所覆盖。例如，学校、医院、商业区、消防队等公共设施的布点问题。布点问题的共同目标是，既能够满足公共要求，又可以使布点最少，从而实现节约投资。我们以一个简单的布点问题为例：

某市共有 6 个区，每个区都可以设置消防站。市政府希望设置消防站的数量最少从而节省费用，但必须保证在城区任何地方发生火警时，消防车能够在 15 分钟以内赶到现场。根据实地测定，各区之间消防车行驶的时间，如表 9 – 4 所示。

表 9 – 4　消防车行驶时间信息

地点	一区	二区	三区	四区	五区	六区
一区	0					
二区	10	0				
三区	16	24	0			
四区	28	32	12	0		
五区	27	17	27	15	0	
六区	20	10	21	25	14	0

对于这一典型的布点问题，我们在设置变量时，一般仍是设置 $0-1$ 为决策变量，当 $x_i=1$ 表示 i 区的消防站被选中，$x_i=0$ 表示 i 区不设置消防站。那么依据消防车 15 分钟内可以到达城市中各区的要求，可以建立如下的整数规划模型用于求解：

$$\min Z = x_1 + x_2 + x_3 + x_4 + x_5 + x_6$$

$$s.t. \begin{cases} x_1 + x_2 \geqslant 1 \\ x_1 + x_2 + x_6 \geqslant 1 \\ x_3 + x_4 \geqslant 1 \\ x_3 + x_4 + x_5 \geqslant 1 \\ x_4 + x_5 + x_6 \geqslant 1 \\ x_2 + x_5 + x_6 \geqslant 1 \\ x_i \text{ 取 0 或 1}, \ i=1,\ 2,\ \cdots,\ 6 \end{cases} \qquad (9-8)$$

我们可以看出本模型中的目标条件为建设消防站的数量最少。约束条件为至少保证 1 个选中的消防站可以在 15 分钟内达到 6 个区。

近年来，利用整数规划解决布点问题，已被广泛地应用于城乡规划行业。以下是一个利用整数规划解决垃圾中转站布点的科学研究实例。

（四）选址优化问题

以垃圾中转站选址优化问题为例，可以利用整数规划中的 $0-1$ 规划模型来建模求解。在垃圾收集站和处理场的位置和数量已确定的情况下，整个垃圾收运过程中所发生的费用主要取决于规划期内垃圾从收集站到中转站的运输费用、垃圾从中转站到处理场的运输费用、中转站的固定投资费用和中转站的运行费用，上述 4 种费用彼此相互关联互相制约，均与中转站位置、规模密切相关。以垃圾收运系统费用的现值最小为目标，可设立如下的目标函数：

$$\min R = \sum_{i=1}^{m} \sum_{k=1}^{p} \sum_{t=1}^{T} \frac{L_{ik} \cdot C_{ik}}{(1+r)t-t_0} \cdot (365 X_{ik}) \cdot U_{ik} + \sum_{k=1}^{p} \sum_{j=1}^{n} \sum_{t=1}^{T} \frac{S_{ik} \cdot D_{ik}}{(1+r)t-t_0} \cdot$$

$$(365 Y_{ik}) \cdot V_{ik} + \sum_{k=1}^{p} F_k \cdot W_k + \sum_{k=1}^{p} \sum_{j=1}^{n} \sum_{t=1}^{T} \frac{365 \cdot Y_{ik} \cdot E}{(1+r)t-t_0} \cdot W_k \qquad (9-9)$$

$$W_k = \begin{cases} 1 & \text{启用第 } k \text{ 座垃圾中转站} \\ 0 & \text{不启用第 } k \text{ 座垃圾中转站} \end{cases}$$

$$U_{ik} = \begin{cases} 1 & \text{第 } i \text{ 座垃圾站的垃圾运往第 } k \text{ 座垃圾中转站} \\ 0 & \text{第 } i \text{ 座垃圾站的垃圾不运往第 } k \text{ 座垃圾中转站} \end{cases}$$

$$V_{kj} = \begin{cases} 1 & \text{第 } k \text{ 座垃圾中转站有垃圾运往第 } j \text{ 座垃圾处理场} \\ 0 & \text{第 } k \text{ 座垃圾中转站没有垃圾运往第 } j \text{ 座垃圾处理场} \end{cases}$$

式中，T 为规划使用年限，建设期为 t_0 年；r 为进行现值转换的贴现率；C_{ik} 为第 i 座收集站运往第 k 座中转站单位运输量单位距离的费用，（元·t^{-1}·km^{-1}）；X_{ik} 为第 i 座收集站运往第 k 座中转站的日运输垃圾量（t·d^{-1}）；L_{ik} 为第 i 座收集站运往第 k 座中转站运输距离（km）；D_{kj} 为第 k 座中站运往第 j 座处理场单位运输量单位距离的费用

（元·t^{-1}·km^{-1}）；Y_{kj} 为第 k 座中转站运往第 j 座处理场日运输垃圾量（$t·d^{-1}$）；S_{kj} 为第 k 座中转站运往第 j 座处理场运输距离（km）。F_k 为规划期内待建中转站的固定投资（元）；E 为中转站的运行成本（元·t^{-1}）。其中，W_k 是中转站是否被选用的决策变量；W_{ik} 是某一垃圾站的垃圾是否运往某一中转站的决策变量；V_{kj} 是某一中转站的垃圾是否运往某一垃圾处理场的决策变量。

在具体选址中，需要考虑中转站建设的规模、中转站的垃圾容量等条件，因此，可以建立如下的约束方程：

$$s.t. \begin{cases} F_k = f\left(\sum_{j=1}^{n} Y_{kj} \cdot W_k \right) \\ \sum_{i=1}^{m} X_{ik} \cdot U_{ik} = \sum_{j=1}^{n} Y_{kj} \cdot V_{kj} \\ \sum_{k=1}^{p} U_{ik} = 1 \\ U_{ik} \leqslant W_k \\ Q_{\min} \leqslant \sum_{i=1}^{m} X_{ik} \cdot U_{ik} \leqslant Q_{\max} \\ X_{ik}, Y_{kj} \geqslant 0 \end{cases} \qquad (9-10)$$

式中，$Q_{\min}$ 为中转站建设的最小控制规模（$t·d^{-1}$）；$Q_{\max}$ 为中转站建设的最大控制规模（$t·d^{-1}$）。

由所建立的约束方程来看，该约束方程即为规划使用年限内的费用现值最小模型，涵盖了垃圾收运系统中收集、中转和运输 3 个阶段中所发生的 4 部分费用，通过贴现率 r 进行现值转换，将其有机地结合在一起。

约束方程组中的约束方程式（1）表示中转站固定投资与实际接纳垃圾量间的函数关系；约束方程（2）表示进出中转站垃圾量的物料平衡关系；约束方程（3）表示 1 个收集站的垃圾只运往 1 个中转站，二者是"多对一"的关系；约束方程（4）表示无垃圾站的垃圾运往中转站时，中转站不启用，但只要有垃圾站的垃圾运往中转站，中转站必须启用；约束方程（5）是对中转站规模的进行控制；约束方程（6）表示垃圾量非负。

（五）固定费用问题

在新产品开发决策中，经常用到固定费用和变动费用的概念。如，在产品开发中，设备的租金和购入设备的折旧，就属于固定费用，而原材料和工时消耗则属于变动费用。下面，我们以一个简单的固定费用问题为例：

有甲、乙、丙 3 种产品的有关资料，如表 9-5 所示。该企业每月可用的人工工时为 2000 个，求最大利润模型。

表 9-5 产品信息

产品	设备使用费	变动成本 （元/件）	售价（元）	人工工时消耗 （工时/件）	设备工时 消耗	设置可用工时
甲	5000	280	400	5	3	300
乙	2000	30	40	1	0.5	480
丙	3000	200	300	4	2	600

根据上述条件及约束条件设置决策变量，并建立该问题的优化模型：

$$\max Z = 120x_1 + 10x_2 + 100x_3 - 5000y_1 - 2000y_2 - 3000y_3$$

$$s.t. \begin{cases} 5x_1 + x_2 + 4x_3 \leqslant 2000 \\ 3x_1 \leqslant 300y_1 \\ 0.5x_2 \leqslant 480y_2 \\ 2x_3 \leqslant 600y_3 \\ x_i \geqslant 0 \text{ 且为整数}, y_i \text{ 取 0 或 1} \end{cases} \quad (9-11)$$

近年来，利用整数规划解决固定费用或固定物资的问题，已被广泛地应用于城乡规划行业。以下是一个利用整数规划解决应急物资优化调度的科学研究实例。

（六）物资优化调度问题

整数规划是解决物资调度问题的有效模型。接下来，以紧急物资优化调度为例，说明一下整数规划在物资优化调度方面的应用。

近年来，大规模突发事件频繁发生，其危害越来越严重，应急物资的调度特别是应急药品的调度受到了各国政府和公众的高度重视，如果不能进行合理有效的应急物资调度，会使公众产生恐慌情绪。随着互联网、手机等有线无线通信技术的普及，公众会迅速了解突发事件各方面的信息，如果不考虑公众的心理风险感知程度，很可能导致不良的舆论效应甚至引发一系列严重的社会问题。因此，在应急物资调度的过程中，要着重考虑公众的心理因素，把减少其对突发事件的风险感知作为应急物资优化调度的重点。在突发事件发生后，公众对应急物资调度的时效性较为敏感，所以如何降低公众对应急物资获得时间的心理风险感知是其优化调度的关键所在。

根据前景理论的价值函数模型可知，公众心理风险感知函数模型为：

$$R(T) = -V(-x + T_0) + R_0 \quad (9-12)$$

据此方程可得出每个受影响区域 i 内公众对应急物资获得时间的心理风险感知函数模型为：

$$R_i = \begin{cases} -(T_0 - T_i)^\alpha + R_0, & T_i \leqslant T_0 \\ \lambda(T_i - T_0)^\beta + R_0, & T_i > T \end{cases} \quad (9-13)$$

在突发事件发生后，应急物资调度的一般流程是所在地区内有一个或多个应急物资存储中心和多个受影响区域，应急物资从物资存储中心运往各个受影响区域的救助站点进而分发到灾民手中。拟构建的规划模型有两个目标函数，一是减少公众对应急物资获得时间的心理风险感知，二是最小化各受影响区域的物资未满足度。

根据问题的描述与界定构建如下混合整数规划模型：

（1）目标函数。

$$\min R = \sum_{i \in N} R_i$$

$$\min f = \sum_{i \in N} \sum_{t \in T} w_i(t) \tag{9-14}$$

$w_i(t)$ 为时段 t 内，受影响区域 i 的物资未满足度。

（2）约束条件。

$$R_i = \begin{cases} -(T_0 - T_i)^\alpha + R_0, & T_i \leqslant T_0 \\ \lambda(T_i - T_0)^\beta + R_0, & T_i > T \end{cases} \tag{9-15}$$

$$D_i = a_i \cdot A_i \tag{9-16}$$

$$d_i(t) = D_i - \sum_{t=1}^{t-1} \sum_{i \in N} \sum_{r \in P} \sum_{k \in K} m_{jikr}(t) \tag{9-17}$$

$$\sum_{i \in N} \sum_{r \in P} \sum_{k \in K} m_{jikr}(t) \leqslant S_j - \sum_{t=1}^{t-1} \sum_{i \in N} \sum_{r \in P} \sum_{k \in K} m_{jikr}(t) \tag{9-18}$$

$$\sum_{t \in T} \sum_{i \in N} \sum_{r \in P} \sum_{k \in K} m_{jikr}(t) \leqslant S_j \tag{9-19}$$

$$\sum_{j \in M} S_j \geqslant \sum_{i \in N} D_i \tag{9-20}$$

$$w_i(t) = \frac{d_i(t) - \sum_{j \in M} \sum_{r \in P} \sum_{k \in K} m_{jikr}(t)}{D_i} \tag{9-21}$$

$$\sum_{i \in N} m_{jikr}(t) \leqslant c_k \cdot y_{rk}(t) \tag{9-22}$$

$$m_{jikr}(t) \leqslant 0 \tag{9-23}$$

$$y_{rk}(t) = \begin{cases} 1 & \text{时段 } t \text{ 内，运载车辆 } k \text{ 经过路 } r \\ 0 & \text{时段 } t \text{ 内，运载车辆 } k \text{ 不经过路 } r \end{cases} \tag{9-24}$$

（3）集合参数。

M 为物资存储中心集合，其中，$j \in M$；N 为受影响区域的集合，$i \in N$；K 为运载车辆集合，$k \in K$；P 为路径集合，$r \in P$；T 为时间跨度集合，$t \in T$。

（4）需求参数：

a_i 为受影响区域 i 内的每个人对应急物资的需求量；$d_i(t)$ 为时段 t 内受影响区域 i 的物资需求量；D_i 为受影响区域 i 的物资总需求量。

（5）其他参数和变量：

A_i 为受影响区域 i 内民众的数量；c_k 为运载车辆 k 的容量；S_j 为物资存储中心的应急物资存储量；$w_i(t)$ 为时段 t 内受影响区域 i 的物资未满足度。

（6）路径变量：

$$y_{rk}(t) = \begin{cases} 1 & \text{时段 } t \text{ 内，运载车辆 } k \text{ 经过路 } r \\ 0 & \text{时段 } t \text{ 内，运载车辆 } k \text{ 不经过路 } r \end{cases}$$

（7）配送变量：

$m_{jikr}(t)$ 表示时段 t 内，运载车辆 k 通过路 r 从物资存储中心 j 到受影响区域 i 的应急物资配送量。

（8）时间变量：

T_i 表示受影响区域 i 获得应急物资的时间。

约束条件中，约束（9-15）为公众对应急物资获得时间的心理风险感知函数表达式；约束（9-16）为受影响区域 i 的物资需求总量表达式；约束（9-17）表示在时段 t 受影响区域 i 的物资需求量等于总需求量减去前 $t-1$ 个时段的运送量；约束（9-18）表示时段 t 内运送的物资量不能大于物资存储中心现有的物资量；约束（9-19）表示从物资存储中心运出的应急物资量不能大于其存储量；约束（9-20）表示所有物资存储中心的总存储量大于所有受影响区域的总需求量，即能够满足所有需求；约束（9-21）为时段 t 内，受影响区域的物资未满足度表达式；约束（9-22）为运载车辆容量限制，每个时段的运送量都不能大于其容量；约束（9-23）表示如果路径 r 不是从物资存储中心 j 出发且经过受影响区域 i，则不选择路径 r 进行运送；约束（9-24）为 0-1 约束。

该例是一个以最小化公众心理风险感知程度和物资未满足度为目标的混合整数规划模型，读者在解决实际科学问题时，可以借鉴本例中建模的思路和方法。

小 结

整数规划是一种优化问题，它的目标是在满足一组线性约束条件下，找到一个整数解来最大化或最小化一个线性目标函数。其中，整数规划与线性规划的区别在整数规划要求的解必须是整数。

整数规划的应用非常广泛，例如在生产调度、供应链管理、金融投资等领域都有着重要的应用。比如，在生产调度中，整数规划可以用来确定每个工厂需要生产多少产品，以及如何安排生产时间和机器使用；在供应链管理中，整数规划可以用来优化库存管理和物流调度；在金融投资中，整数规划可以用来优化投资组合，以获得最大的收益。

第二节 整数规划问题的求解

一、实例

下面以一个实例说明整数规划的基本思想及其求解方法。

某房地产承包商拟建 A、B、C 3 种类型的楼房。建造楼房所需要的水泥、砖石、木料、玻璃、钢筋以及房屋的售价，如表 9-6 所示。原材料的数量以一定的单位计算。请问 3 种类型的楼房各建多少栋，才能使总收益最高？

表 9 - 6　某房地产承包商投产情况

房屋品种	水泥	砖石	木材	玻璃	钢筋	售价（万元）
A（x_1）	1.5	3	1.5	2.5	3	60
B（x_2）	2.5	2.5	3.5	4	2.5	75
C（x_3）	2	4	5	6	4	100
限量	100	200	150	210	200	f

根据已知条件，本工程问题的目标是求解毛收益最大。我们很容易可以建立起线性规划模型求解：

目标函数：

$$\max f = 60x_1 + 75x_2 + 100x_3 \qquad (9-25)$$

约束条件：

$$s.t. \begin{cases} 1.5x_1 + 2.5x_2 + 2x_3 \leqslant 100 \\ 3x_1 + 2.5x_2 + 4x_3 \leqslant 200 \\ 1.5x_1 + 3.5x_2 + 5x_3 \leqslant 150 \\ 2.5x_1 + 4x_2 + 6x_3 \leqslant 210 \\ 3x_1 + 2.5x_2 + 4x_3 \leqslant 200 \\ x_1, \ x_2, \ x_3 \geqslant 0 \end{cases} \qquad (9-26)$$

读者可以将此模型带入 LINGO 软件中求解，求解结果如下：建设 A 型楼房 45 栋，B 型楼房 0 栋，C 型楼房 16.25 栋，最大毛收益为 4325 万元。

但有一个现实问题是，楼房数目必须是整数，而 16.25 栋不是整数，现实中肯定无法执行。那么能否考虑四舍五入，建造 A 型楼房 45 栋，B 型楼房 0 栋，C 型楼房 0 栋呢？也许可以，但是不能这么肯定——在很多情况下，这种四舍五入的结果并不是最优解，甚至不是可行解。

我们可以考虑作如下调整：减少 1 栋 A 型楼房，变为 44 栋，将 C 型楼房改为 17 栋，此时的总收益为 4340 万元，如表 9 - 7 所示。可是，这样调整的结果是木材和玻璃的实际用量超过了约束，此方案显然不可行。

表 9 - 7　第一次调整结果

房屋品种	房屋数量	水泥	砖石	木材	玻璃	钢筋	售价（万元）
A（x_1）	44	1.5	3	1.5	2.5	3	60
B（x_2）	0	2.5	2.5	3.5	4	2.5	75
C（x_3）	17	2	4	5	6	4	100
限量	— —	100	200	150	210	200	f
实际用量	— —	100	200	151	212	200	4340

如果考虑建设 A 型楼房 46 栋，C 型楼房 16 栋，则总收益为 4360 万元。但是，除了木料尚未达到限量外，其余原材料均超过约束，如表 9 - 8 所示。因此，也不可行。

表 9 - 8　第二次调整结果

房屋品种	房屋数量	水泥	砖石	木材	玻璃	钢筋	售价（万元）
A（x_1）	46	1.5	3	1.5	2.5	3	60
B（x_2）	0	2.5	2.5	3.5	4	2.5	75
C（x_3）	16	2	4	5	6	4	100
限量	— —	100	200	150	210	200	f
实际用量	— —	101	202	149	211	202	4360

看来，似乎只能考虑建设 A 型楼房 45 栋，C 型楼房 16 栋了，这样各个约束条件均不会被突破，总收益为 4300 万元，如表 9 - 9 所示：

表 9 - 9　第三次调整结果

房屋品种	房屋数量	水泥	砖石	木材	玻璃	钢筋	售价（万元）
A（x_1）	45	1.5	3	1.5	2.5	3	60
B（x_2）	0	2.5	2.5	3.5	4	2.5	75
C（x_3）	16	2	4	5	6	4	100
限量	— —	100	200	150	210	200	f
实际用量	— —	99.5	199	147.5	208.5	199	4300

然而，根据线性规划求解的图解法可知，由于约束条件的不同，可行域顶点间的距离较远，简单的四舍五入求解可能会遗漏最优解或直接超越约束条件的限制。因此，我们就需要采用整数规划的求解原则解决类似的问题。由于整数规划求解属于 NP - hard，学者们思索了诸如分解算法、分支定界法、割平面法等求解方法。限于本书篇幅及读者受众，下面主要介绍如何利用分支定界法求解整数规划问题。

分支定界法（branch and bound）是解决整数规划问题的一种常用方法。

分支定界法的基本思想是将整数规划问题转化为一系列线性规划问题，然后对每个线性规划问题进行求解，得到一个最优解。如果最优解是整数解，则找到了整数规划问题的最优解；否则，根据线性规划问题的最优解将整数规划问题分成两个子问题，并对这两个子问题分别进行求解。

具体来说，分支定界法的步骤如下：

（1）对整数规划问题进行线性规划松弛，得到一个线性规划问题 LP。

（2）求解线性规划问题 LP，得到一个最优解 z^*。

（3）如果 z^* 是整数解，则找到了整数规划问题的最优解，停止算法；否则，选择一个取整后得到两个子问题的变量 $x_{\_j}$，并将整数规划问题分成两个子问题：

（4）子问题 1：$x_{\_j} \leq \lfloor z^*_{\_j} \rfloor$

（5）子问题 2：$x_{-j} \geq \lfloor z^*_{-j} \rfloor$

（6）其中，z^*_{-j} 是线性规划问题 LP 的最优解中变量 x_{-j} 的取值。

（7）对两个子问题分别进行分支定界，即重复步骤 1~3，直到找到整数规划问题的最优解为止。

我们以上述房地产商拟建新房的案例来具体说明求解过程。整数规划的模型如下：

$$\max f = 60x_1 + 75x_2 + 100x_3$$

$$s.t. \begin{cases} 1.5x_1 + 2.5x_2 + 2x_3 \leq 100 \\ 3x_1 + 2.5x_2 + 4x_3 \leq 200 \\ 1.5x_1 + 3.5x_2 + 5x_3 \leq 150 \\ 2.5x_1 + 4x_2 + 6x_3 \leq 210 \\ 3x_1 + 2.5x_2 + 4x_3 \leq 200 \\ x_1 \leq 45 \\ x_2 \geq 1 \\ x_3 \leq 16 \\ x_1, \ x_2, \ x_3 \geq 0 \end{cases} \qquad (9-27)$$

求解的第一步，是放弃约束条件的取整限制，将整数线性规划问题转换为普通线性规划问题，这就是整数线性规划的松弛问题。由于松弛问题的涵盖面更广，利用普通线性规划方法得到的可行解域一定包括整数规划问题的可行解域。我们将松弛问题设为 L_0，下面的过程就是在普通线性规划的可行解域里面搜索整数线性规划的最优解。

根据上面的求解结果，建设 A 型楼房 45 栋，B 型楼房 0 栋，C 型楼房 16.25 栋，最大毛收益为 4325 万元。求解结果存在分数解，不满足要求，原问题的最大收益应该不大于 4325 万元。不过，求解结果中仅 x_3 为分数，并且 $16 < x_3 < 17$。可以考虑用 16 和 17 决定 x_3 的上下两界，分别在模型中加入 $x_3 \leq 16$ 和 $x_3 \geq 17$，继续求解。这样，L_0 问题就被分解为 L_1 和 L_1'。L_1 问题的模型为：

$$\max f = 60x_1 + 75x_2 + 100x_3$$

$$s.t. \begin{cases} 1.5x_1 + 2.5x_2 + 2x_3 \leq 100 \\ 3x_1 + 2.5x_2 + 4x_3 \leq 200 \\ 1.5x_1 + 3.5x_2 + 5x_3 \leq 150 \\ 2.5x_1 + 4x_2 + 6x_3 \leq 210 \\ 3x_1 + 2.5x_2 + 4x_3 \leq 200 \\ x_3 \leq 16 \\ x_1, \ x_2, \ x_3 \geq 0 \end{cases} \qquad (9-28)$$

该模型的求解结果为：建设 A 型楼房 45.33 栋，B 型楼房 0 栋，C 型楼房 16 栋，最大毛收益为 4320 万元。

同理，L_1' 问题的模型为：

$$\max f = 60x_1 + 75x_2 + 100x_3$$

$$s.t. \begin{cases} 1.5x_1 + 2.5x_2 + 2x_3 \leqslant 100 \\ 3x_1 + 2.5x_2 + 4x_3 \leqslant 200 \\ 1.5x_1 + 3.5x_2 + 5x_3 \leqslant 150 \\ 2.5x_1 + 4x_2 + 6x_3 \leqslant 210 \\ 3x_1 + 2.5x_2 + 4x_3 \leqslant 200 \\ x_3 \geqslant 17 \\ x_1, \ x_2, \ x_3 \geqslant 0 \end{cases} \qquad (9-29)$$

该模型的求解结果为：建设 A 型楼房 43.2 栋，B 型楼房 0 栋，C 型楼房 17 栋，最大毛收益为 4292 万元。显然，两个分支都存在分数解，因此无法找到正确答案。比较两个分支的收益可知，第一个分支即 L_1 的收益更高，因此，放弃第二个分支，沿着第一个分支继续搜索。

对于 L_1，有 $45 < x_1 < 46$，因此可以考虑用 45 和 46 决定 A 型建筑的上下两界，分别在 L_1 的模型中，加入 $x_1 \geqslant 46$ 和 $x_1 \leqslant 45$，继续求解。这样，L_1 的问题就被分解为另外两个亚分支问题：L_2 和 L_2'。因此，L_2 问题的模型为：

$$\max f = 60x_1 + 75x_2 + 100x_3$$

$$s.t. \begin{cases} 1.5x_1 + 2.5x_2 + 2x_3 \leqslant 100 \\ 3x_1 + 2.5x_2 + 4x_3 \leqslant 200 \\ 1.5x_1 + 3.5x_2 + 5x_3 \leqslant 150 \\ 2.5x_1 + 4x_2 + 6x_3 \leqslant 210 \\ 3x_1 + 2.5x_2 + 4x_3 \leqslant 200 \\ x_1 \leqslant 45 \\ x_3 \leqslant 16 \\ x_1, \ x_2, \ x_3 \geqslant 0 \end{cases} \qquad (9-30)$$

该模型的求解结果为：建设 A 型楼房 45 栋，B 型楼房 0.2 栋，C 型楼房 16 栋，最大毛收益为 4315 万元。L_2' 问题的模型为：

$$\max f = 60x_1 + 75x_2 + 100x_3$$

$$s.t. \begin{cases} 1.5x_1 + 2.5x_2 + 2x_3 \leqslant 100 \\ 3x_1 + 2.5x_2 + 4x_3 \leqslant 200 \\ 1.5x_1 + 3.5x_2 + 5x_3 \leqslant 150 \\ 2.5x_1 + 4x_2 + 6x_3 \leqslant 210 \\ 3x_1 + 2.5x_2 + 4x_3 \leqslant 200 \\ x_1 \geqslant 46 \\ x_3 \leqslant 16 \\ x_1, \ x_2, \ x_3 \geqslant 0 \end{cases} \qquad (9-31)$$

该模型的求解结果为：建设 A 型楼房 46 栋，B 型楼房 0 栋，C 型楼房 15.5 栋，最大毛收益为 4310 万元。可见，第一个亚分支 L_2 的收益更高，因此放弃第二个亚分支，沿着第一个亚分支继续搜索。

对于 L_2，有 $0 < x_2 < 1$，因此，可以考虑用 0 和 1 决定 x_2 的上下界，分别在 L_2 的模型中加入 $x_2 \leqslant 0$ 和 $x_2 \geqslant 1$，继续求解。因此，L_2 问题又被继续分解为两个三级分支问题：L_3 和 L_3' 问题。L_3 问题的模型为：

$$\max f = 60x_1 + 75x_2 + 100x_3$$

$$s.t. \begin{cases} 1.5x_1 + 2.5x_2 + 2x_3 \leqslant 100 \\ 3x_1 + 2.5x_2 + 4x_3 \leqslant 200 \\ 1.5x_1 + 3.5x_2 + 5x_3 \leqslant 150 \\ 2.5x_1 + 4x_2 + 6x_3 \leqslant 210 \\ 3x_1 + 2.5x_2 + 4x_3 \leqslant 200 \\ x_1 \leqslant 45 \\ x_2 \leqslant 0 \\ x_3 \leqslant 16 \\ x_1, \ x_2, \ x_3 \geqslant 0 \end{cases} \qquad (9-32)$$

该模型的求解结果为：建设 A 型楼房 45 栋，B 型楼房 0 栋，C 型楼房 16 栋，最大毛收益为 4300 万元。L_3' 问题的模型为：

$$\max f = 60x_1 + 75x_2 + 100x_3$$

$$s.t. \begin{cases} 1.5x_1 + 2.5x_2 + 2x_3 \leqslant 100 \\ 3x_1 + 2.5x_2 + 4x_3 \leqslant 200 \\ 1.5x_1 + 3.5x_2 + 5x_3 \leqslant 150 \\ 2.5x_1 + 4x_2 + 6x_3 \leqslant 210 \\ 3x_1 + 2.5x_2 + 4x_3 \leqslant 200 \\ x_1 \leqslant 45 \\ x_2 \geqslant 1 \\ x_3 \leqslant 16 \\ x_1, \ x_2, \ x_3 \geqslant 0 \end{cases} \qquad (9-33)$$

该模型的求解结果为：建设 A 型楼房 43.667 栋，B 型楼房 1 栋，C 型楼房 16 栋，最大毛收益为 4295 万元。

比较收益可知，L_3 的收益更大，同时 L_3 的解已经满足我们的要求，不存在分数。可见，问题的最终答案就是：建设 A 型楼房 45 栋，B 型楼房 0 栋，C 型楼房 16 栋，最大毛收益为 4300 万元。

可见，分支定界法就是通过不断分裂问题的搜索空间，将整数规划问题分解成一系列线性规划子问题，利用线性规划算法来求解这些子问题，并根据线性规划问题的解来不断缩小搜索空间，直到找到整数规划问题的最优解。上述的这个例子是一个比较特殊的例子，我们会发现它的最终结果和四舍五入的结果一样。但在现实的工程问题中，有相当一类整数线性规划问题，采用四舍五入是得不到最优答案的。

小 结

　　整数规划问题大部分是线性的，在以往的线性规划问题中，会存在部分可行解或者是最优解是小数或分数，但是对于在特定条件下的问题，时常要求可行解或者是最优解的取值必须是整数。整数规划是系统工程授课的核心内容之一，运用传统计算方法来求解整数规划问题相对来说计算量较大，比较烦琐。整数规划是一个 NP 难问题，即不存在有效的多项式时间算法来解决该问题。因此，通常需要采用一些特殊的算法来解决整数规划问题。常用的算法包括分支定界法、割平面法和整数规划松弛法等。当连续的决策变量变为离散变量时，非线性优化问题通常会难解得多。因此，运用适合的软件求解就会很方便，其中 Lingo 软件就是求解整数规划的极佳软件，也是笔者较为推荐的求解办法。

第三节　0-1 整数规划的隐枚举法及实例分析

一、0-1 整数规划的隐枚举法

　　整数规划体系中的一种特殊类型是 0-1 规划。0-1 整数规划是指在一定的约束条件下，目标函数为整数线性函数，同时决策变量只能取 0 或 1 的优化问题，我们在学习 Logistic 回归分析时涉及的分类变量，即 0-1 变量。0-1 规划在实际问题中有着广泛的应用，例如布置工厂、设计网络、排课等等。由于其目标函数和限制条件都是离散的，0-1 整数规划也是 NP hard 问题，通常需要使用一些专门的求解算法来求解，如整数规划、分支定界法、割平面法等。在实际应用中，常常会将 0-1 规划问题转化为其他形式的优化问题，例如线性规划、二次规划等。此外，还可以使用启发式算法如遗传算法、模拟退火等方法求解。接下来，介绍求解 0-1 整数规划的隐枚举法。

　　隐枚举法（Implicit Enumeration）是一种求解 0-1 整数规划问题的方法。它基于分支定界法，但是避免了对每个分支进行显示的枚举，从而减少了搜索空间。

　　隐枚举法的基本思想是通过维护一个下界和一个上界，不断缩小搜索空间。具体地，它从初始节点开始，计算出一个下界和一个上界，然后将搜索空间划分为两个子空间，分别对子空间进行计算。对于下界较低的子空间，不再进行进一步的搜索，而对于上界较高的子空间，可以进一步细分。在每个子空间中，通过线性松弛法来计算下界和上界，同时可以利用剪枝技术来进一步缩小搜索空间。

　　具体来说，隐枚举法的步骤如下：

（1）初始化：设初始节点为根节点，计算初始下界和上界。

（2）分支：根据某个决策变量的取值，将搜索空间划分为两个子空间。

（3）松弛计算：对于每个子空间，使用线性松弛法来计算其下界和上界。

（4）剪枝：利用剪枝技术来进一步缩小搜索空间，比如用上下界进行剪枝。

（5）回溯：如果搜索到了叶子节点，回溯到父节点，重复以上过程直到找到最优解或者搜索空间为空。

总的来说，隐枚举法是一种高效的求解 0 - 1 整数规划问题的方法，它不仅能够避免烦琐地枚举每个可能的解，还可以通过剪枝技术来进一步减少搜索空间，从而加速求解过程。

隐枚举法的实质也是分支定界法。下面举例说明隐枚举法的求解过程。

求解下列整数规划：

$$\max Z = 3x_1 - x_2 + 5x_3$$

$$s.t. \begin{cases} x_1 + 2x_2 - x_3 \leqslant 2 \\ x_1 + 4x_2 + x_3 \leqslant 4 \\ x_1 + x_2 \quad\quad \leqslant 3 \\ x_j = 0 \, or \, 1 \quad (j = 1, \ 2, \ 3) \end{cases} \qquad (9-34)$$

这是一个典型的 0 - 1 规划问题，我们按隐枚举法的求解步骤求解：

（1）先取一个可行解 $x^{(0)} = (1, \ 0, \ 0)$，此时，$Z_0 = 3$。

（2）引进过滤条件 $Z_1 \geqslant Z_0$，在本例中即 $3x_1 - x_2 + 5x_3 \geqslant 3$。这是因为，初始可行解的目标值已经达到了 3，要继续寻找的可行解当然应该使目标函数值大于 3，所以我们将原问题变为以下模型：

$$\max Z = 3x_1 - x_2 + 5x_3$$

$$s.t. \begin{cases} 3x_1 - x_2 + 5x_3 \geqslant 3 \\ x_1 + 2x_2 - x_3 \leqslant 2 \\ x_1 + 4x_2 + x_3 \leqslant 4 \\ x_1 + x_2 \quad\quad \leqslant 3 \\ x_j = 0 \, or \, 1 \quad (j = 1, \ 2, \ 3) \end{cases} \qquad (9-35)$$

（3）求解新的规划问题。

按照穷举法的思路，应该依次检查各种变量组合，每得到一个可行解，就求出它的目标函数 Z_2，看 $Z_2 \geqslant Z_1$ 是否成立，若成立则将原来的约束变为 $Z_2 \geqslant Z_1$。

按照隐枚举法，过滤约束是所有约束条件中最重要的一个，因此应该先检查可行解是否满足它，如不满足，其他的约束就不需要检查了。这也是过滤约束的基本含义。

本例题的求解过程，如表 9 - 10 所示：

表 9 – 10 隐枚举法求解结果

解组合	Z 值	过滤条件	约束条件	解组合	Z 值	过滤条件	约束条件
(0, 0, 0)	0	——	√	(0, 0, 1)		×	
(0, 0, 1)	5	√	√	(0, 0, 1)		×	
(0, 1, 0)		×		(0, 0, 1)	8	√	√
(1, 0, 0)		×		(0, 0, 1)		×	

可见，该例的最优解为 Z_1（1, 0, 1）＝8。

隐枚举法也可用于求解最小化问题。如果问题的目标函数为最小化，可以先让所有的 0 – 1 变量取 1，然后逐一检查每一个变量取 0 的情况，要求要能使目标函数进一步减小并使解仍为可行解。

二、实例分析：电商仓配中心选址模型

电商仓配模式是销售企业专注于商品与渠道选择，将仓配中心外包给第三方物流企业建设运营。其具有两大作业特征：一是订单就近分配。利用电商平台的大数据分析技术，销售企业可依据客户订单异地就近匹配合适仓库，并借助自动化、智能化设备适应小批量、多批次货物拣选作业需求。二是多地分仓发货。销售企业依据销售预测情况将货物存储在第三方物流企业的不同区域电商仓配中心，当客户完成在线下单后，货物从仓配中心分拣装包后，通过第三方物流企业的配送网络送至客户端。该作业方式有助于提升物流服务水平，缩短配送时间。

为适应电商仓配模式的运作需求，第三方物流企业需要布局建设多个电商仓配中心，向上为供应商提供仓储管理，向下连接区域快递分拣场（站）的末端配送网络，构建完善的电商仓配服务体系。因而合理布局电商仓配中心是电商仓配服务体系的基础性任务之一，它影响着电商仓配服务成本及其配送服务时效，是电商企业构建核心竞争力的关键要素。下面借鉴参考文献中的实例，结合国内电商仓配网络结构优化各节点选址，利用定量分析法探讨电商企业如何合理选择仓配中心，以实现物流服务网络效益最大化。

（一）建立电商仓配中心选址模型

1. 问题描述及参数定义

本例中选址模型需要解决的问题是：如何在若干个备选地址中，选取合适的数量作为电商企业的仓配中心，在保证时效性，兼顾经济性的原则下，由仓配中心将电商订单货物配送至区域内快递分拣站，以有效达成货物递送时限性要求。

假设条件：

a. 电商企业依据大数据等技术可以较好预测客户需求变化，即运输量较为稳定，同时区域快递分拣站能及时将运输到达货物基本处理完，滞留成本可忽略；

b. 每个快递分拣站的地理位置确定且单位商品的配送费率恒定，与运量成正比例

关系，不受批量折扣等因素影响，同时退换货成本与退换量、运输距离及运输费率相关；

　　c. 一个快递分拣站只接受一个电商仓配中心服务，这符合电商企业实际运作特征，如京东等电商企业在配送区域网络规划中遵循单一来源原则；

　　d. 为了确保运输路网的准点率，电商企业一般会设定平均行驶速度，即仓配中心到快递分拣站的速度取值是常数。

　　相关参数定义：

F_i：备选地址 i 改扩建为电商仓配中心产生的建造成本；

c_i：电商仓配中心 i 的单位货物处理费用；

d_{ij}：电商仓配中心 i 到快递分拣站 j 的货物配送距离；

X_{ij}：电商仓配中心 i 向快递分拣站 j 的货物运输量；

T_{ij}：电商仓配中心 i 到快递分拣站 j 的货物配送时间；

P_i：电商仓配中心 i 能承受的货物最大处理量；

α_{ij}：单位货物的运输费率；

M_j：快递分拣站 j 的货物需求量；

k_j：快递分拣站 j 的货物退换率；

v_{ij}：电商仓配中心到快递分拣站的行驶速度；

Z_i：属于 0 - 1 决策变量，若备选点 i 改扩建为电商仓配中心，则 $Z_i = 1$，若备选点 i 未被选中，则 $Z_i = 0$；

Y_{ij}：属于 0 - 1 决策变量，若电商仓配中心 i 向快递分拣站 j 配送货物，则 $Y_{ij} = 1$，否则为 0。

2. 构建多目标选址规划模型

针对电商仓配中心管理目标的多重性，本例建立的电商仓配中心选址模型包含物流总成本最小化与客户最长等待时间最小化的多目标函数，并设定了相应的约束条件。

目标函数：

$$\min F = \sum_{i=1}^{m} \sum_{j=1}^{n} Y_{ij} \alpha_{ij} d_{ij} M_j + \sum_{i=1}^{m} Z_i \left(F_i + c_i \sum_{j=1}^{n} M_j \right) + \sum_{i=1}^{m} \sum_{j=1}^{n} k_j Y_{ij} \alpha_{ij} d_{ij} M_j$$

$$\min T = \max_{i=1,j=1}^{m,n} (T_{ij}) \qquad (9-36)$$

约束条件：

$$s.t. \begin{cases} \sum_{j=1}^{n} X_{ij} \leqslant P_i (i = 1,2,\cdots,m) \\ \sum_{i=1}^{m} Y_{ij} X_{ij} \geqslant M_j (j = 1,2,\cdots,n) \\ \sum_{j=1}^{n} Y_{ij} \geqslant Z_i (i = 1,2,\cdots,m) \\ \sum_{i=1}^{m} Z_i \sum_{j=1}^{n} Y_{ij} = n \\ \sum_{i=1}^{m} Z_i \leqslant m \\ Z_i = \{0,1\} (i = 1,2,\cdots,m) \\ Y_{ij} = \{0,1\} (i = 1,2,\cdots,m;j = 1,2,\cdots,n) \end{cases} \quad (9-37)$$

其中，目标函数中的（1）表示物流总成本最小化，第一项为货物从电商仓配中心到快递分拣站的配送成本，第二项为扩建成电商仓配中心的固定投资成本及货物处理管理成本，第三项为区域快递分拣站的货物退换货成本。目标函数（2）表示客户最长等待时间的最小化。约束条件中，约束条件（1）表示电商仓配中心的货物运输量不能超过中心最大处理能力；约束条件（2）表示电商仓配中心的运输量不低于各快递分拣站的配送需求；约束条件（3）表示电商仓配中心均有配送作业任务，满足特定快递分拣站的配送需求；约束条件（4）表示该备选地址被选为电商仓配中心时，快递分拣站才提供配送服务；约束条件（5）表示电商仓配中心扩建数量不超过备选地址数量。

本例是一个多目标选址问题，为了便于求解，可以采用主要目标法将多目标选址模型转化为单目标规划模型进行求解，得到转化后模型的最优解，即为原问题的 *Pareto* 有效解。

主要目标法的总体求解思路是在多目标函数中选取一个目标进行最小化，而将其他目标转换成约束条件。本文以总成本最小化为最终目标函数，将客户最长等待时间最小化函数转换成模型的约束条件之一，这里设定一个客户等待时限允许值 T_0，则目标函数（2）可转换成约束条件：

$$\max_{i=1,j=1}^{m,n} (T_{ij}) \leqslant T_0 \quad (9-38)$$

计算过程中可令 $T_{ij} = \dfrac{d_{ij}}{v_{ij}}$；

同时为体现改善客户满意水平的服务原则，可通过持续改变客户最长等待时间约束右端的等待时限允许值，得到不同等待时限下电商仓配中心的设置方案。

由此可见，利用整数规划解决实际的工程问题是一项复杂工作，要求从业人员必须首先具备构建科学、严谨的数学模型的能力，并具备灵活的数学思维。

3. 模型结果分析

将以上参数的数值代入混合整数规划模型中，考虑到该问题属于求解 $0-1$ 变量的非线性规划问题，求解复杂，推荐使用 Lingo 软件进行编程求解，其中对于配送时限允许值 T_0 的值域，在设定客户允许时间上限值内设定电商仓配中心数量，进而求解得出物流总成本最小的选址方案。当配送时限可允许值 T_0 取值依据客户要求约定 $T_0 = 3$ 时，选址模型通过找到全局最优解，说明该选址优化方案在时限性约束条件下均成立，即为最终优化选址方案，结果如表 9 – 11 所示：

表 9 – 11   考虑用户时效性约束条件下选址方案结果

选址目标	最优选址方案	运营总成本（元）
总成本最小化， 客户最大等待时间最小化	D1，D5，D6，D7，D9，D10，D11	15371080

小   结

在日常生活和生产工作中，我们时常会遇到结果的取值需要为整数的规划问题。总的来说，整数规划是一种非常有用的数学工具，但由于其求解复杂度较高，需要特殊的算法进行求解。在实际应用中，需要根据具体问题的特点进行合理的建模和算法选择。同时，也需要根据问题的规模和结构，选择合适的计算机硬件和软件环境，以保证整数规划问题的高效求解。

课后习题

1. 用分支定界法求解下列问题。

（1）

$$\max Z = 5x_1 + 2x_2$$

$$s.t. \begin{cases} 3x_1 + x_2 \leqslant 12 \\ x_1 + x_2 \geqslant 5 \\ x_1, \ x_2 \geqslant 0 \ 且为整数 \end{cases}$$

（2）

$$\max Z = 2x_1 + 3x_2$$

$$s.t. \begin{cases} x_1 + 2x_2 \leqslant 10 \\ 3x_1 + 4x_2 \leqslant 25 \\ x_1, \ x_2 \geqslant 0 \ 且为整数 \end{cases}$$

2. 解下列 0—1 整数规划问题。

（1）

$$\max Z = 4x_1 + 3x_2 + 2x_3$$

$$s.t.\begin{cases} 2x_1 - 5x_2 + 3x_3 \leqslant 4 \\ 4x_1 + x_2 + 3x_3 \geqslant 3 \\ x_2 + x_3 \geqslant 1 \\ x_1, x_2, x_3 \text{ 取 0 或 1} \end{cases}$$

（2）

$$\max Z = 2x_1 + 5x_2 + 3x_3 + 4x_4$$

$$s.t.\begin{cases} -4x_1 + x_2 + x_3 + x_4 \geqslant 0 \\ -2x_1 + 4x_2 + 2x_3 + 4x_4 \geqslant 4 \\ x_1 + x_2 - x_3 + x_4 \geqslant 1 \\ x_1, x_2, x_3, x_4 \text{ 取 0 或 1} \end{cases}$$

3. 利用整数规划，解下列投资项目选取问题。

某建设单位拟利用闲置资金 15 万元进行对外投资，现有 5 个投资项目可供选择，所需资金及投资回报收益期望值如表 9 - 12 所示。

表 9 - 12　项目资金及投资汇报期望

项目	所需基金（万元）	收益期望值（万元）
A	6	10
B	4	8
C	2	7
D	4	6
E	5	9

其中，A、B、C、D、E 之间的关系：

1. A、C、E 三项只能选其中 1 项；

2. B、D 两项中需且只能选 1 项；

3. 选 C 则必须选择 D 项。问，如何选择投资决策，使总投资期望值最大？

参考文献

［1］宾茂君，蒙孜. 整数规划中的数学实验和 Lingo 教学研究［J］. 现代信息科技，2022，6（23）：191 - 194 + 198.

［2］贾传兴，彭绪亚，刘国涛，等. 城市垃圾中转站选址优化模型的建立及其应用［J］. 环境科学学报，2006（11）：1927 - 1931.

［3］王旭坪，马超，阮俊虎. 考虑公众心理风险感知的应急物资优化调度［J］. 系统工程理论与实践，2013，33（07）：1735 - 1742.

［4］孙莹，刘慧萍，颜瑞，等. 基于韧性和社会福利的应急医疗物资供应链均衡优化［J/OL］. 中国管理科学，2023，31（8）：1 - 15.

［5］宾茂君，施翠云．Lingo 软件在整数规划教学过程中的应用［J］．电脑知识与技术，2022，18（35）：106－108.

［6］刘存．基于多目标的电商仓配中心选址模型研究［J］．陇东学院学报，2022，33（05）：59－57.

第十章 灰色系统

灰色系统是一种用于处理不确定性和不完整信息的数学和计算方法。它起源于中国科学家李四光教授与邓聚龙教授在20世纪80年代提出的"灰色系统理论"。

在灰色系统中，我们通常假设系统的某些方面是已知的（称为"白色"），而其他方面则是未知的或不确定的（称为"灰色"）。灰色系统，就是介于白色和黑色系统之间，一部分信息是已知的，另一部分信息是未知的，系统内各因素间有不确定的关系。因此，灰色系统是一种介于确定性系统和随机系统之间的系统。

灰色系统的主要应用包括时间序列分析、预测、控制、决策等。它的主要特点是简单、直观、易于实现，尤其适合于小样本、非线性和不稳定的系统建模。

灰色系统理论虽然源于信息论，但灰色系统理论应用不仅限于信息论领域，它还可以应用于许多其他领域，如经济学、环境科学、医学等。因此，可以将灰色系统理论看作是一种跨学科的研究领域，它综合了信息论、系统科学、数学、统计学等多个学科的理论和方法。

灰色系统理论自提出以来，经过几十年的发展，已经成为一种成熟的理论体系。在工程领域，灰色系统理论被广泛用于建模、预测和控制；在环境领域，它被用于环境污染和水资源管理；在医学领域，它被用于医疗决策和疾病预测；在经济领域，它被用于宏观经济预测和金融风险评估等方面。同时，灰色系统理论也在不断发展和完善。例如，近年来，研究者们在灰色系统理论的基础上提出了灰色关联分析、灰色预测控制、灰色数据挖掘等新的方法和模型，这使得灰色系统理论的应用范围和效果更加广泛和精确。总的来说，灰色系统理论的发展现状是非常活跃和积极的，它仍然具有很大的研究和应用价值。

GM（1，1）模型是灰色预测模型中最基本、应用最广泛的一种模型，它是灰色系统理论中最简单、最易于操作的一种模型，因其模型简单、预测效果好、预测结果可解释性强，因此被广泛应用于城乡规划工程的预测和决策中。本书将重点介绍GM（1，1）模型的基本原理、建模方法及求解办法。

第一节　数学模型及求解

一、数学模型

GM（1，1）模型的基本原理是通过对原始数据序列进行灰色分析和灰色预测，建立灰色微分方程，从而实现对未来数据的预测。GM（1，1）模型适用于样本数据量较小，且无法确定其数学模型的预测问题。其预测精度与样本数据的数量和质量密切相关。

该模型假设原始数据序列是由一个确定趋势和一个随机扰动项组成的，其中确定趋势可以用一阶微分方程来描述。具体来说，将原始数据序列的累加量与其原始数据进行累加平均，得到一个新的序列，称为累加生成序列。然后，对累加生成序列进行线性归化处理，得到一个新的序列，称为标准化序列。接着，根据标准化序列的特征，建立灰色微分方程，利用该方程进行预测。

以一个简单的例子来说明灰色系统的基本思路：

例题：城市 1986 到 1992 年道路噪声平均声级数据，如表 10－1 所示，请预测下一年的数据。

表 10－1　某城市交通噪声数据/dB（A）

序号	1	2	3	4	5	6	7
年份	1986	1987	1988	1989	1990	1991	1992
噪声	71.1	72.4	72.4	72.1	71.4	72.0	71.6

该例中的“年份－噪声”就是一个灰色系统。我们将本例中的原始数据利用绘图表示出来，如图 10－1 所示。

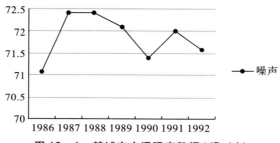

图 10－1　某城市交通噪声数据/dB（A）

观察这组数据可以看出，原始数据并没有规律可言。而根据既有文献可知，年份和噪声之间存在联系，但我们不知道具体的函数表达式，无法在数学上求解下一年的数据。

本例中的“年份”和“噪声值”就是一种灰色系统。当题目中的数据量少、无明显规律时，一般可以使用灰色预测模型。

该灰色系统的特点：

（1）数据量太少，无法用回归或神经网络预测。

（2）年份和噪声的数据是已知的。

（3）年份和噪声之间存在内在联系。

（4）具体函数关系未知。

（5）短期预测（只预测下一年）。

既然没有规律，那么我们就需要制造规律。如何制造规律？常用方法是累加生成，这是使灰色系统由灰变白的一种方法，此外还有累减生成、加权邻值生成等。

累加生成序列公式为：

$$x^{(1)}(k) = \sum_{i=1}^{k} x^{(0)}(i) \qquad (10-1)$$

根据累加生成序列公式，我们可以变换原始数据表，如表10－2所示：

表10－2　累加生成序列表

序号	1	2	3	4	5	6	7
年份	1986	1987	1988	1989	1990	1991	1992
$x^{(0)}(i)$	71.1	72.4	72.4	72.1	71.4	72.0	71.6
$x^{(1)}(k)$	71.1	143.5	215.9	288	359.4	431.4	503

可见，"序列"就是一组数。表中第三行的 $x^{(0)}(i)$ 代表这是原始序列，也就是题目给的数据；第四行的 $x^{(1)}(k)$ 则代表这是新的累加生成序列。此时，我们画出年份和新生成序列的图像，如图10－2所示：

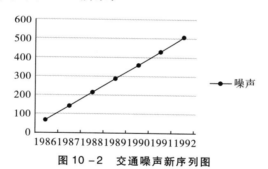

图10－2　交通噪声新序列图

可见相比前面的原始图像，新的序列和年份的图像看起来像是一条直线。这就是累加生成制造出来的规律。如果能把这个"规律"用数学表达式写出来，就能求出 $x^{(1)}$ 下一年的预测值；求出预测值后再将相邻两个 $x^{(1)}$ 相减（累加生成序列的逆过程），就能得到噪声值 $x^{(1)}$ 的预测值。这也是我们做累加生成序列的目的，即帮助原始数据寻找规律，并据此开展预测。

注意，已知年份和新序列的数据是已知的，我们现在缺少的是两者的函数关系式。一旦函数求出来了，代入下一年的年份，就能求出下一年的噪声预测值。那么，此时问题转变为已知自变量和因变量的数据，求出两者的函数关系式。

观察图10－2，生成的新序列和年份的图像看起来像一个指数曲线（直线），那么就可用一个指数曲线乃至一条直线的表达式来逼近这条线。由高数知识可知，一阶常微分方程的通解形式就是指数函数，所以可通过构建一阶常微分方程，然后求解方程，就得到了函数表达式。

因此，此时的预测问题，就转变为：

（1）构建年份 t 和累加生成序列 $x^{(1)}(k)$ 的一阶常微分方程。

（2）求解该方程。

这种预测方法就称作 GM（1，1）模型，是灰色预测模型的一种。其中的"G"是 grey，"M"就是 model，括号内第一个 1 代表着微分方程是一阶，而第二个 1 代表着方程中有 1 个变量。

值得注意的是，既然有 GM（1，1）模型，自然有 GM（2，1）、GM（1，2）模型等。其中 GM（2，1）就代表利用一个变量的二阶微分方程来进行灰色预测。本题的新序列与年份的函数图像接近指数函数或直线，是单调的变化过程，适合 GM（1，1）模型；而如果画出的图像是非单调的摆动序列或饱和的 S 型序列，则可考虑 GM（2，1）模型。

二、GM（1，1）模型的建立与求解

（一）GM（1，1）模型的数学模型求解步骤

1. 累加生成序列

将原始数据序列 $x^{(0)}(i)$ 进行累加得到累加序列 $x^{(1)}(k)$，其中 $x^{(1)}(k) = \sum_{i=1}^{k} x^{(0)}(i)$。

2. 构造紧邻均值的矩阵

为了数据更加合理，将累加序列中相邻的两项取平均，得到新序列 $z^{(1)}(k)$。其中 $z^{(1)}(k) = 0.5x^{(1)}(k) + 0.5x^{(1)}(k-1)$。

3. 计算数据矩阵

构造数据矩阵 $\mathbf{B}$ 及其中：

$$\mathbf{B} = \begin{bmatrix} -\dfrac{1}{2}[x^{(1)}(1) + x^{(1)}(2)] & 1 \\ -\dfrac{1}{2}[x^{(1)}(2) + x^{(1)}(3)] & 1 \\ \vdots & \vdots \\ -\dfrac{1}{2}[x^{(1)}(n-1) + x^{(1)}(n)] & 1 \end{bmatrix} \qquad (10-2)$$

$$\mathbf{Y}_n = \begin{bmatrix} X^{(0)}(2) \\ X^{(0)}(3) \\ \vdots \\ X^{(0)}(n) \end{bmatrix} \qquad (10-3)$$

4. 参数估计

根据下式计算参数向量：

$$\begin{bmatrix} \hat{a} & \hat{u} \end{bmatrix} = (\mathbf{B}^{\mathrm{T}}\mathbf{B})^{-1}\mathbf{B}^{\mathrm{T}}\mathbf{Y}_n \qquad (10-4)$$

5. 建立生成数据序列模型

$$\hat{x}(k+1) = \left[x^{(0)}(1) - \frac{\hat{u}}{\hat{a}} \right] e^{-\hat{a}k} + \frac{\hat{u}}{\hat{a}}, \quad k = 1, 2, \cdots \qquad (10-5)$$

6. 建立原始数据序列模型

$$\hat{x}^{(0)}(1) = x^{(0)}$$

$$\hat{x}^{(0)}(k) = \hat{x}^{(1)}(k) - \hat{x}^{(1)}(k-1)$$

$$= (1 - e^{-\hat{a}})\left[x^{(0)}(1) - \frac{\hat{u}}{\hat{a}}\right]e^{-\hat{a}(k-1)}, \quad k = 2, 3, \cdots \quad (10-6)$$

这里$\hat{x}^{(0)}(k)$是原始数据序列$x^{(0)}(k)$的拟合值，$\hat{x}^{(0)}(k)$是原始数据序列的预测值。

（二）GM（1，1）模型的求解数学原理

将原始数据序列进行累加，得到累加生成序列，即将原始数据变换为其累加量，可以消除随机波动的影响，更加准确地反映数据的总体趋势。一般来说，一个增长系统的变化数据经过累加之后，或多或少具有某种指数上升趋势。我们不妨从动力学出发，借助微积分知识导出 GM（1，1）模型的数学表达。如图 10-3 所示，设有一组数据在 $[0，\infty]$ 内连续变化，即可进行微分。设坐标横轴为 t，当 $t=0$ 时，初始数值为 $x(0) = x_0 > 0$。再设时刻 t 时的数据为 $x(t)$，其增长率与自身规模 $x(t)$ 呈现线性关系，即：

$$\frac{dx(t)}{dt} = \alpha[x(t) + \beta] \quad (10-7)$$

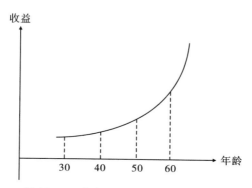

图 10-3　指数型连续增长曲线示意图

方便起见，我们可以令 $a = -\alpha$，$u = \alpha\beta$。于是将上式化为：

$$\frac{dx(t)}{dt} + ax(t) = u \quad (10-8)$$

可见，这是一个一阶线性微分方程，可以采用常数变异法求解。

首先，求上式对应的齐次方程：

$$\frac{dx(t)}{dt} + ax(t) = 0 \quad (10-9)$$

分离变量得到：

$$\frac{\mathrm{d}x\ (t)}{x\ (t)} = -a\mathrm{d}t \tag{10-10}$$

两边积分化为：

$$\ln x\ (t)\ = -at + c \tag{10-11}$$

也可以写为：

$$x\ (t)\ = Ke^{-at} \tag{10-12}$$

这就是该齐次方程的通解，式中的系数 $K = e^{c}$，c 为积分常数。

对于非齐次方程，其通解中的系数不再是常数项，而变为时间的函数。为了找到非齐次方程式（10-8）的解，采用适当的函数 $v\ (t)$ 代替常数 K，将式（10-12）化为：

$$x\ (t)\ = v\ (t)\ e^{-at} \tag{10-13}$$

对上式求导数：

$$\frac{\mathrm{d}x\ (t)}{\mathrm{d}t} = \frac{\mathrm{d}v\ (t)}{\mathrm{d}t}e^{-at} - av\ (t)\ e^{-at} \tag{10-14}$$

结合式（10-13）、（10-14）、（10-8）可得：

$$\mathrm{d}v\ (t)\ = ue^{at}\mathrm{d}t \tag{10-15}$$

对上式进行积分，可得：

$$v\ (t)\ = \frac{u}{a}e^{at} + c' \tag{10-16}$$

将式（10-16）代入式（10-13），有：

$$x\ (t)\ = \left(\frac{u}{a}e^{at} + c' \right)e^{-at} = c'e^{-at} + \frac{u}{a} \tag{10-17}$$

已知初始值：$x\vert_{t=0} = x_0$

将此带入式（10-17）求出参数 c' 的表达：

$$c' = x_0 - \frac{u}{a}$$

于是，原方程的解为：

$$x\ (t)\ = \left(x_0 - \frac{u}{a} \right)e^{-at} + \frac{u}{a} \tag{10-18}$$

这就是白化形式的微分方程的解，其本质是一个三参数指数函数。其中，参数 a 和 u 称作发展系数和灰输入量。第三个参数 x_0 理论上为时间序列的初始数值，即第一个时点的数值。在实际建模过程中，一般利用最小二乘技术估计模型参数。

（三）GM（1，1）模型的检验方法

在建立 GM（1，1）模型之后，我们需要对其进行检验以确定其预测精度和可靠性。以下是几种常见的 GM（1，1）模型检验方法：

1. 残差分析法

通过比较原始数据和 GM（1，1）模型预测值之间的残差序列，检验模型是否具有良好的拟合性。如果残差序列的均值接近于 0 且方差较小，则表明模型具有较好的拟合性。

2. 相对误差分析法

计算 GM（1，1）模型预测值与实际值之间的相对误差，以评估模型的预测精度。一般认为，相对误差的绝对值应小于 10%。

3. 稳定性检验法

对 GM（1，1）模型进行稳定性检验，以确定其预测的可靠性。一般来说，GM（1，1）模型的稳定性应该保持不变或有所改善。

4. 灰色关联度分析法

通过比较原始数据与 GM（1，1）模型预测值之间的灰色关联度，来评估模型的预测能力。如果灰色关联度较高，则表明 GM（1，1）模型预测的能力较强。

三、GM（1，N）模型简介

GM（1，N）模型是在一维数列灰色预测模型 GM（1，1）基础上发展而来的，当系统中包含多个相关的解释变量，其时间序列的一阶差分都大于 0，具有明显的上升趋势，可以利用多变量灰色预测模型 GM（1，N）来建模分析。可以说，GM（1，1）模型是 GM（1，N）模型 N = 1 时的特例。通过 GM（1，N）模型中因子变量 x_i 权系数大小与符号，可以了解各个因子对行为变量 x_1 影响的大小和影响极性。本小节对多维灰模型 GM（1，N）建模原理及过程做简要介绍，读者可根据 GM（1，N）模型的数学原理灵活应用。

GM（1，N）模型是具普遍性的灰色模型，它是由有 n 个变量的一阶微分方程构成。GM（1，N）中包括 1 个行为变量 x_1 及 $n-1$ 个因子变量 x_i。

建模关键是数据矩阵 B 的构造：若 B 中某些行（或列）之间数值上相差过分悬殊，如由于量纲不统一，或者过分接近（彼此相等），则矩阵会出现过大条件数，造成解的漂移。为解决条件数过大问题，GM（1，N）建模序列要做诸如初值化的数据处理。

设有原序列：

$$X_1^{(0)} = \{x_1^{(0)}（1），x_1^{(0)}（2），\cdots，x_1^{(0)}（k）\}$$
$$X_2^{(0)} = \{x_2^{(0)}（1），x_2^{(0)}（2），\cdots，x_2^{(0)}（k）\}$$
$$\vdots$$
$$X_n^{(0)} = \{x_n^{(0)}（1），x_n^{(0)}（2），\cdots，x_n^{(0)}（k）\}$$

与 GM（1，1）模型一样，首先建立一阶累加生成序列：

$$X_1^{(1)} = \{x_1^{(1)}（1），x_1^{(1)}（2），\cdots，x_1^{(1)}（k）\}$$
$$X_2^{(1)} = \{x_2^{(1)}（1），x_2^{(1)}（2），\cdots，x_2^{(1)}（k）\}$$
$$\vdots$$
$$X_n^{(1)} = \{x_n^{(1)}（1），x_n^{(1)}（2），\cdots，x_n^{(1)}（k）\}$$

GM（1，N）模型的一阶微分方程为：

$$\frac{dX_1^{(1)}}{dt} + aX_1^{(1)} = b_2X_2^{(1)} + b_3X_3^{(1)} + \cdots b_nX_n^{(1)} \qquad （10-19）$$

式（10-19）是 1 阶 n 个变量的微分方程模型，故记为 GM（1，N），记上述方程的参数列为 $\hat{a}$，数据向量为 y_N。当 $n < N$ 时，称 B 为 GM（1，N）的贫信息数据阵，则应用最小范数算式处理 GM（1，N）模型。GM（1，N）参数最小范数辨识算式为：

$\hat{a} = [a, b_2, b_3, \cdots, b_n]$，则：$\hat{a} = \mathbf{B}^{\mathrm{T}}(\mathbf{B}\mathbf{B}^{\mathrm{T}})^{-1}y_N$

其中，

$$\mathbf{B} = \begin{bmatrix} -\frac{1}{2}[x_1^{(1)}(1) + x_1^{(1)}(2)] & x_2^{(1)}(1) & \cdots & x_n^{(1)}(1) \\ -\frac{1}{2}[x_1^{(1)}(2) + x_1^{(1)}(3)] & x_2^{(1)}(2) & \cdots & x_n^{(1)}(2) \\ \cdots & & & \cdots \\ -\frac{1}{2}[x_1^{(1)}(k-1) + x_1^{(1)}(k)] & x_2^{(1)}(k) & \cdots & x_n^{(1)}(k) \end{bmatrix}$$

则，预测模型可写为：

$$\hat{x}^{(1)}(k+1) = \left[x_1^{(0)}(1) - \frac{1}{a}\sum_{i=2}^{n} b_i x_i^1(k+1)\right] \cdot e^{-ak} + \frac{1}{a}\sum_{i=2}^{n} b_i x_i^1(k+1)$$

(10-20)

小 结

灰色模型是以一切随机变量为研究对象，将随机过程看成是在一定范围内变化的、与时间有关的灰色过程。灰色模型对信息的数量和分布要求不高，不需原始数据分布的先验特征，而且建模精度高，能够较好地反映系统实际情况。采用灰色系统理论进行建模，能够克服数据少的缺陷和不确定因素的影响。

GM（1，1）是一种常用的灰色系统分析方法，它一般适用于以下情况：数据序列较短，不足以进行传统的时间序列分析或建立复杂的模型；数据序列具有一定的规律性或趋势性；数据序列受到随机因素和外部干扰的影响，但又不是完全随机的；数据序列是非线性或非稳态的，难以应用传统的线性分析方法；数据序列中存在一些缺失值或噪声，但是这些噪声可以通过预处理和平滑技术进行处理。

需要注意的是，GM（1，1）方法的应用也需要根据具体的问题和数据情况进行评估，不能简单地将其作为解决所有问题的通用方法。在实际应用中，需要对模型的精度和可靠性进行评估，并结合其他分析方法进行综合分析和判断。同时，利用 GM（1，1）模型对光滑离散数据以及随机性较强的数据序列预测优势不明显，对精度不符合要求或者追求更高精度的可考虑对模型进行改良。

第二节 GM（1，1）模型在城乡规划中的应用实例

GM（1，1）模型是一种基于灰色系统理论的预测方法，可以用于处理具有不完备信息的系统，它在城乡规划领域中有着广泛的应用。GM（1，1）模型在城乡规划领域中的应用包括但不限于人口预测、土地利用预测、城市经济发展预测等方面。限于篇幅，本书以 3 个城市应用实例为读者展示 GM（1，1）模型的建立、求解与检验过程。

一、城市人口预测

作为城市规划者，在进行城市总体规划时，需要预测未来城市的人口规模，以便制定合理的城市规划方案。通过对影响城市人口规模变化因素的历史资料进行统计分析，探讨其在时间上的变化规律，可以得出城市人口规模变化的长期趋势，从而对它的未来变化进行预测。但是，由于影响城市人口规模变化的因素众多，且有些因素是不完全确定的，从而增加了资料获取的难度，影响预测结果的精度。灰色预测法是一种对既含有已知信息又含有不确定因素的系统进行预测的方法，它的特点是所需信息量少，不仅能够将无序离散的原始序列转化为有序序列，而且预测精度高，能够保持原系统的特征，较好地反映系统的实际情况。GM（1，1）模型可以基于历史人口数据对未来的人口进行预测，为城市规划提供重要的参考。我们以呼和浩特市的城市人口预测问题为例：

收集 2003—2007 年平顶山市城市人口的统计资料，如表 10-3 所示，请对未来平顶山市城市人口做出预测。

表 10-3 平顶山城市人口规模（百万人）

年份	2003	2004	2005	2006	2007
城市人口	4.886	4.904	4.932	4.958	4.985

（一）建模

（1）由表 10-3 可得平顶山市城市人口的原始时间序列。

$$x^1(0) = \sum_{i=0}^{0} x^0(0) = 4.886$$

$$x^1(1) = \sum_{i=0}^{1} x^0(i) = x^0(0) + x^0(1) = 4.886 + 4.904 = 9.790$$

$$\vdots$$

$$x^1(4) = \sum_{i=0}^{4} x^0(i) = x^0(0) + x^0(1) + \cdots x^0(4) = 24.665$$

因此，得到的累加数据序列如下：

$$x^1(t) = \{4.886 \quad 9.790 \quad 14.722 \quad 19.680 \quad 24.665\}$$

需要说明的是，虽然本例中的数值都是保留到小数点后 1 位，但实际的计算过程

中要严格保留数据的真实小数点位，否则会造成很大的预测误差。

（2）接下来，移动平均，从而构建参数矩阵。移动平均的计算结果为：

$$\frac{1}{2}[x^1(0)+x^1(1)]=\frac{1}{2}(9.790+4.886)=7.338$$

$$\frac{1}{2}[x^1(1)+x^1(2)]=\frac{1}{2}(14.722+9.790)=12.256$$

$$\vdots$$

$$\frac{1}{2}[x^1(3)+x^1(4)]=\frac{1}{2}(19.689+24.665)=22.173$$

根据计算结果，建立矩阵：

$$B=\begin{bmatrix}-\frac{1}{2}[x^1(0)+x^1(1)] & 1\\ -\frac{1}{2}[x^1(1)+x^1(2)] & 1\\ -\frac{1}{2}[x^1(2)+x^1(3)] & \vdots\\ -\frac{1}{2}[x^1(3)+x^1(4)] & 1\end{bmatrix}=\begin{bmatrix}-7.338 & 1\\ -12.256 & 1\\ -17.201 & 1\\ -22.173 & 1\end{bmatrix}$$

移动平均结果取负值的原因是：根据式（10-18）进行参数估计，a 的系数为负数；该矩阵中的 1 对应是常数项 u。然后取：

$$y=\begin{bmatrix}4.904 & 4.932 & 4.958 & 4.985\end{bmatrix}^T$$

就可以开始估计模型参数。

（3）估计模型参数。通常我们选择最小二乘法求解。先计算 B^TB，即：

$$B^TB=\begin{bmatrix}-7.338 & 1\\ -12.256 & 1\\ -17.201 & 1\\ -22.173 & 1\end{bmatrix}^T\begin{bmatrix}-7.338 & 1\\ -12.256 & 1\\ -17.201 & 1\\ -22.173 & 1\end{bmatrix}=\begin{bmatrix}991.550 & -58.968\\ -58.968 & 4.000\end{bmatrix}$$

再计算 $(B^TB)^{-1}$，得到：

$$(B^TB)^{-1}=\frac{1}{\det(B^TB)}(B^TB)^*$$

$$=\left[\frac{1}{991.550\times4-58.968^2}\right]\begin{bmatrix}4.000 & 58.968\\ 58.968 & 991.550\end{bmatrix}=\begin{bmatrix}0.008 & 0.121\\ 0.121 & 2.028\end{bmatrix}$$

进而计算得：

$$B^Ty=\begin{bmatrix}-7.338 & 1\\ -12.256 & 1\\ -17.201 & 1\\ -22.173 & 1\end{bmatrix}^T\begin{bmatrix}4.904\\ 4.932\\ 4.958\\ 4.985\end{bmatrix}=\begin{bmatrix}-292.245\\ 19.779\end{bmatrix}=\begin{bmatrix}-0.005\\ 4.865\end{bmatrix}$$

最后计算 $(B^TB)^{-1}B^Ty$，得到：

$$\hat{a} = \begin{bmatrix} a \\ u \end{bmatrix} = (\boldsymbol{B}^{\mathrm{T}}\boldsymbol{B})^{-1}\boldsymbol{B}^{\mathrm{T}}\boldsymbol{y} = \begin{bmatrix} -0.005 \\ 4.865 \end{bmatrix}$$

这就是说，$a = -0.005$，$u = 4.865$。因此，

$$\frac{u}{a} = -894.243$$

如果利用一元线性回归，上述模型参数估计过程非常简单。自变量取移动平均结果的负值，表为向量 $\boldsymbol{X}$，对应于 x^1，因变量取 $\boldsymbol{y}$，对应于 x^0 去掉第一位数的结果，即有：

$$\boldsymbol{X} = \begin{bmatrix} -7.338 \\ -12.256 \\ -17.201 \\ -22.173 \end{bmatrix}, \quad \boldsymbol{y} = \begin{bmatrix} 4.904 \\ 4.932 \\ 4.958 \\ 4.985 \end{bmatrix}$$

容易得到回归模型：

$$\hat{y} = u + a\boldsymbol{X} = 4.865 - 0.005\boldsymbol{X}$$

根据模型参数估计结果，模型可表示为：

$$x^1(t+1) = \left(x^0(0) - \frac{u}{a}\right)e^{-ak} + \frac{u}{a} = (4.886 + 894.243)e^{0.005k} - 894.243$$

$$= 899.129e^{0.005k} - 894.243$$

有了上面的模型，就可以实现对未来人口的预测，预测结果如表 10 - 4 所示。

表 10 - 4　平顶山城市人口规模实测值、预测值、残差及相对误差

年份	实测值	时序	预测值	递减还原	残差	相对误差
2003	4.886	0	4.886	4.886	0.0000	0.0000
2004	4.904	1	9.790	4.904	-0.0005	-0.0094
2005	4.932	2	14.722	4.931	0.0008	0.0159
2006	4.958	3	19.680	4.958	-0.0001	-0.0023
2007	4.985	4	24.665	4.985	-0.0002	-0.0032

（二）模型检验

GM（1，1）模型检验主要包括以下几个方面：

（1）残差分析：通过对模型预测值和实际值之间的残差进行分析，来检验模型的拟合优度。一般需要对残差进行自相关性检验、正态性检验等。

（2）相对误差分析：计算模型预测值与实际值之间的相对误差，并进行比较，以评估模型的预测精度。

（3）稳定性检验：检验模型预测值的稳定性，一般包括随机性检验、平稳性检验、残差平稳性检验等。

（4）灰色关联度分析：通过计算原始数据与模型预测值之间的灰色关联度，来评估模型的预测能力和可靠性。

（5）前向预测检验：利用 GM（1，1）模型对一段时间序列进行预测，并与实际

观测值进行比较，来评估模型的预测精度。

（6）后验差检验：利用 GM（1，1）模型残差的后验分布信息来检验模型拟合的一种方法。

1. 残差检验分析

将 $t = 0，1，2，\cdots，4$，代入预测模型，得 2003—2007 年的数据累加值。随后由下式分别求出预测值、绝对误差值和相对误差值：

$$
\begin{aligned}
\hat{x}^0（t） &= \hat{x}^1（t）- \hat{x}^1（t-1）\\
\hat{\varepsilon}^0（t） &= x^0（t）- \hat{x}^0（t）\\
q（t） &= \frac{\hat{\varepsilon}^0（t）}{\hat{x}^0（t）} \times 100\%
\end{aligned}
\qquad（10-19）
$$

最后的计算结果如表 10-4 中所示，计算结果表明，相对误差均不超过 0.2%，模型精度较高。

在实际工作中，一般我们认为相对误差值不超过 2%，就可以认为模型的拟合精度高。但值得注意的是，残差分析的精度要求并没有一个具体的数值，因为其要求的精度取决于具体的分析目的、数据特征和分析方法等因素。通常来说，进行残差分析需要保证残差序列具有随机性质，即序列中的残差值应当是独立且均匀分布的，没有明显的趋势、周期性和相关性等特征。因此，在进行残差分析时，需要进行多个方面的检验，如检验残差序列的自相关性、正态性、白噪声性等，以保证残差序列的随机性质。此外，残差分析的精度还受到数据质量和模型拟合效果的影响。数据质量越高、模型拟合效果越好，残差序列的精度也会越高，相反则会降低精度。因此，在进行残差分析时，应当根据具体情况合理设置检验方法和标准，充分利用多种方法进行分析，以保证分析结果的准确性和可靠性。

2. 关联度分析

令关联系数：

$$
\xi_i = \frac{\triangle_{\min} + k \triangle_{\max}}{\triangle_i + \triangle_{\max}}
\qquad（10-20）
$$

其中，$\triangle_i = \left| x_i^1（t）- x_i^0（t）\right|$，应用表 10-4 中的数据，得：

$$
\min\{\triangle_i\} = 0，\qquad \max\{\triangle_i\} = 0.0008
$$

因此，我们可以根据式（10-20）分别计算得到关联系数，式中的 k 表示灰数，一般取 0.5，计算结果如下：

$$
\xi_0 = \frac{0.0004}{0 + 0.0004} = 1
$$

$$
\xi_1 = \frac{0.0004}{0.0005 + 0.004} = 0.459
$$

$$
\xi_2 = \frac{0.004}{0.0008 + 0.004} = 0.333
$$

$$
\xi_3 = \frac{0.004}{0.0001 + 0.004} = 0.775
$$

$$\xi_4 = \frac{0.004}{0.0002 + 0.004} = 0.712$$

令关联度：

$$\gamma = \frac{1}{n} \sum_{t=1}^{n} \xi_i \qquad (10-21)$$

计算得到本例的关联度：

$$\gamma = \frac{1}{5-1}(1 + 0.459 + 0.333 + 0.775 + 0.712) = 0.820$$

根据经验，当取灰度为 0.5 时，关联度大于 0.8 是符合检验要求的。

3. 后验差检验

由原始数据序列 $x^0(t)$ 和绝对误差序列 $\triangle_i$ 计算得原始数据序列和绝对误差序列的标准差分别为：

$$S_1 = \sqrt{\frac{x^0(t) - \bar{x}(0)}{n-1}}; \quad \bar{x}(0) = \frac{1}{n} \sum_{i=1}^{n} x^0(t) \qquad (10-22)$$

$$S_2 = \sqrt{\frac{\sum [\triangle^0(t) - \overline{\triangle}(0)]^2}{n-1}}; \quad \overline{\triangle}(0) = \frac{1}{n} \sum_{i=1}^{n} \triangle^0(t) \qquad (10-23)$$

根据式（10-22）、式（10-23），得到结果如下：

$$S_1 = 0.040; \quad S_2 = 0.0005$$

计算二者的方差比：

$$r = \frac{S_1}{S_2} = 0.012$$

小误差概率：

$$P = \{|\triangle^0(t) - \overline{\triangle}(0)|\} < 0.6745 S_1$$

根据计算结果可知，绝对误差与均值之差的绝对值均小于 0.027，因此 $P = 1$（> 0.95），说明模型精度很好。

（三）模型预测

模型经检验符合要求后，我们就可以根据建立的预测模型开展预测分析了。我们可以将 $t = 5$、6、7、8、9 带入公式，得到未来 5 年的人口规模预测，预测结果如表 10-5 所示。

表 10-5　平顶山城市人口规模预测值（百万）

时序	年份	累加预测值	预测值
5	2008	29.677	5.012
6	2009	34.717	5.040
7	2010	39.784	5.067
8	2011	44.879	5.095
9	2012	50.002	5.123

二、碳排放预测实例

全球气候变暖是一种和自然有关的现象，主要是由温室效应不断积累而造成的。人类进行生产活动时产生大量的二氧化碳，导致了温室效应。全球气候变暖会使海平面上升，频繁发生极端天气，这些都会给人类带来极大的影响与危害。我国"十一五"规划纲要中出现了"节能减排"一词。节能减排是节约能源、降低能源消耗，减少污染物、二氧化碳的排放，以此来应对全球气候变化。一般来说，社会系统、经济系统、生态系统都是灰色系统。例如导致碳排放量增长的因素有很多，但已知的却不多，因此对碳排放这一灰色系统的预测可以用灰色预测的方法。

江苏省是中国经济最活跃的省份之一，是全国唯一所有地级行政区都跻身百强的省份，人均 GDP 自 2009 年起连续稳居全国第一位，成为中国综合发展水平最高的省份之一，生产总值逐年上涨。可见其经济发展之迅速，故江苏省的碳排放量也成了人们十分关注的一个问题。为了验证 GM（1，1）模型的适用性，选取了 2000—2004 年江苏省的碳排放量数据进行研究，如表 10 - 6 所示，为 2000—2004 年江苏省的碳排放量实际值。

表 10 - 6　2000—2004 年江苏省的碳排放量数据

年份	2000	2001	2002	2003	2004
实际值	8005. 29	8300. 98	9047. 15	10325. 96	12620. 52

根据原始数据，数据序列构成的向量如下：
$$X^{(0)} = （8005. 29，8300. 98，9047. 15，10325. 96，12620. 52）$$

首先，进行数据累加生成，基于原始数据构建新的数据序列如下：
$$X^{(1)} = （8005. 29，16306. 27，25353. 42，35679. 38，48299. 9）$$

第二步，移动平均，构建参数矩阵。移动平均的计算结果分别为：

$$\boldsymbol{B} = \begin{bmatrix} -\frac{1}{2}[x^1（0）+x^1（1）] & 1 \\ -\frac{1}{2}[x^1（1）+x^1（2）] & 1 \\ -\frac{1}{2}[x^1（2）+x^1（3）] & \vdots \\ -\frac{1}{2}[x^1（3）+x^1（4）] & 1 \end{bmatrix} = \begin{bmatrix} -12155. 78 & 1 \\ -20829. 845 & 1 \\ -30516. 4 & 1 \\ -41989. 64 & 1 \end{bmatrix}$$

且，$\boldsymbol{y} = \begin{bmatrix} 8300. 98 & 9047. 15 & 10325. 96 & 12620. 52 \end{bmatrix}^T$

第三步，估计模型参数。借助最小二乘法求解，先计算 $\boldsymbol{B}^T\boldsymbol{B}$，即：

再计算 $(\boldsymbol{B}^T\boldsymbol{B})^{-1}$，得到：

$$(\boldsymbol{B}^T\boldsymbol{B})^{-1} = \frac{1}{\det（\boldsymbol{B}^T\boldsymbol{B}）}（\boldsymbol{B}^T\boldsymbol{B}）^* = \begin{bmatrix} 2. 02468857e-09 & 5. 33969420e-05 \\ 5. 33969420e-05 & 1. 65823308e+00 \end{bmatrix}$$

进而计算得：

$$\boldsymbol{B}^T\boldsymbol{y} = \begin{bmatrix} -12155.78 & 1 \\ -20829.845 & 1 \\ -30516.4 & 1 \\ -41989.64 & 1 \end{bmatrix}^T \begin{bmatrix} 8300.98 \\ 9047.15 \\ 10325.96 \\ 12620.52 \end{bmatrix} = \begin{bmatrix} -1134397836 \\ 40294.61 \end{bmatrix}$$

最后计算 $(\boldsymbol{B}^T\boldsymbol{B})^{-1}\boldsymbol{B}^T\boldsymbol{y}$，得到：

$$\hat{a} = \begin{bmatrix} a \\ u \end{bmatrix} = (\boldsymbol{B}^T\boldsymbol{B})^{-1}\boldsymbol{B}^T\boldsymbol{y} = \begin{bmatrix} -0.145193375 \\ 6244.479771 \end{bmatrix}$$

这就是说，$a = -0.145193375$，$u = 6244.479771$。因此，

$$\frac{u}{a} = -43008.02122$$

容易得到回归模型：

$$\hat{y} = u + aX = 6244.479771 - 0.145193375X$$

根据模型参数估计结果，模型可表示为：

$$x^1(k+1) = \left(x^0(0) - \frac{u}{a}\right)e^{-ak} + \frac{u}{a} = (8005.29 + 43008.02122)e^{0.145193375k} - 43008.02122$$

$$= 51013.306e^{0.145193375k} - 43008.02122$$

表 10-7 基于 GM（1，1）模型的江苏省 2000—2004 年碳排放量预测结果

年份	实测值	时序	预测值	残差	相对误差
2000	8005.29	0	8005.29	0	0.0000
2001	8300.98	1	7971.500 27	329	0.04
2002	9047.15	2	9217.151 944	-170	-0.02
2003	10325.96	3	10657.453 06	-332	-0.03
2004	12620.52	4	12322.820 16	298	0.02

利用残差检验的方法，计算出相对残差，如表 10-7 可见，每年的相对残差的绝对值均小于 0.05，精确度很高，可用于未来年江苏省碳排放量的预测。

通过模型进行预测验证了 GM（1，1）模型的精确度后，就可以通过前面已计算出的公式预测 2022—2026 年江苏省碳排放量的预测值，预测值如表 10-8 所示。

表 10-8 2022—2026 年江苏省的碳排放量数据

年份	2022	2023	2024	2025	2026
实际值	168162.9749	194440.6497	224824.5564	259956.3479	300577.9435

利用 GM（1，1）预测模型，通过 2022—2026 年江苏省碳排放量预测结果可知，江苏省碳排放量会呈持续上涨趋势，且面临的压力也会越来越大，所以对于如何应对江苏省碳排放量逐年递增的情况须采取一定的措施，依据二氧化碳排放结构进一步优化产业结构与能源结构，加大创新力度，加快落实科研成果的应用。

科学的预测方法对及时制定出合理的规章制度与计划起到很大的作用。而传统的灰色预测模型仍存在着一定的误差，读者可在实际应用中进一步改进与完善模型的精确度。

三、城市建设用地预测

建设用地规模预测是土地利用总体规划编制的核心，也是土地利用管理的依据。在建设用地规划方面，必须科学测算和安排规划各类建设用地需求，防止盲目扩大建设用地。探讨城乡建设用地随着城市化水平的提高所呈现在时间上的变化趋势，从而对它的未来变化进行可靠的预测，可以避开其历史数据比较少的劣势，确定合理的建设用地规模控制指标，完善建设用地规划指标控制体系，为土地利用总体规划方案的确定提供科学依据，为规划实现途径提供科学支撑，保证土地资源的可持续利用。

在之前的土地利用总体规划实施过程中，许多地方的实际建设用地总量和非农建设占用耕地均超过了规划所确定的规模，土地利用规划难以对土地利用起到控制作用。如果建设用地需求量预测值与实际需求差距较大，规划将无法有效地发挥其对土地利用的宏观调控作用。因此，如何对建设用地做好科学合理的预测，对土地规划的有效执行具有十分重要的现实意义。

根据某城市某区 1998 年至 2005 年建设用地面积总量数据，如表 10 − 9 所示，利用 GM（1，1）模型对研究区 2006 年到 2010 年的建设用地规模进行预测。

表 10 − 9　1998—2005 年城市某区建设用地数据

年份	1998	1999	2000	2001	2002	2003	2004	2005
实际值	80585.1	91737.7	90964.3	90958.5	91003.5	92185	92916.2	94000.6

为了使研究时段的数据具有统一性和可操作性，本例所指的建设用地统一采用三大类所称的建设用地，包括城市、建制镇、农村居民点、独立工矿、特殊用地、铁路、公路、民用机场、港口码头、管道运输、水库水面、水工建筑等用地。

同以上人口规模预测可构建建设用地规模预测模型：

其中，$a = -0.004656$，$u = 90100.561983$。

$$x^1（k+1） = 19431896.77004e^{0.004656k} - 19351311.67004$$

残差计算表如表 10 − 10 所示。

表 10 − 10　基于 GM（1，1）模型的建设用地模预测结果

年份	实测值	时序	预测值	残差	相对误差
1999	91737.7	1	90686.7266	1050.97336	1.14563
2000	90964.3	2	91109.9525	145.65256	0.16012
2001	90958.5	3	91535.15363	576.65363	0.63397
2002	91003.5	4	91962.33908	958.83908	1.05363
2003	92185	5	92391.5181	206.51815	0.22403

年份	实测值	时序	预测值	残差	相对误差
2004	92916.2	6	92822.7001	93.4998	0.10063
2005	94000.6	7	93255.89446	744.7055	0.79223

为了验证模型的有效性，对预测结果进行后验差检验：

$$r = \frac{S_2}{S_1} = 0.1676$$

利用下式计算小误差概率 P：

$$P = \{ |\triangle^0(t) - \overline{\triangle}(0)| \} < 0.6745 S_1$$

经过计算，本例中 $P = 1$，故模型拟合精度很好。

模型经检验合格可用于预测，则研究区 2006—2010 年的建设用地规模如表 10-11 所示：

表 10-11　2006—2010 年城市某区建设用地预测数据

年份	2006	2007	2008	2009	2010
预测值	93691.11043	94128.3575	94567.64518	95008.98296	95008.98296

小　结

　　灰色模型是以一切随机变量为研究对象，将随机过程看成是在一定范围内变化的、与时间有关的灰色过程。灰色模型对信息的数量和分布要求不高，不需原始数据分布的先验特征，而且建模精度高，能够较好地反映系统实际情况。采用灰色系统理论进行建模，能够克服数据少的缺陷和不确定因素的影响。

　　研究基于灰色系统理论的灰色预测模型，对譬如人口预测、社会经济等指标的预测具有重要意义。灰色预测法能够避免相关数据不足的致命弱点，也可以避免由于个人经验、知识、偏好以及宏观政策等因素的影响而造成的主观臆断，所以能比较好把握系统的自我演变规律。GM（1，1）模型从原始数据出发，寻求其发展变化规律，建模原理是通过累加生成弱化序列的随机性以揭示其内在规律，建立的预测模型与实际接近，建模效率高，预测误差小，模型精度好。

课后习题

　　请根据表 10-12 所示的宁夏回族自治区 2015—2021 年度大气污染监测数据，利用 GM（1，1）模型预测未来年宁夏回族自治区的空气污染浓度。

表 10-12 2015—2021 年宁夏回族自治区空气主要污染物（ug/m³）

年份	SO₂	NO₂	PM₁₀	CO	O₃	PM₂.₅
2015	11	21	65	7	88	33
2016	13	24	65	5	90	34
2017	10	22	66	6	89	31
2018	12	21	67	3	90	32
2019	11	21	67	6	88	31
2020	13	22	64	6	87	34
2021	12	20	65	5	88	32

参考文献

[1] 黄昕怡,吴嘉仪,林文浩,等.基于 GM（1,1）模型的江苏省碳排放预测 [J].黑龙江科学,2022,13（18）：26-28+32.

[2] 赵荣钦,黄贤金,高珊,等.江苏省碳排放清单测算及减排潜力分析 [J].地域研究与开发,2013,32（02）：109-115

[3] 罗彩云,李炳新.GM（1,1）模型在土地规划数据预测中的应用 [C].福建省土地学会,科学合理用地人地和谐相处 2008 年学术年会论文集,2008：10.

课后习题参考答案

第一章　城乡规划系统工程简介

参考课本相关内容。

第二章　城市系统综合评价

第二节

习题 1~3，构建层次分析模型，只要分析合理即可。

第三节

习题 1~3，构建模糊综合评价模型，只要分析合理即可。

第三章　博弈论

1. 该题为开放式题目，无标准答案，只要分析合理即可。

2. 该题为开放式题目，无标准答案，只要分析合理即可。

3. 该题为开放式题目，无标准答案，只要分析合理即可。

4. 这个问题有两种思考方式，一是两人目标一致，二是两人目标不一致。当目标一致时，即都认为爱情比生命更重要，公主所拥有的信息得到了有效利用，双方的目标都能够得以实现。当目标不一致时，侍卫认为生命（活着）比爱情更重要，公主认为爱情（死亡）比生命更重要；或者是侍卫认为爱情（死亡）比生命更重要，公主认为生命（活着）比爱情更重要，就导致了公主所拥有的信息没有得到有效利用，并且双方的目标不能够全部得以实现。

5. 社会心理学家泰格（A. Teger）曾对参加拍卖游戏的人加以分析，结果发现掉入"陷阱"的人通常有两个动机，一是经济上的，一是人际关系上的。经济动机包括渴望赢得钞票、想赢回他的损失、想避免更多的损失，人际动机包括渴望挽回面子、证明自己是最好的玩家及处罚对手等。

数学定义为有 n 个参与人的战略式表述为博弈 $G = \{S_1, \cdots, S_n; u_1, \cdots, u_n\}$，战略组合 $s^* = (s_1^*, \cdots, s_i^*, \cdots, s_n^*)$ 是一个占优战略均衡，如果对于每一个 i，s_i^* 是给定其他参与人任何选择 $s_{-i} = (s_1, \cdots, s_{i-1}, s_{i+1}, \cdots, s_n)$ 的情况下第 i 个参与人的最优战略，即：

$$u_i(s_i^*, s_{-i}) \geq u_i(s_i', s_{-i}), \quad \forall s_{-i}, \quad \forall s_i' \neq s^*$$

第四章　数据分析概论

1. 所有受试者每天服用 6 粒胶囊进行预防，如果他们感冒了，每天额外服用 6 粒进行治疗。然而，在第 1 组中，两组胶囊都只含有安慰剂（乳糖）。在第 2 组中，预防胶囊含有维生素 C，而治疗胶囊则全是安慰剂，第 3 组则相反。在第 4 组中，所有胶囊都是维生素 C。试验期间的辍学率相当高。前 3 组的这一比率明显高于第 4 组。调查人员注意到了这一点，并找到了原因。事实证明，许多受试者都打破了盲点。你只需打开一个胶囊，尝试里面的东西，因为维生素 C－抗坏血酸是酸的，而乳糖不是，因此接受安慰剂治疗的受试者更容易退出。

2. 这个条块的高度是每千元 2%。15000 元至 25000 元之间的每千元区间包含约 2% 的城市家庭。在这一千元的区间中，有 10 个区间介于 15000 元和 25000 元之间。因此，根据计算 10 * 2% = 20%。

3. 总面积为 200%，应该为 100% 才对。面积可以采用如下方式计算，这个直方图类似于一个三角形，高为每磅 4%，底边长为 200 - 100 = 100 磅，故面积为 1/2 * 底 * 高 = 1/2 * 100 * 4% = 200%，因此，错误。

4. 第 25 百分位数左边的面积必须是总面积的 25%，所以第 25 百分位数必须低于 25 毫米。

5. （a）60 比平均水平高出 10 分，这是 1 个标准差。所以 60 是标准单位中的 +1。同样，45 为 -0.5，75 为 +2.5。（b）值 0 对应于平均值 50，意味着与数值没有差异。标准单位 1.5，即为 1.5 个 SDs 高于平均水平的分数，即比平均水平高出 1.5 * 10 = 15 分，为 65 分。同理可得，标准单位 -2.8 即表示比平均水平低 $-2.8 \times 10 = -28$ 分，为 22 分。

第五章　简单线性回归

1. 相关分析

（1）负，车龄越大，价格越低；负，车越重，效率越低。

（2）（a）x 的平均数 = 4，x 的 SD = 2；y 的平均数 = 4，y 的 SD = 2

（b）r = 0.82

（c）r = -1，点全在一条斜向下直线上：y = 8 - X。

（3）最好的解释是喝咖啡与抽烟之间的相关关系。嗜好喝咖啡的人有较大的可能是抽烟的，是抽烟引起心脏病。

（4）这是观察研究，不是对照试验，因而在图上描 20 世纪 50 年代或 70 年代的点只能是黑糊糊的一片。

（5）1930 年某国家吸烟量越高，1950 年肺癌死亡率越高的趋势是可以从数据中观察到的，但现有数据无法证明二者之间的因果关系。

否，这是生态相关，数据是国家层面的，不是个人层面的，不能直接证明吸烟较多的人肺癌死亡率较高。

（6）否，这产生了生态相关，基于省级数据得出的相关性无法准确估计识字与个人自杀之间的关系。

2. 回归分析

（1）60；67.5；45。

（2）70 英寸；74 英寸；68.7 英寸。

（3）（a）171 磅；（b）159 磅；（c）-9 磅；（d）-105 磅。

（4）错误。考虑所有男性的身高和体重散点图。在 69 英寸时上方取纵向条形，表示身高恰好在平均数左右的所有男性，他们的平均体重应该恰好在总平均数左右。但是 45 ~ 54 岁的男性由不同的一群点表示，这些点中有一些在条形内，但大多不在，回归线给出平均体重如何与身高相关，而不是与年龄相关。

3. 回归的均方根误差

（1）a 为 0.2，b 为 1，c 为 5。

（2）$\sqrt{1 - 0.62} \times 10 = 8$。

（3）（a）$\sqrt{1 - 0.52} \times 2.7 \approx 2.3$ 英寸；（b）父亲 72 英寸预测儿子为 71 英寸，父亲 66 英寸预测儿子为 68 英寸；（c）偏离 2.3 英寸左右。

（4）（a，b）x 的平均数≈4，SD≈1，y 的平均数≈4，SD≈1，（c）r≈0.8，（d）0，（e）0.6，（f）4.8

4. 期望值与标准误差

（1）（a）100，400　（b）200，10

（2）（a）最大值 900　最小值 400；（b）概率≈68%

（3）（a）盒子的平均数是 4；SD 是 2。故和的期望值为 $\sqrt{100} \times 4 = 40$；和的 SE 为 $\sqrt{100} \times 2 = 20$；（b）猜 400，偏离 20 左右。

（4）净收益等同于取自盒子的 100 个抽得数之和。盒子的平均数为 0；SD 为 1 美元，100 个抽得数的期望值为 0 美元；和的 SE 为 $\sqrt{100} \times 1$ 美元 = 10 美元。故你的净收益约为 0 美元，加减 10 美元左右。

5. 显著性检验

（1）盒子的 SD 为 10，因此抽票 100 次的 SE 估计为 $\sqrt{100} \times SD/100 = 10 \times 10/100 = 1$。如果盒子的平均值是 20，那么抽票的平均值比预期值高 2.7 个 SE，这是不合理的。

（2）新测量值的平均值 = 74，SD 是 6.68ppm，则 $SD^{+} = \sqrt{\dfrac{5}{5}} \times 6.68 \approx 7.32$ ppm，平均值的 SE = $(\sqrt{6} \times 7.32)/6 \approx 2.99$ ppm，则 t =（74 − 70）/2.99 ≈ 1.34

（3）偶然性

6. 卡方检验

（1）① 90%；② 10%；③ 5%。

（2）① 95%；② 10%；③ 2.5%。

（3）$\chi^2 = 13.2$，df = 5，P≈2.2%，1% < P < 5%

可以看出数据对模型的拟合并不太好。

（4）根据表格中的数据，计算得到的 χ^2 − 统计量≈61，df = 3，据此查表可知，P≈0。对简单随机抽样来说，一个大陪审团与该地区的年龄分布差别是非常大的。可以推断大陪审团的成员不是随机选取的。

通过统计表数据可知，期望频数可以不为整数。且大陪审团的成员以年龄大的居多。

（5）不是一个好方法。χ^2 − 统计量的公式涉及的是频数，而不是百分数。

（6）两次试验为独立性试验，因此可以合并 χ^2 − 统计量。合并的 χ^2 − 统计量 = 13.2 + 10 = 23.2，df = 5 + 5 = 10，查表得 P≈1%。

（7）两组观察数据间存在相关关系，不属于两次独立试验获取的观察数据，因此不可以进行合并。

（8）建立观察频数及期望频数表如下：

表 1　频数表

投票情况	观察频数		期望频数	
	男性	女性	男性	女性
投票	2792	3591	2730.6	3652.4
没投票	1486	2131	1547.4	2069.6

根据 χ^2 − 统计量计算公式，χ^2 − 统计量 = 6.7，$df = 1$，查表可知，p≈0.01。

评论：通常情况下，显著性水平被设置为 0.05，这意味着如果 P 值小于 0.05，则我们可以拒绝原假设（性别与参与具有独立关系），认为两个变量之间存在相关关系或相互依赖关系。

（9）建立观察频数及期望频数表如下：

表 2　频数表

婚姻状况	观察频数		期望频数	
	男性	女性	男性	女性
从未结过婚	21	9	14	16
已婚	20	39	27.5	31.5
丧偶/离婚/分居	7	7	6.5	7.5

根据 χ^2 - 统计量计算公式，χ^2 - 统计量 ≈ 10，$df = 2$，查表可知，P 小于 0.01。

评论：由统计数据可知，女性比男性结婚较早。在年龄组 25～29 岁，有比期望更多的女性结婚。即，拒绝认为男性和女性有相同的婚姻状态分布这一原假设。

第六章　逻辑斯蒂回归模型

1. 操作流程包括：

第一步，list；

得到结果：

受访者序号	V1 生活质量满意	V2 年龄	V3 家庭同住人口数	V4 自评健康	V5 体重	V6 收入	yhat
1	0	66	3	3	46	1	0.0019039
2	1	45	2	2	60	2	0.5225627
3	1	79	1	1	50	3	0.8313751
4	0	65	2	3	50	2	0.0391098
5	0	55	3	4	60	3	0.1839299
6	0	58	3	3	43	2	0.0274515
7	1	43	1	2	70	1	0.2372483
8	0	45	2	4	56	4	0.8423336
9	0	51	1	1	76	1	0.532547
10	1	57	3	1	70	2	0.7240139
11	0	66	2	3	50	1	0.0035819
12	1	30	3	4	55	3	0.4490844
13	0	53	1	1	59	1	0.273654
14	0	34	3	2	49	2	0.4366937
15	1	38	1	4	55	3	0.5244405
16	0	41	1	2	67	1	0.2288254
17	0	16	1	3	68	1	0.2613321
18	1	34	3	2	67	3	0.9588117
19	1	46	1	2	51	3	0.9067836
20	0	72	3	4	72	2	0.0143169

第二步，分析数据是否有极端值等，尝试最小二乘回归分析，reg V1 V2 V3 V4 V5 V6，并进行结果分析。结果表明，数据不适用于连续因变量的回归分析，P 值为 0.2042，R 方值为 0.3749。整个模型既不显著，也不具有解释力。

Source	SS	df	MS		
				Number of obs	= 20
				F(5, 14)	= 1.68
Model	1.79950347	5	.359900693	Prob > F	= 0.2042
Residual	3.00049653	14	.214321181	R-squared	= 0.3749
				Adj R-squared	= 0.1516
Total	4.8	19	.252631579	Root MSE	= .46295

V1生活质量满意	Coefficient	Std. err.	t	P>|t|	[95% conf. interval]	
V2年龄	-.00509	.0073096	-0.70	0.498	-.0207675	.0105874
V3家庭同住人口数	-.0336607	.1280259	-0.26	0.796	-.308249	.2409275
V4自评健康	-.1945407	.1125107	-1.73	0.106	-.4358523	.0467708
V5体重	.0046066	.0120677	0.38	0.708	-.0212759	.0304892
V6收入	.3138734	.1247156	2.52	0.025	.0463849	.5813619
_cons	.302526	1.04144	0.29	0.776	-1.931141	2.536193

第三步，进行 logistic 回归分析：logistic V1 V2 V3 V4 V5 V6。结果表明，模型得到了很大的改善，P 值减小了，整体显著性提高。odds ratio 优势比在其他自变量保持不变的情况下，被观测自变量每增加一个单位的时候，因变量等于 1 发生的变化倍数。例如，保持其他变量不变，V6（收入）变化一单位将导致 V1 = 1（即对生活质量感到满意）得到高于 10.6316 倍的增加。

Logistic regression

		Number of obs	= 20
		LR chi2(5)	= 9.85
		Prob > chi2	= 0.0797
Log likelihood = -8.536195		Pseudo R2	= 0.3658

V1生活质量满意	Odds ratio	Std. err.	z	P>|z|	[95% conf. interval]	
V2年龄	.9389814	.0575732	-1.03	0.305	.8326566	1.058883
V3家庭同住人口数	.6683496	.4938432	-0.55	0.586	.1570548	2.844174
V4自评健康	.2332195	.2093138	-1.62	0.105	.0401619	1.354302
V5体重	1.059379	.0957211	0.64	0.523	.8874431	1.264627
V6收入	10.63163	12.82678	1.96	0.050	.9991879	113.1233
_cons	.212731	1.539002	-0.21	0.831	1.48e-07	306089.6

Note: _cons estimates baseline odds.

第四步，进行 logit 回归分析：logitV1 V2 V3 V4 V5 V6。结果表明。logit 形式回归是自变量以系数来输出的回归结果，这样方便我们确定自变量的系数，更容易接受。看到第一列数据，我们可以看到只有 V6 收入是随因变量（生活质量满意与否）正向变化的，即收入较高的人群对自己的生活质量感到满意。

第五步，进行下一步操作：estat clas。结果表明，D 是指一个样本的确发生了，－D 指观测的样本的确没发生；＋表示模型预测值大于分割点，－指模型预测值小于分割点。结合本例就是：D 指对生活质量满意，＋对生活质量满意的概率大于 0.05。主要看对角线的数量，所以 6 个观测样本是对生活质量满意的概率大于 50% 即确实满意；10 个观测样本生活质量不满意的概率小于 50%，即也是不满意的情况发生。

第六步，估计因变量的拟合值：predict yhat。这里的 yhat 预测的是生活质量满意的概率。进一步进行判断模型的解释能力：estat gof。结果分析表示，虽然模型的解释能力一般般，但是比最小二乘

```
Iteration 0:   log likelihood = -13.460233
Iteration 1:   log likelihood = -8.9256021
Iteration 2:   log likelihood = -8.5518189
Iteration 3:   log likelihood = -8.5362365
Iteration 4:   log likelihood =  -8.536195
Iteration 5:   log likelihood =  -8.536195
```

Logistic regression

```
                                          Number of obs =      20
                                          LR chi2(5)    =    9.85
                                          Prob > chi2   =  0.0797
Log likelihood = -8.536195                Pseudo R2     =  0.3658
```

V1生活质量满意	Coefficient	Std. err.	z	P>|z|	[95% conf. interval]	
V2年龄	-.0629596	.0613146	-1.03	0.305	-.183134	.0572147
V3家庭同住人口数	-.402944	.7388996	-0.55	0.586	-1.851161	1.045273
V4自评健康	-1.455775	.8974969	-1.62	0.105	-3.214837	.3032864
V5体重	.0576833	.0903558	0.64	0.523	-.1194109	.2347774
V6收入	2.363833	1.206474	1.96	0.050	-.0008124	4.728479
_cons	-1.547727	7.2345	-0.21	0.831	-15.72709	12.63163

```
Iteration 0:   log likelihood = -13.460233
Iteration 1:   log likelihood = -8.9256021
Iteration 2:   log likelihood = -8.5518189
Iteration 3:   log likelihood = -8.5362365
Iteration 4:   log likelihood =  -8.536195
Iteration 5:   log likelihood =  -8.536195
```

Logistic regression

```
                                          Number of obs =      20
                                          LR chi2(5)    =    9.85
                                          Prob > chi2   =  0.0797
Log likelihood = -8.536195                Pseudo R2     =  0.3658
```

V1生活质量满意	Odds ratio	Std. err.	z	P>|z|	[95% conf. interval]	
V2年龄	.9389814	.0575732	-1.03	0.305	.8326566	1.058883
V3家庭同住人口数	.6683496	.4938432	-0.55	0.586	.1570548	2.844174
V4自评健康	.2332195	.2093138	-1.62	0.105	.0401619	1.354302
V5体重	1.059379	.0957211	0.64	0.523	.8874431	1.264627
V6收入	10.63163	12.82678	1.96	0.050	.9991879	113.1233
_cons	.212731	1.539002	-0.21	0.831	1.48e-07	306089.6

Note: _cons estimates baseline odds.

回归分析的模型 0.152 好多了。我们可以不按系统的 50% 预测概率，而是设为 90% 的预测概率：estat clas，cutoff（0.9）。结果分析中发现概率提高到 90%，模型预测准确度降到了 70%。

第七步，还可以用 probit 形式进行构建回归模型：probit V1 V2 V3 V4 V5 V6。

Logistic model for V1生活质量满意

Classified	True		Total
	D	~D	
+	6	2	8
-	2	10	12
Total	8	12	20

Classified + if predicted Pr(D) >= .5
True D defined as V1生活质量满意 != 0

Sensitivity	Pr(+| D)	75.00%
Specificity	Pr(-|~D)	83.33%
Positive predictive value	Pr(D| +)	75.00%
Negative predictive value	Pr(~D| -)	83.33%

False + rate for true ~D	Pr(+|~D)	16.67%
False - rate for true D	Pr(-| D)	25.00%
False + rate for classified +	Pr(~D| +)	25.00%
False - rate for classified -	Pr(D| -)	16.67%

Correctly classified		80.00%

Goodness-of-fit test after logistic model
Variable: V1生活质量满意

```
       Number of observations =      20
Number of covariate patterns =      20
             Pearson chi2(14) =   15.59
                 Prob > chi2 = 0.3390
```

. estat gofestat clas,cutoff(0.8)

. estat clas,cutoff(0.9)

Logistic model for V1生活质量满意

Classified	True		Total
	D	~D	
+	2	0	2
-	6	12	18
Total	8	12	20

Classified + if predicted Pr(D) >= .9
True D defined as V1生活质量满意 != 0

Sensitivity	Pr(+| D)	25.00%
Specificity	Pr(-|~D)	100.00%
Positive predictive value	Pr(D| +)	100.00%
Negative predictive value	Pr(~D| -)	66.67%

False + rate for true ~D	Pr(+|~D)	0.00%
False - rate for true D	Pr(-| D)	75.00%
False + rate for classified +	Pr(~D| +)	0.00%
False - rate for classified -	Pr(D| -)	33.33%

Correctly classified		70.00%

```
Iteration 0:    log likelihood = -13.460233
Iteration 1:    log likelihood = -8.7570589
Iteration 2:    log likelihood = -8.4873551
Iteration 3:    log likelihood = -8.4820423
Iteration 4:    log likelihood = -8.4820353
Iteration 5:    log likelihood = -8.4820353
```

Probit regression

Number of obs = 20
LR chi2(5)   = 9.96
Prob > chi2   = 0.0765
Pseudo R2   = 0.3698

Log likelihood = -8.4820353

V1生活质量满意	Coefficient	Std. err.	z	P>|z|	[95% conf. interval]	
V2年龄	-.0366249	.0363827	-1.01	0.314	-.1079337	.0346839
V3家庭同住人口数	-.2315482	.4485353	-0.52	0.606	-1.110661	.6475648
V4自评健康	-.891188	.5298948	-1.68	0.093	-1.929763	.1473867
V5体重	.0328369	.0536964	0.61	0.541	-.0724061	.1380799
V6收入	1.379868	.653278	2.11	0.035	.0994666	2.660269
_cons	-.7813619	4.39267	-0.18	0.859	-9.390837	7.828113

2. 操作流程包括:

第一步,观测数据总体质量情况:list。

第二步,首先进行最小二乘回归分析:reg V1 V2 V3。结果分析:不显著,模型解释能力也差。

Source	SS	df	MS	Number of obs	=	20
				F(2, 17)	=	6.56
Model	5.3125	2	2.65625	Prob > F	=	0.0078
Residual	6.8875	17	.405147059	R-squared	=	0.4355
				Adj R-squared	=	0.3690
Total	12.2	19	.642105263	Root MSE	=	.63651

出行幸福感	Coefficient	Std. err.	t	P>|t|	[95% conf. interval]	
性别	-.5833333	.3000545	-1.94	0.069	-1.216393	.0497262
出行距离	.2708333	.1186069	2.28	0.036	.0205946	.5210721
_cons	-2.341667	1.95554	-1.20	0.248	-6.467496	1.784163

第三步,以第一组为参照组进行多元回归:mlogit V1 V2 V3 , base(1)。结果分析:整体效果好像跟普通最小二乘回归相差不大。看第二组和第三组的 Coef. 的值,发现 V2、V3 都是大于 1 的,这说明 v2 和 v3 的值越大就容易分到第二组和第三组。可能有点难理解这个模型方程,首先第一组数据不用考虑,所有变量为 0,g1 等于 0;第二组数据是概率的对数值,g2;第三组代表组的的方程。以相对比率的形式输出模型:mlogit V1 V2 V3,base(1) rrr。结果分析:RRR 表示是指其他自变量保持不变的情况下,被观测单位每增加一个因变量为一,当 v2 增加,有相当大的概率被分到第三组,当年龄偏大时候也有很大的概率分到第三组。

第四步,根据模型预测每个受访者不同出行幸福感的可能性:predict 幸福 1 幸福 2 幸福 3。结果分析:以第一个样本为例,V1 看出是男性,V3 看出 15 岁,有 0.8267 的概率被分到第一组幸福 1 不幸福。

```
Iteration 0:   log likelihood = -20.59306
Iteration 1:   log likelihood = -15.348101
Iteration 2:   log likelihood =  -14.03923
Iteration 3:   log likelihood = -13.734306
Iteration 4:   log likelihood =  -13.69158
Iteration 5:   log likelihood = -13.681816
Iteration 6:   log likelihood = -13.679506
Iteration 7:   log likelihood = -13.679011
Iteration 8:   log likelihood = -13.678908
Iteration 9:   log likelihood = -13.678885
Iteration 10:  log likelihood = -13.678879
Iteration 11:  log likelihood = -13.678878
```

Multinomial logistic regression

Log likelihood = -13.678878

Number of obs = 20
LR chi2(4) = 13.83
Prob > chi2 = 0.0079
Pseudo R2 = 0.3358

出行幸福感	Coefficient	Std. err.	z	P>|z|	[95% conf. interval]	
1	(base outcome)					
2						
性别	-.732262	1.183462	-0.62	0.536	-3.051805	1.587281
出行距离	.8356566	.4982461	1.68	0.094	-.1408878	1.812201
_cons	-13.36527	8.009263	-1.67	0.095	-29.06313	2.332599
3						
性别	-18.39871	1982.115	-0.01	0.993	-3903.272	3866.474
出行距离	2.112522	1.181372	1.79	0.074	-.2029232	4.427968
_cons	-34.34046	19.55366	-1.76	0.079	-72.66492	3.984005

3. 操作流程包括：

第一步，观测数据总体质量情况：list。

	A	生活~度	性别	学历
1.	1	1	1	1
2.	2	1	1	1
3.	3	2	1	1
4.	4	2	0	1
5.	5	3	0	2
6.	6	3	0	2
7.	7	2	0	2
8.	8	2	1	2
9.	9	1	1	3
10.	10	3	0	3
11.	11	1	1	2
12.	12	1	0	1
13.	13	1	1	3
14.	14	2	1	3
15.	15	1	0	2
16.	16	1	0	2
17.	17	3	0	2
18.	18	1	1	1
19.	19	1	1	3
20.	20	2	0	1
21.	21	1	1	1
22.	22	2	1	2
23.	23	3	0	3
24.	24	1	1	1
25.	25	2	1	2

第二步，首先进行最小二乘回归分析：reg v1 v2 v3。

Source	SS	df	MS		Number of obs	=	25
					F(2, 22)	=	6.44
Model	5.55297112	2	2.77648556		Prob > F	=	0.0063
Residual	9.48702888	22	.431228585		R-squared	=	0.3692
					Adj R-squared	=	0.3119
Total	15.04	24	.626666667		Root MSE	=	.65668

生活满意程度	Coefficient	Std. err.	t	P>|t|	[95% conf. interval]	
性别	-.7851199	.2655173	-2.96	0.007	-1.335769	-.2344707
学历	.320607	.1802934	1.78	0.089	-.0532988	.6945127
_cons	1.56975	.3970817	3.95	0.001	.7462533	2.393247

第三步，下面进行有序 logistic 分析：ologit V1 生活满意度 V2 性别 V3 学历。结果分析：可以看出 V2 和 V3 的值都是大于 0 的。说明 V2 和 V3 两个变量的值越大，越容易分到后面的组。cut 指分割值，两个 cut 把样本分到了 3 个区间。当变量的拟合值介于 cut1 和 cut2 之间，被分到第二组——满意值为中度。

```
Iteration 0:   log likelihood = -25.970294
Iteration 1:   log likelihood =  -20.99359
Iteration 2:   log likelihood = -20.828676
Iteration 3:   log likelihood = -20.828188
Iteration 4:   log likelihood = -20.828188
```

Ordered logistic regression				Number of obs	=	25
				LR chi2(2)	=	10.28
				Prob > chi2	=	0.0058
Log likelihood = -20.828188				Pseudo R2	=	0.1980

生活满意程度	Coefficient	Std. err.	z	P>|z|	[95% conf. interval]	
性别	-2.337114	.9181363	-2.55	0.011	-4.136628	-.5376
学历	1.067211	.5922186	1.80	0.072	-.0935163	2.227938
/cut1	.3823357	1.215444			-1.999891	2.764563
/cut2	2.449036	1.296882			-.0928064	4.990879

第四步，预测每个观测变量的满意值可能的结果：predict satisfy 1 satisfy2 satisfy3。结果分析：看第一个样本，V1 表示是男性，V2 表示学历为专科，有极大概率 0.885 进入第一组满意程度较高组。

第七章　结构方程模型

使用 AMOS 进行结构方程模型的应用操作。

本次例子所用数据来源于商圈网红营销 2023 数据库，分别包含各地在网红商圈消费的人口、性别、月收入、商圈指标的重要程度、访问商圈频率等。研究目的为构建商圈网红化营销对消费者黏性的结构方程模型，确定商圈网红营销、消费者风险感知、消费者价值感知对消费者黏性变量的影响。

根据相关的理论知识，在 AMOS 中画出模型的理论结构图，AMOS 中，方框表示观测变量，椭圆表示潜在变量，单箭头表示因果关系，双箭头表示相关关系，绘出消费者黏性变量影响因素分析模型的理论结构。

第一步：打开 Amos Graphics，初始界面如下图所示。其中第一部分是建模区域，默认是竖版格式。如果要建立的模型在横向上占用较大空间，只需选择 View – > Interface Properties – > Landscape

（如图 2）即可将建模区域调整为横板格式。图 1 中的第二部分是工具栏，用于模型的设定、运算与修正。

第二步：打开在使用 Amos 进行模型设定之前，建议事先绘制出基本理论模型和变量影响关系路径图（例子如图 3），并确定潜变量与可测变量的名称，以避免不必要的返工。然后在软件操作中使用"⬭"建模区域绘制模型中的四个潜变量。为了保持图形的美观，可以使用先绘制一个潜变量，再使用复制工具"🖨"绘制其他潜变量，以保证潜变量大小一致。若需要变换潜变量位置，则可以使用移动工具"🚚"。在潜变量上点击右键选择 Object Properties，为潜变量命名（如图 4）。绘制好的潜变量图像如下图 5 所示。

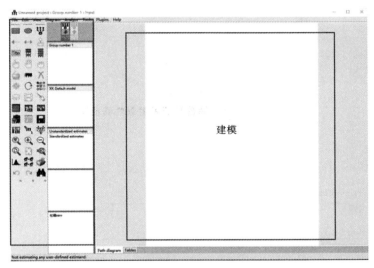

图 1   Amos Graphics 初始界面

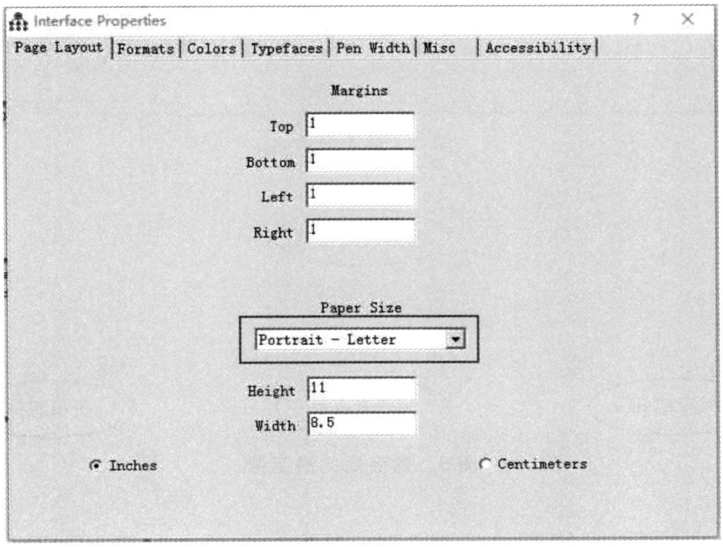

图 2   建模区域的版式调整

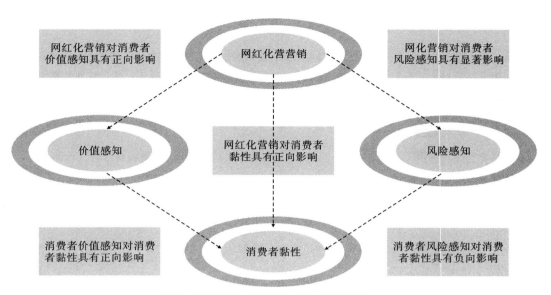

图 3　商圈网红营销营销消费者黏性路径图

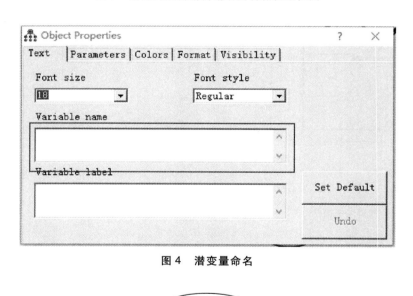

图 4　潜变量命名

商圈网络营销

风险感知　　　　消费者黏性　　　　价值感知

图 5　命名后的潜变量

第三步：为潜变量设置可测变量及相应的残差变量，可以使用"[图标]"还有"[图标]"绘制，也可以使用"[图标]"和"[图标]"自行绘制（绘制结果如图6）。在可测变量上点击右键选择 Object Properties，为可测变量命名。其中 Variable Name 一项对应的是数据中的变量名（如图7），在残差变量上右键选择 Object Properties 为残差变量命名（如图8）。初步绘制完成模型结果如图9。

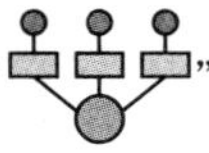

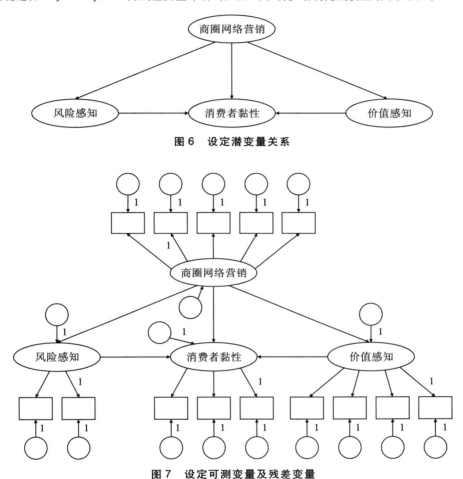

图6　设定潜变量关系

图7　设定可测变量及残差变量

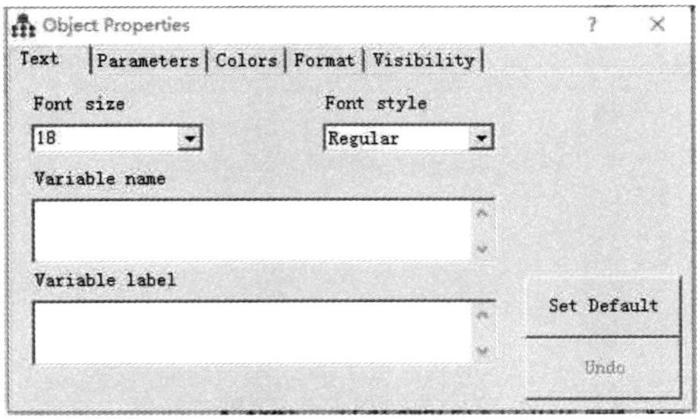

图8　可测变量指定与命名

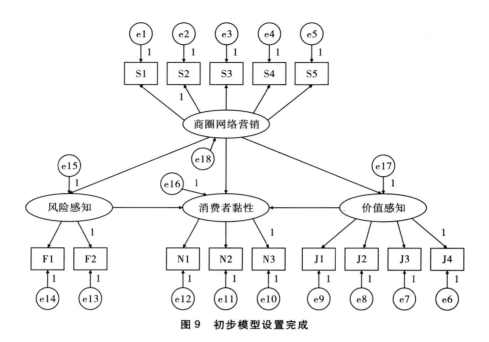

图 9 初步模型设置完成

值得注意的是，我们可以通过 " ▦ " 读入数据，然后利点击 " ▤ " 调出载入数据库的变量表，通过拖拽变量的方法快速为可测变量命名。而 Amos 可以处理多种数据格式，如文本文档（*.txt），表格文档（*.xls、*.wk1），数据库文档（*.dbf、*.mdb），SPSS 文档（*.sav）等。

为了配置数据文件，选择 File 菜单中的 Data Files，出现如图 10 左边的对话框，然后点击 File name 按钮，出现如图 10 右边的对话框，找到需要读入的数据文件"处理后的数据.sav"，双击文件名或点击下面的"打开"按钮，最后点击图 10 左边的对话框中"ok"按钮，这样就读入数据了。

图 10 数据读入

第四步：进行模型拟合。对参数估计方法进行选择，设置输出结果。

在参数估计方法的选择上，因为 Amos 提供了多种模型运算方法供选择，可以通过点击 View 菜单在 Analysis Properties （或点击工具栏的 " "）中的 Estimation 项选择相应的估计方法。本案例使用最大似然估计 （Maximum Likelihood） 进行模型运算，相关设置如图 11。

在输出结果设置中，如果不做选择，输出结果默认的路径系数 （或载荷系数） 没有经过标准化，称作非标准化系数。非标准化系数中存在依赖于有关变量的尺度单位，所以在比较路径系数 （或载荷系数） 时无法直接使用，因此需要进行标准化。在 Analysis Properties 中的 Output 项中选择 Standardized Estimates 项 （如图 12），即可输出测量模型的因子载荷标准化系数。

标准化系数是将各变量原始分数转换为 Z 分数后得到的估计结果，用以度量变量间的相对变化水平。因此不同变量间的标准化路径系数 （或标准化载荷系数） 可以直接比较。

第五步：最终进行模型拟合结果展示。使用 Analyze 菜单下的 Calculate Estimates 进行模型运算 （或使用工具栏中的 " "），输出结果如图 13。其中红框部分是模型运算基本结果信息，使用者也可以通过点击 View the output path diagram （ ） 查看参数估计结果图 （图 14）。

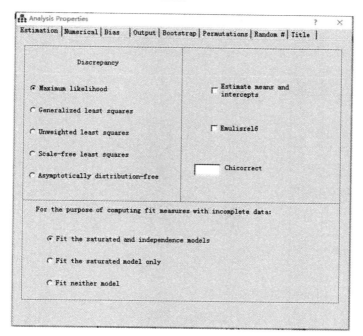

图 11　参数估计选择

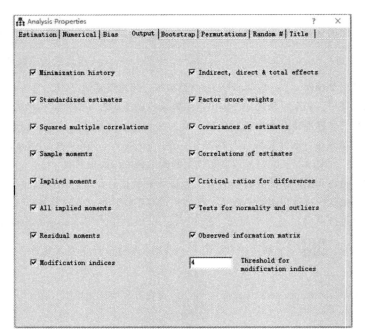

图 12　标准化系数计算

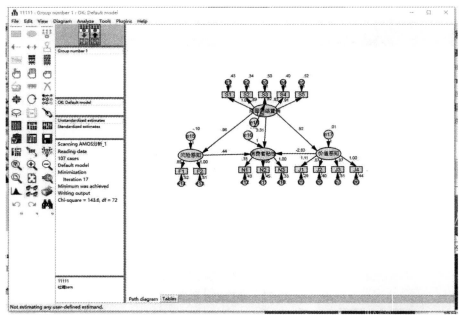

图 13　模型运算完成图

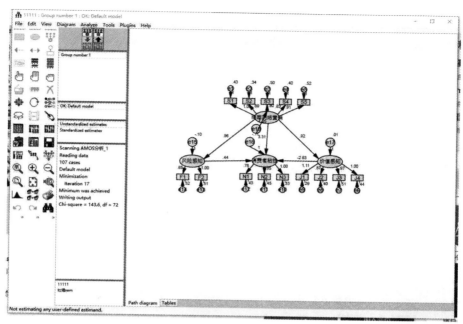

图 14　参数估计结果图

Amos 还提供了表格形式的模型运算详细结果信息，通过点击工具栏中的""来查看。详细信息包括分析基本情况（analysis summary）、变量基本情况（variable summary）、模型信息（notes for model）、估计结果（estimates）、修正指数（modification indices）和模型拟合（model fit）六部分。在分析过程中，一般通过前三部分了解模型，在模型评价时使用估计结果和模型拟合部分，在模型修正时使用修正指数部分。

接下来利用路径系数/载荷系数的显著性对模型进行评价。参数估计结果如下表 1 到表 2，模型评价首先要考察模型结果中估计出的参数是否具有统计意义，需要对路径系数或载荷系数进行统计显著性检验，这类似于回归分析中的参数显著性检验，原假设为系数等于。Amos 提供了一种简单便捷的方法，叫作 CR（critical ratio）。CR 值是一个 Z 统计量，使用参数估计值与其标准差之比构成（如表 1 中第四列）。Amos 同时给出了 CR 的统计检验相伴概率 P（如表 1 中第五列），使用者可以根据 P 值进行路径系数/载荷系数的统计显著性检验。譬如对于表 1 中"商圈网络营销"潜变量对"风险感知"潜变量的路径系数（第一行）为 0.963，其 CR 值为 10.949，相应的 p 值小于 0.01，则可以认为这个路径系数在 95% 的置信度下与 0 存在显著性差异。

表 1　系数估计结果

		未标准化路径系数估计	S. E.	C. R.	P	Label	标准化路径系数估计
风险感知	< - - - 商圈网络营销	0.963	0.088	10.949	* * *	par_1	1.057
价值感知	< - - - 商圈网络营销	0.924	0.089	10.427	* * *	par_3	0.993
消费者黏性	< - - - 商圈网络营销	3.31	5.769	0.574	0.566	par_2	2.971

续表

			未标准化路径系数估计	S. E.	C. R.	P	Label	标准化路径系数估计
消费者黏性	<---	风险感知	0.443	0.347	1.277	0.202	par_4	0.362
消费者黏性	<---	价值感知	-2.826	6.237	-0.453	0.65	par_5	-2.36
S1	<---	商圈网络营销	1					0.841
S2	<---	商圈网络营销	0.891	0.079	11.246	***	par_6	0.843
S3	<---	商圈网络营销	0.916	0.089	10.274	***	par_7	0.799
S4	<---	商圈网络营销	0.829	0.08	10.339	***	par_8	0.802
S5	<---	商圈网络营销	0.915	0.09	10.138	***	par_9	0.793
F2	<---	风险感知	1					0.793
F1	<---	风险感知	0.855	0.096	8.887	***	par_10	0.74
N3	<---	消费者黏性	1					0.893
N2	<---	消费者黏性	0.846	0.073	11.586	***	par_11	0.82
N1	<---	消费者黏性	0.78	0.07	11.215	***	par_12	0.805
J4	<---	价值感知	1					0.82
J3	<---	价值感知	0.973	0.101	9.595	***	par_13	0.793
J2	<---	价值感知	0.873	0.089	9.757	***	par_14	0.796
J1	<---	价值感知	1.108	0.097	11.482	***	par_15	0.891

注："***"表示0.01水平上显著，括号中是相应的 C. R 值，即 t 值。

表 2　方差估计

	方差估计	S. E.	C. R.	P	Label
e18	1.045	0.195	5.354	***	par_16
e15	-0.101	0.056	-1.816	0.069	par_17
e17	0.013	0.026	0.517	0.605	par_18
e16	-0.115	0.283	-0.406	0.685	par_19
e1	0.431	0.063	6.824	***	par_20
e2	0.338	0.05	6.824	***	par_21
e3	0.496	0.072	6.905	***	par_22
e4	0.397	0.058	6.898	***	par_23
e5	0.518	0.075	6.948	***	par_24
e13	0.512	0.089	5.765	***	par_25
e14	0.524	0.082	6.377	***	par_26

续表

	方差估计	S. E.	C. R.	P	Label
e10	0.33	0.063	5.263	＊＊＊	par_27
e11	0.453	0.07	6.465	＊＊＊	par_28
e12	0.429	0.064	6.687	＊＊＊	par_29
e6	0.441	0.067	6.568	＊＊＊	par_30
e7	0.507	0.077	6.546	＊＊＊	par_31
e8	0.4	0.061	6.601	＊＊＊	par_32
e9	0.287	0.049	5.846	＊＊＊	par_33

注："＊＊＊"表示 0.01 水平上显著，括号中是相应的 C.R 值，即 t 值。

在结构方程模型中，试图通过统计运算方法（如最大似然法等）求出那些使样本方差协方差矩阵 S 与理论方差协方差矩阵 Σ 的差异最小的模型参数。换一个角度，如果理论模型结构对于收集到的数据是合理的，那么样本方差协方差矩阵 S 与理论方差协方差矩阵 Σ 差别不大，即残差矩阵（Σ – S）各个元素接近于 0，就可以认为模型拟合了数据。

模型拟合指数是考察理论结构模型对数据拟合程度的统计指标。不同类别的模型拟合指数可以从模型复杂性、样本大小、相对性与绝对性等方面对理论模型进行度量。Amos 提供了多种模型拟合指数（如表 3）供使用者选择。如果模型拟合不好，需要根据相关领域知识和模型修正指标进行模型修正。

需要注意的是，拟合指数的作用是考察理论模型与数据的适配程度，并不能作为判断模型是否成立的唯一依据。拟合优度高的模型只能作为参考，还需要根据所研究问题的背景知识进行模型合理性讨论。即便拟合指数没有达到最优，但一个能够使用相关理论解释的模型更具有研究意义。

表 3 拟合指数

指数名称		评价标准
绝对拟合指数	x^2（卡方）	越小越好
	GFI	大于 0.9
	RMR	<0.05，越小越好
	SRMR	<0.05，越小越好
	RMSEA	<0.05，越小越好
相对拟合指数	NFI	>0.9，越接近 1 越好
	TLI	>0.9，越接近 1 越好
	CFI	>0.9，越接近 1 越好
信息指数	AIC	越小越好
	CAIC	越小越好

进行模型优化并进一步通过验证性因子分析来测评模型的拟合优度。表 4 显示了模型的拟合优度结果，整体来看卡方与自由度之比为 1.995，位于 1~3 的优秀区间内；RMSEA 数值为 0.097，位于 0.1 以下的良好区间内。NFI、RFI、IFI、TLI、CFI 5 项指数均在 0.9 左右，处于 0.9~1 的优秀区间。

结果表明，模型拟合程度较为理想。

表4　模型拟合系数

指数	X^2/DF	RMSEA	NFI	RFI	IFI	TLI	CFI
观测值	1.995	0.097	0.902	0.876	0.949	0.934	0.948

进行模型假设检验及中介效应的验证，本研究重点分析通过价值感知与风险感知影响网红消费黏性的中介效应，为方便分析商圈网红营销对消费者黏性的路径关系与显著性，将模型中各变量的影响路径及其模型化标准路径系数的估计值在表5中进行展示。

表5　模型标准化路径系数估计值

路径关系	路径名称	路径系数	方向	T值	结果
H1 S→F	W1	1.06	正	6.227***	支持
H2 S→J	W2	0.99	正	3.997***	支持
H3 S→N	W3	2.97	正	5.248***	支持
H4 F→N	W4	−2.36	负	−5.467***	支持
H5 J→N	W5	0.62	正	3.537***	支持

注：$^*P<0.05$　$^{**}P<0.01$　$^{***}P<0.001$

由表5可知：第一，对假设H1的结果来看，商圈网红化营销对消费者风险感知具有正向影响，商圈网红化营销→消费者价值感知的标准化路径系数为0.99，且P值小于0.01，表明假设H1通过了显著性测验。结合因子载荷来看，商圈网红化营销有所影响的消费者风险感知的因子载荷大于0.7，且通过显著性测试，可以看出，商圈网红化营销所带来的宣传与实际不匹配、价格溢出严重等问题在一定程度上会增强消费者的风险感知。

第二，对假设H2的结果来看，商圈网红化营销对消费者价值感知具有正向影响，商圈网红化营销→消费者价值感知的标准化路径系数为1.06，且P值小于0.01，表明假设H2通过了显著性测验。结合因子载荷来看，商圈网红化营销有所影响的消费者价值感知的因子载荷大于0.7，且通过显著性测试，可以看出，商圈网红化营销在一定程度上会增强消费者的价值感知。

第三，对假设H3的结果来看，商圈网红化营销对消费者黏性具有正向影响，商圈网红化→消费者黏性的标准化路径系数为2.97，且P值小于0.01，表明假设H3通过显著性测验。即商圈网红化的程度越高，消费者的黏性就越强。

第四，对假设H4结果来看，消费者风险感知对消费者黏性具有负向影响，消费者风险感知→消费者黏性的标准路径化系数为−2.36，且P值小于0.01，表明假设H4通过了显著性测试。说明消费者在面对商圈的网红化营销时，对其与实际事物的匹配度和价格问题感到担心，从而使得消费者黏性降低，商圈网红化营销从某种程度上来说属于消费者黏性的负向转化因素。

第五，对假设H5来看，消费者价值感知→消费者黏性的标准化路径系数为0.62，且P值小于0.01，表明其通过了显著性测试。

为了进一步分析商圈网红营销对消费者黏性的影响，将商圈网红化营销对消费者黏性的影响效应拆分为直接效应、中介效应和总效应。从表6可知，商圈网红营销对消费者黏性的直接效应系数为2.974。商圈网红化营销通过在互联昂投放大量与自身有关内容进行推广，在迎合消费者喜好的与消费需求的情况下，可以增加消费者黏性，是正向影响因素。网红营销与消费者价值感知和消费者风险感知的直接效应系数分别为 0.991 和 1.061。说明网红营销对二者皆为正向影响关系。消费者价值感知与消费者风险感知对消费者黏性的影响系数分别为 0.36 和 -2.36，这与前文描述的价值感知与风险感知对消费者黏性的影响相同，在此不做过多赘述。值得注意的是，商圈网红营销对消费者黏性的中介系数为 -0.913，说明消费者风险感知的负向影响大于价值感知的正向影响，但由于总效应为 2.061，这意味着消费者风险感知是消费者黏性的负向影响因素，但是并不会转化商圈网红化营销对消费者黏性的影响。

表 6　商圈网红营销影响消费者黏性的直接效应和中介效应

消费	消费者黏性			价值感知			风险感知		
特征	直接效应	中介效应	总效应	直接效应	中介效应	总效应	直接效应	中介效应	总效应
S	2.974	-0.913	2.061	0.991	—	0.991	1.061	—	1.061
J	0.361	—	0.361	—	—	—	—	—	—
F	-2.361	—	-2.361	—	—	—	—	—	—

总结一下，我们能了解到，Amos 是一款专业做结构方程模型运算分析的软件，它对数据的要求更加宽泛，操作方便简单，灵活性更强。与 stata 比起来，进行结构方程模型运算时，Amos 是更好的选择。

第八章　线性规划

1.

(1)

$$\max Z = 2x_1 + x_2 + 3x_3 + (x_5 - x_6)$$

$$s.t. \begin{cases} x_1 + x_2 + 3x_3 + x_4 + x_4 \leq 7 \\ -2x_1 + 3x_2 - 5x_3 = 8 \\ x_1 - 2x_3 + 2(x_5 - x_6) - x_8 = 7 \\ x_1, x_2, x_3, x_5, x_6, x_7, x_8 \geq 0 \end{cases}$$

(2)

$$\max Z = 3x_1 - 4x_2 + 2x_3 - 5(x_5 - x_6)$$

$$s.t. \begin{cases} -4x_1 + x_2 - 2x_3 + (x_5 - x_6) = 2 \\ -x_1 - x_2 - 3x_3 + (x_5 - x_6) - x_7 = 8 \\ -2x_1 + 3x_2 - x_3 + 2(x_5 - x_6) - x_8 = 2 \\ x_1, x_2, x_3, x_5, x_6, x_7, x_8 \geq 0 \end{cases}$$

2. (1) (6, 0)。(2) 无解。

3. (1) (15/4, 3/4)。(2) (2, 5)。

4. 设 x_1 为生产产品 A 的数量，x_2 为生产产品 B 的数量。由于每天生产时间为 8 小时，所以可以得到约束条件：

$$2x_1 + 3x_2 \leq 8$$

由于产品 A 和 B 的销售数量有限，所以可以得到另外两个约束条件：

$$x_1 \leq 100$$

$$x_2 \leq 80$$

由于要最大化利润，所以可以建立目标函数：

$$\max 3x_1 + 5x_2$$

将约束条件和目标函数放在一起，可以得到线性规划模型：

$$\max 3x_1 + 5x_2$$

$$s.t \begin{cases} 2x_1 + 3x_2 \leq 8 \\ x_1 \leq 100 \\ x_2 \leq 80 \\ x_1,\ x_2 \geq 0 \end{cases}$$

该线性规划模型可以使用线性规划求解器求解，得到最优解为 $x_1 = 50$，$x_2 = 80$，最大利润为 430 元。

5. 根据预算简表中的数据，可以根据单方售价预算确定如下的收益函数：

$$f = 7000 \times 6x_1 + 7500 \times 9x_2$$

实现这个目标的约束条件有两个：一是资金，二是容积率。

资金的总投入预算为 1.25 亿，则约束条件可表示为：

$$1650 \times 6x_2 + 1950 \times 9x_2 \leq 125000000$$

容积率的限制为 1.15，则约束条件可表示为：

$$\frac{6x_1 + 9x_2}{60000} \leq 1.15$$

同时，要保证 x_1，x_2 为非负数。因此，整理得到线性规划模型如下：

$$\max f = 7000 \times 6x_1 + 7500 \times 9x_2$$

$$s.t \begin{cases} 1650 \times 6x_1 + 1950 \times 9x_2 \leq 125000000 \\ \dfrac{6x_1 + 9x_2}{60000} \leq 1.15 \\ x_1,\ x_2 \geq 0 \end{cases}$$

可利用图解法、单纯形法进行求解，容易解得如下分配方案：

$$x_1 = 5305.556,\quad x_2 = 4129.630$$

总收益为：

$$f = 501583333.333$$

也就是说，开发商应该建设 5305.556m² 的 6 层住宅，4129.630 m² 的 9 层住宅，才能使得最后的总收益最高。最后的毛收益大约为 5.016 亿元，纯收入约为 4.416 亿元。

第九章　整数规划

1.

（1）$x_1 = 4$，$x_2 = 0$，$\max Z = 20$；

（2）$x_1 = 4$，$x_2 = 3$，$\max Z = 17$。

2.

（1）$x_1 = 1$，$x_2 = 1$，$\max Z = 9$；

（2）$x_1 = 0$，$x_2 = 1$，$x_3 = 0$，$x_4 = 0$，$\max Z = 5$。

3.

用 x_j 分别表示 A，B，C，D，E 被选中的情况，则：

$$x_j = \begin{cases} 1 & \text{项目 } j \text{ 被选中} \\ 0 & \text{项目 } j \text{ 未被选中} \end{cases}$$

$j = 1, 2, 3, 4, 5$

于是被投资总收益期望值：

$$z = 10x_1 + 8x_2 + 7x_3 + 6x_4 + 9x_5$$

约束条件：

$$\begin{cases} 6x_1 + 4x_2 + 2x_3 + 4x_4 + 5x_5 \leq 15 \\ x_1 + x_3 + x_5 = 1 \\ x_2 + x_4 = 1 \\ x_3 \leq x_4 \\ x_j = 0 \text{ 或 } 1 \end{cases}$$

解如上的整数规划问题，求解答案为 $x_2 = 1$；$x_5 = 2$，最大收益为 26 万元。

第十章　灰色系统

根据 GM（1，1）模型的求解原理，分别对各类污染物计算发展灰数 a 和 u 的结果，计算结果如表 1 所示：

表 1　各类污染物计算发展灰数 a 和 u 的结果

	SO_2	NO_2	PM_{10}	CO	O_3	$PM_{2.5}$
a	0.103444	0.19713	0.000192	0.164105	-0.77804	0.205272
u	0.533524	0.848993	0.428431	0.927313	0.350501	1.246986

据此得到的各类污染物的预测模型如下：

$$X（t+1） = -5.367723e^{-0.205272t} + 6.074811$$

根据上述污染物的预测模型，可得到宁夏回族自治区空气的主要污染物预测结果，如表 2 所示。

表 2　宁夏回族自治区空气的主要污染物预测结果

	SO_2	NO_2	PM_{10}	CO	O_3	$PM_{2.5}$
2022	11.4229	20.3720	66.0025	5.0764	86.9478	30.0917
2023	10.9129	19.6679	66.1467	5.0886	86.4724	29.7646
2024	10.2461	19.0100	66.2916	5.1103	86.0053	29.4698

附：商圈网红营销 2023 数据库

附　表

附表1　正态分布表

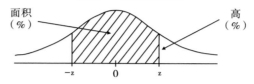

z	高	面积	z	高	面积	z	高	面积
0.00	39.89	0	1.50	12.95	86.64	3.00	0.443	99.730
0.05	39.84	3.99	1.55	12.00	87.89	3.05	0.381	99.771
0.10	39.69	7.97	1.60	11.09	89.04	3.10	0.327	99.806
0.15	39.45	11.92	1.65	10.23	90.11	3.15	0.279	99.837
0.20	39.10	15.85	1.70	9.40	91.09	3.20	0.238	99.863
0.25	38.67	19.74	1.75	8.63	91.99	3.25	0.203	99.885
0.30	38.14	23.58	1.80	7.90	92.81	3.30	0.172	99.903
0.35	37.52	27.37	1.85	7.21	93.57	3.35	0.146	99.919
0.40	36.83	31.08	1.90	6.56	94.26	3.40	0.123	99.933
0.45	36.05	34.73	1.95	5.96	94.88	3.45	0.104	99.944
0.50	35.21	38.29	2.00	5.40	95.45	3.50	0.087	99.953
0.55	34.29	41.77	2.05	4.88	95.96	3.55	0.073	99.961
0.60	33.32	45.15	2.10	4.40	96.43	3.60	0.061	99.968
0.65	32.30	48.43	2.15	3.96	96.84	3.65	0.051	99.974
0.70	31.23	51.61	2.20	3.55	97.22	3.70	0.042	99.978
0.75	30.11	54.67	2.25	3.17	97.56	3.75	0.035	99.982
0.80	28.97	57.63	2.30	2.83	97.86	3.80	0.029	99.986
0.85	27.80	60.47	2.35	2.52	98.12	3.85	0.024	99.988
0.90	26.61	63.19	2.40	2.24	98.36	3.90	0.02	99.990
0.95	25.41	65.79	2.45	1.98	98.57	3.95	0.016	99.992
1.00	24.20	68.27	2.50	1.75	98.76	4.00	0.013	99.9937
1.05	22.99	70.63	2.55	1.54	98.92	4.05	0.011	99.9949
1.10	21.79	72.87	2.60	1.36	99.07	4.10	0.009	99.9959
1.15	20.59	74.99	2.65	1.19	99.20	4.15	0.007	99.9967
1.20	19.42	76.99	2.70	1.04	99.31	4.20	0.006	99.9973
1.25	18.26	78.87	2.75	0.91	99.40	4.25	0.005	99.9979
1.30	17.14	80.64	2.80	0.79	99.49	4.30	0.004	99.9983
1.35	16.04	82.30	2.85	9.69	99.56	4.35	0.003	99.9986
1.40	14.97	83.85	2.90	0.60	99.63	4.40	0.002	99.9989
1.45	13.94	85.29	2.95	0.51	99.68	4.45	0.002	99.9991

附表 2　T 检验临界值表

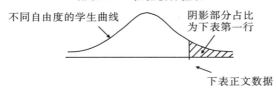

自由度	25%	10%	5%	2.50%	1%	0.50%
1	1.00	3.08	6.31	12.71	31.82	63.66
2	0.82	1.89	2.92	4.30	6.96	9.92
3	0.76	1.64	2.35	3.18	4.54	5.84
4	0.74	1.53	2.13	2.78	3.75	4.60
5	0.73	1.48	2.02	2.57	3.36	4.03
6	0.72	1.44	1.94	2.45	3.14	3.71
7	0.71	1.41	1.89	2.36	3.00	3.50
8	0.71	1.40	1.86	2.31	2.90	3.36
9	0.70	1.38	1.83	2.26	2.82	3.25
10	0.70	1.37	1.81	2.23	2.76	3.17
11	0.70	1.36	1.80	2.20	2.72	3.11
12	0.70	1.36	1.78	2.18	2.68	3.05
13	0.69	1.35	1.77	2.16	2.65	3.01
14	0.69	1.35	1.76	2.14	2.62	2.98
15	0.69	1.34	1.75	2.13	2.60	2.95
16	0.69	1.34	1.75	2.12	2.58	2.92
17	0.69	1.33	1.74	2.11	2.57	2.90
18	0.69	1.33	1.73	2.10	2.55	2.88
19	0.69	1.33	1.73	2.09	2.54	2.86
20	0.69	1.33	1.72	2.09	2.53	2.85
21	0.69	1.32	1.72	2.08	2.52	2.83
22	0.69	1.32	1.72	2.07	2.51	2.82
23	0.69	1.32	1.71	2.07	2.50	2.80
24	0.68	1.32	1.71	2.06	2.49	2.80
25	0.68	1.32	1.71	2.06	2.49	2.79

附表3 卡方检验表

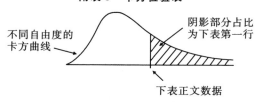

不同自由度的卡方曲线

阴影部分占比为下表第一行

下表正文数据

自由度	99%	95%	90%	70%	50%	30%	10%	5%	1%
1	0.00016	0.0039	0.016	0.15	0.46	1.07	2.71	3.84	6.64
2	0.020	0.10	0.21	0.71	1.39	2.41	4.60	5.99	9.21
3	0.12	0.35	0.58	1.42	2.37	3.67	6.25	7.82	11.34
4	0.30	0.71	1.06	2.20	3.36	4.88	7.78	9.49	13.28
5	0.55	1.14	1.61	3.00	4.35	6.06	9.24	11.07	15.09
6	0.87	1.64	2.20	3.83	5.35	7.23	10.65	12.59	16.81
7	1.24	2.17	2.83	4.67	6.35	8.38	12.02	14.07	18.48
8	1.65	2.73	3.49	5.53	7.34	9.52	13.36	15.51	20.09
9	2.09	3.33	4.17	6.39	8.34	10.66	14.68	16.92	21.67
10	2.56	3.94	4.86	7.27	9.34	11.78	15.99	18.31	23.21
11	3.05	4.58	5.58	8.15	10.34	12.90	17.28	19.68	24.73
12	3.57	5.23	6.30	9.03	11.34	14.01	18.55	21.03	26.22
13	4.11	5.89	7.04	9.93	12.34	15.12	19.81	22.36	27.69
14	4.66	6.57	7.79	10.82	13.34	16.22	21.06	23.69	29.14
15	5.23	7.26	8.55	11.72	14.34	17.32	22.31	25.00	30.58
16	5.81	7.96	9.31	12.62	15.34	18.42	23.54	26.30	32.00
17	6.41	8.67	10.09	13.53	16.34	19.51	24.77	27.59	33.41
18	7.00	9.39	10.87	14.44	17.34	20.60	25.99	28.87	34.81
19	7.63	10.12	11.65	15.35	18.34	21.69	27.20	30.14	36.19
20	8.26	10.85	12.44	16.27	19.34	22.78	28.41	31.41	37.57

引自 Sir R. A. Fisher, Statistical Methods for Research Workers（Edinburgh：Oliver&Boyd. 1958）.